r Works

编织的色彩游戏

冬天，让我们将各种颜色搭配在一起，享受色彩斑斓的编织乐趣吧。
流光溢彩的编织世界，一定会令人怦然心动，充满欢乐！
使用平常不怎么用的颜色，用新搭配营造出新感觉，尽显魅力。
请大家多尝试一些颜色，开始全新的编织游戏吧。

photograph Shigeki Nakashima styling Kuniko Okabe hair&make-up Hitoshi Sakaguchi model Amina , Alek

纵向拼接的廓形马甲

改变等针直编的三角形花样的方向，使身片呈现纵向拼接的效果。和粗花呢线的组合，给人质朴的感觉。肩部不做往返编织，织成落肩袖。一个个三角形花样很像鱼鳞，最后组合成清爽、利落的马甲。

设计/风工房
编织方法/86页
使用线/手织屋

三角形花样的套头衫

小巧的身片上排满了整齐的三角形配色花样，从内侧横向渡线。为避免破坏花样，连接衣袖时不编织袖窿，下摆处的开衩做成直线设计。不同的配色会带来不同的效果，请大家尽情尝试喜欢的色彩搭配。

设计/风工房
编织方法/85页
使用线/手织屋

改变配色

A

B

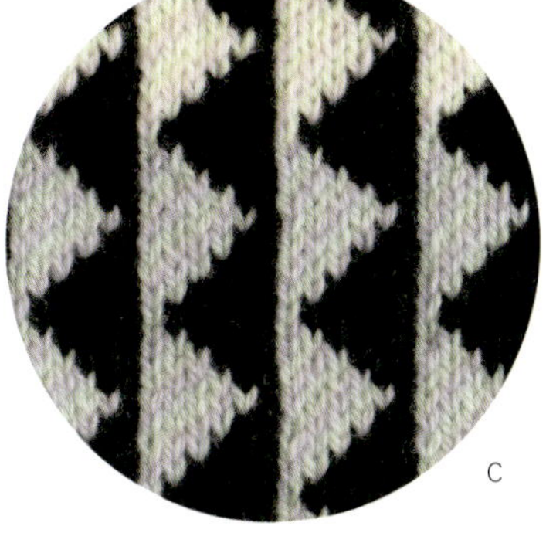

C

千鸟格图案手提包

用钩针编织千鸟格图案的手提包。编好后水洗缩绒，会更紧实。而且，缩绒后，编织花样的轮廓也更为柔和，质感很像羊毛毡。不喜欢红色的话，可以用藏青色或蓝色配色编织，也非常漂亮。喜欢的话，还可以连接上绒球进行装饰，让手提包看起来更加可爱。

设计/野口 光　制作/冈田昌子
编织方法/89页
使用线/手织屋

改变配色

A

B

不规则色块拼接套头衫

用不同的色块来完成拼接，可谓大胆的设计。不同质感的线材和别开生面的上针的用法，都给人深刻的印象。这是一款宽松、可爱的套头衫。

设计/野口 光　制作/须藤晃代
编织方法/88页
使用线/手织屋

A

B

C

改变配色

洛皮花样厚开衫

这款开衫的编织花样和13页的相同，改变配色后，将其设计成了前开襟的厚开衫，给人的感觉完全变了。书中的配色只是作为参考，还可以进一步变化。色数丰富的洛皮毛线，很有实用价值。

设计/SAICHIKA
编织方法/92页
使用线/内藤商事

圆育克洛皮毛衣

用黑白灰色调的线编织中性风的圆育克洛皮毛衣。来自冰岛的洛皮毛线，温暖中带着独特的风情。宽松的设计，也很方便穿着。

设计/SAICHIKA
编织方法/90页
使用线/内藤商事

北欧风男款套头衫

这款套头衫用细线编织北欧风花样，设计成圆育克款，很像传统的滑雪毛衣。低调的配色，很适合男士。

设计 / 兵头良之子　制作 / kae

编织方法 / 96 页

使用线 / 内藤商事

几何图案洛皮毛衣

用稍细的毛线编织这款洛皮毛衣，花样设计为几何图案。洛皮风情的编织花样，不再设计成圆育克款式，而是呈直线布局，给人耳目一新的感觉。落肩设计和蓬松的袖子，给宽松的洛皮毛衣增添了几分可爱的感觉。

设计／冈本启子　制作／永谷惠美子
编织方法／94页
使用线／内藤商事

B

A

配色花样情侣帽

使用颜色丰富的线编织配色花样时，整体是使用浅色调，还是使用色彩分明的颜色，给人的感觉会完全不同。这两款帽子花样相同，但配色不同，再加上帽檐和帽顶的设计不同，给人的感觉就像是完全不同的两款帽子。

设计／原田卡珊德拉
编织方法／98页
使用线／奥林巴斯

植物图案圆育克套头衫

编织这款植物图案的圆育克套头衫时，我选择了颜色大气、带着晕染感觉的毛线。配色花样非常漂亮，大面积的底色也不显单调，整体给人品质极佳的感觉。从领口开始编织，无须缝合，重复编织小巧的花样即可，很容易完成。

设计 / 原田卡珊德拉
编织方法 / 95页
使用线 / 奥林巴斯

粗条纹男款套头衫

男款毛衣编织稍粗的条纹，同样组合使用滑针。粗花呢风情的毛线营造出古典氛围，条纹以传统的深棕色为基础色调，在配色时选择色调沉稳的颜色。

设计 /yohnKa
编织方法 /101页
使用线 / 奥林巴斯

条纹花样V领套头衫

在色彩斑斓的条纹中加入滑针，能让织片与众不同。这款套头衫手感极佳，穿着舒服，而且看起来很甜美。从明媚的颜色，到内敛的颜色，将不同的颜色混合在一起，给人的感觉也不一样。

设计/yohnKa
编织方法/99页
使用线/奥林巴斯

改变配色

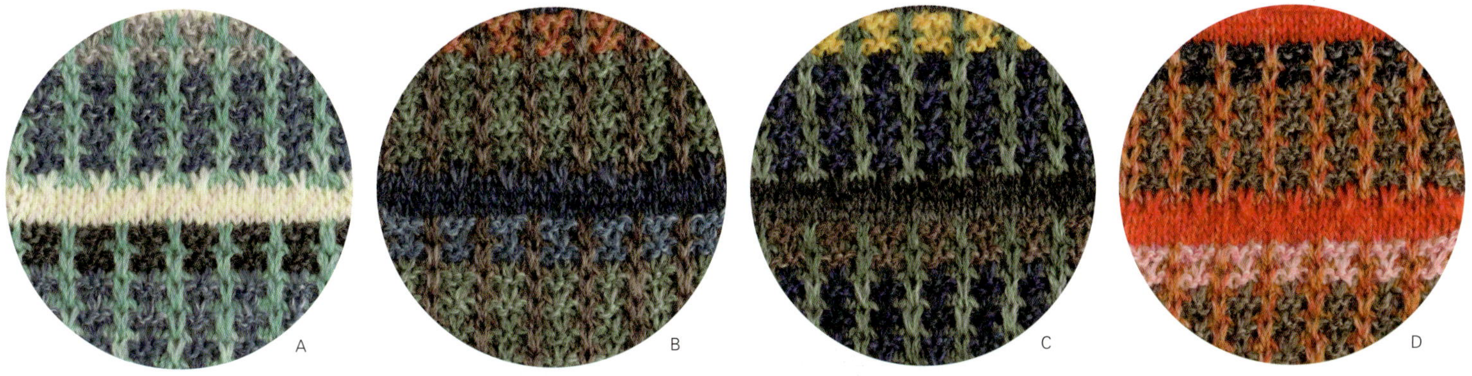

几何线条套头衫

这款套头衫由大胆的纯色区块和段染线织片一起组成花样，设计很新颖。段染线和单色线以不可思议的方式混合在一起，产生了绝妙的共鸣。

设计/笠间 绫
编织方法/104页
使用线/芭贝

配色花样套头衫

这款套头衫将四种颜色的毛线和段染线组合在一起，编织色彩丰富的配色花样，营造出复杂且微妙的感觉。插肩袖上，花样的呈现方式也让人耳目一新。

设计／兵头良之子　制作／矢部久美子
编织方法／102页
使用线／芭贝

感受丹麦风情
ISAGER的世界

丹麦的冬天，清晨的大地被一层薄薄的白霜覆盖。
在干净、冰冷的空气里，呼吸时会出现一团白色的水汽。

photograph Shigeki Nakashima styling Kuniko Okabe hair&make-up AKI model Arina B

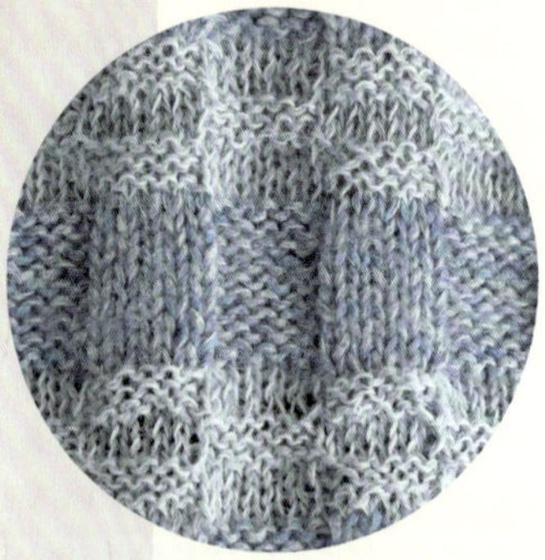

FROST

霜花

将四种线组合在一起，表现霜花簌簌落下的样子。利用下针和上针，组合纵、横条纹，编织出像一个个区块一样的花样。条纹部分的编织密度不同，要换不同号数的棒针编织，同时还要调整针数。看起来很复杂，其实暗含一定规律，编织起来并不难，可以享受其中的乐趣。

设计/玛丽安·伊萨格
编织方法/106页
使用线/ISAGER

秋季落下来的叶子上结满了霜花。霜花凸显了树叶的轮廓，令其更加引人注目

PALET, SILK MOHAIR, TRIO, ALPACA 1

PALET是100%棉线，是ISAGER毛线中唯一一款多色混合的毛线。用Isager毛线设计的作品通常会将不同种类的毛线并为1股编织，所以色彩缤纷PALET线和轻柔的SILK MOHAIR 线组合在一起，会形成美妙绝伦的颜色。TRIO是麻线，棉线、竹纤维线，ALPACA 1是秘鲁产的100%羊驼毛线。

丹麦的冬天来得早。在寒冬的早上，树枝、落叶、草地上都覆盖着一层白霜。本期的毛衣花样特意设计出白霜的感觉。光滑且有光泽的TRIO线和极细的ALPACA 1线并为1股织成的条纹，与和SILK MOHAIR线织成的条纹形成反差。不使用特别细的棒针，编织出蓬松的效果，给人轻柔的感觉，突出了线材之美。

毛衣使用了SILK MOHAIR线编织，洗涤时需要手洗。羊毛对水温和洗涤剂很敏感，不能频繁洗涤。在湿度适宜的天气里晾一晾，毛衣就可以自然地保持良好的状态。洗涤时，要用30℃以下的水。虽然羊毛专用洗涤剂种类很多，但也可以使用优质的洗发水洗涤。

虽然丹麦的冬季一向很冷，但因为全球气候变暖，丹麦冬季的气温也在逐年攀升。气候的变化也让人关注。虽然我们每个人所能做的事情微不足道，但也要尽量选择一种对地球友好的生活方式才好。

我很喜欢冬天的早上凝结在草木上的白霜。踩在霜花上，听着“嘎吱嘎吱”的声音，感受着吸入鼻中的冷飕飕的空气。裹着暖和的衣服，感受着自然的寒冷，这种感觉非常好。回到温暖的房间后，窝在沙发上，一边听着电台广播或电子书，一边编织，这种时光格外美好。

（玛丽安·伊萨格）

ISAGER

史蒂芬·韦斯特（编织设计师）

始于偶遇的编织世界

photograph Bunsaku Nakagawa text Tricoquelicot

史蒂芬·韦斯特：
生于美国俄克拉何马州。在美国伊利诺伊大学和荷兰阿姆斯特丹学习舞蹈和编导。2000年开始作为编织设计师活跃，在Ravelry网站上发表大量设计风格独特的编织作品，迅速成为一名高人气编织设计师。每年秋天举办神秘披肩团织活动(Mystery Shawl KAL)，吸引来自世界各地上千位编织爱好者参加。现住阿姆斯特丹，和玛丽亚共同经营一家毛线店“STEPHEN & PENELOPE”。2019年开始研发自主毛线品牌West Wool。

2019年春天，史蒂芬·韦斯特造访日本宝库社。这位编织设计师的设计风格很有活力，色彩运用也别具一格，俘虏了一众编织爱好者的心。在这里，我们一起回顾一下史蒂芬的编织历程。

“我的母亲和祖母都是很开朗、有活力的人，她们喜欢拼布，也爱唱歌。家里虽然堆满了手工艺方面的工具，但也经常唱歌、跳舞、演奏一些乐器，我就是在这样的环境中长大的。

“高中时，女同学教会了我一些基础的针法，这可以算是我和编织的相遇。当时我在搞音乐和话剧，候场时很适合编织点东西，我特别喜欢，就织了不少东西。那时候，正好网上一些编织博客也很火，我就沉浸其中了。

“与那些面向男性的设计相比，我更喜欢那些使用了奇妙的技法、面向女性的设计，并想着把它们改造得适合自己穿，这就是我做设计的初心。纯原创的作品，我一开始做得很糟糕。为了能够画出符合心目中的形状的编织图，我开始学习。同时，我喜欢在学习新东西的时候，即兴创作一些东西。就像跳舞时，与遵守规则相比，我更注重跟着感觉舞动脚步。由此衍生出的独创性，里面有很大的游戏成分。”

2009年，史蒂芬在编织网站Ravelry上发表原创设计的处女作披肩Boneyard Shawl。之后，他在网络杂志*Knitty*上发表披肩Colonade Shawl，收获很高的人气，知名度迅速提高。后来，他开始辗转美国各工作室开展教学活动，2010年开始在阿姆斯特丹学习舞蹈，自此活动地点转移到荷兰。在那里，他邂逅了以元宝针知名的南希女士（Nancy Marchant）。南希女士不仅让

史蒂芬珍藏的东西既漂亮又实用。收纳盒、毛线样品、记号圈等，这些小东西也很有感觉

他设计的披肩色彩丰富，很有独创性。全世界的编织粉都在等他的新作的编织图解。2019年9月出版的新书上刊载了新设计的披肩Chevron Shenanigans

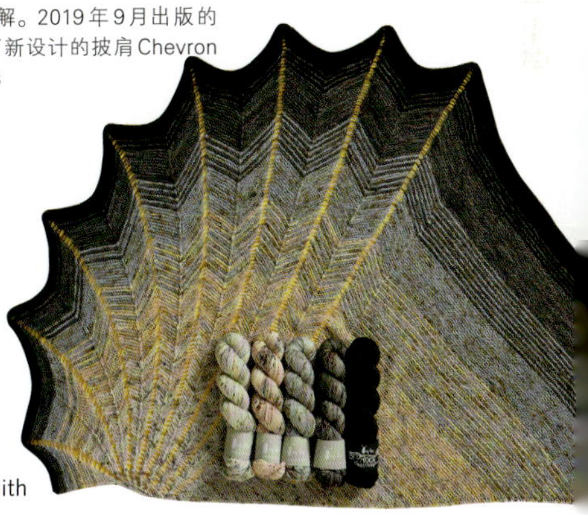

1/他对日本宝库社编织书很感兴趣　2/2018年，神秘披肩团织活动的披肩Texture Time　3/由现在一起工作的摄影师Darren Smith拍摄　4/色彩鲜艳的披肩放在一起就像一幅画　5/很有艺术感的造型　6/现在阿姆斯特丹中心的毛线店“STEPHEN & PENELOPE”　7/他和共同经营毛线店的玛丽亚女士关系很熟

史蒂芬见识了元宝针技法，还将“PENELOPE”毛线店的店长玛丽亚介绍给他认识，因此机缘，他成了毛线店的合伙人。

对将自己的想法付诸现实来做设计的史蒂芬来说，和玛丽亚一起经营“STEPHEN & PENELOPE”毛线店后，他迎来了一个巨大的转变。

“开始时完全是在喜欢的时候创作喜欢的作品，开始经营毛线店以后，举办团织活动、研发材料包等都要先有计划并经过一系列事前准备才行。通过与人协作，开始认真考虑他人对作品的看法和与其他人的合作效率。自己做设计的态度也受到影响。”

到了2013年，他又有了一个重要的邂逅。

“我和化妆师亚历山德拉有了合作的机会。在她创造的世界里，我作为模特穿着编织的作品，摆各种姿势。从这里受到启发，我的眼界变宽了，设计的作品更加时尚、丰富了。”

现在的史蒂芬正在着手开发自主线材品牌，非常忙。我向他询问了对想成为编织设计师的人的建议。

“现在，如果留意全世界编织圈发生的事情的话，就会知道编织界也在随着社会变化。因此，虽然听起来很简单，但和他人保持联系真的很重要。”

修复
很简单！

Long Life Socks

实用、耐穿的毛袜

袜头和袜跟是容易磨损的地方。
用下面介绍的方法，可以编织出好看、耐穿的毛袜。

photograph Shigeki Nakashima styling Kuniko Okabe hair&make-up AKI model Arina B

中国红毛袜

重复编织“3针并1针和1针放3针”，就会出现颗粒状花样，非常可爱。如果你认为袜跟的往返编织很容易令人有挫败感的话，就去看一下制作方法页的介绍吧。

设计/风工房
编织方法/109页
使用线/达摩手编线

色彩缤纷的彩虹毛袜

不断向前编织，就可以呈现出色彩缤纷的条纹花样。那些因为觉得漂亮而买回来的毛线，往往买回来后就丢在一边了，现在是把它们找出来的时候了。好了，一起开始寻找毛线大战吧！

设计 / 风工房
编织方法 / 112 页
使用线 / Ski 毛线

蜂窝花样的毛袜

加入滑针的配色花样，看起来像蜂巢一样有趣。就像编织连指手套的拇指处一样，随后再编织袜跟，这款袜子的编织花样可以一气呵成。借此机会，挑战一下滑针编织吧。

设计 / 风工房
编织方法 / 113 页
使用线 / 和麻纳卡

段染线拼色毛袜

这款段染线编织的毛袜很适合第一次编织毛袜的人尝试，主要使用了双罗纹针编织。袜跟和袜头换色做下针编织。它的编织方法很简单，很容易让人爱上毛袜编织。

设计/兵头良之子　制作/山田加奈子
编织方法/111页
使用线/Chappy Yarn

Long Life Socks

A

脚踩式毛袜

这是一款编织方法简单的脚踩式毛袜，只需等针直编即可。此外，还编织了一个配套的收纳包。脚跟和脚趾露在外面，可以穿着练瑜伽。

设计/兵头良之子　制作/山田加奈子
编织方法/111页
使用线/Chappy Yarn

B

男款段染线毛袜

冬天，男士也需要做好保暖工作。即使用美丽的手染线认真编织，袜跟和袜头还是难免在穿的过程中被磨损……没关系！这种方法很方便修复，稍微拆开一点重新编织就好了。

设计 / 兵头良之子
制作 /kako
编织方法 /114 页
使用线 /Chappy Yarn

男款素色毛袜

这款毛袜使用含有金银丝线的浅灰色线编织，看起来很有品位。用减针、加针花样编织袜子，经常会令人敬而远之，但这款毛袜可以放心编织。

设计 / 兵头良之子
制作 / 田边竹子
编织方法 /115 页
使用线 /Chappy Yarn

Tools

毛袜编织便利小工具

做小小的环形编织时，需要一些编织毛衣时不怎么用得到的工具。下面介绍了各种便利小工具，请大家根据喜好选择使用。

photograph Noriaki Moriya

变形的棒针

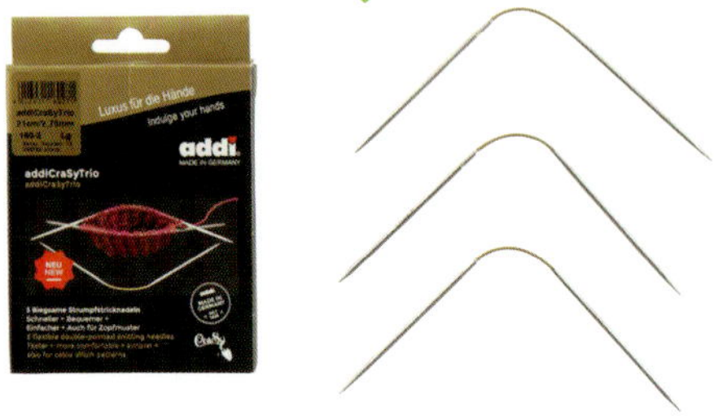

德国Addi袜子、袖口针

综合了环形针和短棒针的优点，是一种弯曲的编织针（弧形部分是软线）。它适合编织袜子、袖口等直径较小的环形织片（Keito）。

魔法环形针

日本Clover 匠系列环形针-S

软线柔软，针尖比普通的环形针锋利，更方便编织。0~2号是适合毛袜编织的型号，正在热销中（Clover）。

想用细线编织的话……

Knit Pro碳纤维双头棒针

这是硬度很好的碳纤维材质棒针，最小型号只有1mm粗，很适合喜欢编织细线的人。顺带说一下，日本的0号针通常是2mm（七紬）。

还有这个！

郁金香迷你环形针

这是非常短的环形针，可以将3根针像4根针那样组合使用。软线只有5cm，可以和同型号的针互换，把它改造成阿富汗针也很有趣（郁金香）。

传统棒针

迷你版从3号开始

日本Clover 匠系列棒针

和环形针比起来，有人还是更喜欢用5根棒针编织，那就一定不要错过这一款了！虽然是较短的棒针，但也有不同的长度，最短的型号是16cm，最长是25cm。迷你版3~8号只有12.5cm长（Clover）。

Knit Pro袜撑

将过水后的毛袜套在上面，整理针目和尺码时使用。木质的袜撑很常见，这款塑料材质的袜撑不容易染色，用起来很放心（七紬）。

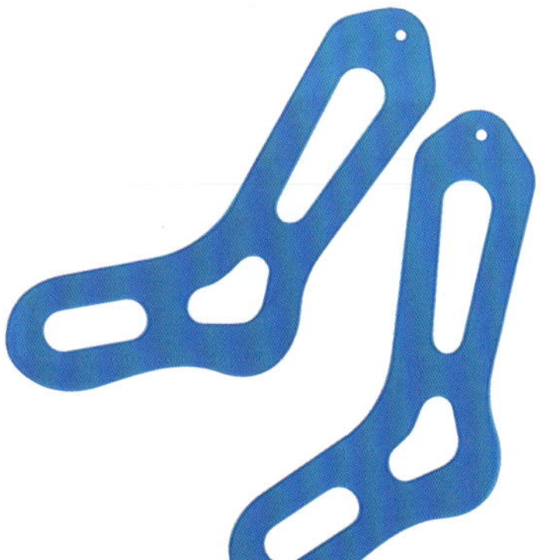

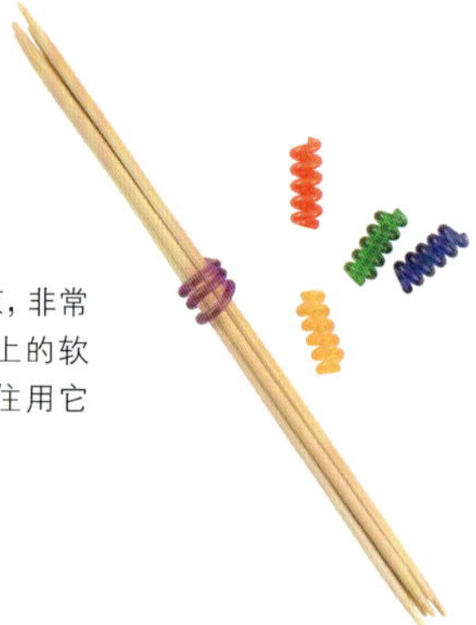

日本Clover 棒针扣

可以将几根棒针固定成1束，非常方便。也用来固定环形针上的软线。颜色多样，让人忍不住用它收纳各种针具（Clover）。

必备品！

记号圈

环形编织时，给编织起点做记号经常要用到记号圈。而且，书中的编织图上也经常用到记号圈，准备一些会很方便。特别是夹子式记号圈，方便取下，很受编织爱好者的欢迎。

Keito行数记号圈

别针式行数记号圈的颜色选择了Keito的经典色——柠檬黄和浅蓝，它们搭配在一起给人清爽的感觉（Keito）。

可乐针数记号圈

根据不同粗细的线，有S、M、L三种尺码可供选择。它的造型呈弯曲状，不容易从针目上脱落下来，很容易挂上（Clover）。

REGIA 防滑垫

这款造型可爱的防滑垫经常在熨烫毛袜反面时使用。这样的话，小孩子穿的毛袜也可以放心地编织了。当然，自己穿的毛袜也可以用（Keito）。

金天马直线

编织毛袜的袜口时，加入这款直线一起编织的话，会让毛袜像市面上销售的成品一样具有优良的弹性。它也可以在想收缩袖口时使用（Keito）。

Knit Pro针数记号圈

这是挂在棒针上使用的记号圈。珠子很可爱，而且重量合适，不会影响编织。记号圈的线很细，也不会影响到针目（七紬）。

[第13回] **野口光的织补缝大改造**

之所以说是“大改造”，是因为它并不限于修补，还可用来修饰。织补缝技术是在不断发展的。

野口 光：

创立“hikaru noguchi”品牌的编织设计师。非常喜欢织补缝，还为此专门设计了独特的蘑菇形工具。新书《妙手生花：野口光的神奇衣物织补术》已由河南科学技术出版社出版。

【本期话题】

磨损的阿兰毛衣

织补前

心爱的毛衣上出现了明显的磨损痕迹

photograph Toshikatsu Watanabe styling Terumi Inoue

这款新型蘑菇形工具使用按扣固定，更加方便进行织补缝

我有一件心爱的手编毛衣，已穿了很多年，加上反复洗涤的原因，缩绒的痕迹很明显，而且泛黄、有磨损，再加上虫蛀，看起来很旧了。特别是下摆处因为刮蹭而造成磨损，非常让人心疼、遗憾。在修补这件毛衣时我非常谨慎，就像在做一个外科修复手术。

家里虽然有很多编织阿兰毛衣用的原白色线，但我不知道它们是否和这件缩绒的毛衣相配，是否能够凸显有凹凸感的原始花样。或者，无视原有的花样，在上面刺绣？会不会因为没选对线，绣出来很丑？我一直犹豫不决。最后，我决定把毛衣当作一块绣布，使用有年代感的费尔岛毛衣经常用的含100%英国羊毛的褐色、蓝色和灰色线刺绣。这里所用的织补缝，不经过两三个冬天，不多洗几次，还不能断定这个选择是否真的合适。对我来说，这个等待验证的过程也很值得珍惜。

大麻花围脖

围脖是寒冬里不可缺少的搭配。麻花针编织的部分做往返编织，挑针后做环形编织，然后一圈一圈编织下去即可。中途换粗号针编织，使围脖的开口向外扩展。可以将围脖像堆领那样折下去，也很好看。

设计/冈本真希子
编织方法/116页
使用线/Clover

环形针

环形编织真快乐!

这是只属于喜爱手编的人的终极编织。
舒舒服服地待在家里，一圈一圈地编织，这是最高级的放松法门。

photograph Hironori Handa styling Masayo Akutsu hair&make-up Naoyuki Ohgimoto model Ola Kursa

两用长筒护腕

两用长筒护腕是御寒的必备法宝，实用又漂亮，自己编织还能享受环形编织的乐趣。条纹的配色花样也是环形编织的，很容易处理线头，编织起来无压力。

设计 / 笠间 绫
编织方法 /120 页
使用线 / Clover

泡泡针开衫、围脖

这款麻花花样和泡泡针装饰的开衫，前、后身片连在一起编织，不需要在胁部缝合。编织针数多的衣物时，使用环形针会非常方便。1根环形针便可以搞定，很方便出门时编织。

设计／河合真弓　制作／松本良子
编织方法／119页
使用线／Clover

花砖花样圆育克套头衫

使用美丽的长间距段染线，编织这款像花砖一样的拉针花样圆育克套头衫。这款毛衣可以让我们尽情享受环形编织的乐趣，而且不用缝合，非常省心。

设计 / 柴田 淳
编织方法 /117 页
使用线 / Clover

世界手工艺纪行㉜（法国）

盛行于中世纪小镇的精美手工艺

欧比松挂毯

采访、撰文、摄影／石泽季里 协助编辑／春日一枝 图片提供（A、D、E）／欧比松国际挂毯艺术城（Cité internationale de la tapisserie, Aubusson）

巴黎第五区的圣米歇尔广场附近有许多餐馆可以吃到中近东地区的美食，人流涌动，络绎不绝。圣米歇尔大道的对面是克鲁尼中世纪美术馆，与外面的喧嚣截然不同，馆内总是一片肃静，可以静心鉴赏教会艺术。

就在美术馆的一角陈列着一组举世闻名的挂毯《贵妇人与独角兽》。其中一幅挂毯充满了神秘色彩，其副标题是“我唯一的愿望”，在很长一段时间里都被认为创作于15世纪的佛兰德地区（现在的比利时和荷兰一带）。不过，多年研究结果表明，挂毯使用的是马尔什地区所染的线材。

法国首屈一指的高级挂毯产地：欧比松

羊毛织物原产于波斯，由十字军经希腊和中近东传入法国。12世纪，身为女性却跟随法国国王参加第二次十字军远征的埃莉诺·阿基坦王后（Éléonore d’Aquitaine）也对这些比动物毛皮更轻柔暖和的羊毛织物情有独钟。当她回到自己的领地阿基坦公国后，马不停蹄地创办了羊毛纺织物产业。原本这片土地就由许多溪谷和小河形成，克勒兹河的酸性水质正适合染色，她的尝试大获成功。150年后的14世纪，路易·德·波旁（Louis de Bourbon）和拉马什侯爵（La Marche）想到了从百年战争混乱时期陷入困境的高级挂毯

风光明媚的欧比松街景。过去在这条河的沿岸，各种染色作坊和挂毯加工坊鳞次栉比

在欧比松制作的挂毯使用的是羊毛线、真丝和棉线，都由工匠们亲手染色

圣地佛兰德聘请工匠开设挂毯作坊。到18世纪中叶的全盛时期，马尔什地区的欧比松和费勒坦从事挂毯行业的工匠已超过了3万人，欧比松作为法国最大的高级挂毯产地占据了屹立不倒的地位。

2015年在巴黎德鲁奥拍卖行公开拍卖并被欧比松市成功拍下的《千朵繁花与独角兽》就是在欧比松制作的，也是现存最古老的挂毯。不光是主题，就连图案和色彩也与收藏在克鲁尼中世纪美术馆的挂毯《贵妇人与独角兽》极为相似，是曾经与圣女贞德并肩作战的指挥官安托万·德·夏巴纳（Antoine de Chabannes）在该地区的挂毯作坊订购的。以前人们普遍认为，使用该地区的植物只能染出绿色、蓝色、灰色和姜黄色等朴实的颜色。直到20世纪末才发现，该时期的挂毯中之所以找不到红色是因为红色的稳定性差，非常容易褪色。

在那之前，人们一直以为马尔什地区的作坊只会使用粗支羊毛线制作面向小贵族和中产阶级的大众化挂毯。其实不然，他们还拥有高超的技艺，可以使用纤细的真丝和金银丝线制作来自王侯贵族的订单。这幅挂毯的出现无疑激起了世人探讨历史谜团的热情。

500多年以来，承揽图案绘制、线材染色、机织等所有工艺的个人作坊在欧比松比比皆是。2009年9月30日，作为挂毯著名产地的欧比松市成功入选联合国教科文组织非物质文化遗产名录。

国际挂毯艺术城，在这里可以全面了解挂毯这门艺术

A / 这幅《千朵繁花与独角兽》对于解开《贵妇人与独角兽》挂毯的谜底起到了一定作用，目前挂在国际挂毯艺术城常设展厅的入口处

B、C、E / 这是由巴黎、欧比松和利摩日的国立艺术学校共同创作，并在1900年的巴黎万国博览会上展出过的新艺术风格挂毯《奥罗拉》。使用羊毛、真丝和金银丝线等不同素材和技法编织而成，最大限度地展现了挂毯艺术的可能性

D / 以鲁本斯(Rubens)和凡·戴克(van Dyck)绘制的肖像画为蓝本创作于19世纪的挂毯杰作。卓绝的技艺和精细丝线的运用,令阴影和皮肤的红润等细节都表现得淋漓尽致

F / 在流行雅宴画的18世纪，因为将挂毯的底稿反射在镜子中编织挂毯，所以挂毯的图案与底稿呈镜像对称。有时也会空出圆形区域的中心部分，以便最后画入买主的徽章

G / 被称为“浮雕式装饰画(grisaille)”的挂毯色调素朴雅致，是16世纪中期该地区的代表性作品。其特点在于图案的设计，前方是狗和马等常见的动物，中间是独角兽和怪鸟等想象中的动物，远处则描绘了挂毯买主所在领地的风景等

世界手工艺纪行㉜
（法国）

欧比松挂毯

传统技术在现代社会的继承和发扬

据欧比松国际挂毯艺术城宣传部门的塞维林努・戴维介绍，“挂毯是用羊毛、真丝、金银丝线等高级素材进行创作的‘纤维艺术’，曾经比列奥纳多・达芬奇的绘画还要珍贵。所有的挂毯都有上下之分，图案花纹都以艺术家的原画为基础，那些描绘了神话、狩猎、寓言故事、历史名人以及无数辉煌事件的画面被工匠们以精湛的手艺编织成精美的作品，与铺在地板上的绒毯（法语是 tapis）明显不同。另外，在没有窗帘的时代，人们将挂毯挂在冰冷的石墙上，还能作保暖又实用的装饰品。当城池被敌军攻陷时，将挂毯卷起来放到马车上，再根据下个城市的墙壁大小或者裁剪或者拼接，可谓万能的日常用品。也因为这个原因，能保持原始状态的挂毯少之又少，进出的门帘处有裁剪过的豁口或者织入制造商和工匠标记的边缘部分被剪掉都是很常见的。”

堪称欧比松市心脏的这一公共设施是县议会、成人职业培训学校“GRETA”以及爱马仕（HERMÈS）财团法人等共同出资 85 万欧元建成的挂毯艺术一大圣地。占地面积达 7500 平方米，藏有 350 件历史悠久的挂毯，其中 100 件常年陈列于展厅中。每年还会召开科学家们使用最先进科学技术的研究成果大会和历史学家的各种会议。此外，1884 年同时在巴黎和利摩日成立的欧比松装饰美术学校也发挥了很大作用。从挂毯的图案到底稿的绘制、几万种颜色的线材的甄选、“提综和回综（打开梭口引入纬纱）”的操作方法、打结、绒毯的编织等，该学校一直致力于各种传统技术的继承和人才的培养。

现在，艺术城共有 20 名常驻织毯工匠。在摆放着 7.6 米宽的传统横织机的工作室内，2 名学员正跟随一位拥有 30 年丰富经验的老匠人进修编织技术。从 2013 年开始创作的一个挂毯系列是因《指环王》等声名鹊起的作家兼插画家 J.R.R. 托尔金（John Ronald Reuel Tolkien）的 14 幅水彩画。创作的关键是如何用挂毯艺术去表现托尔金富有想象力的世界观。与此同时，艺术城还会举办比赛，并将获奖的现代艺术家的底稿制作成新的挂毯作品，这也非常有利于技术创新。在现代社会要想将挂毯艺术发扬光大，底稿画家和织匠，传统和创新，都是必不可少的。

同时，作为国家家具用品管理部门“Mobilier National”的姐妹工作室，在巴黎文化部的管辖下为宫廷和政府机关修复皇家工厂生产的 17 世纪之后的挂毯则需要更高的技术。这些挂毯都是使用大量货真价实的金银丝线制作完成的国家至宝，修复工作也是一项伟大的使命，只能交给技术精湛的工匠。欧比松国际挂毯艺术城从科学和文化两个侧面揭开挂毯的层层面纱，使普罗大众也能在这里进一步了解挂毯艺术。

在欧比松，毕加索（Picasso）和柯布西耶（Corbusier）等艺术家与工匠的精彩合作诞生了许多艺术性很高的作品。其中，连图案和底稿都亲力亲为的让・吕尔萨（Jean Lurçat）就是开启战后欧比松荣光时代的一位非常重要的艺术家。现在，他的作品在巴黎的人气再次高涨，频频出现在各大展览会和拍卖会上

陶醉在挂毯世界的日本女性

1685 年南特敕令被废除，占欧比松大部分人口的新教徒工匠们纷纷逃往海外。1789 年法国大革命爆发，作为挂毯主顾的贵族们接连不断地被送上了断头台，20 世纪 80 年代的海湾战争导致整个欧洲经济陷入萧条。经此重重磨难，欧比松现在有 3 家个人经营的工作室仍然坚持着挂毯制作。

A2 工作室的佩兰・克里尼埃尔女士（F.O. Perrin-Crini è re）也是国际挂毯艺术城的讲师，她高兴地说道：“挂毯是能让人感受到手工温度的艺术品。最近，越来越多的年轻收藏者想要收购挂毯，真是令人开心。”就在这个 A2 工作室里有一位名为许斐爱子的日本女性，她毕业于京都造型艺术大学，曾就职于网页设计公司，后来又改做手工艺实现了人生大转折。“大学里虽然全面学习了染织和纺织方面的知识，毕业后却从事着完全不相关的工作。30 岁之后，我开始对一味促进消费的社会产生了疑惑，每次休假都会去法国各地游玩，一边走一边接触当地的手工艺。”

在此期间，她开始被挂毯的艺术世界吸引。每次穿过梭子后踩下踏板，编织的过程就像冥想一般。变换线材的种类加上各种技巧，就可以编织出千变万化的图案。朋友向她介绍了佩兰・克里尼埃尔女士后，她一边继续在日本工作，一边满腔热情地反复自我推荐。终于在 2 年后，她被一向只招收法国人的成人职业培训学校“GRETA”破格录取，在欧比松国际挂毯艺术城学习了更先进的技术，并在经过 1 个月的试用期后成为 A2 工作室的正式员工，那已经是 4 年前的事了。回顾那些日子，她笑着说：“简直像是‘稻草富翁’的经历啊！”（译者注：“稻草富翁”是日本的一则民间故事）

“欧比松地处偏僻，交通不便，但也因此格外美丽。为了赶交货时间，我也经常会加班加点。但是每年有 5 个星期的假期，和在日本忙得不可开交的生活相比就像做梦一样。”她的梦想是开一家属于自己的工作室，根据顾客的需求定制产品，从设计理念到材料的选择和制作都要亲手完成。为了实现这个梦想，她不舍得浪费一寸光阴，积极探索和学习各种技巧。我由衷地希望在不久的将来，会有更多像许斐女士这样的艺术家在感受当地艺术氛围的同时学习掌握法国的传统手工技艺，并将挂毯这门来自遥远国度的艺术推广到日本国内。

右／国际挂毯艺术城的 2 名学员正在工作室室长的指导下苦练编织技艺

左／挂毯制作的帐篷，当光线穿透织物的纹理缝隙，仿佛置身于星空之下。这是大赛中获奖的赛瑟里・勒・塔莱克（Cécile Le Talec）的作品《Panoramique polyphonique（声临其境全景图）》

H

I

J

K

H／一改平日可爱的样子，专注地操作织机的许斐爱子。她一边对照成品图样，一边在2根为1组的经线中间来回穿梭渡线织入不同颜色的纬线。工作室中回响着织机的声音，仿佛冥想一般，时间安静而缓慢地流淌着

I／这是2013年国际挂毯艺术城在A2工作室订制的挂毯，原画是里奥·其阿奇欧和丹尼尔·吉安诺内（Leo Chiachio & Daniel Giannone）创作的《森林中的快乐家族》。许斐爱子也参与了这幅作品的制作

J／为了守护城市的历史，同时致力于工匠培养的F.O·佩兰·克里尼埃尔的A2工作室正对着老城区的主要街道。工作室内不仅销售现代挂毯，还可以观看挂毯的制作场景

K／深受全世界儿童喜爱的作家J.R.R·托尔金的小说。目前，国际挂毯艺术城正在制作他的14幅挂毯

石泽季里：

工艺撰稿人、法国古董艺术研究员、文化沙龙“Petit CENACLE”的负责人。著作有《法国手工艺和名品物语：玛丽·安托瓦内特（Marie Antoinette）钟爱的工匠技艺》（大修馆书店出版）等。

温暖的仿皮草线编织

将令人爱不释手的仿皮草线，蓬松、轻柔的马海毛和羊绒材质的毛线穿在身上，会有一种被抚慰的感觉。
软绵绵、蓬松松的感觉，最适合寒冷的冬季。爱了，爱了。

photograph Shigeki Nakashima styling Kuniko Okabe hair&make-up AKI model Arina B

柔软的仿皮草马甲

仿皮草线是非常有代表性的柔软毛线，只需简单地编织下针，成品就非常好看。因为线材较粗，编织毛衣时也只需很少的针数，就像编织围巾一样，所以很受人欢迎。领口使用风纪扣扣住，也可以加上其他装饰，真是一款招人喜欢的马甲。

设计/大田真子 制作/须藤晃代
编织方法/121页
使用线/DMC

双线编织的长筒护腕

长筒护腕既可以套在长袖衣物的外面，也可以和无袖毛衣搭配穿着，非常百搭。将有体积感的极粗毛线和毛茸茸的仿皮草线组合在一起，编织起来很方便，袖口的罗纹针也是亮点，有锦上添花的效果。还可以露出拇指，非常方便。

设计/大田真子　制作/须藤晃代
编织方法/122页
使用线/DMC

双线编织的帽子

帽口使用平直毛线编织罗纹针，主体使用仿皮草线编织，保暖效果好。平直毛线中加入了金银丝线，带着优雅的光泽，衬托了仿皮草线的光滑。金色的纽扣，给朴素的帽子增添了时尚感。

设计/大田真子　制作/须藤晃代
编织方法/122页
使用线/DMC

可拆卸领套头衫

用轻柔的开司米羊绒线编织出优美的麻花花样，领子和袖口使用仿皮草线编织可拆卸的装饰。和外套或其他服装搭配，可以体会到新的乐趣。

设计 / 河合真弓　制作 / 冲田喜美子
编织方法 / 123 页
使用线 / Pierrot 毛线

仿皮草围脖和手提包

仿皮草线和直毛线组合成的条纹给人耳目一新的感觉。用平直毛线钩织长针，编织类似方眼编织的花样打底，用仿皮草线在上面钩织引拔针。对于不擅长钩针编织的人来说，这款简单又漂亮的包包和围脖也值得尝试。

设计/冈本真希子
编织方法/125页
使用线/Pierrot毛线

甜美的廓形开衫

这款式样传统的廓形开衫，蓬松、柔软、超轻，宽松的袖子非常可爱。腰带用同款线编织，给这款插肩袖开衫增添了一种成熟的感觉，令其不过于甜美，也很适合成熟的女性穿着。

设计／野口智子　制作／池上　舞
编织方法／138页
使用线／达摩手编线

落肩袖V领套头衫

蓬松柔软的毛线像羽毛一样轻柔，长长的毛足饱含空气，保暖性能非常好。这种线材给人沉稳的感觉，毛衫设计成V形领，身片为宽松的茧形，整体编织简单的下针。这是一款极简风格的套头衫。

设计/上野奈都子
编织方法/124页
使用线/FGS

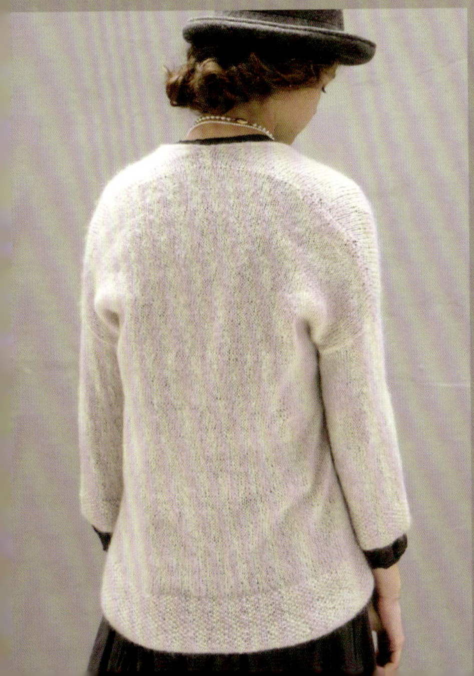

手编的正月小装饰

啊，怎么办？又要迎接新年了！2020年是庚子（鼠）年。
新一轮的12生肖纪年又要开启！

photograph Toshikatsu Watanabe styling Terumi Inoue

小老鼠和米袋

关于老鼠如何成为12生肖之首，相关的故事几乎全是关于它偷奸耍滑抢占第一的……说到老鼠，就会想到大米，它们都可以看作是子孙繁荣的象征。

设计/松本薰 编织方法/ 131页
使用线/达摩手编线

门松

竹子生长速度很快，是生命力和繁荣的象征。门松的斜切面看上去就像大笑时的口形，也是代表“和气生财”“生意兴隆”的吉祥装饰物。

设计/松本薰　编织方法/ 131页
使用线/达摩手编线

作为2020年的主角，2只小老鼠也在身上装饰了松枝和梅花图案，仿佛准备盛装迎接喜庆的正月。2个勤劳的小伙伴用绳子紧紧绑起隐形的袖子，显得干劲十足。鼻子是绣上去的，耳朵中间则是钩织的小圆片。米袋最后用线捆在一起。豪华的门松上，竹子的内侧和外侧使用了不同颜色的双层结构，十分逼真。这次考虑到叶子的形状，没有使用松枝，而是选择了竹叶和梅花，另外还装饰了一面大扇子。

乐享毛线 Enjoy Keito

毛线能否在编织前后都让人感到赏心悦目呢？
本期介绍的这两款线材一定不会让你失望！

photograph Hironori Handa styling Masayo Akutsu hair&make-up Naoyuki Ohgimoto model Ola Kursa

AMANO MAMACHA

幼羊驼绒70%、美利奴羊毛30% 颜色数/7（Keito在售） 规格/每桄100g 线长/约50m 线的粗细/超极粗 使用针号/10mm

"MAMACHA"在印第安人的母语克丘亚语（Quechuan）中的意思是"敬爱的母亲"。这款线可以令人充分感受到羊驼绒的柔软细腻。

绒球装饰护耳帽

帽顶和垂在左右两边的绒球是这款帽子的亮点。一边编织，一边享受舒适的手感吧！

设计/ Keito 石塚真理
编织方法/133页
使用线/ AMANO MAMACHA

Keito
邮编：111-0053
地址：日本东京都台东区浅草桥3-5-4 1F
电话：03-5809-2018
传真：03-5809-2632
电子邮箱：info@keito-shop.com
营业时间：10：00~18：00
休息日：星期一（星期一为节假日时，则次日休息）

AMANO MAYU

高级羊驼绒60%、羊绒20%、真丝20%　颜色数/4（Keito在售）　规格/每桄50g　线长/约100m　线的粗细/中粗　使用针号/5~6号

"MAYU"在克丘亚语中的意思是"河流"。这款线由高级羊驼绒、羊绒和真丝混纺而成，手感柔软，色调也非常雅致。

蝴蝶结式双色短围巾

可以尝试在颈后扭转一下，紧一点、松一点均可。简单的款式却能打造出各种不同的风格。

设计/Keito 一色 奏
编织方法/134页
使用线/AMANO MAYU

Keito2019年开始代理销售的AMANO系列是秘鲁的毛线品牌，AMANO在西班牙语中的意思是"手工打造"。秘鲁是优质羊驼绒的产地，有悠久的制线历史。无数的传说被编织进这个国家丰富绚烂的图案中，从古代传承至今，人们将这一切都视作印加神灵赐予的礼物。以AMANO为代表的一系列线材就是用这片资源丰富的大地孕育的羊驼绒原毛生产的。

本期为大家介绍的是使用在售线材编织的两款作品。首先是MAMACHA线，柔软蓬松又富有弹性，是妈妈们的手编常规用线之一，推荐用它编织爱意满满的护耳帽，可以完全盖住耳朵。另外，色调雅致的MAYU线手感也非常顺滑，用它编织的这条短围巾一定能让大家感受到这款线材的亲肤效果。横向编织，为了使围上后呈现蝴蝶结的效果特意设计了两个穿入口。有些朋友不喜欢羊毛的刺痒感，正好可以送上用这款线编织的围巾作为礼物。请试试AMANO毛线，享受充实的编织时光吧！

别出心裁的

串珠编织手提包

加入串珠精心编织的手提包光是拿在手里就让人满心欢喜，可以说是非常特别的配饰。
在这个朋友聚会越来越多、出行时经常需要搭配得美美的季节，先准备起来总没错！

photograph Toshikatsu Watanabe styling Terumi Inoue

Beads Bag

几何图案串珠手提包

这款由四边形花片拼接而成的手提包中编入的串珠像一个个蝴蝶结，漂亮极了。冷色调往往给人沉着冷静的感觉，试试用不同的配色编织一款甜美又华丽的手提包吧，一定很有趣。让人意外的是容量还很大，很适合参加闺蜜好友的小聚会。另一款素雅、紧致的黑色手提包使用了稍大一点的串珠，像铆钉一样排列得整整齐齐，透着酷酷的时尚气息。无论是正装还是中性风，都是绝佳搭配。

设计/松本薰(连接花片手提包)、大田真子(黑色手提包)
制作/须藤晃代(黑色手提包)
编织方法/127页(连接花片手提包)、128页(黑色手提包)
使用串珠/ MIYUKI 三角珠、方形珠、Micro 亚克力环
使用线/芭贝(连接花片手提包)、达摩手编线(黑色手提包)

Yarn Catalogue

「秋冬毛线新品推荐」10

2019年秋冬要为大家推荐的毛线还有很多很多!
本期关注的重点是"轻柔"。手感舒适、色彩迷人的毛线总是让人难以抗拒。

photograph Toshikatsu Watanabe styling Terumi Inoue

e-wool
手织屋

决定羊毛线品质的是纤维的"精细度"。e-wool是使用直径仅有18.5μm(0.0185mm)的珍贵原毛精纺而成的优质毛线。捻度较松，线质柔软，用温水清洗后织物更加松软。这款线手感柔软舒适，容易编织，初学者也不妨试一试。

参数

羊毛100% 颜色数/14 规格/每桄100g 线长/约285m 线的粗细/粗 适用针号/4~6号棒针，5/0、6/0号钩针

设计师的声音

手感要比普通的纺线柔软。因为比较蓬松，织物会很轻，即使配色编织也丝毫没有厚重感。(风工房)

e-wool 长段染
手织屋

这是手感柔软舒适的e-wool的长段染款。特点是颜色过渡自然，色泽优美。因为是长距离段染线，每桄线的成色效果都不一样。

参数

羊毛100% 颜色数/10 规格/每桄50g 线长/约142m 线的粗细/粗 适用针号/4~6号棒针，5/0、6/0号钩针

设计师的声音

因为线的捻度较松，手感舒适，所以不仅作品精美，编织过程中心情也会非常愉悦。10种颜色中有同色系、对比色和变化微妙的颜色，单独使用也十分漂亮。如果与纯色的e-wool配色编织，任何颜色都非常好搭，设计的选择性也因此更加广泛。编织完成后，经过蒸汽熨烫或水洗，织物会更加松软。(林琴美)

Álafosslopi
内藤商事

捻度较松的洛皮羊毛线即使编织多色提花也不会很重，看似厚厚的织物穿起来却非常轻，这也是这款线材的魅力所在。多用于编织配色花样，颜色丰富，还可以享受不同配色带来的乐趣。

参数

羊毛100%　颜色数／30　规格／每团100g　线长／约100m　线的粗细／极粗　适用针号／13~15号棒针，10/0号钩针

设计师的声音

这是用产于冰岛极寒之地的羊毛纺制的，荒凉的大地和严酷的大自然赋予了毛线朴实无华和温暖的特质。这款线极粗却很轻柔，应该就是因为其独特的毛质吧。毛纤维恰到好处地交织在一起，用它们配色编织的毛衣既透气又轻柔暖和。（SAICHIKA）

Plötulopi
内藤商事

这款纱线非常柔软，使用多种颜色配色编织也不会很重，作品轻柔是其魅力所在。多用于编织配色花样，颜色丰富，还可以享受不同配色带来的乐趣。请使用2股线编织。

参数

羊毛100%　颜色数／20　规格／每团100g　线长／约300m　线的粗细／极粗（2股）　适用针号／12~14号棒针，8/0~10/0号钩针

设计师的声音

乍一看感觉很柔软，会担心是否容易断线。但是编织过程中纱线会自然加捻，织物不仅非常结实，而且轻柔暖和。（冈本启子）

DIA amulet
钻石线

这是一款花式线，细小的彩色线圈新颖别致，由短距离多色段染的小圈圈线与其他松软纤维混纺而成。作为主要成分的羊毛和多绒纤维增加了蓬松感，令织物十分暖和。无论是用棒针还是用钩针，都非常容易编织。

参数

羊毛48%、人造丝33%、锦纶15%、马海毛（小马海）4% 颜色数/8 规格/每团30g 线长/约93m 线的粗细/中粗 适用针号/6、7号棒针，5/0、6/0号钩针

设计师的声音

手感轻柔、色调细腻的结粒状花式线质感极佳，给人雅致的印象。即使简单的花样也能呈现出丰富的变化，作品休闲中又不失优雅。（大田真子）

DIA reina
钻石线

这款线材由松软的羊毛和容易轻微起毛的纤维混纺而成，既轻柔又透气。精美的两种段染色组合出华丽的多色渐变效果，仿佛自然融合在一起。

参数

羊毛66%、腈纶23%、锦纶11% 颜色数/8 规格/每团30g 线长/约108m 线的粗细/中粗 适用针号/6、7号棒针，5/0、6/0号钩针

设计师的声音

粗细适中，无论用钩针还是用棒针都很容易编织。段染色显得沉稳雅致，我想会非常实用。（冈真理子）

Lara
奥林巴斯

这款全新的段染线由两种段染线捻合而成，一种是使用纵向段染工艺的4色段染线，另一种是编织后染色再恢复线状的4色段染线。颜色的渐变效果极富创意，线的形状类似空心带子纱线，手感十分轻柔。

参数

羊毛67%、腈纶33%　颜色数／8　规格／每团30g　线长／约109m　线的粗细／粗　适用针号／5~7号棒针，4/0~6/0号钩针

设计师的声音

这款线材比较轻柔，韧性适中，即使编织网眼针等空隙较多的花样也不必担心变形的问题。织出的成品轻柔松软，也非常适合编织大号披肩。（冈真理子）

Tree House Famille
奥林巴斯

这是一款与英国羊毛混纺的段染线，富有弹性。结合段染和毛条染色工艺，呈现出新颖的色彩。精妙的捻线技术形成了锁链式的线材形状和混色效果。

参数

羊毛100%　颜色数／12　规格／每团40g　线长／约120m　线的粗细／中粗　适用针号／6~8号棒针，6/0、7/0号钩针

设计师的声音

这款与英国羊毛混纺的线非常轻柔。我在本期作品中虽然使用了多种颜色的线，但因为毛条染色本身就有深浅变化，所以选1种颜色编织也能呈现出丰富的纹理变化。（yohnKa）

Vintage Cashimere
PIERROT YARNS♪

使用100%顶级羊绒，特点是色调柔和雅致。触摸瞬间就能感受到素有“纤维宝石”之称的羊绒特有的柔软顺滑。光泽雅致，松软透气，织物虽然轻薄却十分暖和。

参数

羊绒100%　颜色数/8　规格/每团40g　线长/约102m　线的粗细/中细至粗　适用针号/4、5号棒针，3/0、4/0号钩针

设计师的声音

编织起来非常顺滑，不会发生劈线的情况，这是一款很容易编织的线材。具有一定的弹性，手感软糯舒适。因为线比较细，所以编织像交叉花样等比较厚实的花样也不会显得臃肿，成品非常漂亮。（河合真弓）

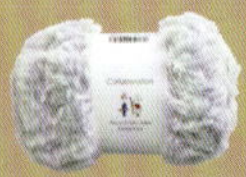

Yumecorn
PIERROT YARNS

仿佛松软的棉花糖，又像蒙着一层面纱，这是一款色调淡雅的花式线。手感光滑柔顺，舒适得让人想要一直抚摸。绒毛根部的颜色比较深，越往外越白。虽然毛纤维比较短，但是松软密集，用它编织的作品毛茸茸的，既轻柔又暖和。

参数

涤纶100%　颜色数/5　规格/每团100g　线长/约60m　线的粗细/超级粗　适用针号/10~12mm棒针，8~10mm钩针

设计师的声音

这款线材色调柔和，手感轻柔，非常可爱。虽然绒毛松软密集，但是中间有紧实的芯线，只要看准芯线编织即可。（冈本真希子）

毛线展销会 Ito Market!

撰文 / 毛线球编辑部

参展商和毛线球编辑部分别开展了各种讲习会，如阿富汗针编织的茶杯套、迷你毛线球君（丸安毛线株式会社吉祥物）的制作等

会场盛况空前。去年大家参与编织的彩旗也派上了大用场！

2019年9月13、14日，由毛线球编辑部主办的编织类专场毛线展销会“Ito Market!”在日本宝库社的手工艺展厅顺利举行。众多编织爱好者们纷纷来到现场，一度摩肩接踵，气氛十分热烈。

前来参观展会的除了毛线和编织爱好者外，主要是《毛线球》的读者、参展商的顾客和粉丝，不同年龄层的人都有。“来这里的朋友应该都很爱编织吧？”主办方也倍感震惊和兴奋。会场面积说不上很大，但是大家逗留的时间都很长，好像把会场的角角落落都逛遍了，甚至有人连续来了两天。

25家参展商分别来自日本关东附近、岐阜、大阪、神户、福冈、中国香港、英国伦敦等地，带来了五彩斑斓的毛线，令会场大放异彩。每家店铺的毛线都很精美又各具特色，其中也不乏平常很难购买到的毛线，真是琳琅满目，让人目不暇接。只在网上销售的手染线、设得兰羊毛线、服装缝纫用线、原创编织作品、海外的袜子线和艺术线……真是应有尽有，不断有人开始担心自己的预算够不够。编辑部的工作人员也都是编织迷，一有时间就来回穿梭于各个展位。

此外，参展商和编辑部还在会场内设置展台，开设了各种各样的讲习会，满足了参观者对编织的好奇心以及“想动手试试”的迫切心情。不仅如此，会场还另外开辟了一块阅读区，展示了编辑部珍藏的大量海内外编织图书。这些网上也很难买到的珍贵图书让大家不由得停下脚步，认真翻阅起来。

我们作为编织爱好者，能与参展商以及到场的朋友们在现场一边触摸各种毛线一边分享编织的乐趣，感到无比高兴。感谢大家的光临和合作！再次衷心地表示感谢！

不得不说，编织真是太棒了！

1 / 到场参观的人都会收到手工制作的迷你线桄作为礼物。大家都挑选了自己喜欢的颜色
2 / 会场还设置了阅览区，展示了编辑部珍藏的编织图书，包括一些网上也很难买到的外文书和有一定年代的编织图书
3 / 人气展位前总是人头攒动
4 / 工作人员亲手制作了毛线球招牌和装饰球迎接大家的到来

到场的每位朋友都会收到一份礼物，即工作人员手工制作的迷你线桄，既是入场证明，也可以用作胸针

我家的狗狗最棒！

和狗狗在一起

photograph Bunsaku Nakagawa

30

散步好开心呀！♪

怎么样？适合我吗？

6年前，拓人在宠物爱护网站上看到一只雪白的小狗，一下子就喜欢上了，于是和家人一起参加了出让会。实地见到小狗时，他发现它的腿比想象中粗壮，会长得比较大的样子。拓人的母亲有些想退缩，但它那雪白雪白、软绵绵的像小白熊一样的毛发着实惹人喜爱。于是，他们决定把它迎回家。因为它像小白熊一样，浑身雪白，只有大大的耳朵带着琥珀色，于是拓人一家就给它起名叫"小白"，从此变成了家中的一员。

现在，小白的个头已经不小了，它的性格也很沉稳。无论怎么捉弄它都不生气。拓人和它耍闹、抱它，甚至把它翻过来肚子朝上，它也一点不生气，在那里老老实实地躺着，毫不抵抗。它睡觉时，家人故意捣乱、逗它，它也任人摆布。它喜欢吃鸡肉和烤红薯，每天早晚都要和拓人一起散步。

实际上，拓人一家2019年春天因为父亲的工作调动从京都搬到横滨了。找房子时，为了找一个可以和小白一起生活的地方，费了好多周折。现在，小白已经适应了新的生活。说不定，你在公园里可以看到小白和拓人一起散步的身影呢！

设计/岸 睦子
制作/佐野由纪子
编织方法/139页
使用线/芭贝

档案

狗狗	小白，♀ 杂狗 6岁
性格	沉稳、黏人
主人	拓人

[第5回] michiyo 四种尺码的毛衫编织

本期介绍的织物是比较新颖的款式。手编中不怎么常见，但作品非常漂亮。

photograph Shigeki Nakashima styling Kuniko Okabe hair&make-up AKI model Arina B

修身抽褶
拼接连衣裙

本期介绍的是优雅的假两件连衣裙。身片使用了罗纹针编织，裙片设计成百褶裙样式。身片和裙片使用不同的线材拼接在一起。

为了让裙片更好地蓬起来，使用了粗花呢风格的马海毛线编织。休闲的款式让风格甜美的马海毛呈现传统的感觉。

整体看上去像把毛衣束在了裙腰里面，伸缩性很好。编织长长的腰带，系上去会增加淑女的感觉，推荐用上。领口设计成高领，不喜欢高领的话也可以只编织3cm左右的罗纹针，将其变成船领。书中提供的这款连衣裙的上半身和下半身的颜色形成明暗对比，也可以使用更加鲜亮的颜色编织下半身的裙片，或者选择和上半身相近的颜色编织，来体验不同风格的色彩搭配的乐趣。

半高领假两件连衣裙

编织完上半身的毛衣后，编织下半身的裙片，然后拼接在一起。上半身要修身，下半身的裙片要蓬蓬的、轻轻的，这样才好看。看起来好像是自行搭配的两件，其实是拼接在一起的，是挺有意思的款式。一件衣服就可以穿出两件搭配的效果，非常推荐。

制作/饭岛裕子
编织方法/135页
使用线/Ski毛线

衣领

衣领的行数所有尺码都一样，不同的是针数。随着尺码增大，衣领因受身片影响，高度会变低。不过，S号和M号倒是没什么差别

身片

身片使用了罗纹针编织，尺码正合身，很显瘦。同时，织片的弹性很好，可横向拉伸，大尺码会更显得身材修长。（身片和袖的中心花样随尺码而改变）

衣袖

看起来很长，穿上其实不长。不管是喜欢更长一点的袖子，还是喜欢不太长的袖子，都可以自行调整其长度（加或减）

S号
M号（图片）
L号
XL号

michiyo

做过服装、编织的策划工作，1998年开始作为编织作家活跃。作品风格稳重、简洁，设计独特，颇具人气。著书多部。

下摆

抽褶的数量根据身片罗纹花样的比例来增减，不同尺码也会呈现出同样效果的蓬度。另外，裙片的长度差别不是很大。因为是向下编织的，所以可以根据自己的身高来调节裙片的长度

穿着心仪的美衣出门
手工编织的华服

最适合穿着手编的衣物出门的季节来了！
可以尽情体验市售成衣所没有的精致的手工艺，并把自己打扮得美美的。

photograph Hironori Handa styling Masayo Akutsu hair&make-up Naoyuki Ohgimoto model Ola Kursa

A字形千鸟格连衣裙

这是带着古典气息的A字形千鸟格连衣裙。美丽的段染线和单色线组合在一起，将细密的棒针编织和雅致的钩针编织组合在一起，感受绝妙的搭配魅力。

设计／冈真理子　制作／内海理惠
编织方法／141页
使用线／钻石线

连编花片七分袖套头衫

用连编花片的方法钩织，过程很开心。将花片组合在一起，就像玩拼图游戏一样，可以用渐变色毛线尝试一下。色彩搭配进展顺利时的喜悦是什么都比不上的。

设计 / 冈本启子　制作 / 中川好子
编织方法 / 146 页
使用线 / 钻石线

镂空套头衫

用颜色鲜艳的线编织套头衫，成品给人英姿飒爽的感觉，穿上去保证有超高的回头率。主体钩织简单的长针，搭配圆形花片带来镂空感，艳丽中带有雅致。干练的款式，可以尝试使用别的颜色或线材编织。

设计 / 岸 睦子
编织方法 / 156页
使用线 / 钻石线

一粒扣拼色开衫

作为配色技巧之一，将不同类型的毛线组合在一起也是有趣的尝试。身片上的花样，是将两种不同类型的毛线并为1股编织成的，和柔软的幼羊驼毛组合在一起，带着微妙的感觉。袖和衣领是将圆形花片连在一起织成的。

设计／森 静代
编织方法／152页
使用线／钻石线

调色板

Color Palette

点亮生活的披肩

冬季的服饰，色彩偏朴素、黯淡。用色彩斑斓的披肩点缀一下吧！
下面介绍的五种披肩，能给我们的通勤生活锦上添花。

photograph Shigeki Nakashima styling Kuniko Okabe
hair&make-up Hitoshi Sakaguchi model Amina

时尚周一

一周的第一天，给简单的连衣裙搭配一条明媚的披肩吧。蓝色系段染的披肩，正中间有开口，雅致又华美。横向和纵向的长短不一样，哪一侧用作前面都可以，会给人不同的印象。

设计 / 冈真理子　制作 / 真野章代
编织方法 /160页
使用线 / 奥林巴斯

A

自然周二

周二，围上大地色的披肩，有一种浑然天成的时尚。可以当作围巾使用，也可以在办公室里围上保暖，很简单，冬季必备。边缘设计了小巧的装饰，非常可爱。

B

美丽周三

工作日正中间的一天，经常会觉得很累，戴上优雅的紫色风情长披肩，会立即给人英姿飒爽的感觉。可以通过改变钩针号数来调整编织密度，整体钩织成细长的半月形，很漂亮。

C

D

甜美周四

可以看见周末的曙光了。周四通常会比较在意工作进展情况，使用可以提升幸福感的粉色系，来抚慰焦虑的内心吧。像周二款披肩一样，从同样的扇形花样起针处，上下挑针编织，细细密密的荷叶边提升了女性的柔美之感。

E

开心周五

一周的工作顺利结束，可以期待周末了。周五使用了充满活力的黄色系。开心地披上大披肩，华丽丽地给剩下的工作收个尾吧！

Couture Arrange

志田瞳优美花样毛衫编织新编 ❹

变形的钻石花样马甲

photograph Hironori Handa styling Masayo Akutsu hair&make-up Naoyuki Ohgimoto model Ola Kursa

选自中文版的《志田瞳四季花样毛衫编织》59页作品

原本是一款具有立体花样的大小不同的竖条纹开衫。边缘编织也很下工夫。

时光流转，从2019年春号开始连载的“志田瞳优美花样毛衫编织新编”栏目，迎来了寒风刺骨的季节。

本期介绍的是使用温暖、柔软的线材编织而成的简单的马甲，特为冬天准备的。

这里，借鉴《志田瞳四季花样毛衫编织》作品38所用的花样，将原书中的两条纵向立体花样合二为一，将像树干一样向上延伸的麻花花样上方设计成略微圆润的钻石花样，成了很有个性的新花样。1+1=1，从数学上来看是不可能的，但在编织中实现了。

马甲的颜色选择了百搭的灰色，领窝是浅浅的弧形，其他为直线。身片巧妙设计出前后差，并加入开衩，和原本的开衫相比，这是一款非常简单的直线形马甲。

为了从温暖的房间出门时更方便套上外套，将它设计成了轻便的马甲款。

呼出一团团白雾，行走在澄澈、冰冷的空气中。冬天虽然冷，但我很喜欢。

detail（细节说明）

在上针编织中编织3条麻花花样，上方变成绕线编和扭针组成的变形钻石花样，设计在胸口附近。

前后差的身片上设计有开衩，编织时要注意卷针加针的位置。绕线编的交叉针，要盖住绕线，变成2针交叉，这样会比较容易编织。

因为想编织一款简单的马甲，所以边缘编织全部采用了经典的双罗纹针。下摆的罗纹针收针，注意不要影响到开衩的形状，要松松地收针。

选自《志田瞳四季花样毛衫编织》
制作 / 牧野惠以子
编织方法 / 168页
使用线 / 钻石线

冈本启子的 Knit+1 第22回

到了冬天，就开始依恋柔软、温暖的东西。
很有视觉冲击力的仿皮草线编织，营造出了差异感。

photograph Shigeki Nakashima styling Kuniko Okabe hair&make-up AKI model Arina B

我身上穿戴的东西颜色最重要。但冬天是例外，基本上都是黑色、深蓝色等较深的色调。因为它们是容易搭配的颜色，所以就不断对这种颜色出手。仔细看来，哪一件都和原来的没什么两样。这里出场的仿皮草织物，看起来很暖和，又很时尚。只悄悄用在一个地方，便会给整体营造出一种时尚的感觉。到了冬季，我的衣柜里经常出现仿皮草织物。

本期介绍的其中一款仿皮草织物是实用好穿的马甲。前身片像一条长围巾那样，其实是带口袋的马甲，款式很独特。绒绒的COCCOLA毛线很像动物毛发。后身片使用TRIO线编织，简单地做下针编织，看起来很漂亮。也可以穿在外套里面，高领设计可以温暖我们的脖子。

另一款是用仿皮草线点缀的手提包。这里使用的意大利TRIO线，线材本身很可爱。仿毛线、丝线、马海毛线轮番出场，是一款有趣的渐变线。选择粉色系和绿色系，编织祖母花样的包包。这是我很久以前就喜欢的花样。包包的体量较大，使用起来方便。拿取东西时，碰到毛茸茸的包身，会觉得很幸福。

冬天，穿着毛茸茸的衣物走在冬天的街道上，脚步、心情都变得轻快起来。

冈本启子（Keiko Okamoto）
Atelier K’s K的主管。作为编织设计师及指导者，奔走于日本各地。在阪急梅田总店的10楼开办了店铺“K’s K”。担任公益财团法人日本手艺普及协会理事。著作《冈本启子的钩针编织作品集》（日本宝库社出版，中文简体版已由河南科学技术出版社出版）正热销中，深受读者好评。

线名：COCCOLA、TRIO

仿皮草不规则马甲

第72页 / 乍看很像一条围巾，其实是一件使用仿皮草线编织的时尚马甲。看起来很密实，很柔软。后身片用TRIO线做下针编织。

制作 / 大场晶子　编织方法 / 170页　使用线 / K'SK

仿皮草装饰手提包

左 / 用不同线材组合而成的TRIO线编织的祖母花样手提包。包口用COCCOLA线装饰。

制作/大场晶子　编织方法/165页使用线/K's K

编织机讲座 part 13

可以快速编织，
乐趣十足

本期的主题是"休闲编织"。

这几款毛衫款式简单，穿着却很漂亮，用编织机快速搞定它们吧。

photograph Hironori Handa styling Masayo Akutsu hair&make-up Naoyuki Ohgimoto model Ola Kursa

海军风情经典毛衣

用浅灰色和深藏青色线编织海军条纹款式的毛衣，穿在身上无负担，就像穿针织衫一样。款式简单，设计成插肩袖，有点运动风。下摆开衩，直线形身片，还有稍微立起一点的衣领，于细节处显工夫。

设计/风工房

编织方法/171页

使用线/达摩手编线

仿皮草装饰套头衫

横向编织的身片上加上纵向花样，很有点缀效果。这款套头衫的领窝和袖口用仿皮草线装饰，在休闲中增加了华贵的感觉。编织时要注意仿毛部分不要漏针。

设计/冈本启子　制作/宫本真由美
编织方法/ 175 页
使用线/和麻纳卡

流苏边马甲

前门襟的流苏，只需和前身片一起编织即可，不需要事后连接。反面也装上纽扣的话，两侧都可以看到流苏，也可以只在一侧露出流苏，可以享受不同穿法的乐趣。

设计 / 银笛编织研究会　奥村利惠子
编织方法 /174 页
使用线 / 和麻纳卡

罗纹边休闲开衫

花样看起来像麻花针一样，但实际并没有交叉，只是提起了针目，编织起来非常简单。编织花样看起来很复杂，但用编织机很快就可以搞定。

设计 / 银笛编织研究会　奥村利惠子
编织方法 /172页
使用线 / 和麻纳卡

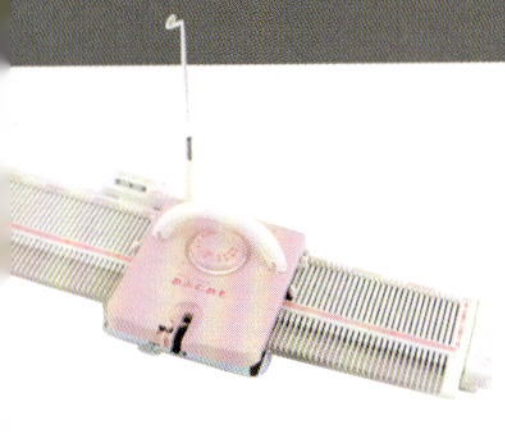

W·M·DIY

中国国际手工文化创意博览中心

国内首家一站式专业手工文化创意基地，集手工教育培训、手工原材料及成品展销、手工艺文创产品品牌孵化、团建沙龙、休闲体验于一体。博览中心面积约2000多平方米，东馆主要是手工图书、手工文创产品成品（半成品）、材料包展示销售及团建活动落地，西馆主要是进口品牌面料、线材、工具等原材料展示、销售及各种手工培训教室。

休闲体验/团建沙龙/手工培训/专业集采/文创孵化

（周末沙龙、企业团建、亲子教育……欢迎来体验手工的快乐！）

W·M·DIY

趣好玩 · 懂时尚 爱玩美手工

学手工 · 淘手工 · 播手工 · 拍手工 · 赏手工 · 聊手工

拼布/黏土/花艺/编织/刺绣/串珠/折纸/皮艺/服装DIY

手工鉴赏：中国 · 郑州郑东新区祥盛街27号出版产业园C3一楼

咨询热线：杨老师 18697324155 李老师 18838230067

微信公众号

抖音号

（水吧、少量手工展区招商中...）

编织师的极致编织

【第32回】可以从名字就判断出你来自哪里？日本各地称呼不一的“手编今川烧”的风景

32

有时会想吃今川烧。
在超市的一角，在地下的百货商店，还有街边小店，或者移动售货机前，行走在街边时总能看见今川烧。
红豆馅、白馅、毛豆馅、奶油馅、巧克力馅等不同口味的今川烧，非常适合作为餐后点心享用。

日本各地都有，
但各地的叫法都不一样。
今川烧、大判烧、回转烧、烤馅饼、红豆饼、蜂蜜馒头等，叫法数不胜数。
真是广受欢迎。

大家要不要向身边的朋友
确认一下各自的叫法呢？

文、图/203gow　参考作品

编织师203gow：
持续编织非同寻常的“奇怪的编织物”。成立让编织充满街头的游击编织集团“编织奇袭团”，还涉足百货店的橱窗、时尚杂志背景、美术馆、画廊展示、舞台美术以及讲习会等活动。

编织符号真厉害

第10回 卷针【棒针编织】

了不起的符号 1 卷针＝卷针加针。卷一下加一针

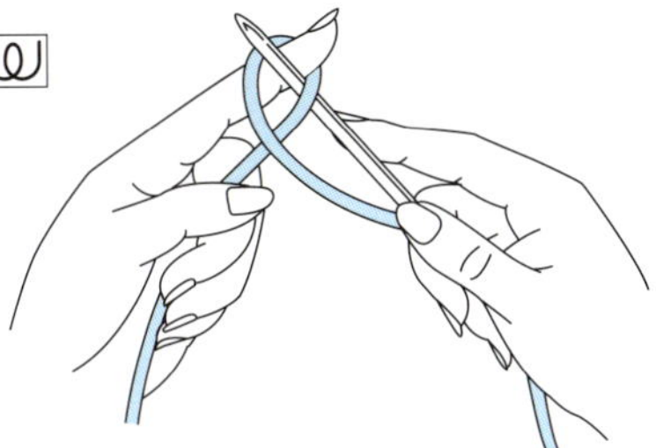

左手食指上挂线，从线的后面插入棒针，完成1针起针

了不起的符号 2 注意它和扭针的符号很像

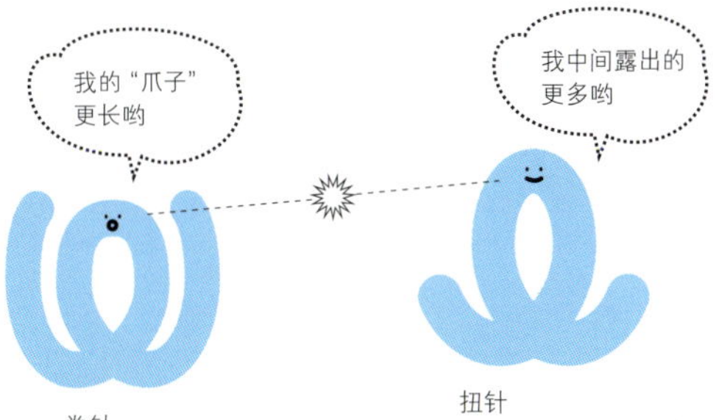
我的“爪子”更长哟
我中间露出的更多哟

卷针

扭针
※2018年夏号（第4回）初次登场

了不起的符号 3 无论何时、何地！卷、卷、卷！

中间

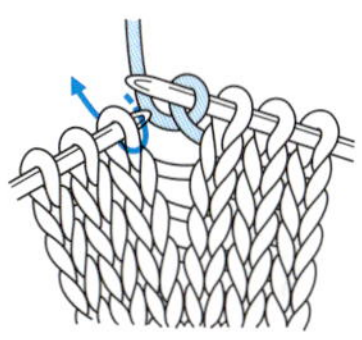

端头

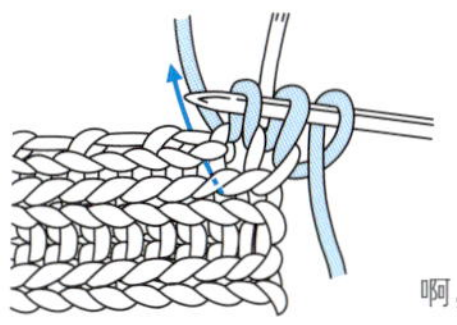

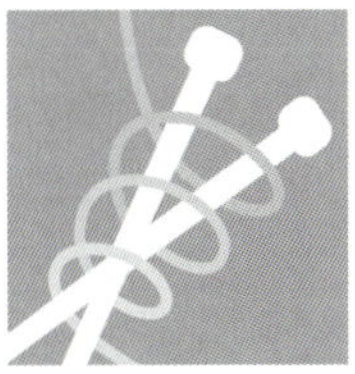

啊，或许能用上

从正面

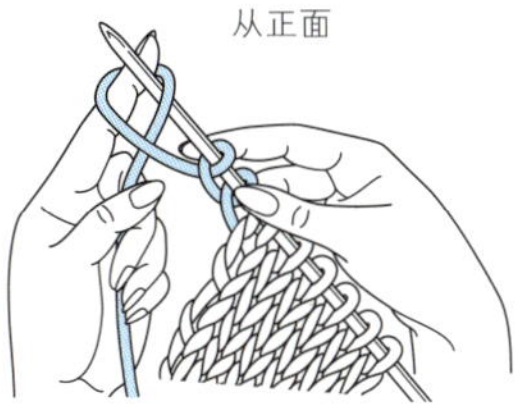

从反面

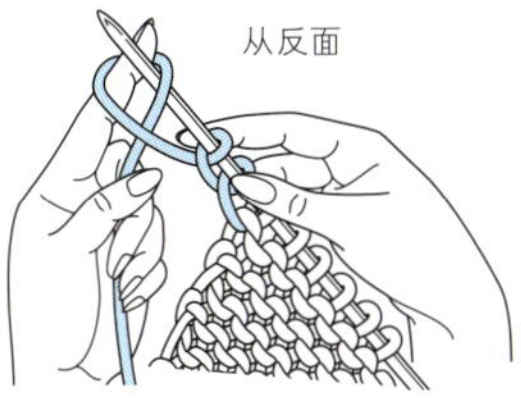

你们是否正在编织？我是对编织符号非常非常着迷的小编。现在，已经到了即使从头到脚都用上编织元素也不会令人侧目的季节了。请大家尽情编织吧。在休息的间隙，编织一件简单的小物也很美妙。

本期的主角是卷针哟。看了很多编织图后，还是觉得扭针的使用频率更高。但是，卷针也在各个场合活跃着。它是很好的针法，希望大家能够喜欢它。在手指上缠一圈，移到棒针上，就完成了1针卷针。因为卷针即卷针加针，所以很方便加针。对于现在还没有完全理清左、右扭加针的我来说，卷针真的是超级方便的加针方法了。不过，卷针是将编织线卷一下编织成的，和扭转渡线加针的方法相比更容易拉伸针目，这一点请大家注意。

卷针的另一个优点是不限制加针位置和针数。想要连续加针时，在编织终点侧一圈一圈地加针即可。当然，也可以在编织中途加针。如果一次编织太多卷针的话，针目会扭转，挑针时很不方便，所以要适可而止。在编织开襟毛衣时，从前端到前门襟和衣领挑针时，在两端编织卷针的话，针目会很漂亮。

任意延伸的卷针起针自不必说，绕线编也是按照卷针的要领缠绕针目的。所以，虽然卷针出场的频率不高，但因其简单，而且不限制加针位置和针数，一定要在编织中尝试一下哟。

小编的碎碎念

卷针的符号很不好画。如果两边的“爪子”画短的话，工作人员就会用红笔批注“容易和扭针混淆，重画！”……卷针是很简单的针法，请大家一定要掌握呀！

现在还不知道?

罗纹针收针的要点

罗纹针编织的作品经常要用到罗纹针收针。
不少人会因为觉得难而选择伏针收针,但罗纹针收针织片的伸缩性明显优于伏针收针的织片。
为了编好衣领和袖口等对伸缩性要求高的地方,努力掌握罗纹针收针吧。

摄影/森谷则秋　监修/今泉史子

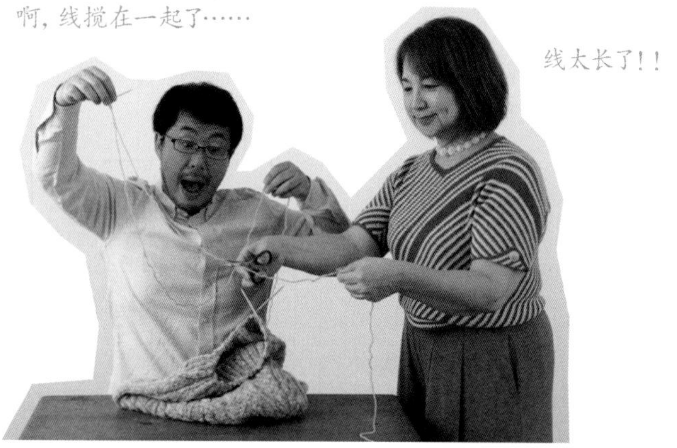
啊，线搅在一起了……
线太长了！！

其1

单罗纹针收针(两端为2针下针时)

使用毛线缝针，2针下针、2针上针为1组，1针中分别入针2次。
拉线时，使其和编织针目的松紧度相同，这样看起来比较漂亮。
注意，罗纹针收针所需要的线长为织片长度的2.5~3倍。
如果线留太长的话，容易缠绕、磨毛、变细。
如果需要70cm以上长度的话，要分数次进行罗纹针收针。

右端

1

从针目1的前面入针，将其从棒针上挑下，然后插入针目2，将线拉出。

2

再次从针目1的前面入针，从针目2和针目3之间出针，然后按箭头所示向针目3的后面出针。

下针和下针

3

从针目2的前面入针，将其从棒针上挑下。

4

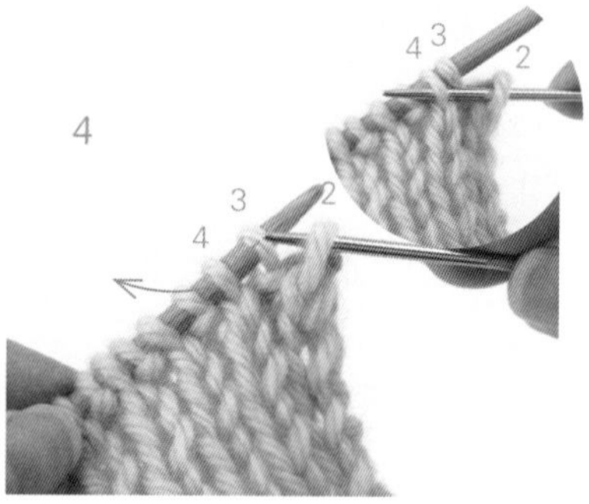

如箭头所示插入针目4，从前面出针。

上针和上针

5

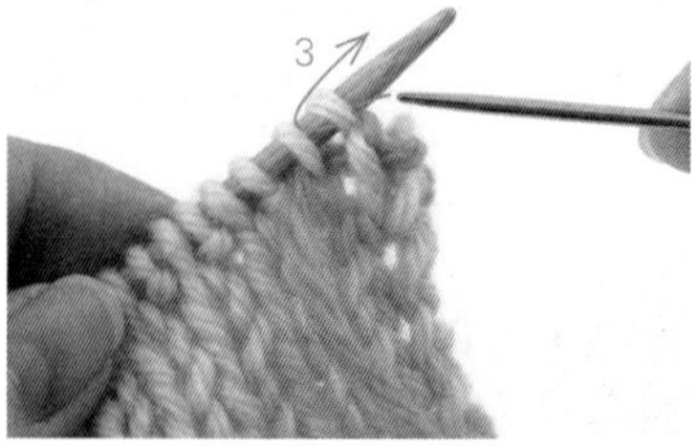

从针目3的后面入针，将其从棒针上挑下。

6

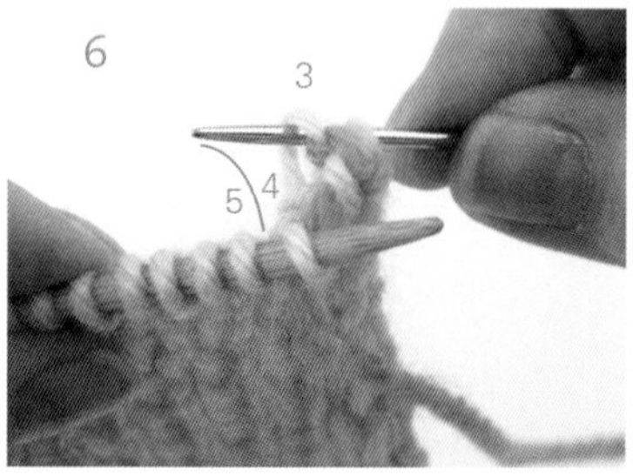

从针目4和针目5之间向前出针。

7

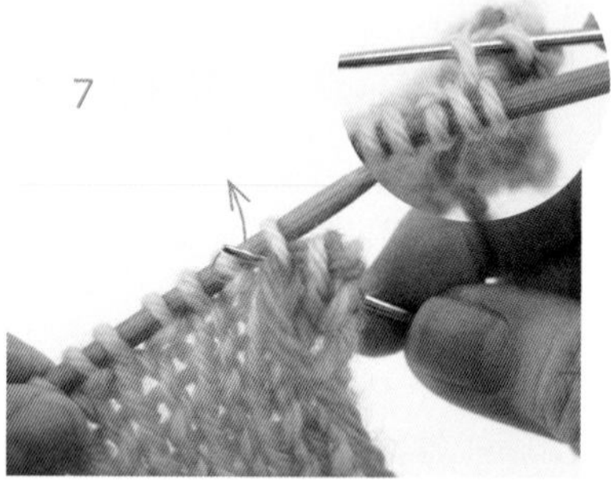

如箭头所示，向针目5的后面出针。

8

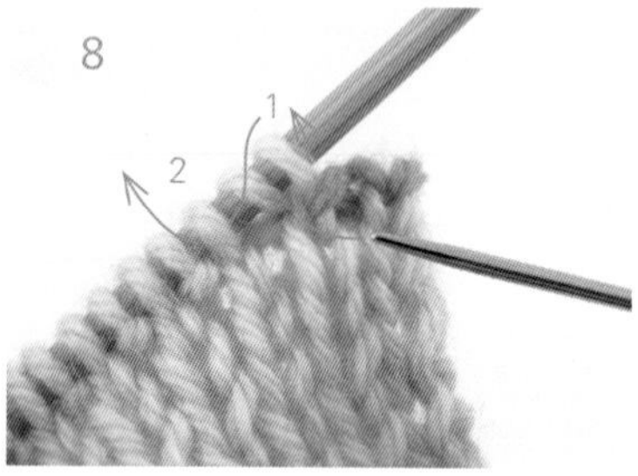

重复步骤3~7。

左端

9

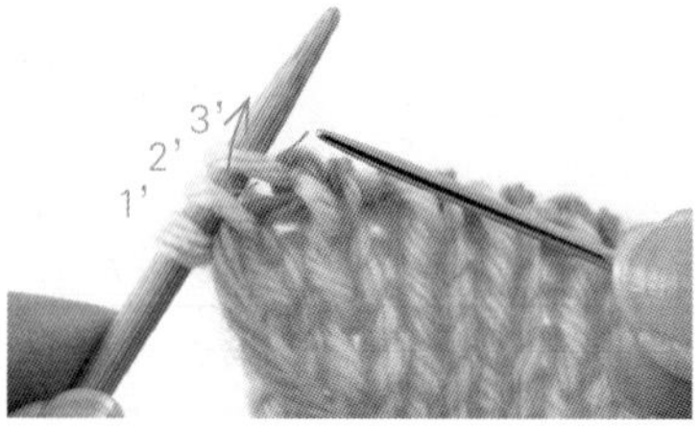

编织至棒针上剩余3针时，从针目3’的后面入针，将其从棒针上挑下。

10

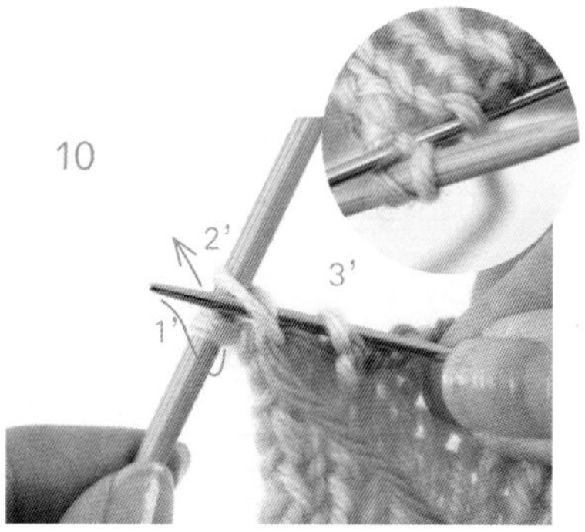

从针目2’和针目1’之间向前出针，然后按照步骤7的方法从针目1’的后面出针。

11

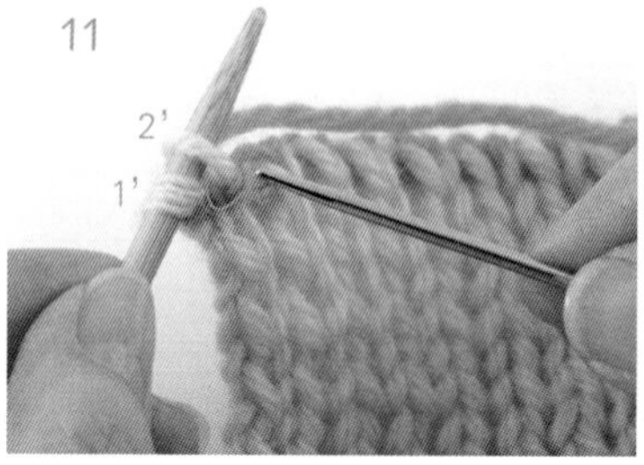

从针目2’的前面入针,将其从棒针上挑下。

12

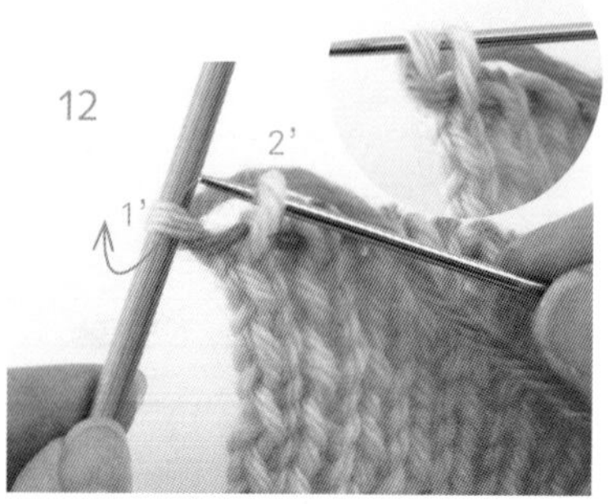

从针目1’的前面出针，将其从棒针上挑下。

其2

扭针的单罗纹针收针（下针侧为扭针时）

方法和单罗纹针收针类似，以同样的方法入针收针。
注意，扭针的入针方法不同。如果全部相同的话，最终行将成为不扭转的罗纹针。
所以，想要最终行也和其他行一样扭转的话，一定要掌握这种扭针的单罗纹针的收针方法哟。

从针目 1 的前面入针，将其从棒针上挑下。从后面插入针目 2，使针目扭转。

再次从针目 1 的前面入针，从针目 2 和针目 3 之间出针。如箭头所示入针，向针目 3 的后面出针。

扭针和扭针

从针目 2 的后面入针，将其从棒针上挑下。

从针目 3 和针目 4 之间向后面出针，从针目 4 的后面入针。

其3

从针目3和针目4之间向后面出针，从针目4的后面入针

如果觉得其2的方法有些难，容易混乱，可以先将针目扭一遍再正常收针。
只是针目容易变紧，要用细一两号的无堵头棒针编织。

将右棒针从针目后面插入，使扭针保持扭转。

扭转至端头后，按照其 1 的方法用毛线缝针从右边开始做单罗纹针收针。

还差一点点，
线不够了……

唔，
加线吧

其4

罗纹针收针，中途线不够用时

其1中也讲了，用太长的线收针的话，虽然不至于被老师“咔嚓”剪断，
但收针方法就只剩一种了。
但是，如果线不够用，也不用担心，掌握加线方法即可。

将毛线缝针插入上针和上针之间，从织片后面出针。

用新线按照步骤 1 的方法入针，留下处理线头用的长度，将线拉好。

然后挑起下针和下针，继续收针。

罗纹针收针完成后，翻转织片，劈开下针的针目穿入毛线缝针，处理好线头。

其5

各种单罗纹针收针的图解

如果前面的图片不容易理解，请看本页的图解。

两端均为2针下针

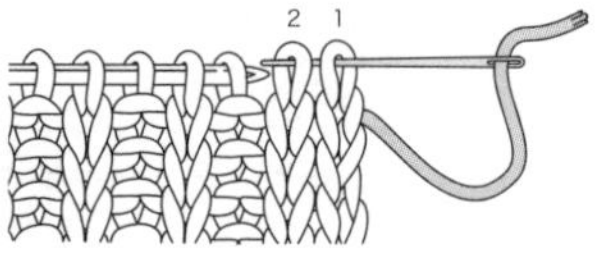

1 从针目1的前面插入毛线缝针，从针目2的前面出针。

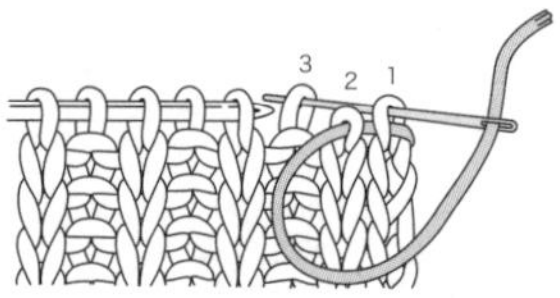

2 从针目1的前面插入毛线缝针，从针目3的后面出针。

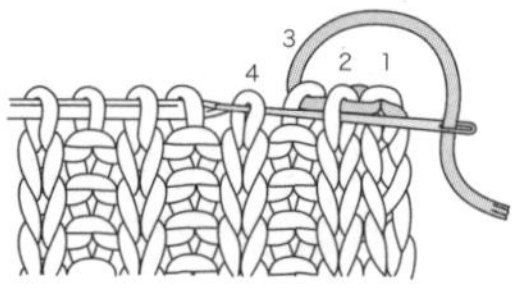

3 从针目2的前面插入毛线缝针，从针目4的前面出针（下针和下针）。

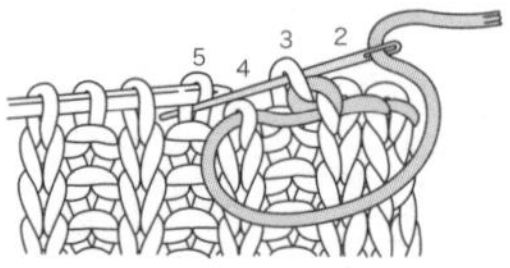

4 从针目3的后面插入毛线缝针，从针目5的后面出针（上针和上针）。重复步骤3、4至一端。

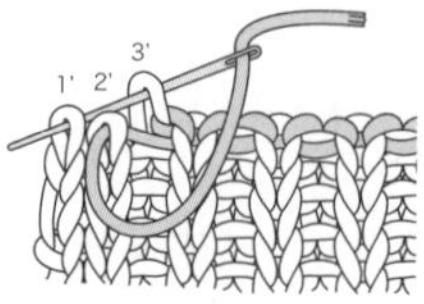

5 编织终点侧从针目3’的后面插入毛线缝针，从针目1’的前面出针。

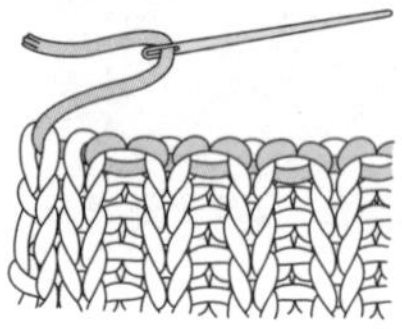

6 拉出线的情形。

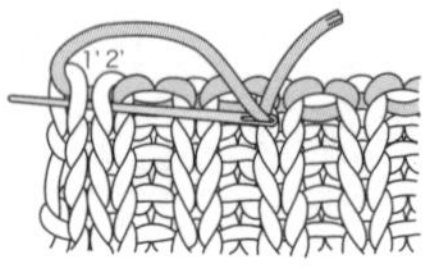

7 从针目2’的前面插入毛线缝针，从针目1’的前面出针。

两端为1针下针的情况

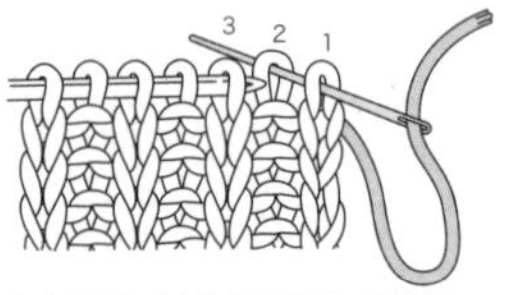

1 从端头2针的前面插入毛线缝针。

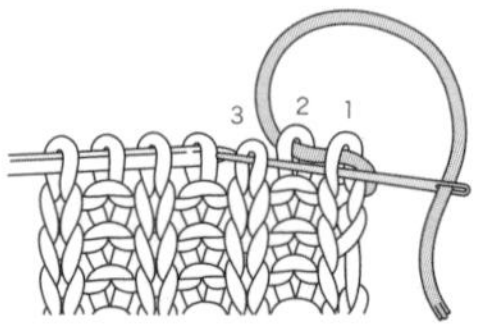

2 再次从针目1的前面插入毛线缝针，从针目3的前面出针（下针和下针）。

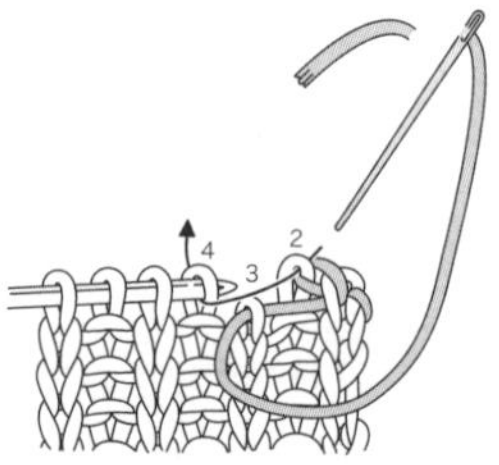

3 从针目2的后面插入毛线缝针，从针目4的后面出针。（上针和上针）重复步骤2、3至一端。

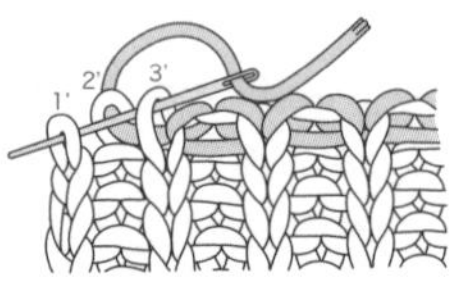

4 编织终点侧从针目3’的前面插入毛线缝针，从针目1’的前面出针。

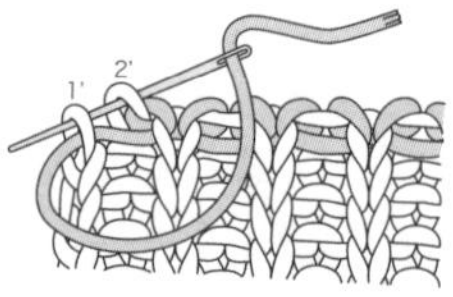

5 从针目2’的后面插入毛线缝针，从针目1’的前面出针。.

环形编织的情况

（编织起点侧）

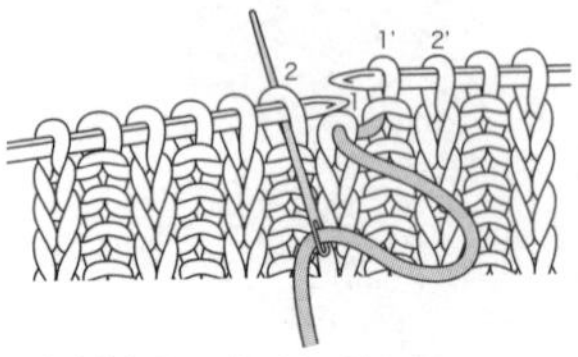

1 从针目1（第1针下针）的后面入针，从第2针的后面出针。

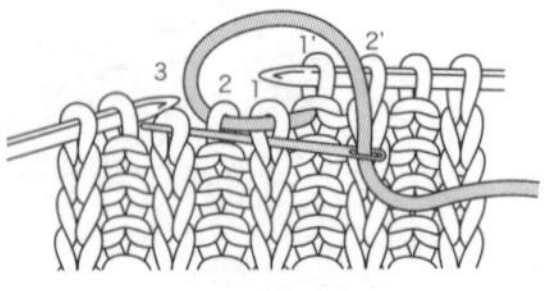

2 从针目1的前面入针，从针目3的前面出针。

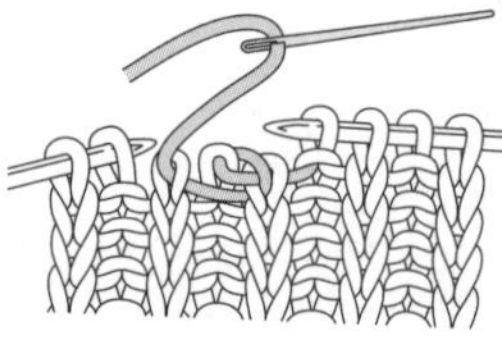

3 将线拉出后的样子。

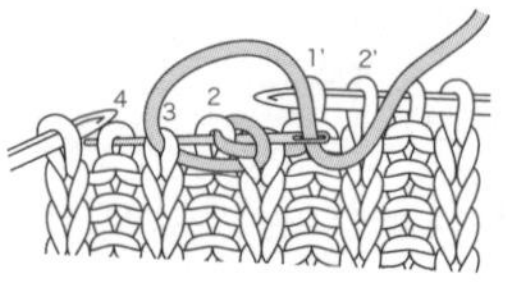

4 从针目2的后面入针，从针目4的后面出针（上针与上针）。

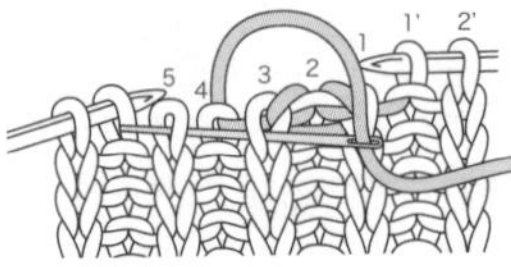

5 从针目3的前面入针，从针目5的前面出针（下针与下针）。重复步骤4、5。

（编织终点侧）

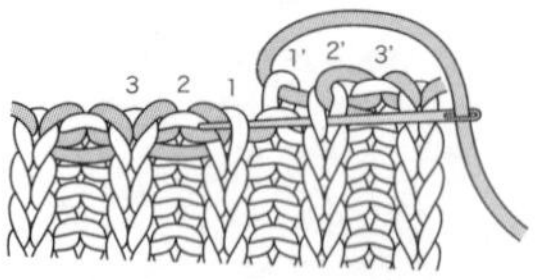

6 从针目2’的前面入针，从针目1（第1针下针）的前面出针（下针与下针）。

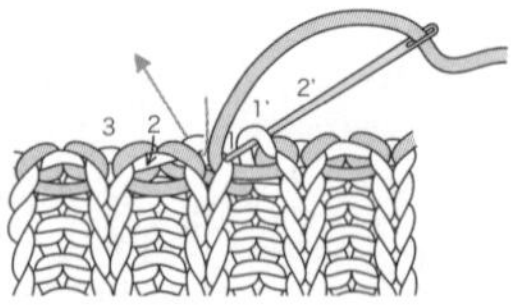

7 从针目1’（上针）的后面入针，从针目2（第1针上针）的后面出针。

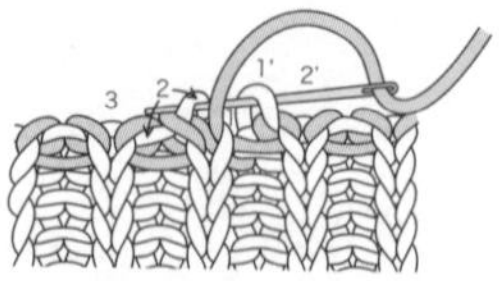

8 将毛线穿入针目1’、2’后的样子。将毛线缝针在针目1、2中穿3次。

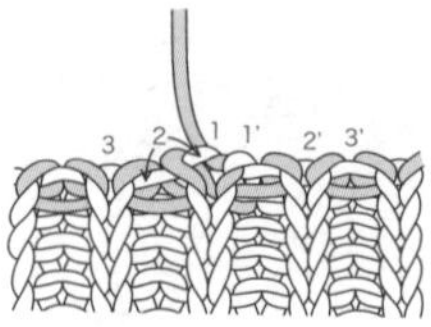

9 拉紧线后，即完成。

扭针的单罗纹针收针

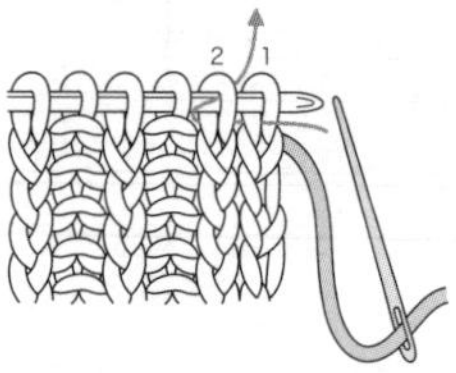

1 将毛线缝针插入针目1和针目2，将针目2扭一下。

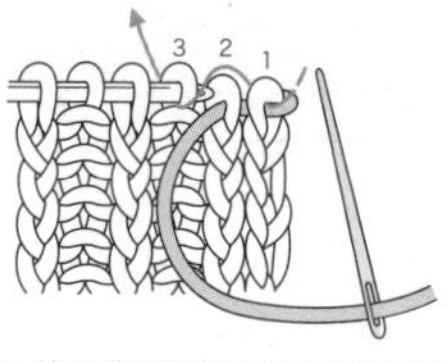

2 将毛线缝针插入针目1和针目3。

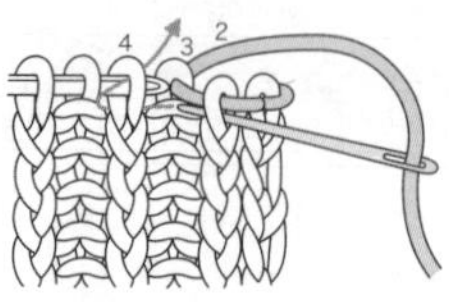

3 将毛线缝针插入针目2和针目4，一边扭转下针一边做单罗纹针收针。

编织图的看法

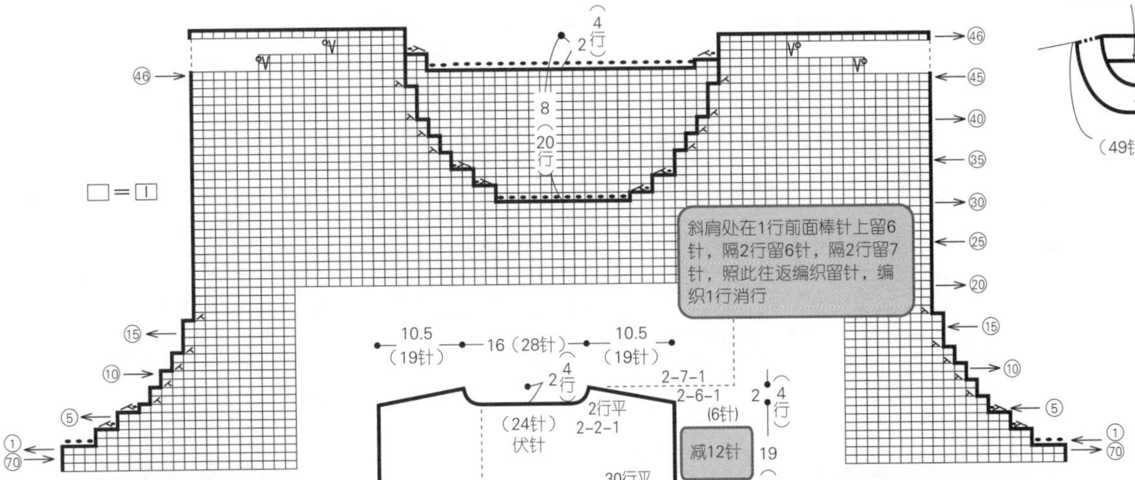

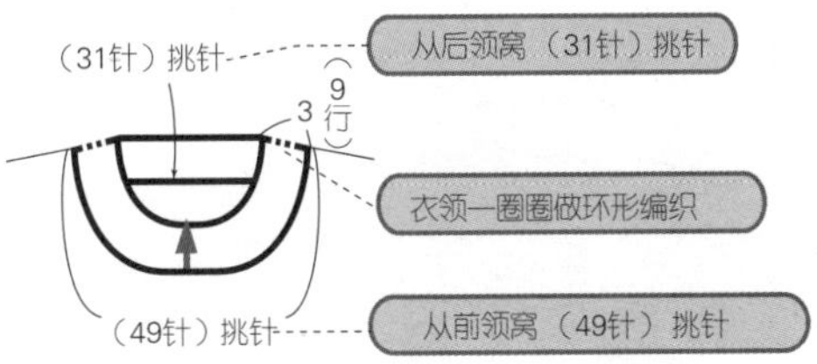

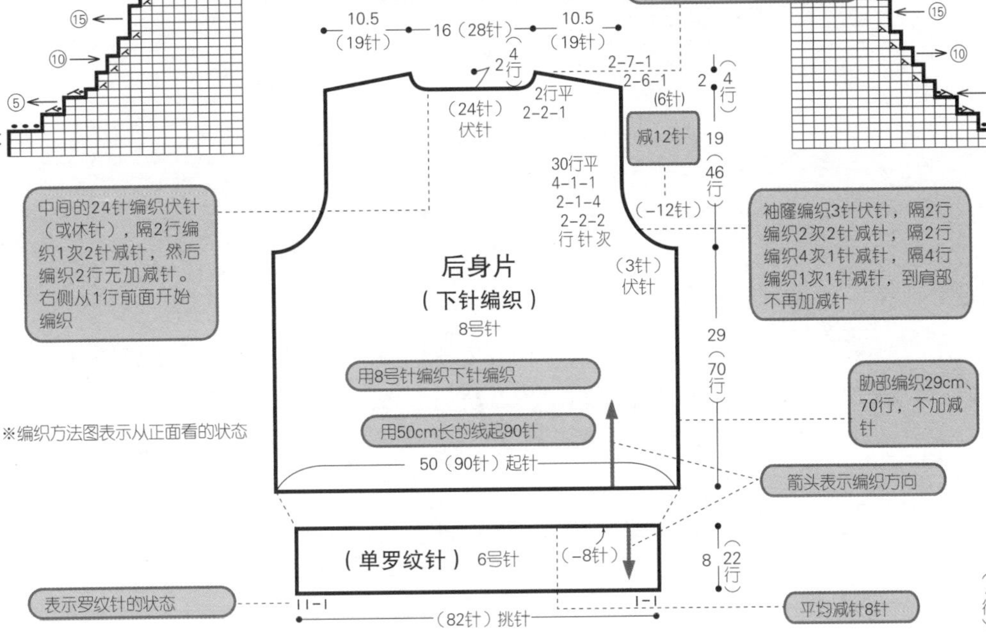

※编织方法图表示从正面看的状态

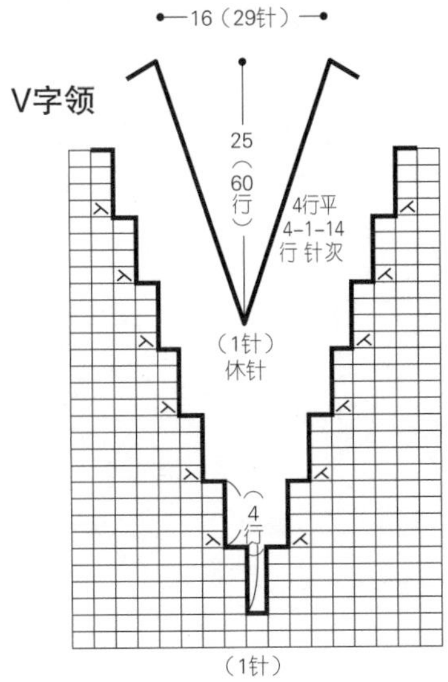

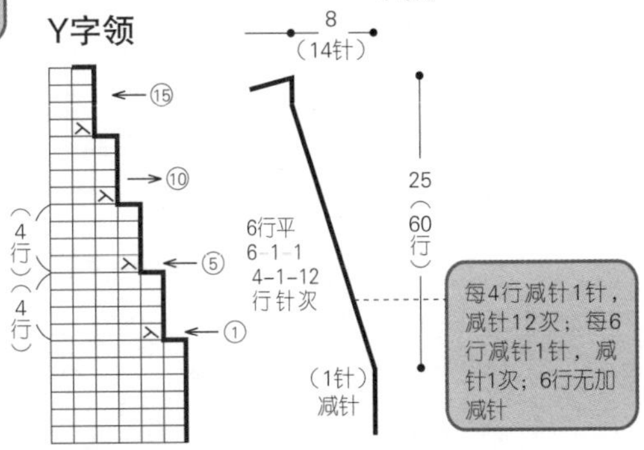

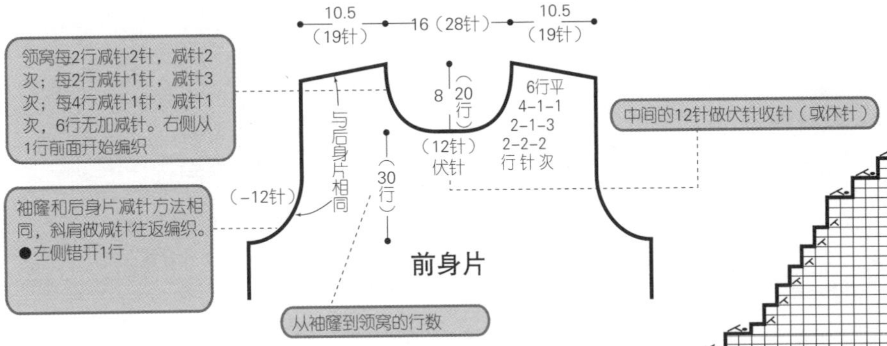

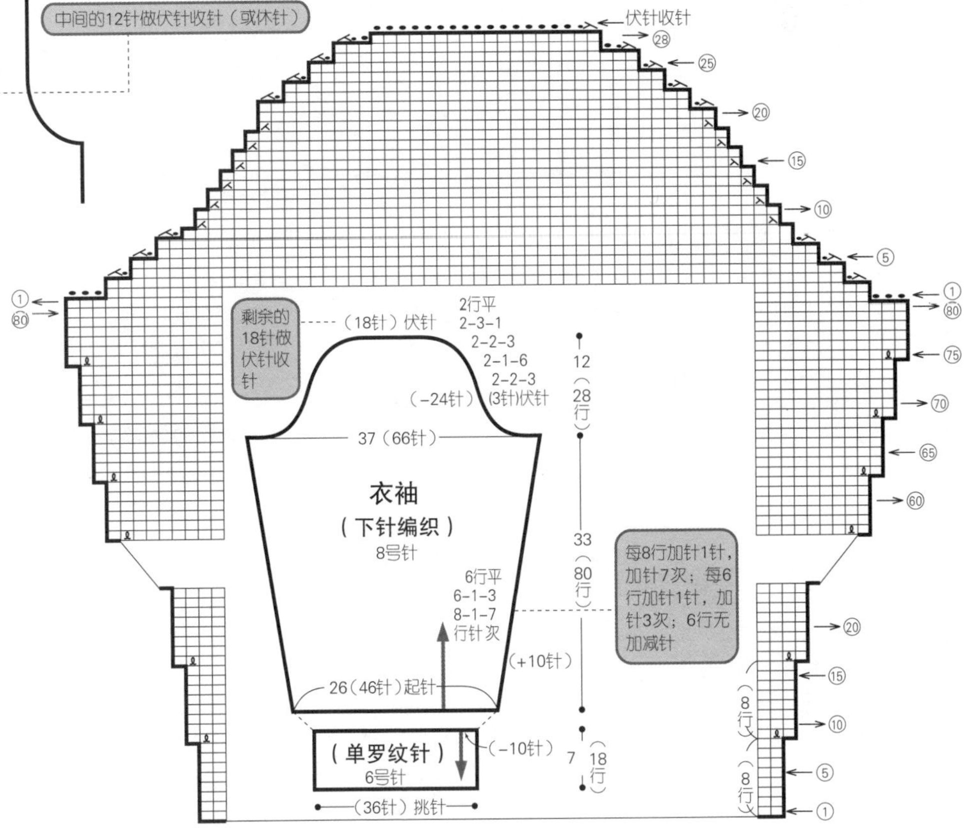

针数只表示单侧。另一侧也按照相同的针数编织加减针。只是，2针以上的加减针无法在同一行完成，左边会错开1行。领窝右侧从1行前面开始操作

不同线条的含义

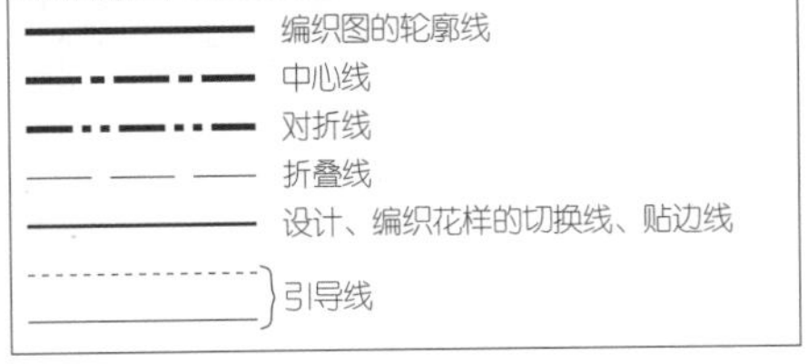

作品的编织方法

★的个数代表作品的难易程度和对编织者的水平要求　★…初学者可放心选择　★★…拥有一定自信者都可以尝试
★★★…有毅力的中上级水平者可以完成　★★★★…对技术有自信者都可大胆挑战
※ 线为实物粗细
※ 图中未注明单位的数字均以厘米（cm）为单位

材料

手织屋 e-Wool 藏青色(09) 300g，深灰色(11) 70g，绿色(03) 65g

工具

棒针5号、3号

成品尺寸

胸围98cm，衣长56cm，连肩袖长73.5cm

编织密度

10cm×10cm面积内：配色花样25针，30行；下针编织21针，29行

编织要点

●身片、衣袖…身片手指起针，编织双罗纹针、配色花样。用横向渡线编织配色花样的方法编织。减针时，2针及以上时做伏针减针，1针时立起侧边1针减针。肩部做盖针接合。衣袖从身片挑针，做下针编织和双罗纹针。袖下减针时，端头第2针和第3针编织2针并1针。编织终点做下针织下针、上针织上针的伏针收针。

●组合…衣领挑取指定数量的针目，环形编织双罗纹针。编织终点做伏针收针，向反面折回，做卷针缝缝合。胁部、袖下使用毛线缝针做挑针缝合。

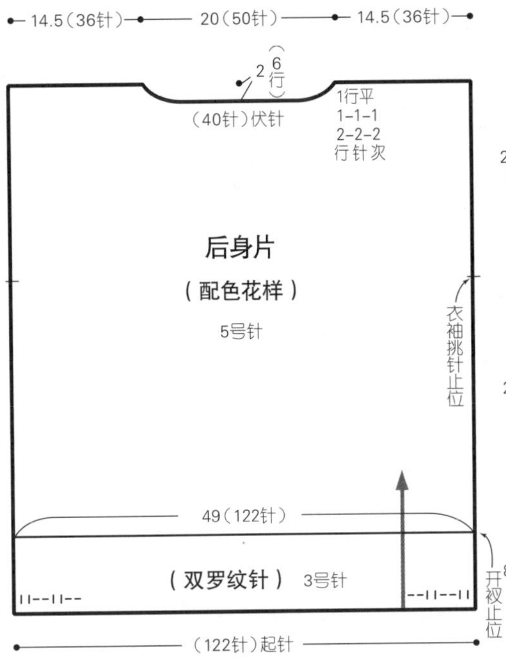

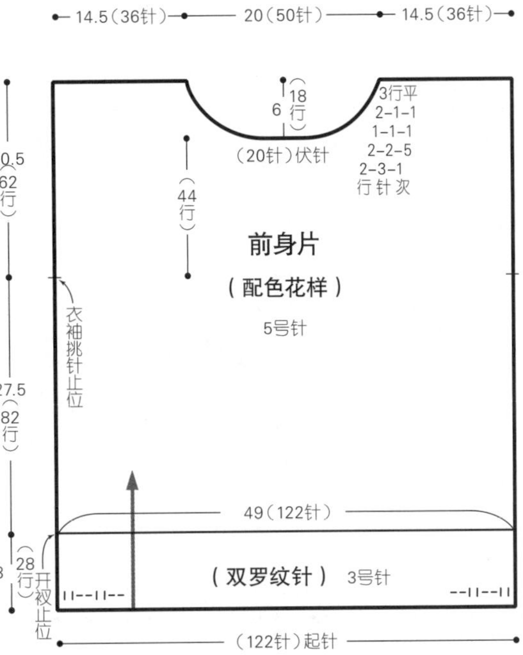

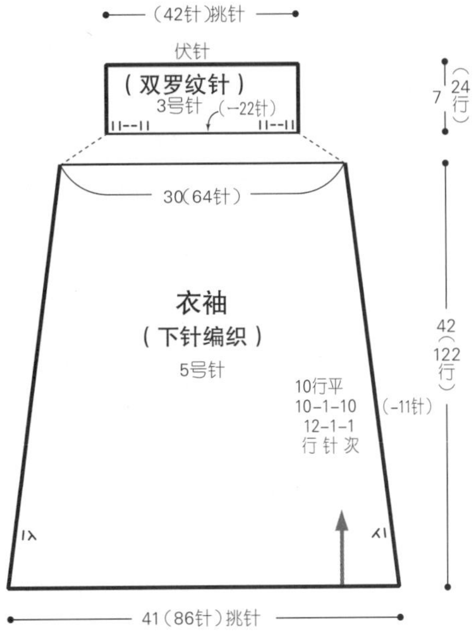

※ 除指定以外均用藏青色线编织

※ 横向渡线编织配色花样的方法请参照第91页

双罗纹针

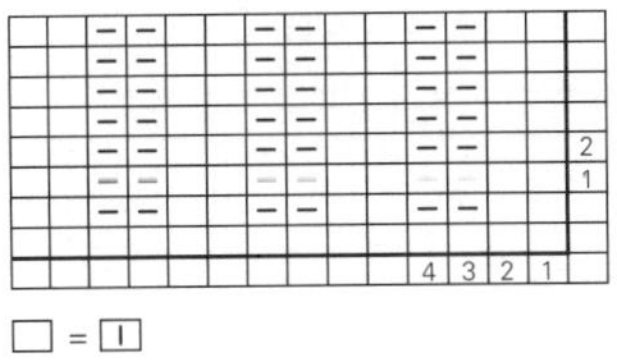

衣领

(双罗纹针) 3号针

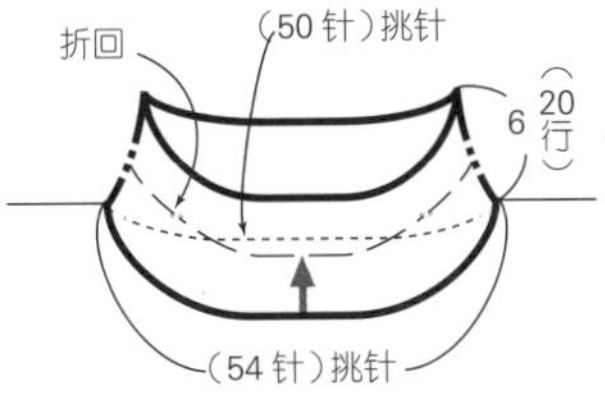

配色花样

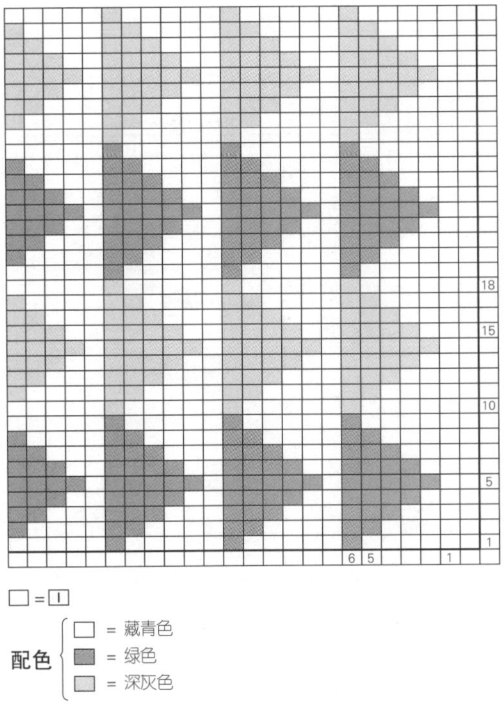

第9页A、B、C的配色

A	
底色	褐色(11)
配色	浅黄绿色(21)
	灰色(36)
	浅蓝色(38)

※ 线是Original Wool

B	
底色	灰青色(30)
配色	灰绿色(18)
	橙色(02)

※ 线是Moke Wool A

C	
底色	黑色(14)
配色	浅灰色(12)
	原白色(13)

※ 线是e-Wool

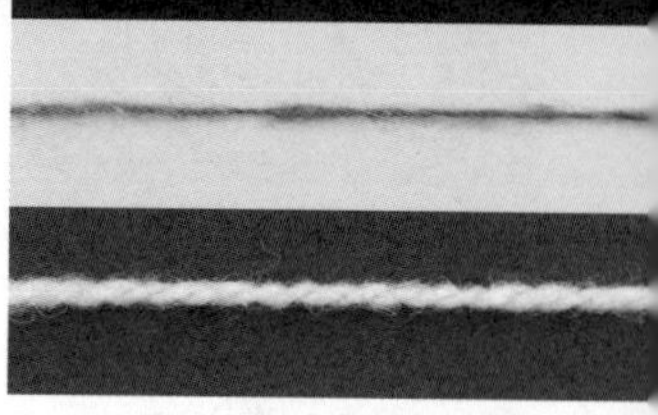

材料

手织屋 Honey Wool 浅褐色系混合(18) 135g；Original Wool 褐色(11) 60g，芥末色(30) 35g

工具

棒针3号、1号

成品尺寸

胸围108cm，衣长48.5cm，连肩袖长31cm

编织密度

10cm×10cm面积内：配色花样A、B均为30针，32行

编织要点

●身片…另线锁针起针，前、后身片连在一起编织配色花样A、B。第1行是反面行，需要注意。用横向渡线编织配色花样的方法编织。肩部、领窝参照图示编织加减针。编织终点休针。下摆从身片挑针，编织双罗纹针。编织终点做下针织下针、上针织上针的伏针收针。袖口从指定位置挑针，编织双罗纹针。编织终点和下摆的处理方法相同。

●组合…胁部做盖针接合，下摆侧边、袖口下使用毛线缝针做挑针缝合。衣领挑取指定数量的针目，环形编织双罗纹针。编织终点和下摆的处理方法相同。

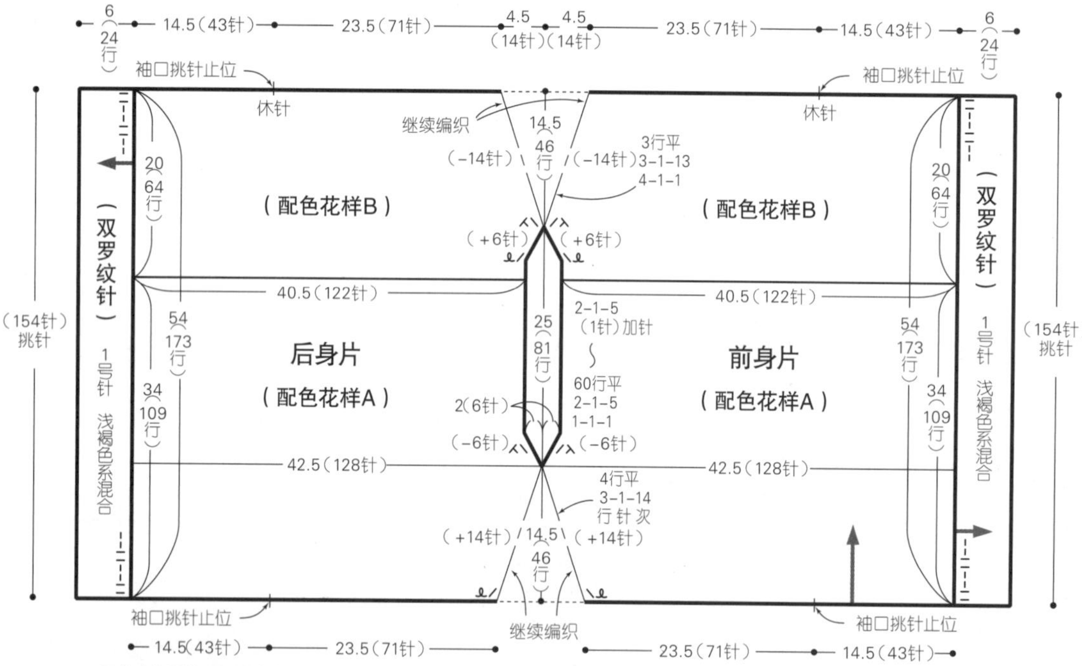

※ 除指定以外均用3号针编织

※ 锁针起针(43针)用2根线，(142针)用1根线，前、后身片连在一起挑针

※ 横向渡线编织配色花样的方法请参照第91页

配色花样A、B

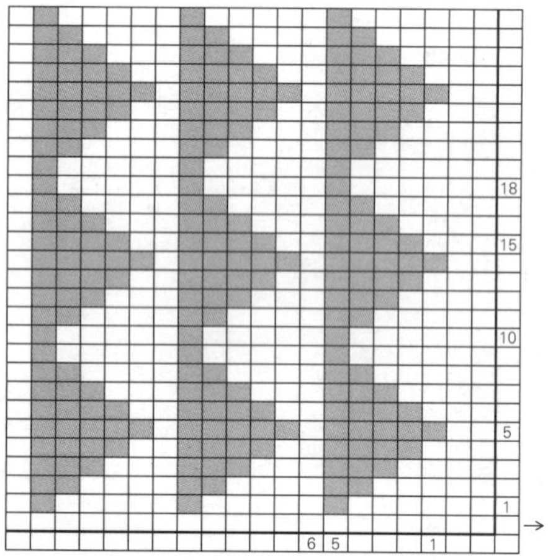

配色花样 A、B 的配色

	A	B
□	浅褐色系混合	
■	褐色	芥末色

双罗纹针

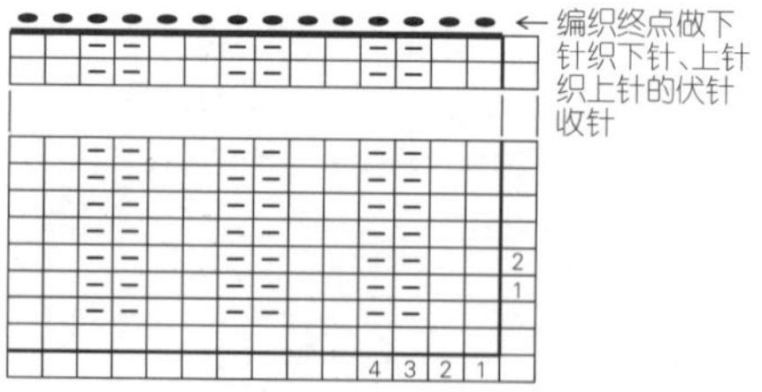

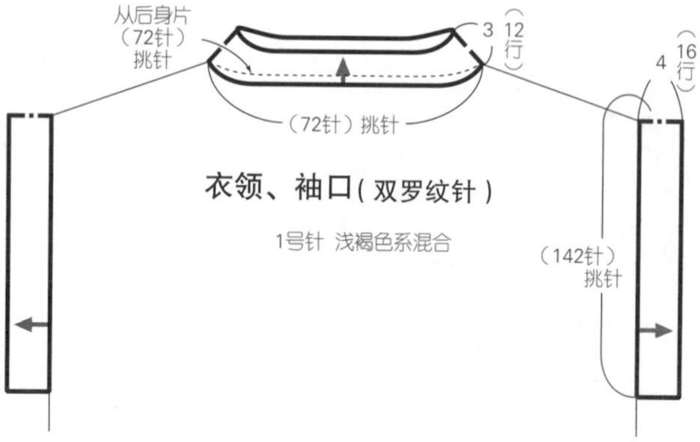

衣领、袖口(双罗纹针)

1号针 浅褐色系混合

肩部、领窝的加减针

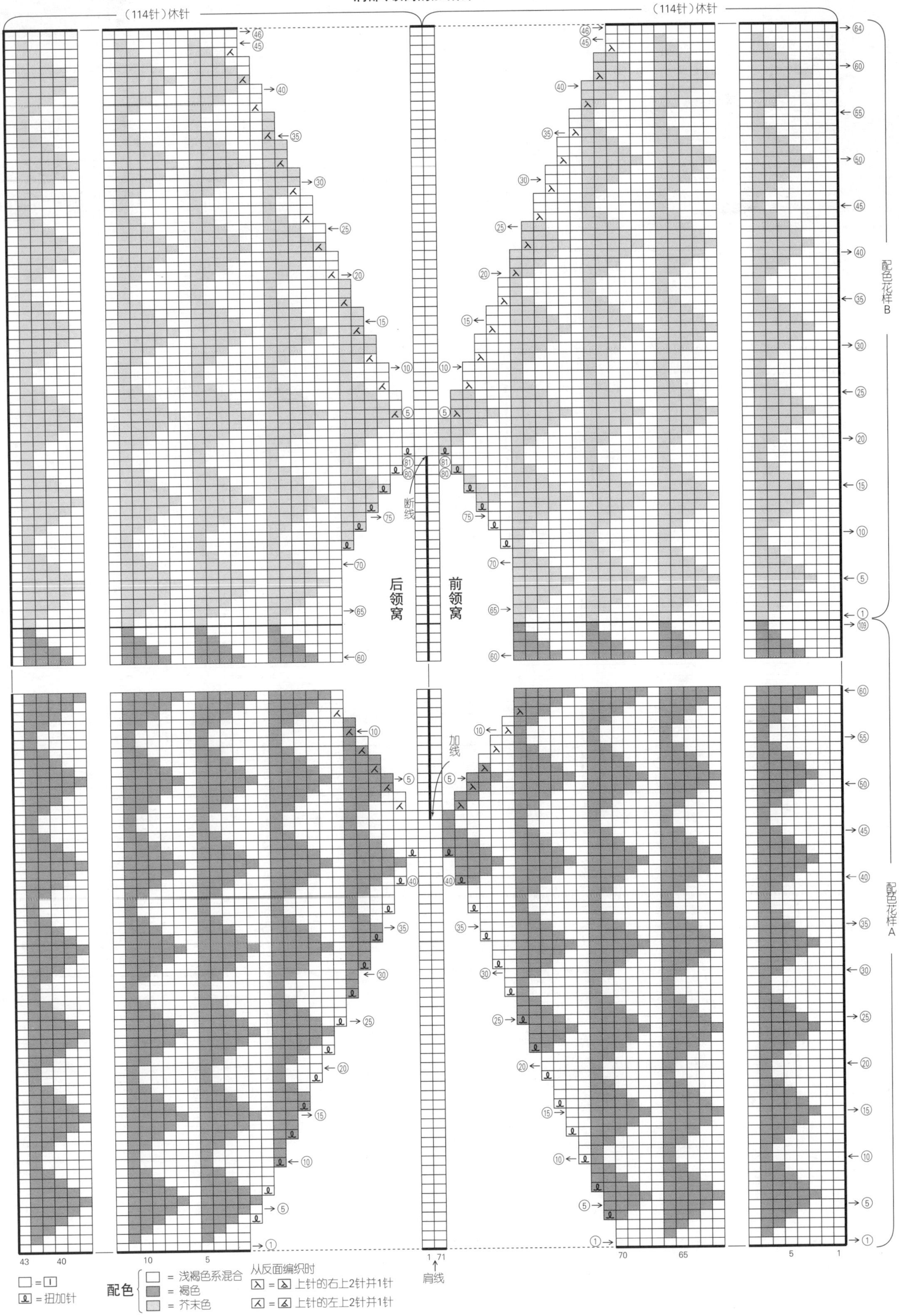

（114针）休针
（114针）休针
后领窝
前领窝
断线
加线
肩线
配色花样B
配色花样A
43 40 10 5 1 71 70 65 5 1
□ = 丨
扭加针
配色
□ = 浅褐色系混合
■ = 褐色
■ = 芥末色
从反面编织时
上针的右上2针并1针
上针的左上2针并1针

材料
手织屋 e-Wool 深灰色(11) 380g，浅蓝色(10) 20g；T Honey Wool 藏青色(40) 135g，灰色(31) 35g；Original Wool 芥末色(30) 60g

工具
棒针10号、8号、9号

成品尺寸
胸围120cm，衣长69.5cm，连肩袖长69cm

编织密度
10cm×10cm面积内：下针编织、上针编织、桂花针均为16针，23行

编织要点
●身片、衣袖…编织时参照图示配色。另线锁针起针，做下针编织、上针编织和桂花针。前身片换色部分要纵向渡线编织。前领窝减针时，立起侧边1针减针。袖下加针时，在1针内侧编织扭加针。编织终点做伏针收针。下摆、袖口拆开锁针起针挑针，编织双罗纹针条纹。编织终点做下针织下针、上针织上针的伏针收针。

●组合…肩部做盖针接合。衣领挑取指定数量的针目，环形编织双罗纹针。前身片中心参照图示做减针编织。编织终点和下摆的处理方法相同，前身片中心做减针的伏针收针。对齐针与行缝合。胁部、袖下使用毛线缝针做挑针缝合。

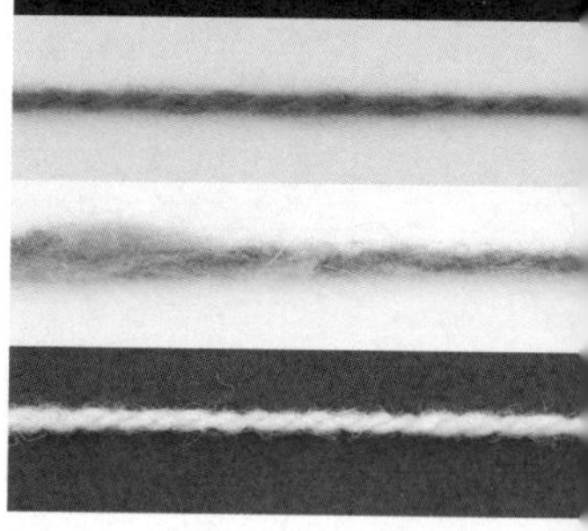

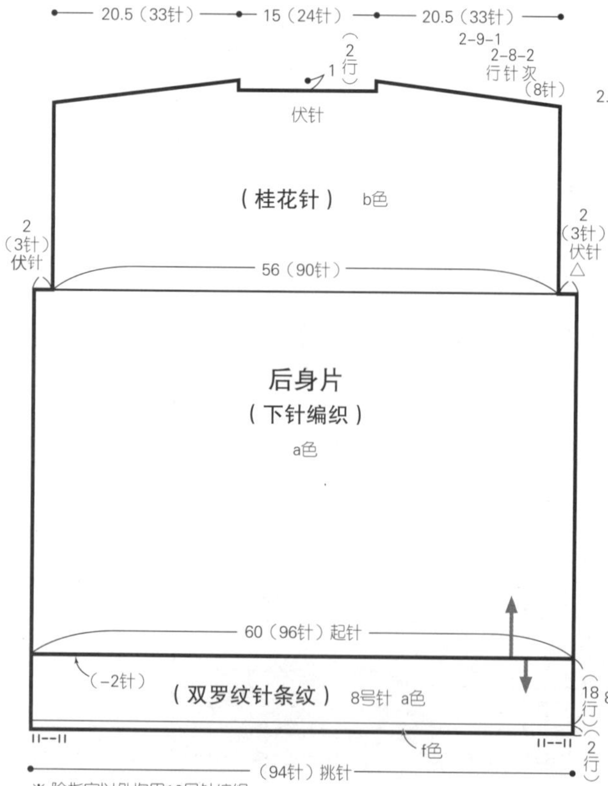

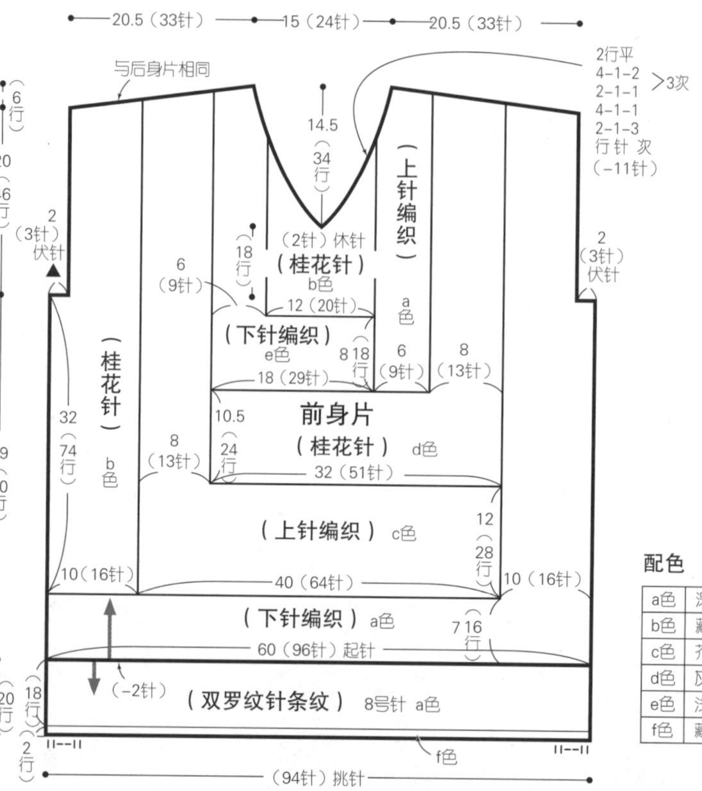

※ 除指定以外均用10号针编织

※ 纵向渡线编织配色花样的方法请参照第151页

配色

a色	深灰色 2根
b色	藏青色 1根
c色	芥末色 2根
d色	灰色 1根
e色	浅蓝色 2根
f色	藏青色 2根

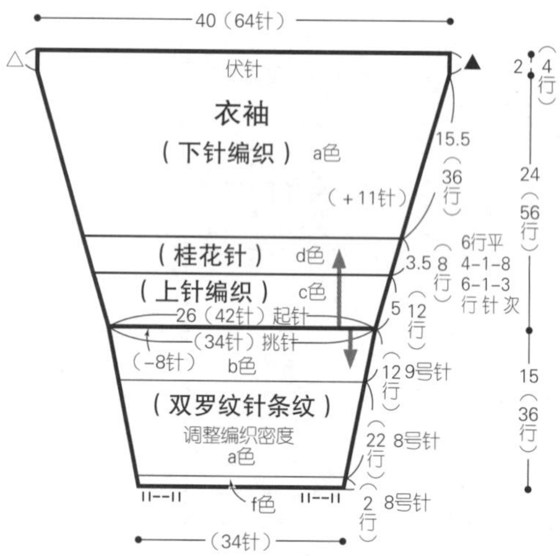

※ 对齐标记是右袖

衣领 （双罗纹针） 8号针 a色

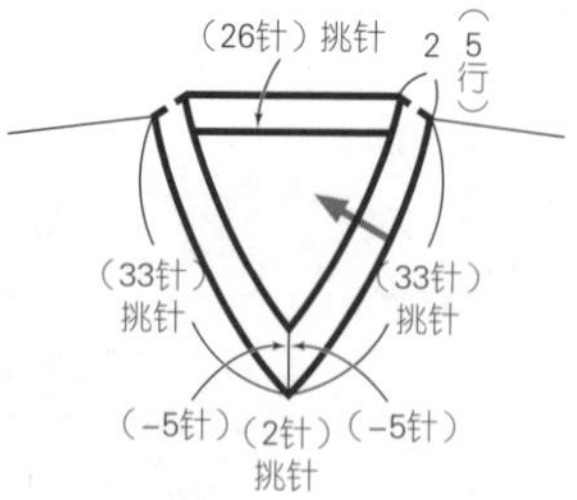

桂花针

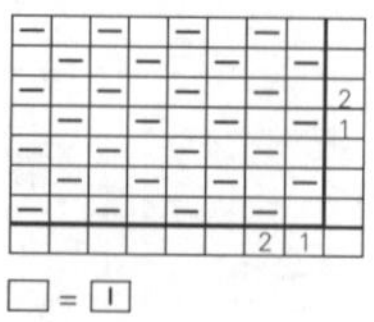

双罗纹针

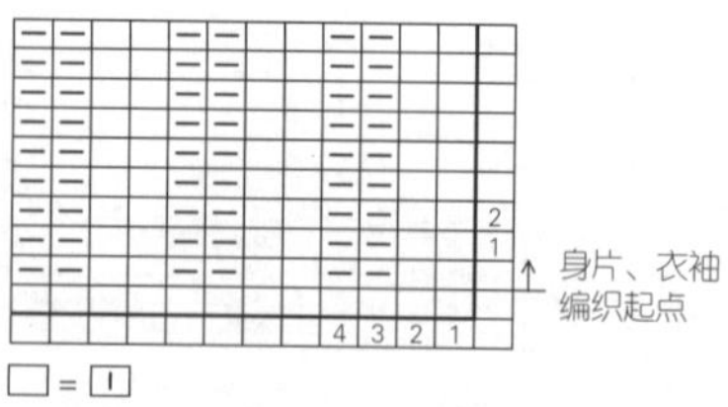

※双罗纹针条纹用指定的配色编织

V领的编织方法

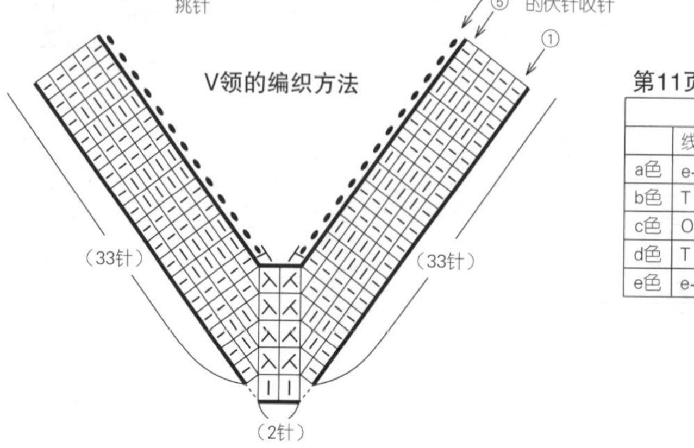

第11页A、B的配色

	线名	根数	A 色号	B 色号
a色	e-Wool	2根	04	06
b色	T Honey Wool	1根	07	01
c色	Original Wool	2根	02	08
d色	T Honey Wool	1根	20	38
e色	e-Wool	2根	11	08

材料

手织屋 Moke Wool B 红色(22) 115g，灰色(14) 70g；Original Wool 蓝色(39) 15g，深蓝色(40) 10g

工具

钩针8/0号、10/0号；绒球制作器 2.5cm、3.5cm、4.5cm、6.5cm

成品尺寸

宽18cm，深24cm(缩绒前)

编织密度

10cm×10cm面积内：条纹花样15针，17.5行

编织要点

●包底环形起针，钩织中长针。侧面锁针起针，用环形的往返编织做条纹花样。长针的正拉针要结合织片的长度拉线。提手和主体的起针方法相同，编织短针。制作绒球和系绳作为装饰。参照组合方法，包底和主体钩织短针接合。包底和主体、提手、绒球可缩绒至喜欢的大小。将提手缝在指定位置，缝上装饰，完成。

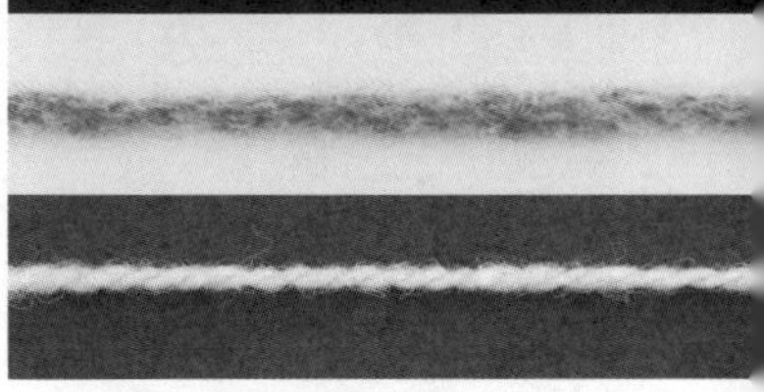

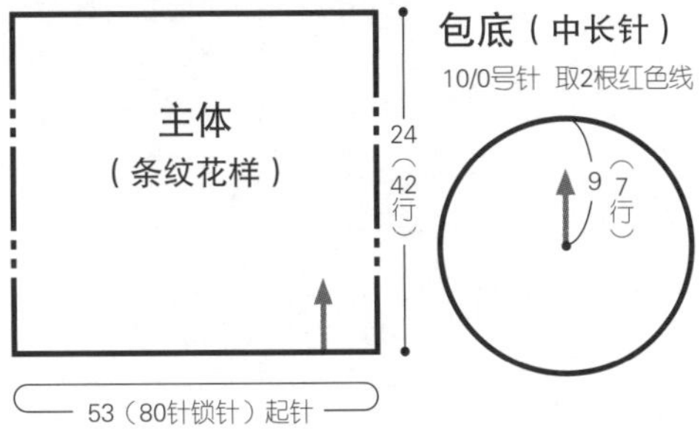

※除指定以外均用8/0号针、1根线编织

中长针(包底)

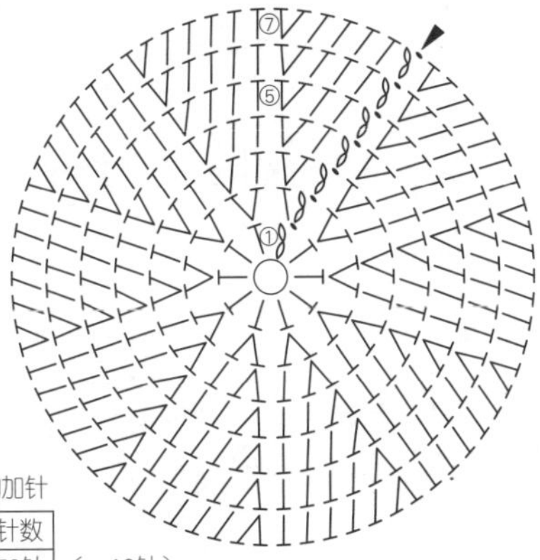

包底的加针

行数	针数	
第7行	70针	(+10针)
第6行	60针	(+10针)
第5行	50针	(+10针)
第4行	40针	(+10针)
第3行	30针	(+10针)
第2行	20针	(+10针)
第1行	10针	

► =剪线

条纹花样(主体)

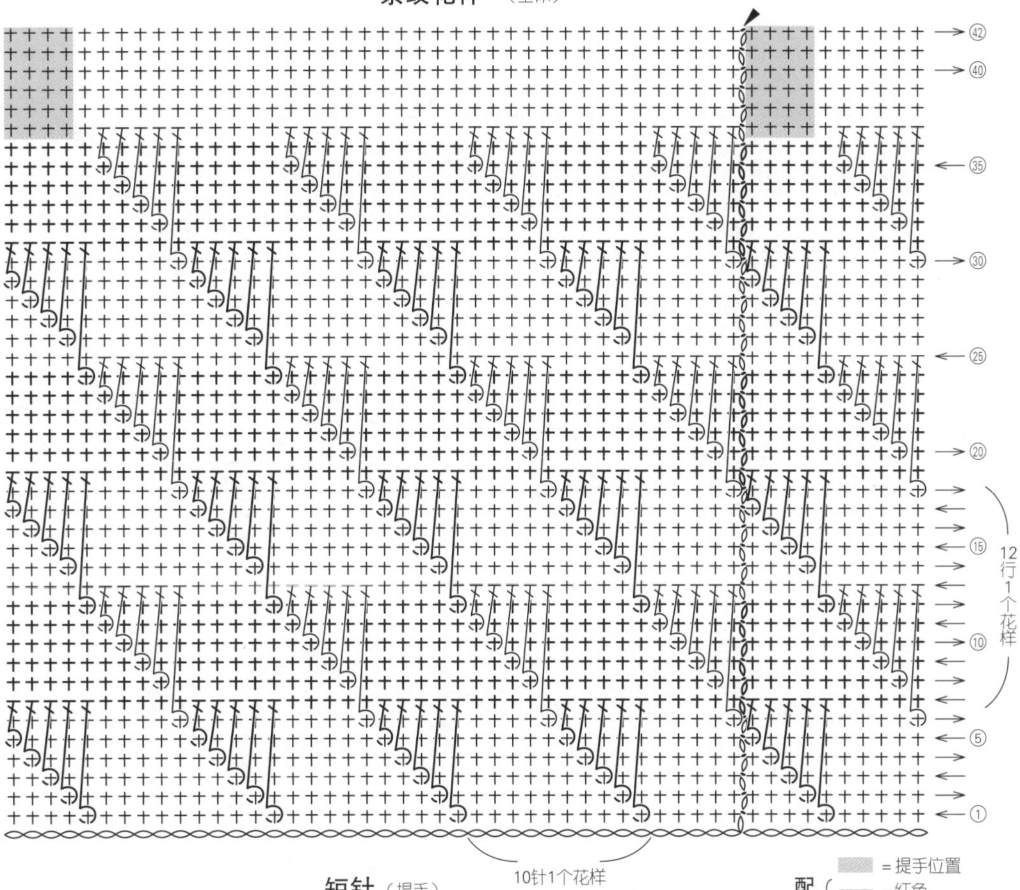

= 提手位置

配色 —— =红色 —— =灰色

=长针的正拉针

※编织方法请参照93页

提手(短针) 1根 灰色

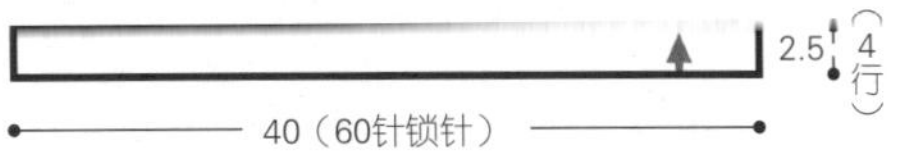

短针(提手)

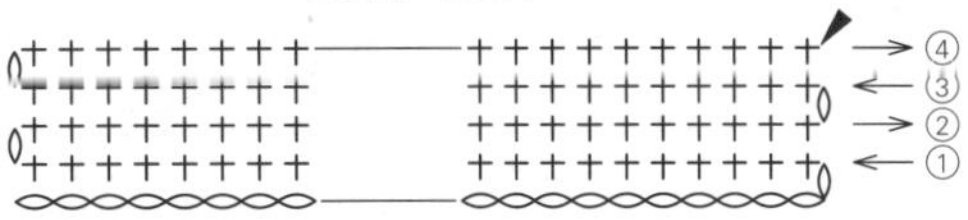

绒球的做法

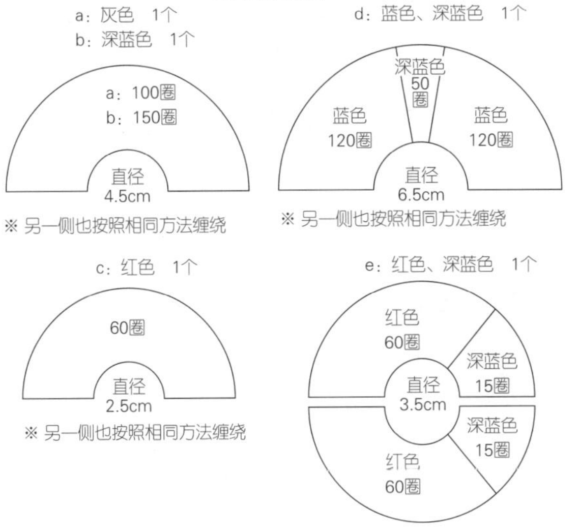

装饰A的组合方法

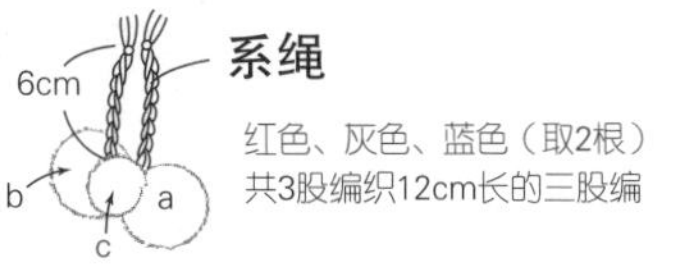

装饰B的组合方法

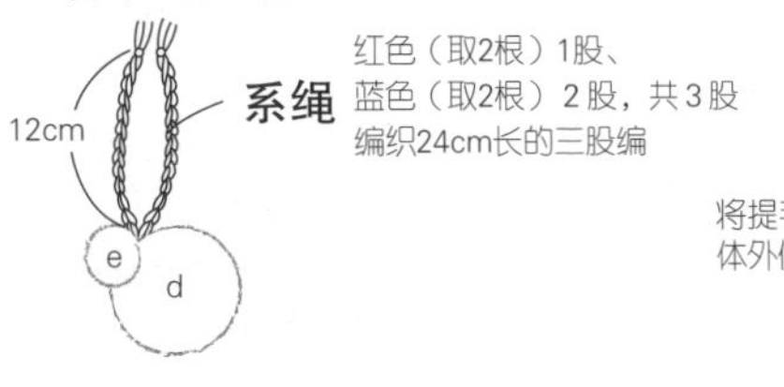

※将系绳对折，缝上绒球

组合方法

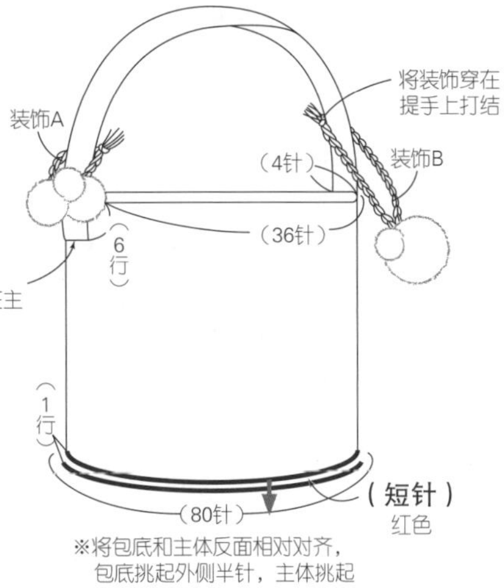

※将包底和主体反面相对对齐，包底挑起外侧半针，主体挑起起针，接合

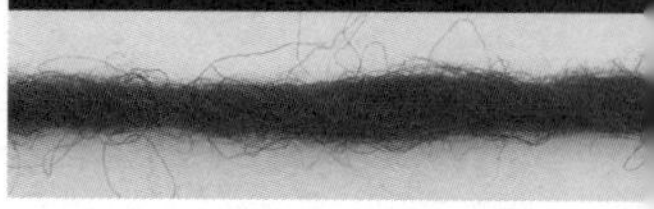

材料

内藤商事 Alafosslopi 灰色(0056) 445g/5团，原白色(0051)50g/1团，浅灰色(9974)40g/1团，黑色(0059) 30g/1团，深灰色(0057) 25g/1团

工具

棒针13号、10号

成品尺寸

胸围100cm，衣长63.5cm，连肩袖长81.5cm

编织密度

10cm×10cm面积内：下针编织12针，16.5行；配色花样14针，16行

编织要点

●身片、衣袖…手指起针，环形编织扭针的单罗纹针、下针编织。袖下参照图示加针编织。

●育克、衣领…腋下针目使用毛线缝针做下针的无缝缝合。育克从身片和衣袖挑针，一边分散减针，一边编织配色花样。用横向渡线编织配色花样的方法编织。衣领编织扭针的单罗纹针。编织终点做扭针织扭针、上针织上针的伏针收针。

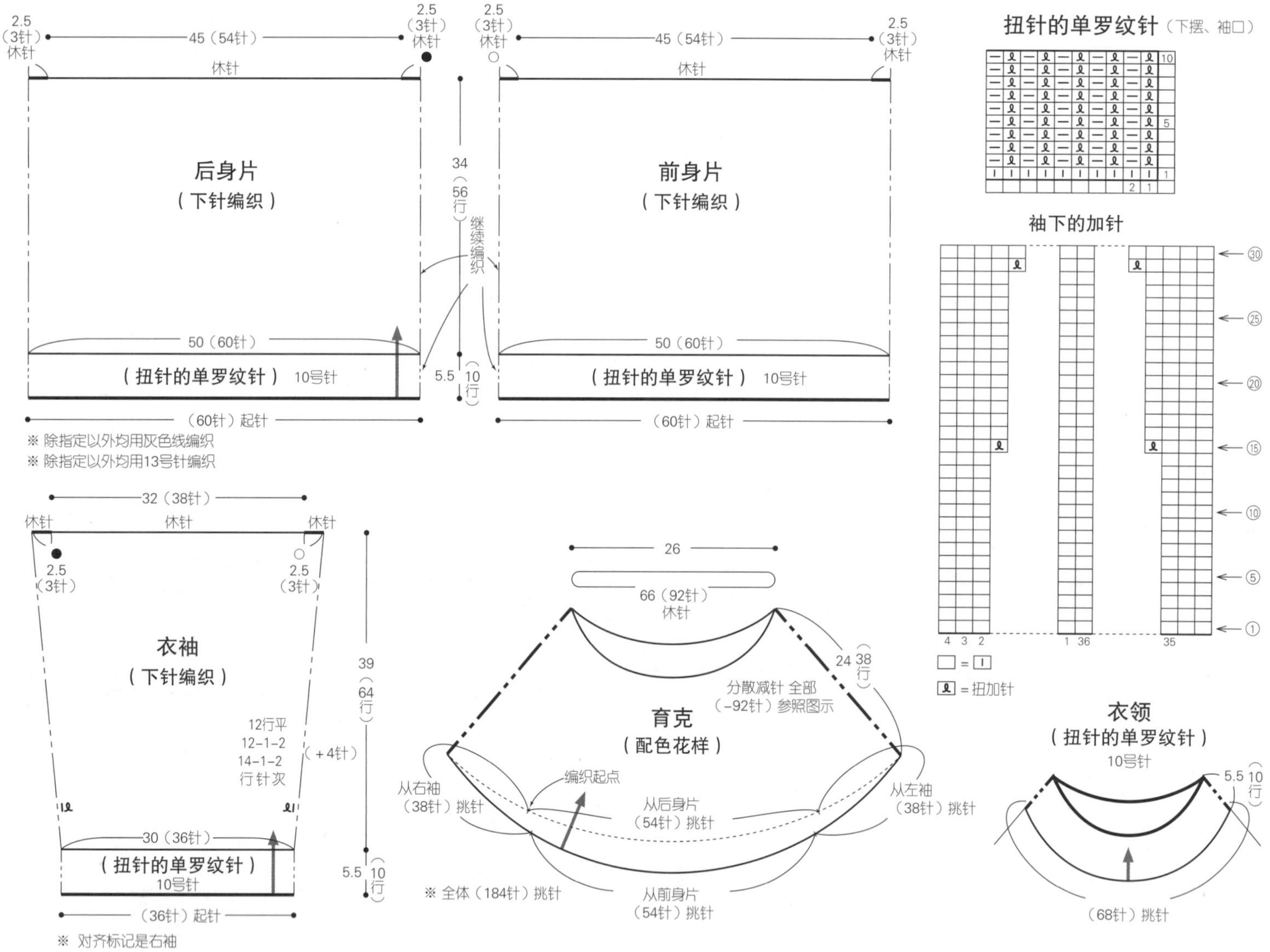

扭针的左上3针并1针

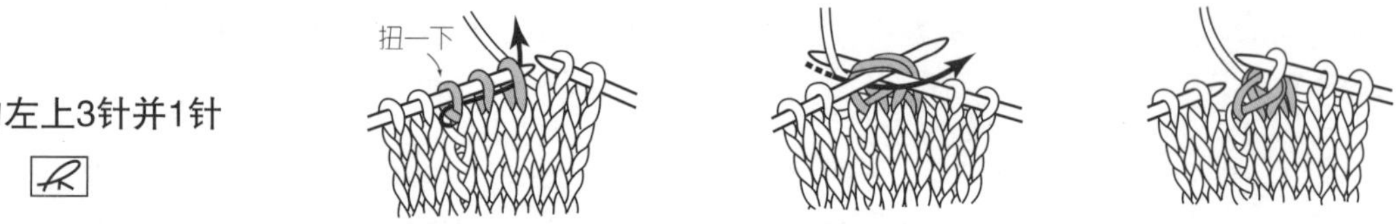

1 将第3针扭一下。按照图示插入右棒针。

2 挂线，如箭头所示3针一起编织。

3 扭针的左上3针并1针完成。

育克和衣领的分散减针

[扭针标记] = 扭针的左上3针并1针
[扭针标记] = 扭针的左上2针并1针

配色
- [ ] = 灰色
- [ ] = 原白色
- [ ] = 黑色
- [×] = 浅灰色
- [•] = 深灰色

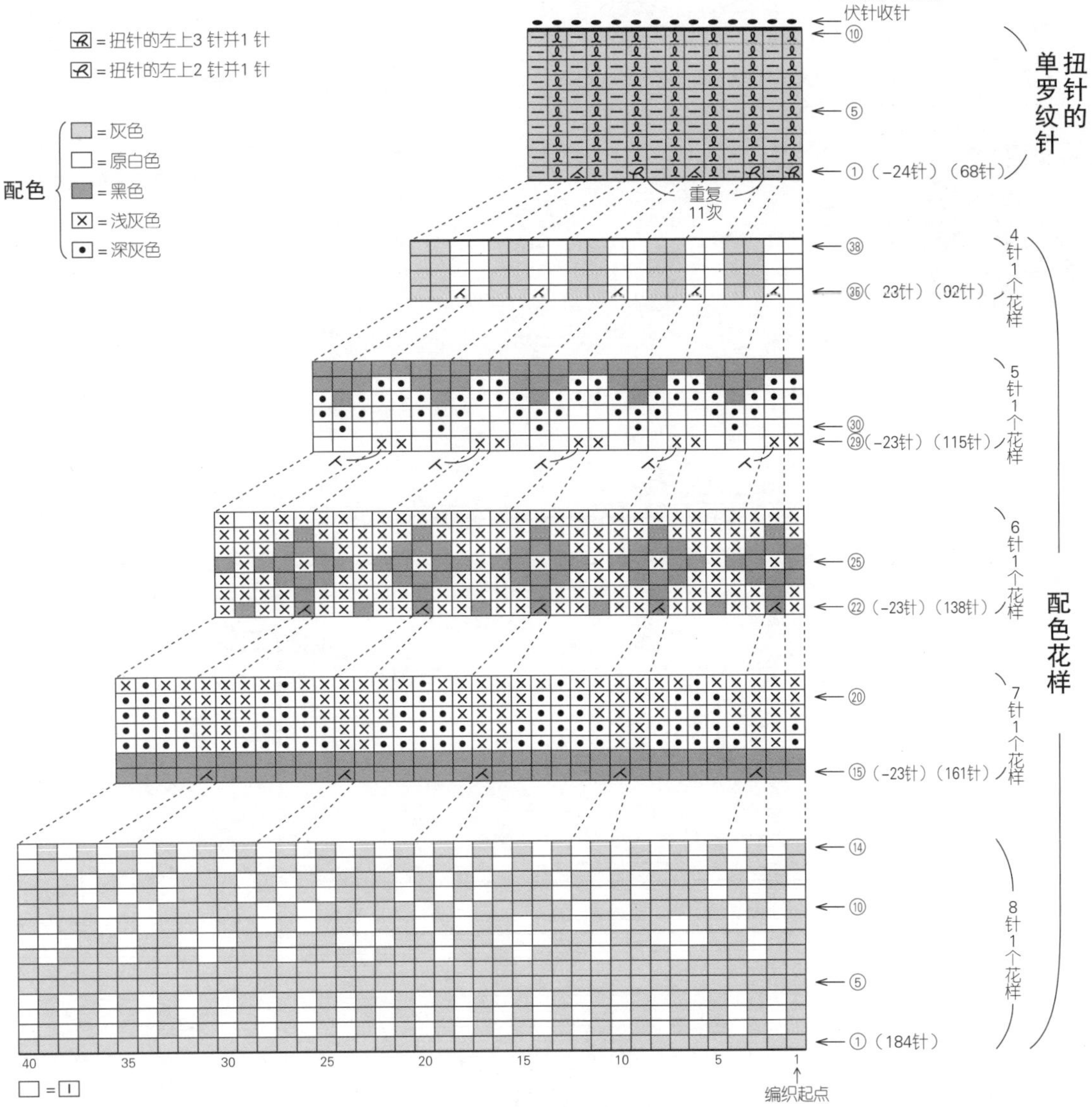

□ = [I]

扭针的左上2针并1针

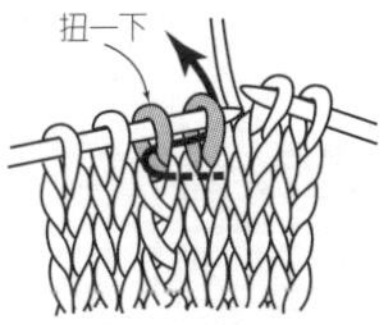

1 将左边的针目扭一下。按照图示插入右棒针。

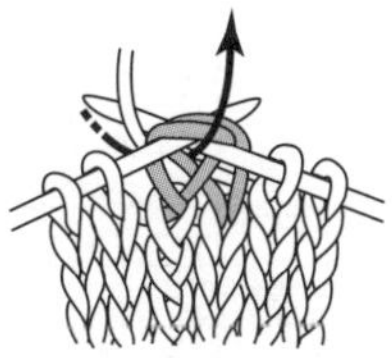

2 挂线并拉出，2针一起编织。

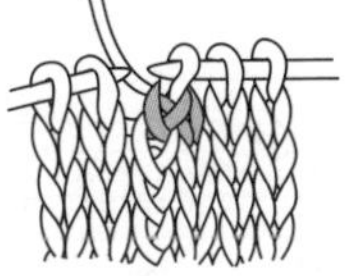

3 扭针的左上2针并1针完成。

横向渡线编织配色花样的方法

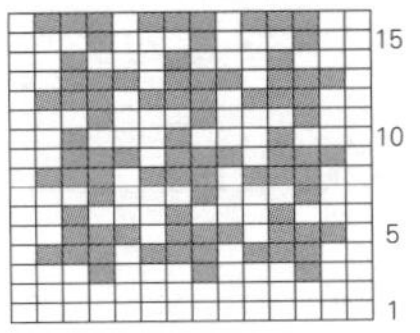

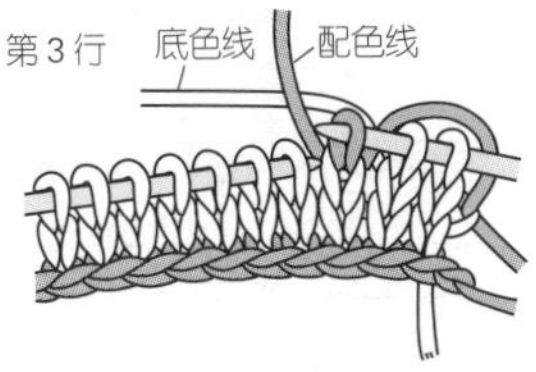

1 加入配色线后开始编织，用底色线编织2针，用配色线编织1针。

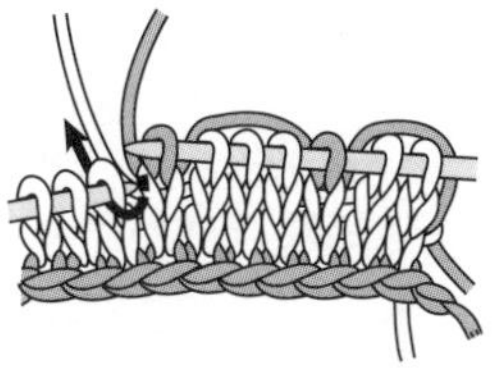

2 配色线在上、底色线在下渡线，重复“底色线织3针，配色线织1针”。

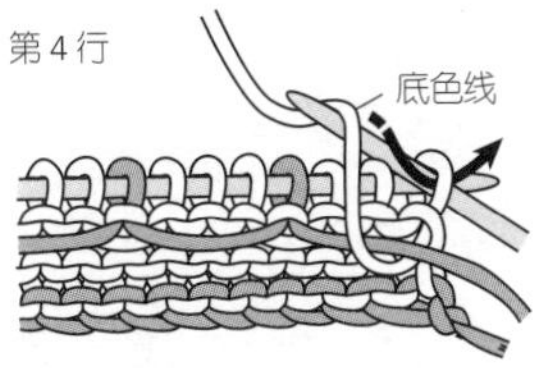

3 第4行的编织起点。加入配色线编织第1针。

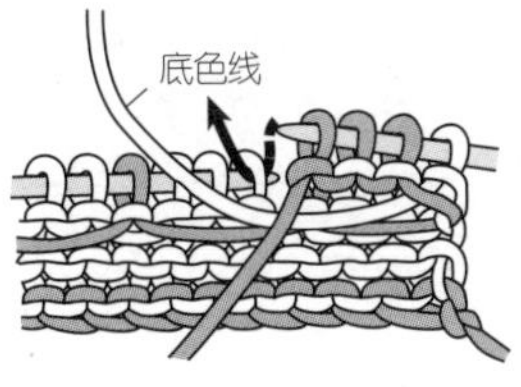

4 编织上针行时也要配色线在上、底色线在下渡线。

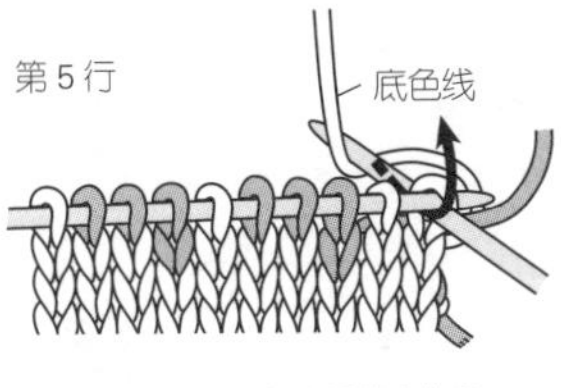

5 行的编织起点，在编织线中加入底色线后编织。

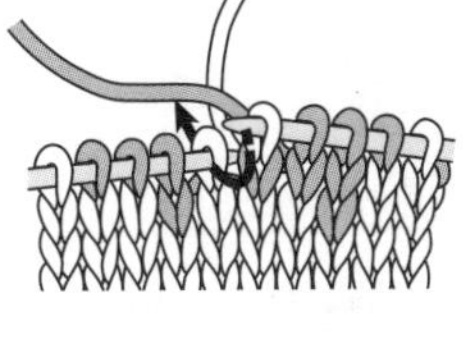

6 按照符号图，重复“配色线织3针，底色线织1针”。

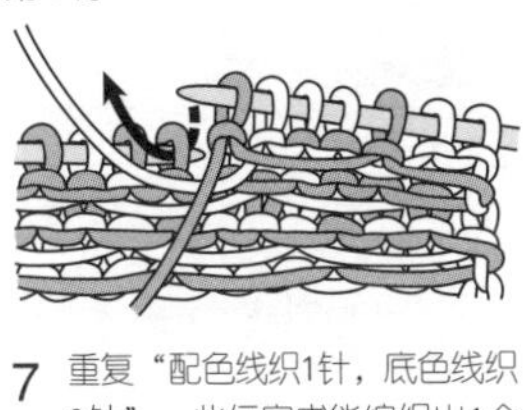

7 重复“配色线织1针，底色线织3针”。此行完成能编织出1个花样。

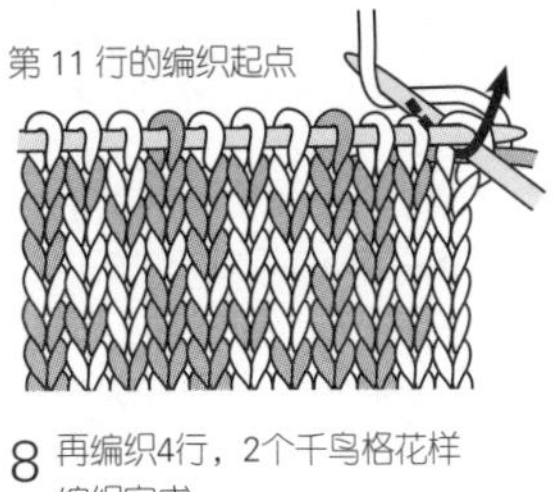

8 再编织4行，2个千鸟格花样编织完成。

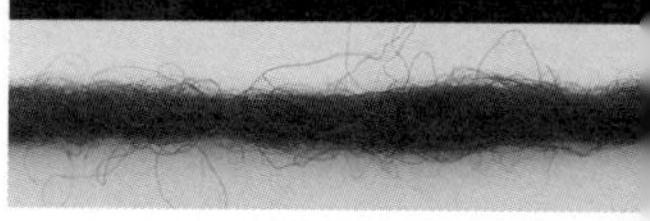

材料

内藤商事 Alafosslopi 藏青色(0709) 525g/6 团，原白色(0051) 75g/1团，浅蓝色(0008)、黄绿色(9983)、芥末色(9964)各25g/ 各1团；直径22mm的纽扣6颗

工具

棒针13号、10号

成品尺寸

胸围106.5cm，衣长63.5cm，连肩袖长81.5cm

编织密度

10cm×10cm面积内：下针编织12针，16.5行；配色花样14针，16行

编织要点

●身片、衣袖、育克…身片、衣袖手指起针，编织单罗纹针和下针编织。袖下加针时，在1针内侧编织扭加针。袖下使用毛线缝针做挑针缝合，腋下针目做下针的无缝缝合。育克从身片和衣袖挑针，一边分散减针，一边编织配色花样。用横向渡线编织配色花样的方法编织。衣领编织单罗纹针，编织终点做伏针收针。

●组合…前门襟挑取指定数量的针目，编织扭针的单罗纹针。右前门襟开扣眼。编织终点做扭针织扭针、上针织上针的伏针收针。衣领参照组合方法，折向内侧缝合。缝上纽扣。

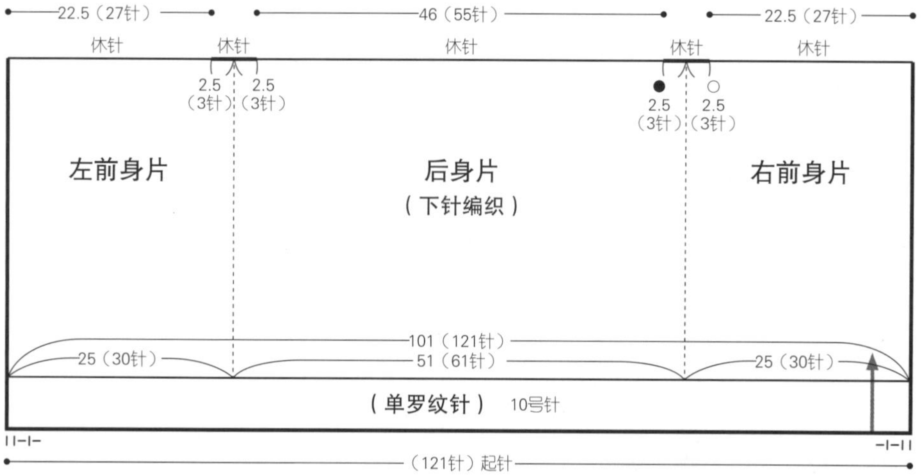

※ 除指定以外均用藏青色线编织

※ 除指定以外均用13号针编织

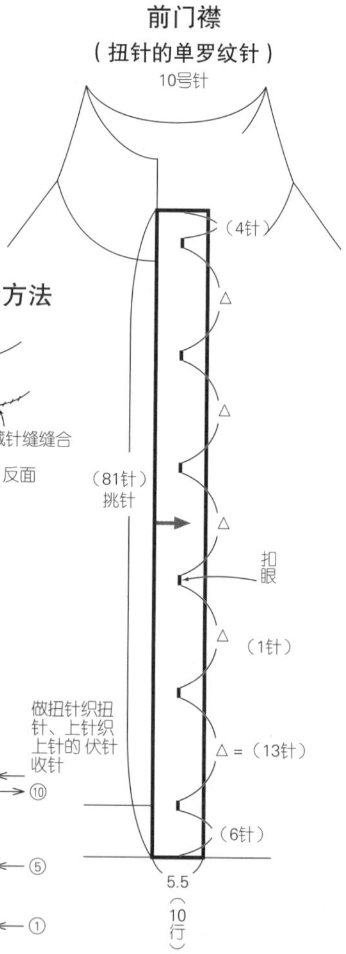

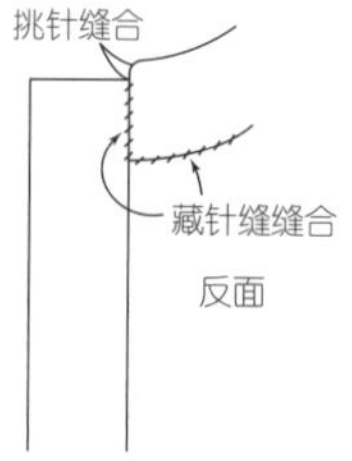

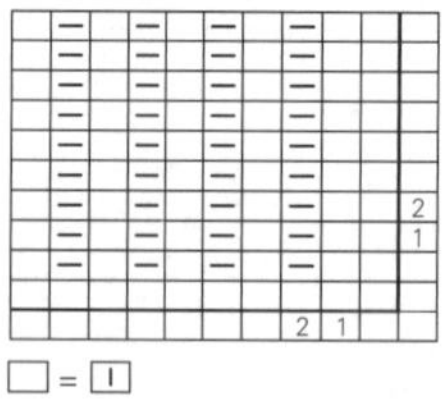

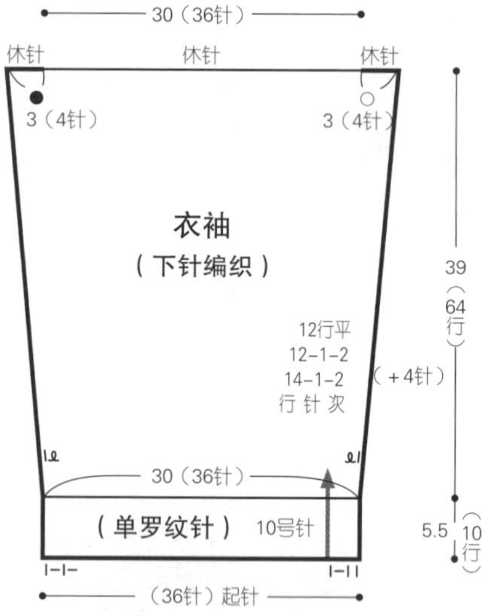

※ 对齐标记是右袖

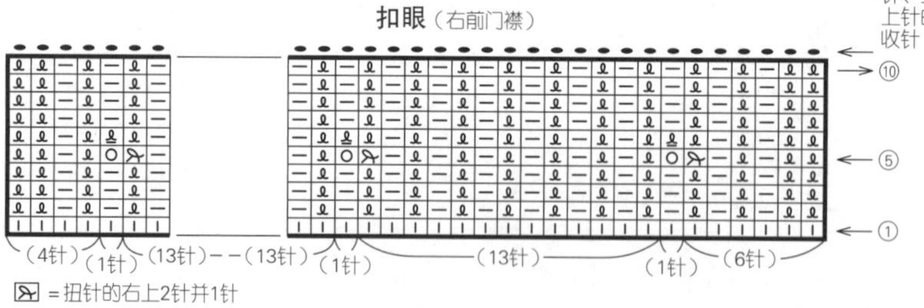

= 扭针的右上2针并1针

第12页A、B、C的配色

A		B		C	
浅灰色	9974	浅蓝色	0008	芥末色	9964
黑色	0059	原白色	0051	米色	9972
深棕色	0052	藏青色	0709	褐色	0053
红色	0047	深灰色	0057	橙色	1236
原白色	0051	紫色	0163	红紫色	9969

扭针的右上2针并1针

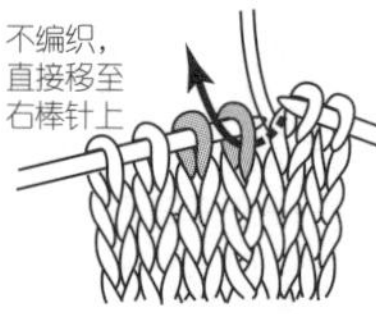

1 如箭头所示，从后面将右棒针插入，不编织，直接移至右棒针上。

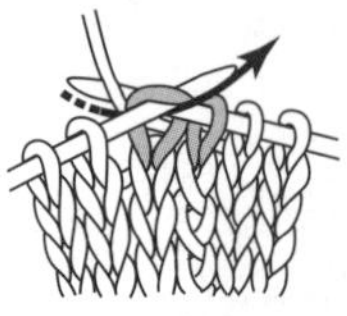

2 将右棒针插入左侧的针目中，挂线后拉出，编织下针。

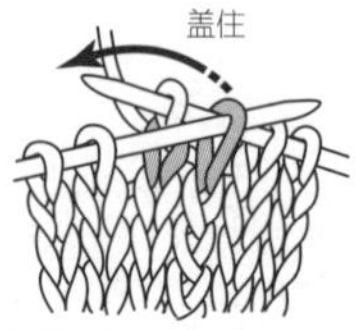

3 使用移至右棒针上的针目盖住刚刚编织的针目。

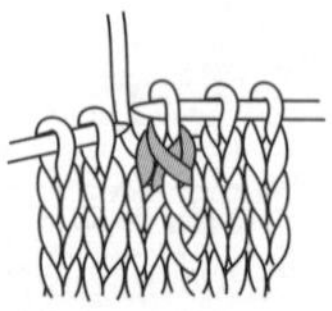

4 扭针的右上2针并1针完成。

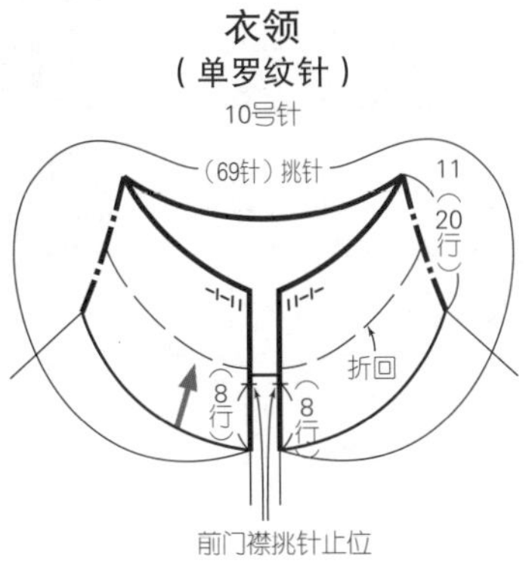

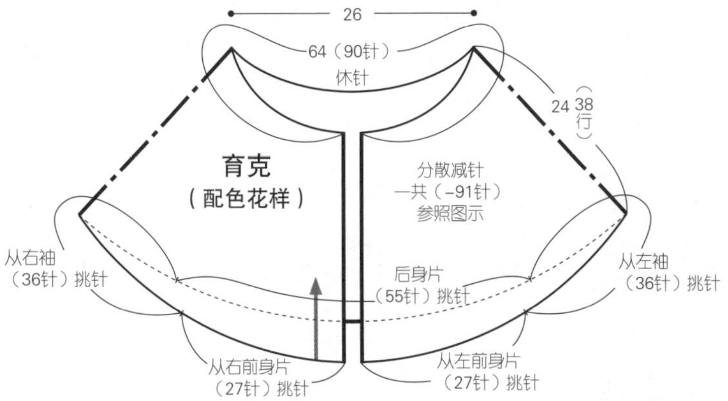

※ 全体（181针）挑针

※ 横向渡线编织配色花样的方法请参照第91页

育克和衣领的分散减针

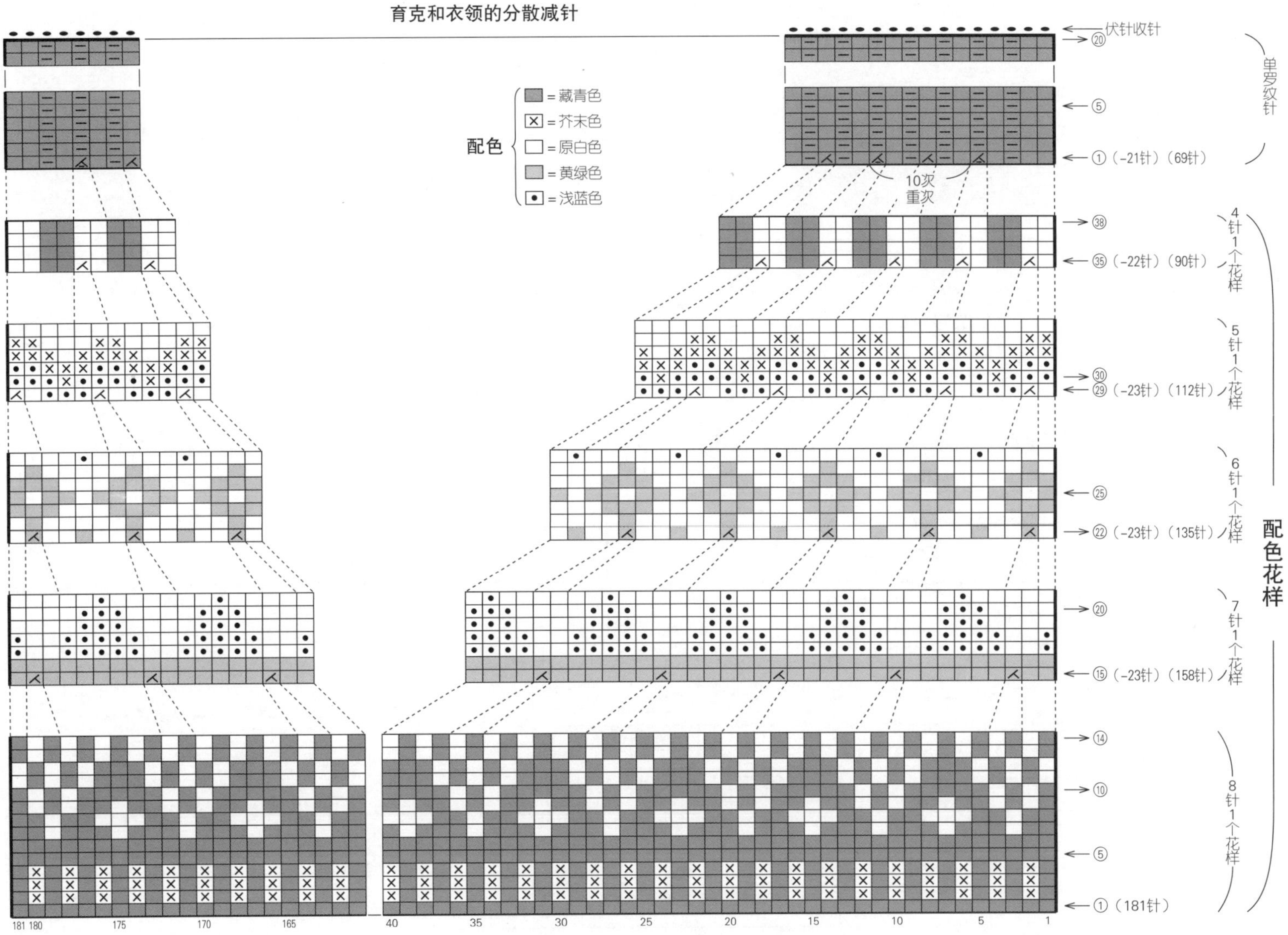

长针的正拉针

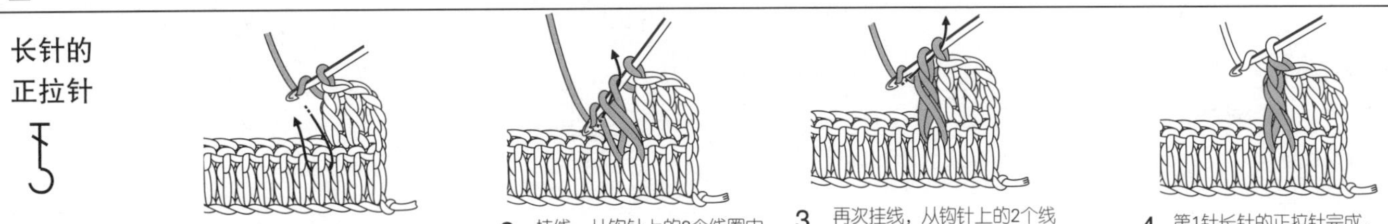

1 钩针挂线，如箭头所示，从前面将钩针插入前一行长针的底部，将线拉出。

2 挂线，从钩针上的2个线圈中引拔出来。

3 再次挂线，从钩针上的2个线圈中引拔出来。

4 第1针长针的正拉针完成。

长针的反拉针

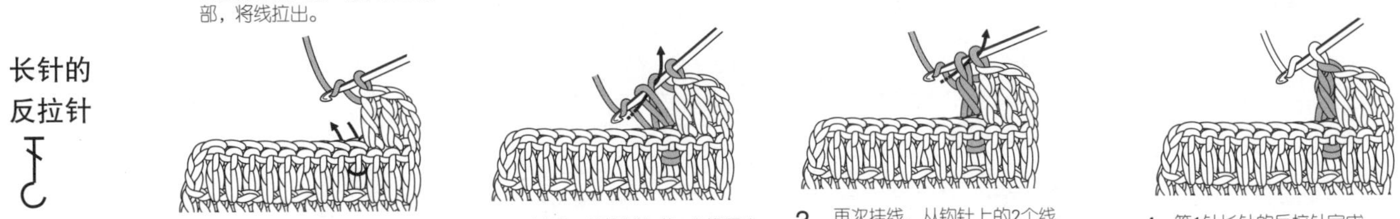

1 钩针挂线，如箭头所示，从后面将钩针插入前一行长针的底部，将线拉出。

2 挂线，从钩针上的2个线圈中引拔出来。

3 再次挂线，从钩针上的2个线圈中引拔出来。

4 第1针长针的反拉针完成。

材料

内藤商事 Plotulopi 原白色(0001)350g/4 团，蓝色(1432)85g/1 团，红色(1430)55g/1 团，灰蓝色(2023)40g/1 团

工具

棒针 12 号、10 号、9 号

成品尺寸

胸围 110cm，衣长 57.5cm，连肩袖长 69.5cm

编织密度

10cm×10cm 面积内：配色花样 16 针，17 行；下针编织 12.5 针，19 行

编织要点

●身片、衣袖…身片另线锁针起针，编织配色花样。用横向渡线编织配色花样的方法编织。领窝减针时，2 针及以上时做伏针减针，1 针时立起侧边 1 针减针。肩部做盖针接合。衣袖从身片挑针，做下针编织、配色花样和单罗纹针。袖下减针时，端头第 2 针和第 3 针编织 2 针并 1 针。编织终点做单罗纹针收针。

●组合…下摆拆开锁针起针挑针，编织单罗纹针。编织终点和袖口相同。胁部、袖下使用毛线缝针做挑针缝合。衣领挑取指定数量的针目，一边调整编织密度，一边环形编织单罗纹针。编织终点做伏针收针，向内侧折回，做卷针缝缝合。

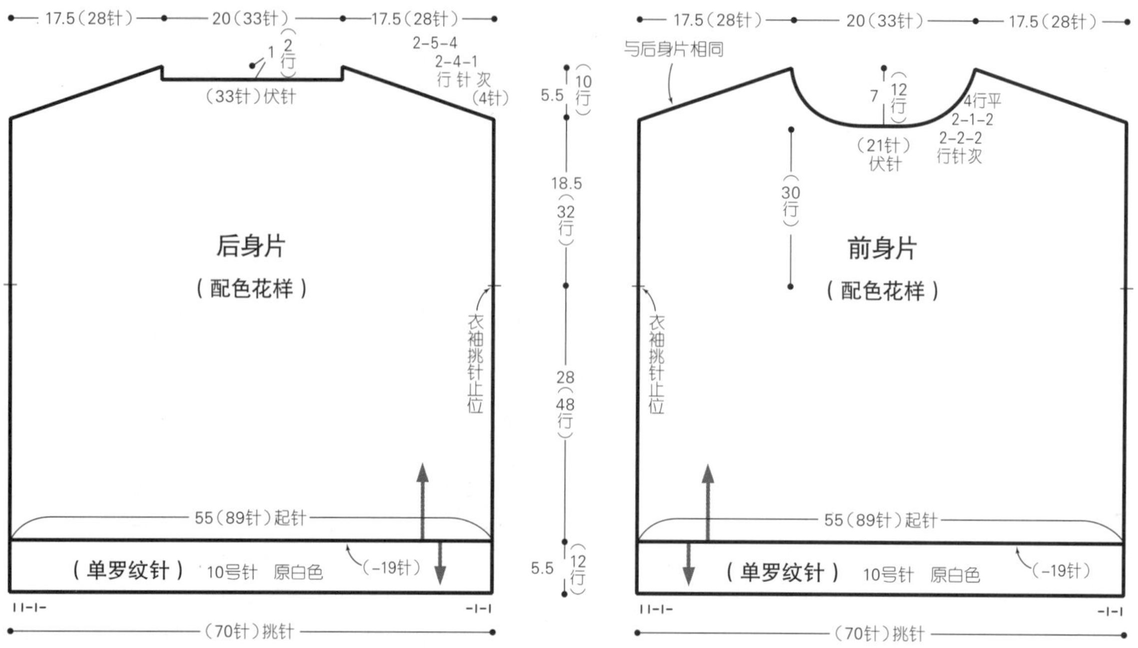

※ 全部取2 根线编织
※ 除指定以外均用12 号针编织
※ 横向渡线编织配色花样的方法请参照第91 页
※ 单罗纹针收针的方法请参照第80 页

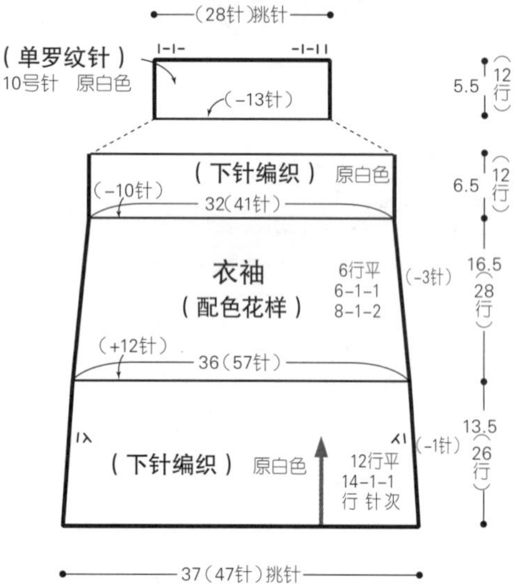

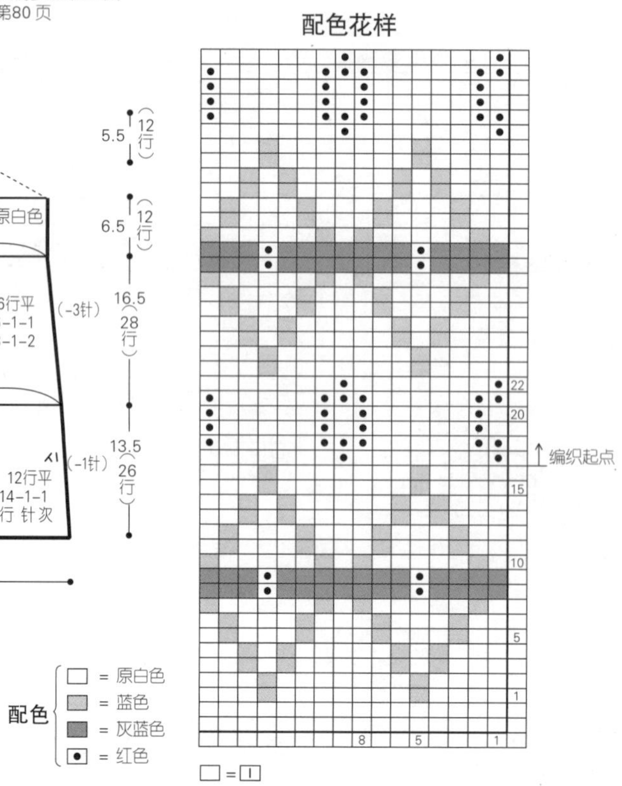

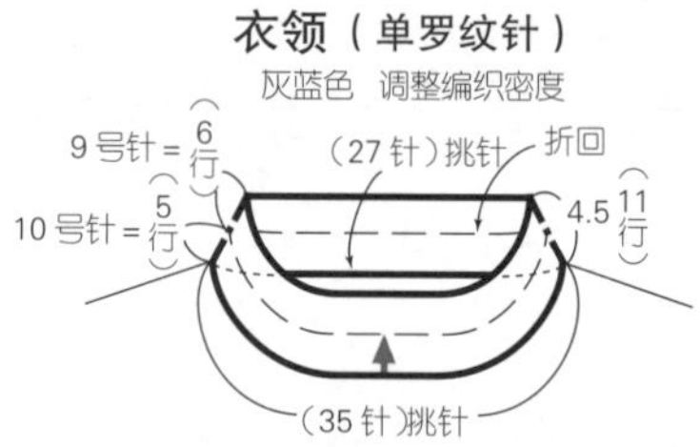

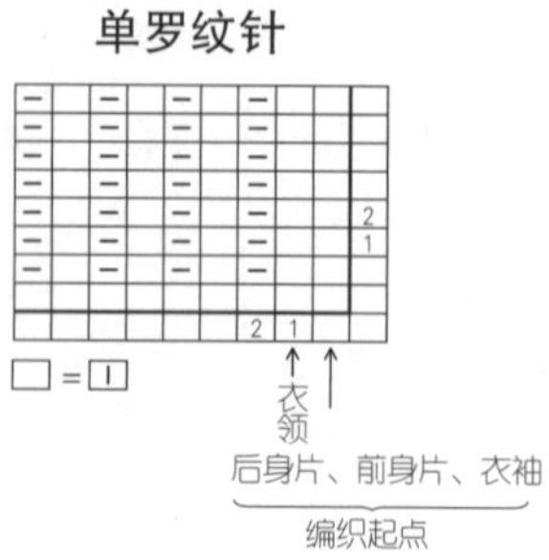

材料

奥林巴斯 TreeHouseFamille 茶色(611) 410g/11团，原白色(601) 25g/1团，黄色(603)、绿色(605)各10g/各1团，蓝色(609) 5g/1团

工具

棒针6号、3号

成品尺寸

胸围96cm，衣长58cm，连肩袖长79.5cm

编织密度

10cm×10cm面积内：配色花样A、B、B'均为25针，32行；下针编织25针，34行

编织要点

●衣领、育克…衣领单罗纹针起针，环形编织单罗纹针。育克一边分散加针，一边编织配色花样A。用横向渡线编织配色花样的方法编织。

●身片、衣袖…后身片往返编织8行下针编织，和前身片做出差行。此8行在每行的第1针编织滑针。衣袖从腋下的另线锁针和育克挑取指定数量的针目，环形编织下针编织、配色花样B和单罗纹针。编织终点做单罗纹针收针。衣袖从育克的休针挑针，并拆开腋下的另线锁针挑针，环形编织下针编织、配色花样B'和单罗纹针。袖下参照图示减针编织。编织终点和下摆相同。

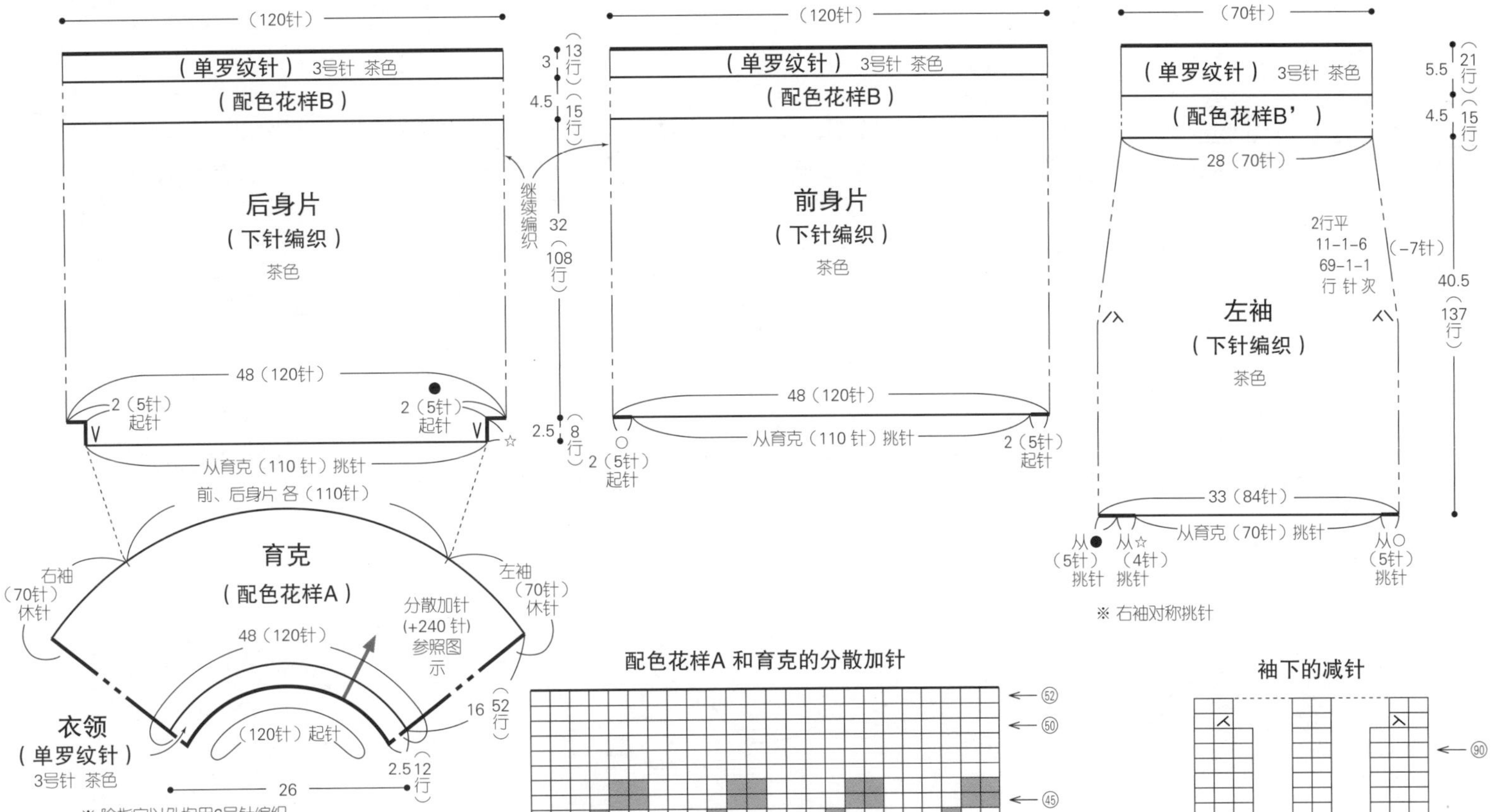

※ 除指定以外均用6号针编织

※单罗纹针起针的方法请参照第105页

※ 腋下的另线锁针起针前、后身片连在一起(10针)起针

※ 横向渡线编织配色花样的方法请参照第91页

※ 单罗纹针收针的方法请参照第80页

配色花样A 和育克的分散加针

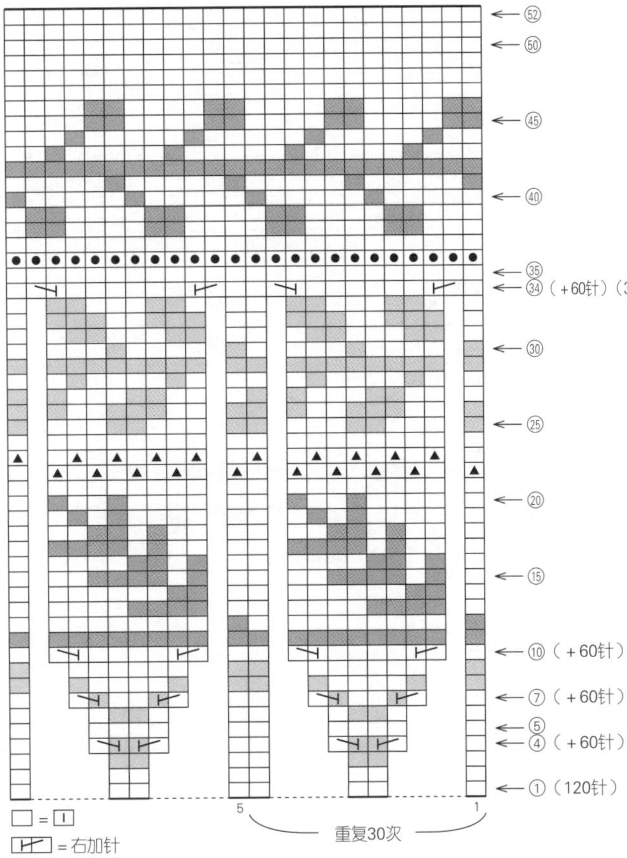

※ 编织方法请参照第159页

袖下的减针

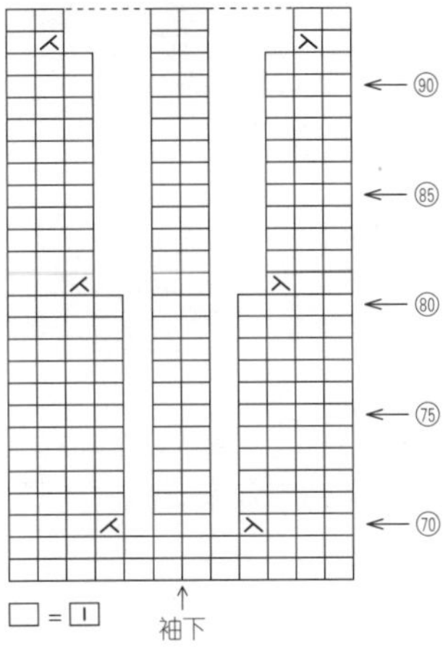

配色花样B

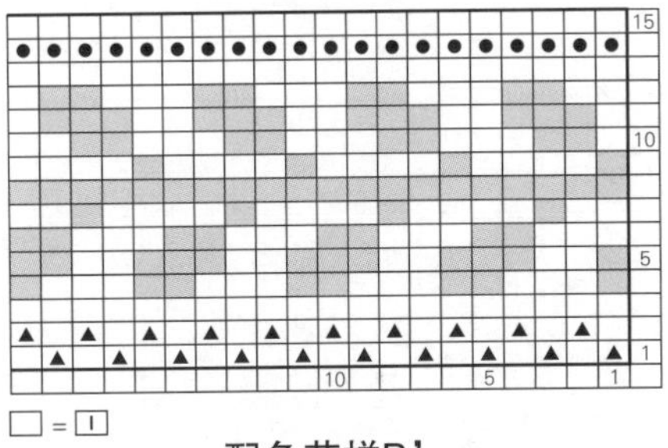

配色花样B'

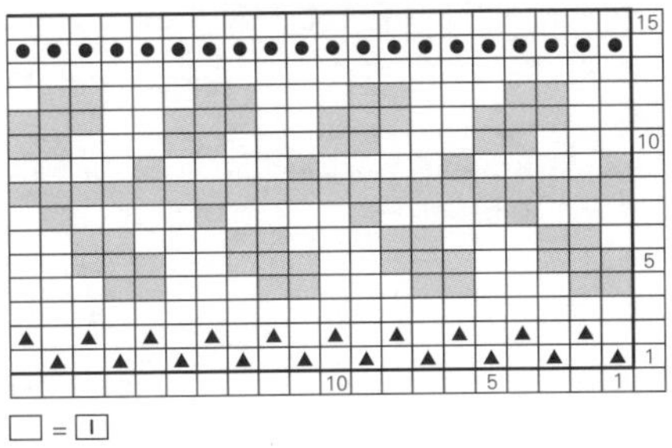

单罗纹针 (下摆、袖口)

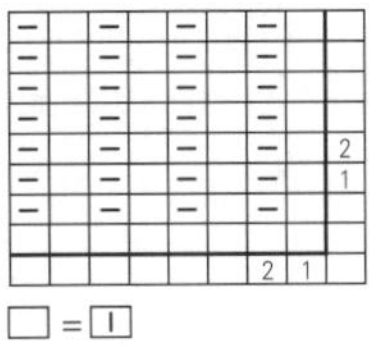

配色

□ = 茶色

□ = 原白色

□ = 绿色

▲ = 黄色

● = 蓝色

材料
内藤商事 Brand 藏青色(115) 365g/10团，白色(102) 125g/4团，灰色(119) 40g/1团

工具
棒针7号、6号

成品尺寸
胸围108cm，衣长57.5cm，连肩袖长80cm

编织密度
10cm×10cm面积内：配色花样A、B均为20针，26行；配色花样C为20.5针，24行

编织要点
●身片、衣袖…身片手指起针，前、后身片连在一起编织单罗纹针条纹和配色花样A、B。用横向渡线编织配色花样的方法编织。后身片往返编织6行，和前身片做出差行。衣袖的编织起点和身片相同，往返编织单罗纹针条纹和配色花样A、B。袖下加针时，在1针内侧编织扭加针。编织终点休针。袖下使用毛线缝针做挑针缝合。对齐相同标记，用毛线缝针做下针的无缝缝合，或者对齐针与行缝合。
●育克、衣领…育克从身片和衣袖挑针，一边分散减针，一边编织配色花样C。衣领编织单罗纹针条纹，编织终点做下针织下针、上针织上针的伏针收针。

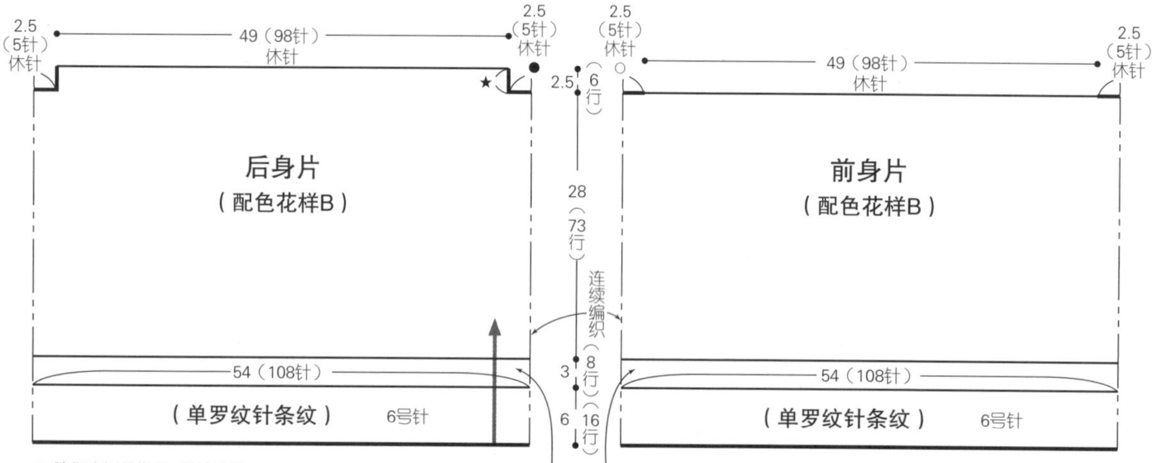

※ 除指定以外均用7号针编织
※ ★标记对齐针与行缝合，●、○标记做下针的无缝缝合
※ 横向渡线编织配色花样的方法请参照第91页

单罗纹针条纹
（下摆）

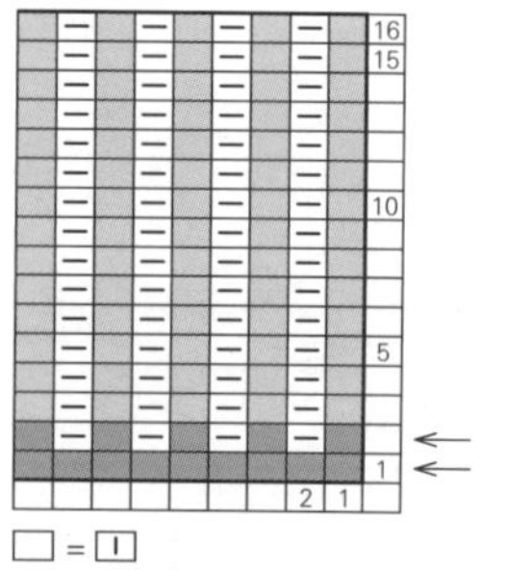

单罗纹针条纹
（袖口）

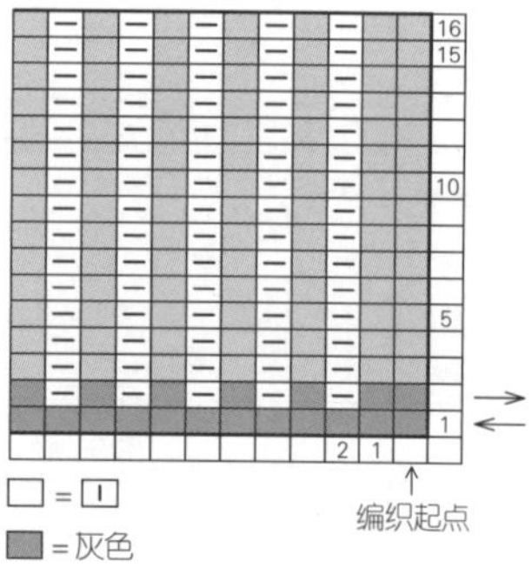

□ = ⊟

配色 ■ = 灰色 □ = 白色 ■ = 藏青色

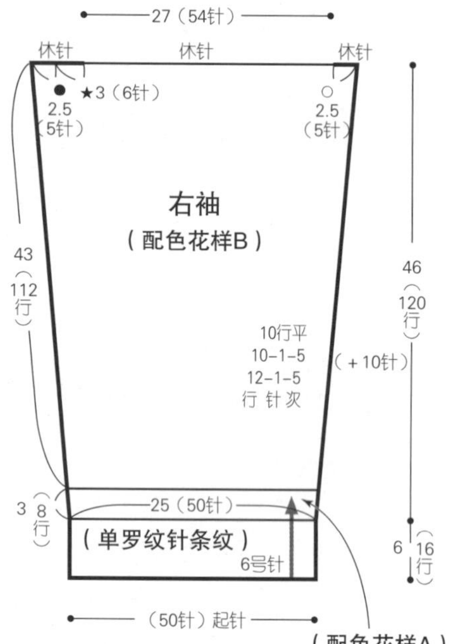

※ 左袖对称做标记

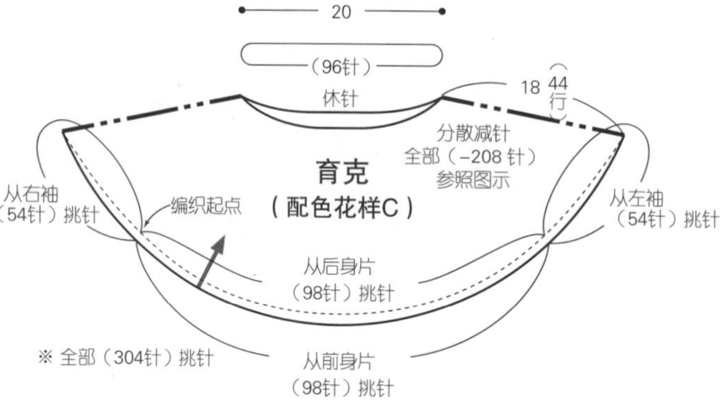

※ 全部（304针）挑针

配色花样A

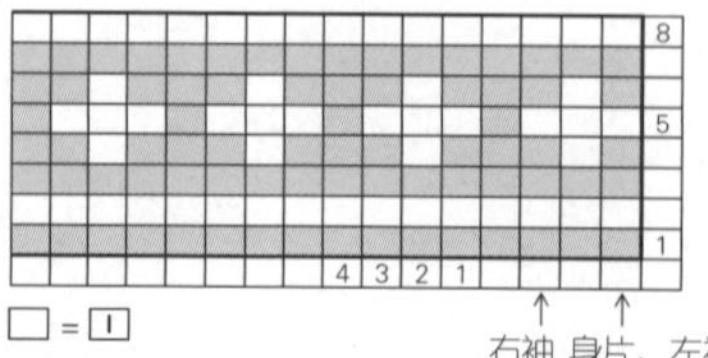

□ = ⊟

配色 ■ = 藏青色 □ = 白色

右袖 身片、左袖 编织起点

配色花样B

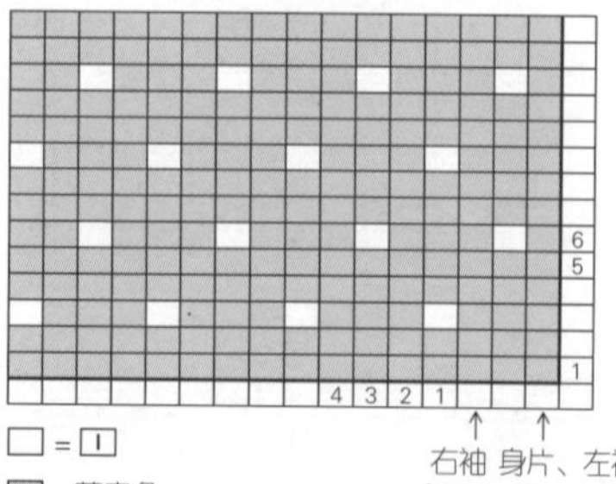

□ = ⊟

配色 ■ = 藏青色 □ = 白色

右袖 身片、左袖 编织起点

衣领（单罗纹针条纹）

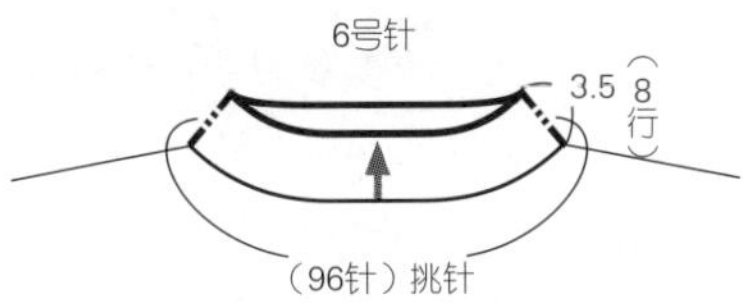

单罗纹针条纹

（衣领）

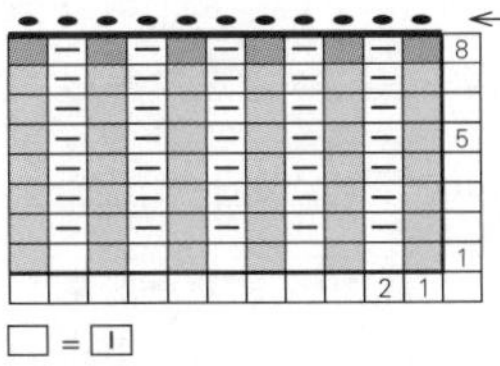

配色
- ▨ = 藏青色
- □ = 白色
- ■ = 灰色

配色花样C 和育克的分散减针

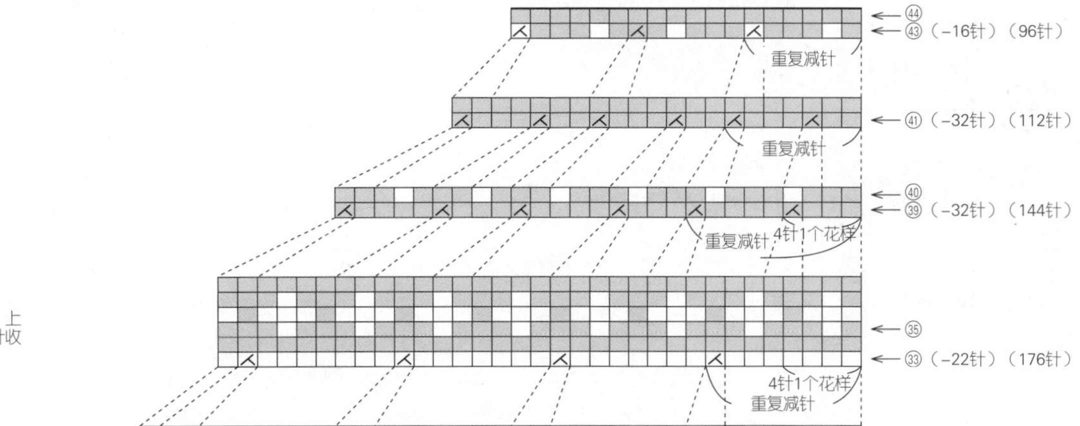

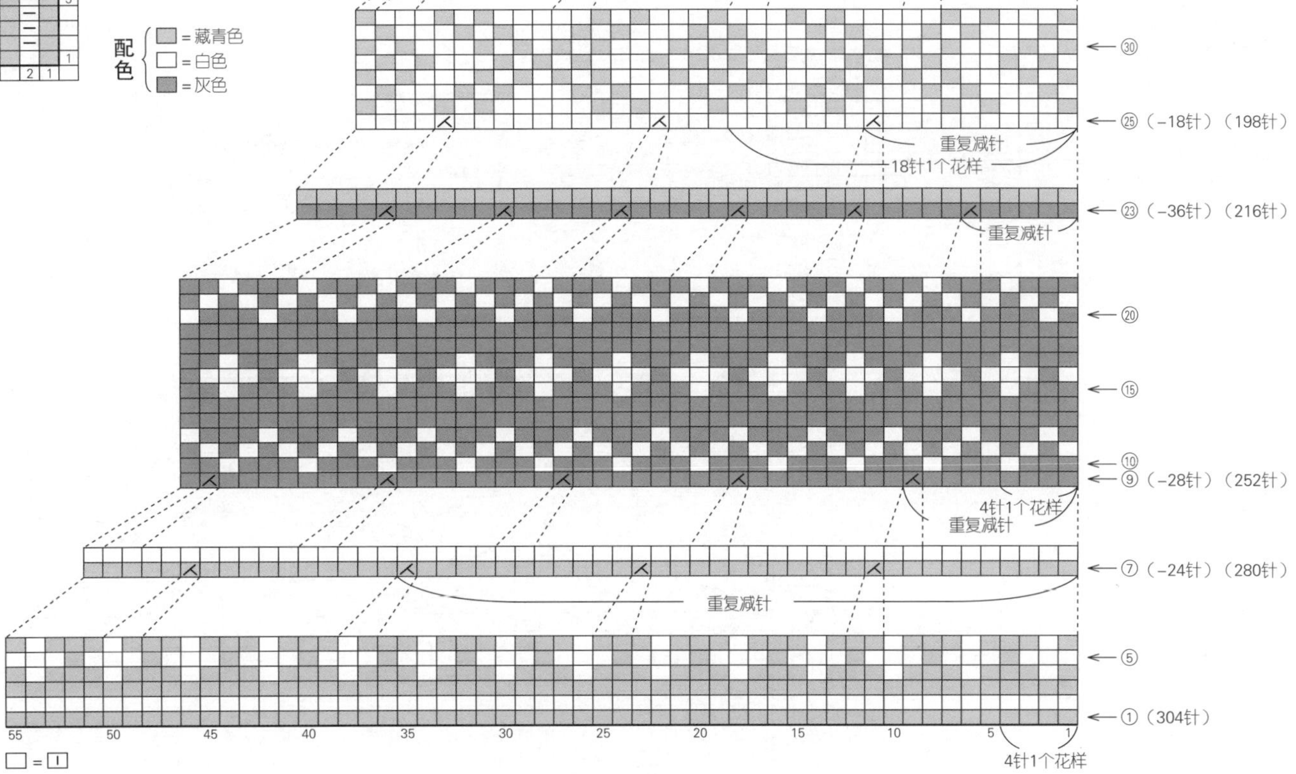

接第98页▶

绒球的做法

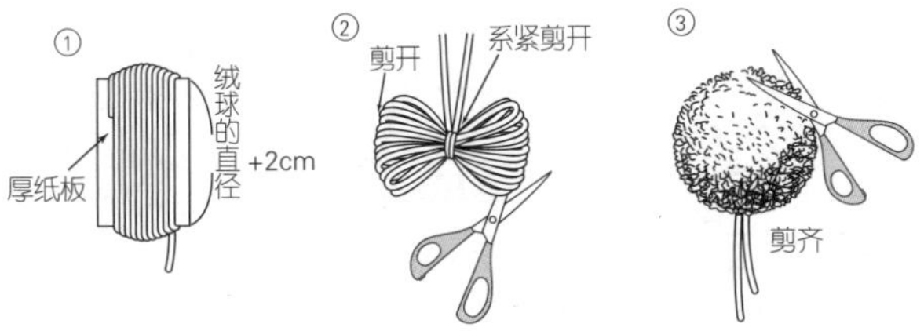

系绳的制作方法

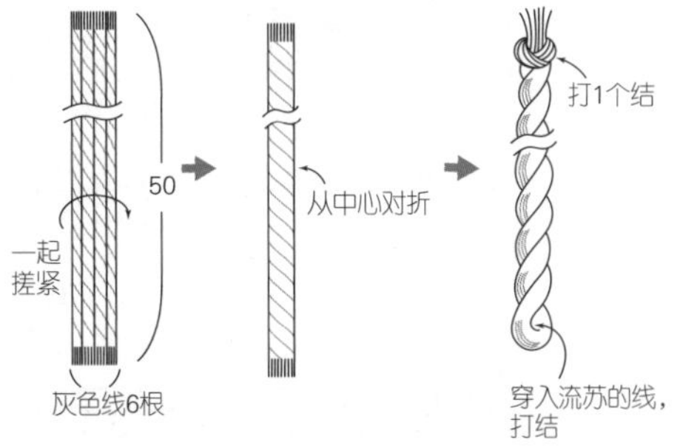

流苏的做法

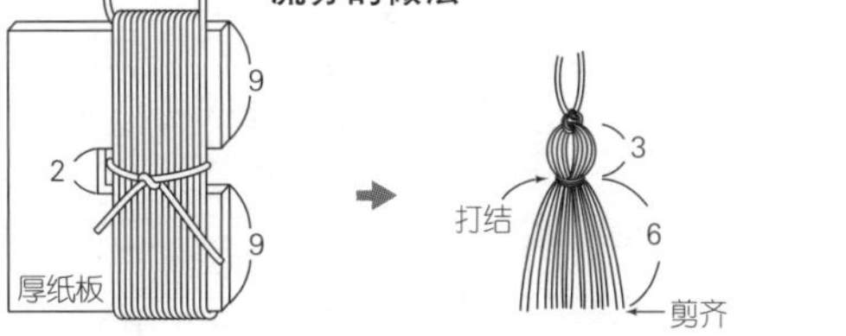

用灰色线在厚纸板上缠绕35圈，中心用线系紧，然后从厚纸板上取下

在绳结下方3cm处打结，下端剪齐

B 的组合方法

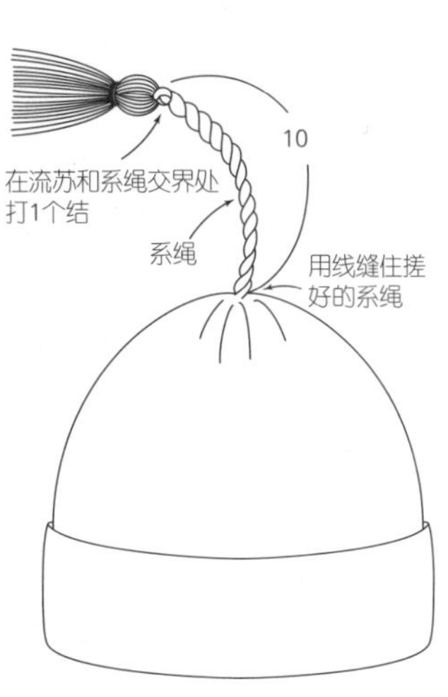

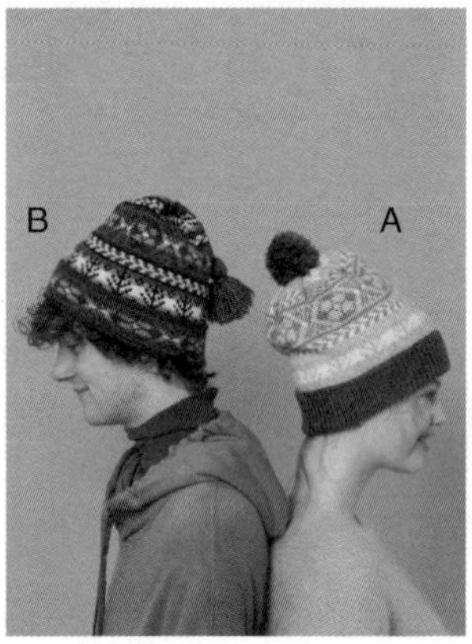

材料
奥林巴斯 Tree House Palace毛线的色名、色号、使用量等请参照图表

工具
棒针6号、3号

成品尺寸
[A]头围48cm，帽深24.5cm
[B]头围48cm，帽深24cm

编织密度
10cm×10cm 面积内：配色花样A30 针，28行

编织要点
●A…单罗纹针起针，环形编织单罗纹针和配色花样A。用横向渡线编织配色花样的方法编织。参照图示分散减针，最终行穿线2圈并收紧。制作绒球，参照组合方法组合在一起。

●B…单罗纹针起针，环形编织单罗纹针和配色花样B。将织片翻到反面，编织配色花样A。用横向渡线编织配色花样的方法编织。

参照图示分散减针。参照图示制作系绳和绒球。编织终点穿入系绳，最终行穿线2圈并收紧。

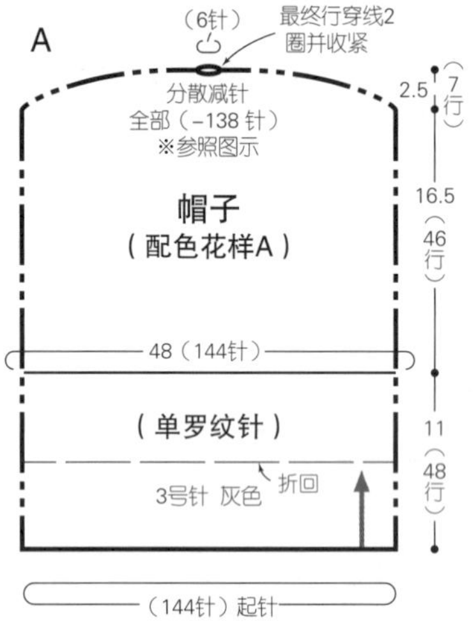

※ 除指定以外均用6 号针编织
※ 横向渡线编织配色花样的方法请参照第91页

单罗纹针

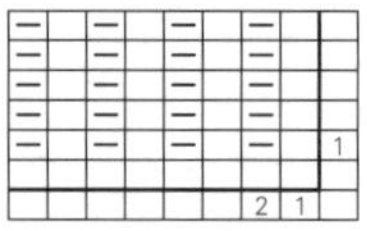

※ 单罗纹针起针参照第105页

A的配色
■ = 浅蓝色
□ = 粉色
⊠ = 黄色
△ = 原白色
⊡ = 浅褐色
▒ = 鲑鱼粉色

B的配色
■ = 深绿色
□ = 灰色
⊠ = 浅褐色
△ = 原白色
⊡ = 蓝绿色
▒ = 红色

使用线一览表

A		B	
色名（色号）	用量	色名（色号）	用量
灰色（417）	50g/2团	灰色（417）	40g/1团
原白色（401）	各15g/各1团	红色（411）	25g/1团
浅蓝色（405）		原白色（401）	各15g/各1团
粉色（406）		深绿色（416）	
浅褐色（403）	各10g/各1团	浅褐色（403）	10g/1团
黄色（404）		蓝绿色（415）	5g/1团
鲑鱼粉色（408）	5g/1团		

毛绒球 灰色
8cm宽的厚纸板缠绕100圈
※ 绒球的做法请参照第97页

A 的组合方法

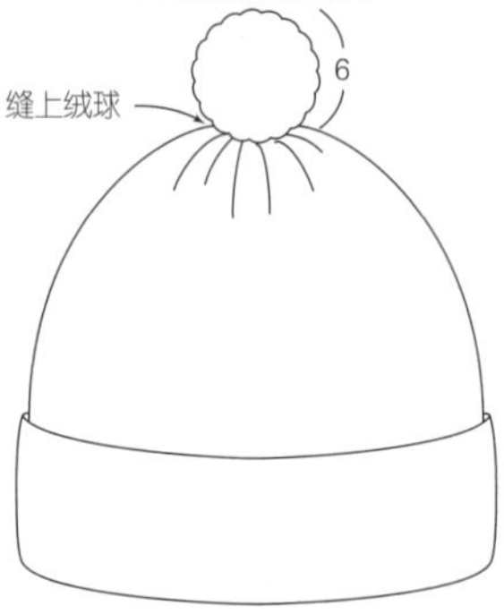

配色花样A

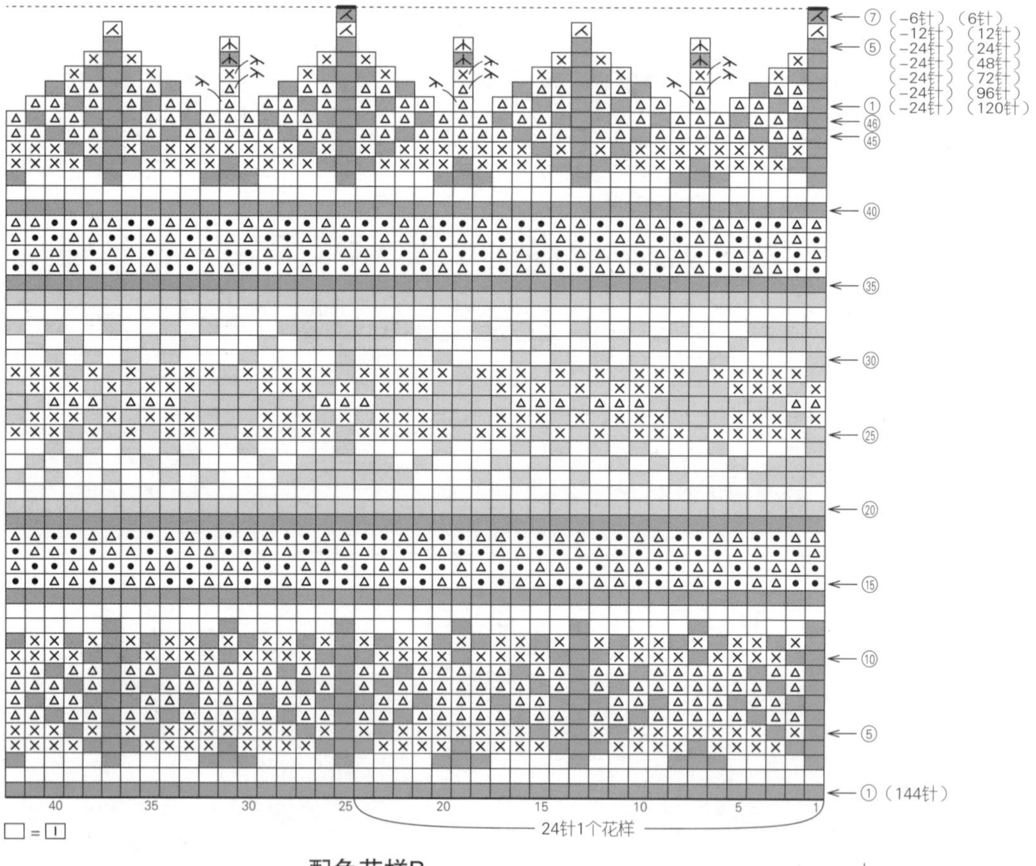

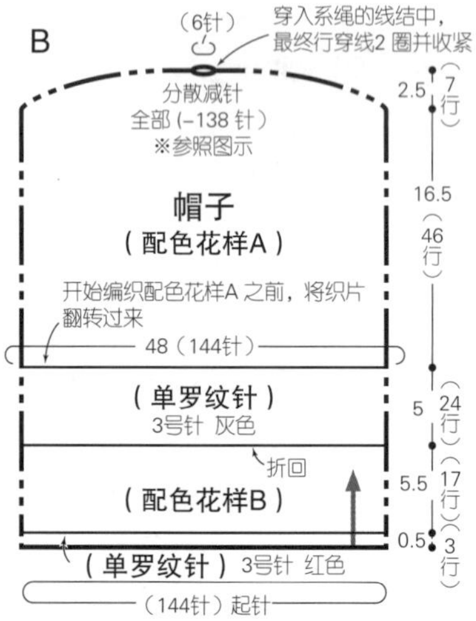

※ 除指定以外均用6 号针编织
※ 横向渡线编织配色花样的方法请参照第91页

配色花样B

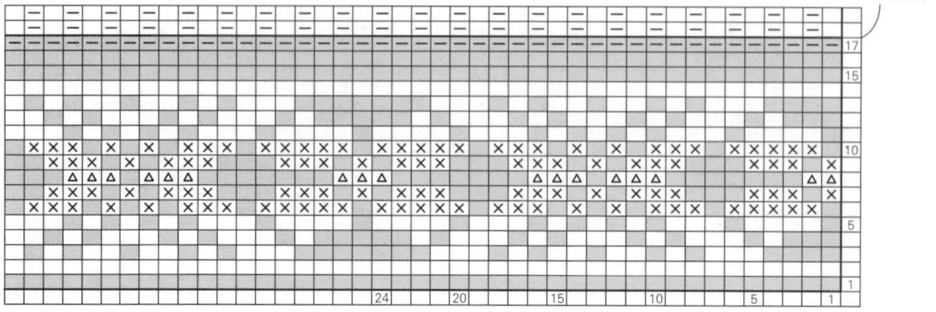

◀接第 97 页

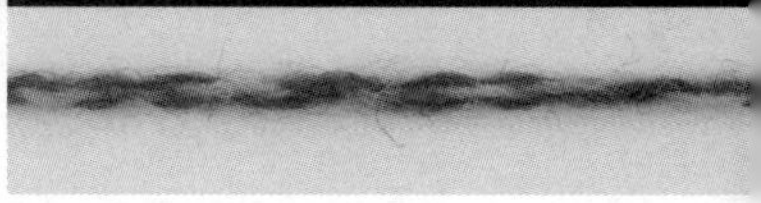

材料

奥林巴斯 TreeHouseFamille 橙色(607) 165g/5团，浅灰色(602) 160g/4团，黄色(603) 110g/3团，原白色(601)、粉色(604)各30g/各1团

工具

棒针7号、6号

成品尺寸

胸围107cm，肩宽49cm，衣长60.5cm，袖长49cm

编织密度

10cm×10cm面积内：条纹花样23针，40行；下针编织23针，26行

编织要点

●身片、衣袖…另线锁针起针，编织条纹花样、下针编织。减针时，2针及以上时做伏针减针，前领窝立起侧边2针减针。袖下加针时，在1针内侧编织扭加针。下摆、袖口拆开锁针起针挑针，做编织花样。编织终点做单罗纹针收针。

●组合…肩部使用钩针引拔接合。衣领挑取指定数量的针目，环形编织单罗纹针。前身片中心参照图示减针。编织终点和下摆的处理方法相同。衣袖对齐针与行，缝合于身片。胁部、袖下使用毛线缝针做挑针缝合。

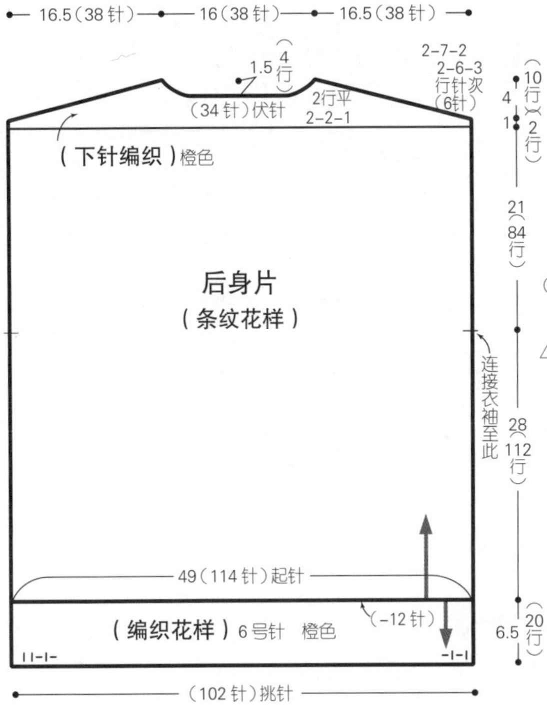

※ 除指定以外均用7号针编织
※单罗纹针收针的方法请参照第80页

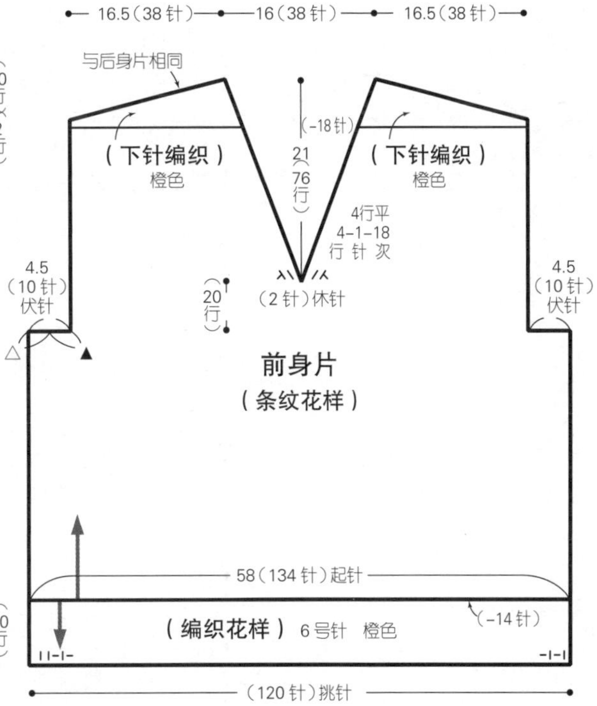

※ 对齐△、▲标记做针与行的缝合

第19页A、B、C、D的配色

A	原白色(601)
	薄荷绿色(606)
	蓝色(609)
	炭灰色(612)
	浅灰色(602)
B	藏青色(610)
	褐色(611)
	绿色(605)
	蓝色(609)
	橙色(607)
C	炭灰色(612)
	绿色(605)
	藏青色(610)
	褐色(611)
	黄色(603)
D	红色(608)
	橙色(607)
	褐色(611)
	粉色(604)
	炭灰色(612)

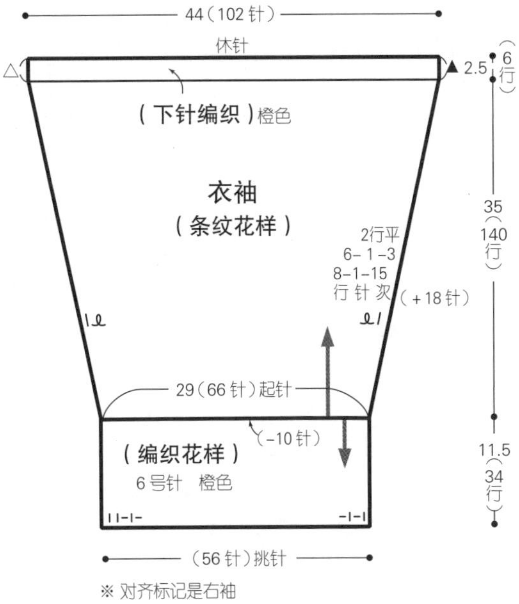

※ 对齐标记是右袖

编织花样

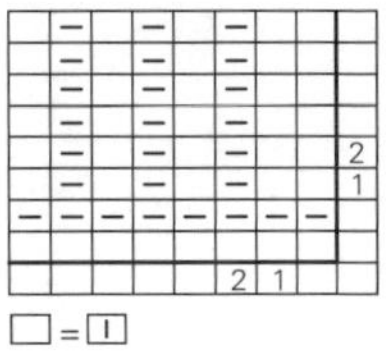

单罗纹针

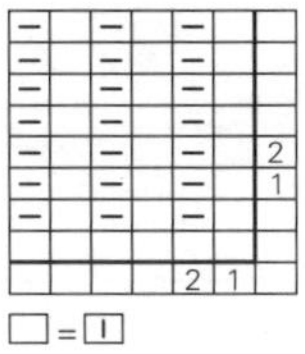

衣领(单罗纹针)

6号针 橙色

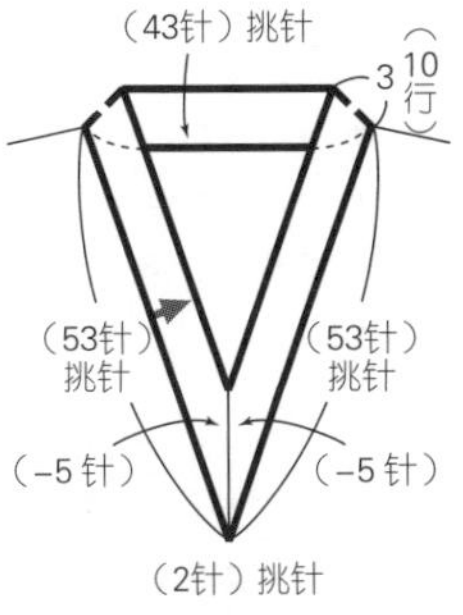

V领的编织方法

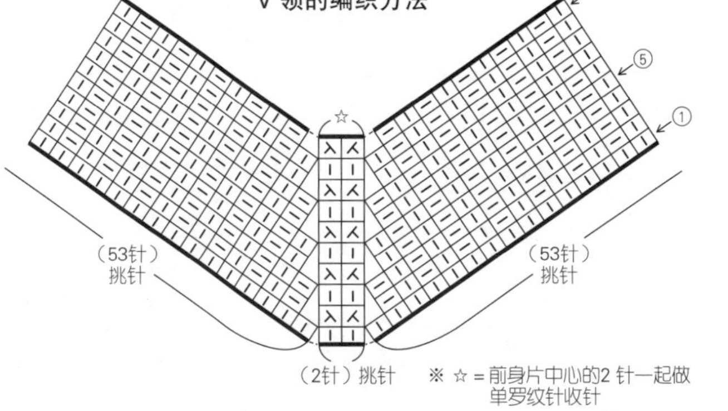

※ ☆=前身片中心的2针一起做单罗纹针收针

接第100页 ▶

◀接第99页

条纹花样

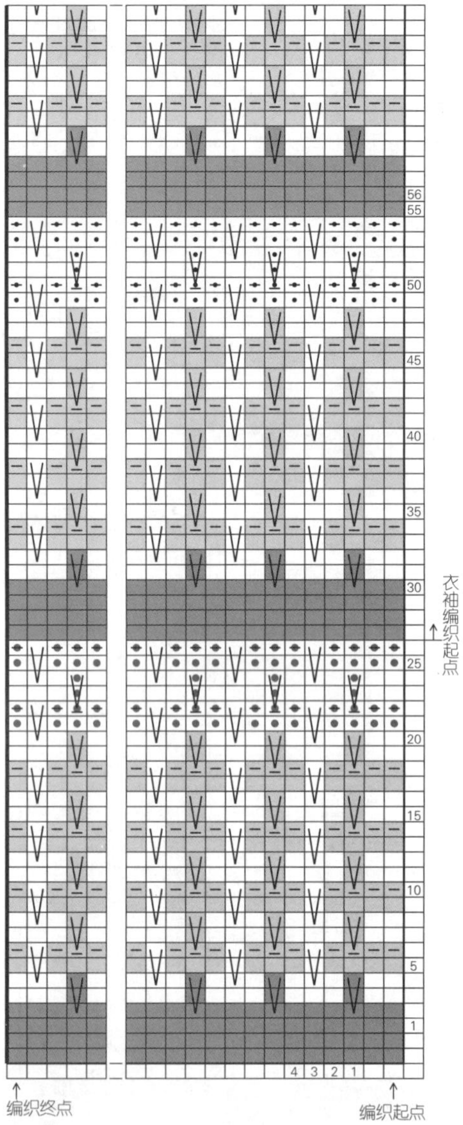

□ = [丨]

= 滑针（2行的情况）

= 上针的滑针（2行的情况）

配色
- ■ = 橙色
- □ = 浅灰色
- ▒ = 黄色
- ● = 原白色
- • = 粉色

接第101页 ▶

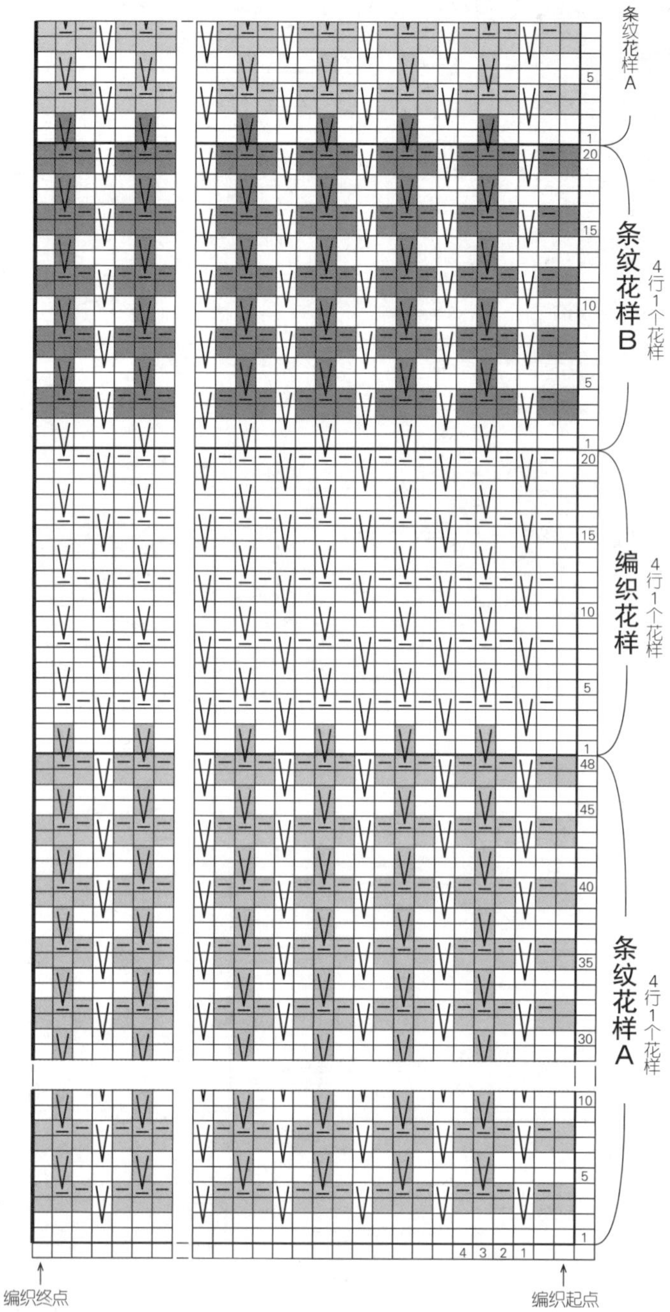

□ = [丨]

= 滑针（2行的情况）

= 上针的滑针（2行的情况）

配色
- □ = 灰色
- ▒ = 芥末色
- ■ = 深棕色

滑针（2行的情况）

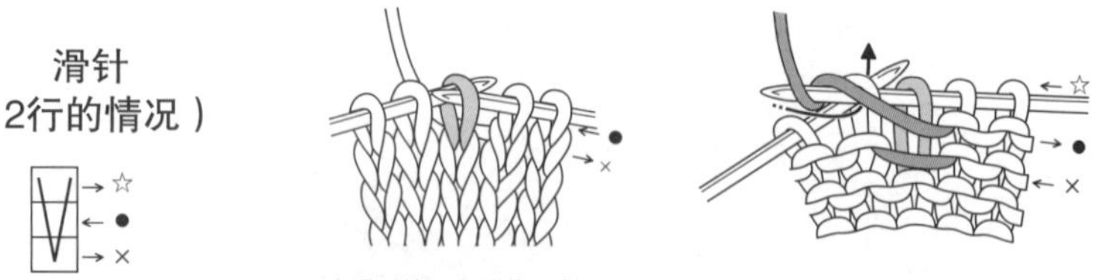

1 编织时使×行成为下针。●行将线放在织片后面，将针目直接移至右棒针上，下一针编织下针。

2 ☆行将线放在织片前面，不编织直接移至右棒针上。

上针的滑针（2行的情况）

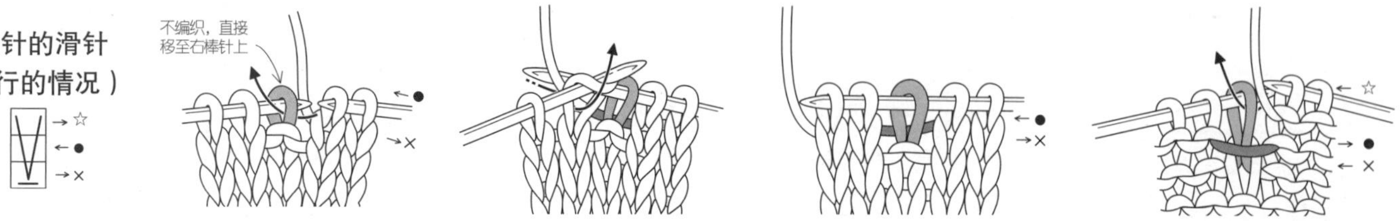

1 编织时使×行成为上针。●行将线放在织片后面，左棒针上的针目直接移至右棒针上。

2 然后将右棒针插入下一个针目，编织下针。

3 1行的上针的滑针完成。

4 从反面编织的行，将线放在织片前面，滑针不编织直接移至右棒针上。

材料

奥林巴斯 Tree House Leaves 灰色(12) 245g/7团，芥末色(14) 200g/5团，深棕色(11) 185g/5团

工具

棒针10号、8号

成品尺寸

胸围108cm，肩宽45cm，衣长66cm，袖长57.5cm

编织密度

10cm×10cm面积内：条纹花样A、B均为20.5针，36.5行；下针条纹16.5针，22行

编织要点

●身片、衣袖…身片手指起针，编织边缘编织、条纹花样A、B和编织花样。然后均匀地减针，编织下针条纹。注意前一行在滑针处减针时，使滑针在上编织2针并1针。减针时，2针及以上时做伏针减针，1针时端头第3针和第4针编织2针并1针。衣袖和身片的起针方法相同，做边缘编织、下针条纹。袖下加针时，在1针内侧编织扭加针。袖山减针方法和身片相同。编织终点休针。

●组合…肩部使用钩针引拔接合。衣领挑取指定数量的针目，环形编织边缘编织。编织终点做单罗纹针收针。衣袖用对齐针与行缝合和挑针缝合的方法，缝合于身片。胁部、袖下使用毛线缝针做挑针缝合。

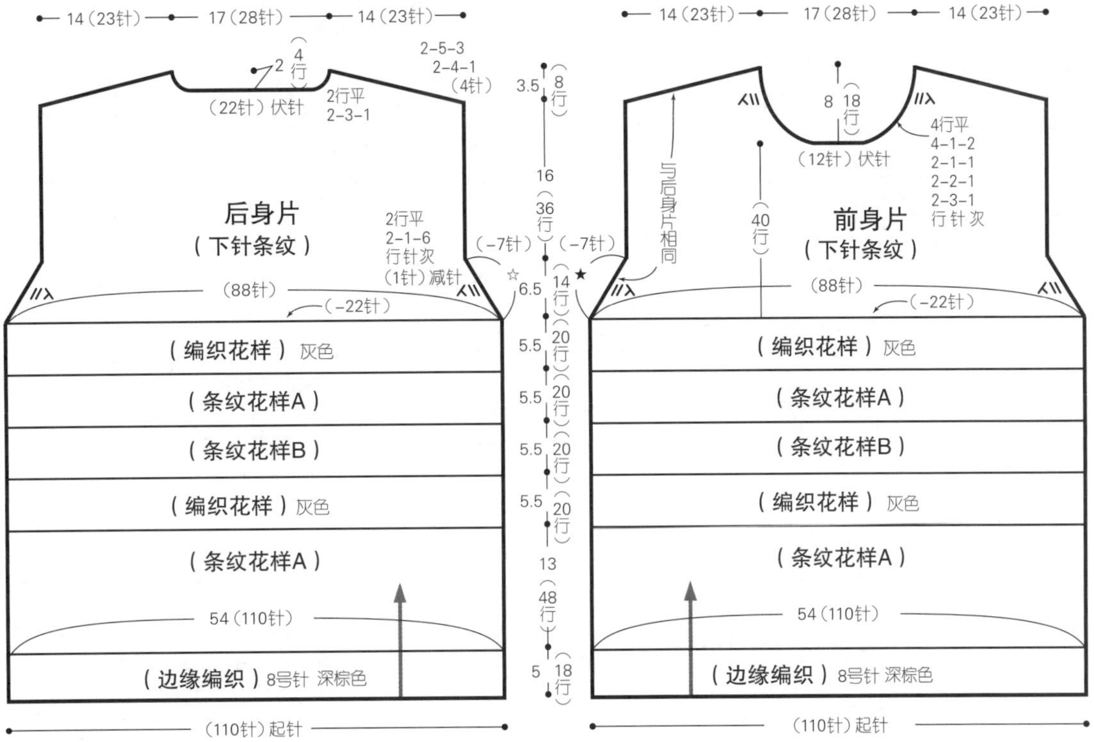

※除指定以外均用10号针编织

※单罗纹针收针的方法请参照第80页

第18页A、B、C的配色

A	绿色(5)
	浅灰色(13)
	浅褐色(3)
B	浅灰色(13)
	灰色(12)
	原白色(1)
C	浅褐色(3)
	绿色(5)
	芥末色(14)

边缘编织

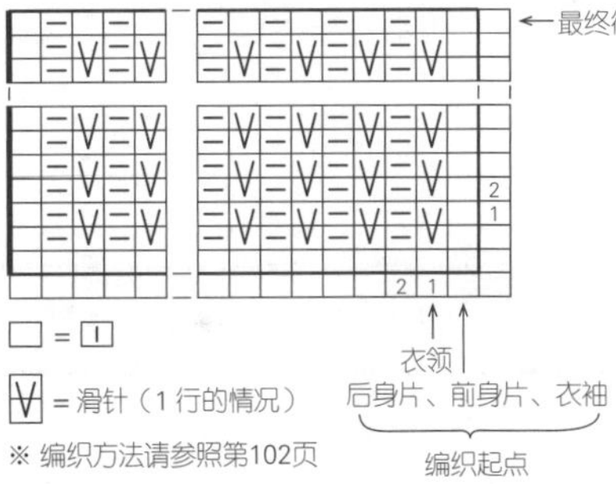

※ 编织方法请参照第102页

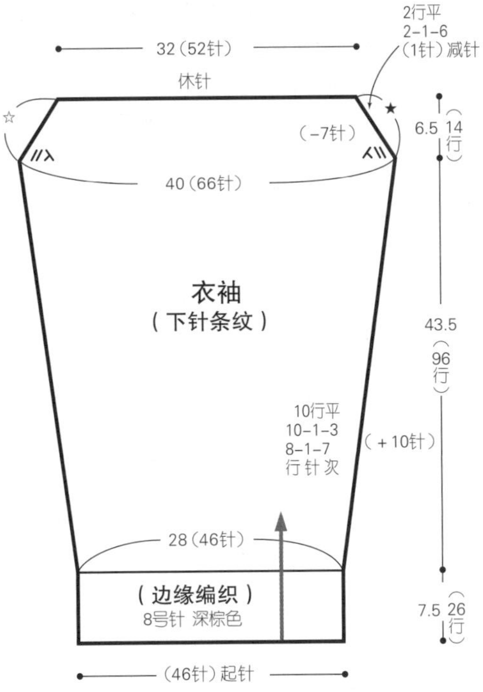

※ 对齐标记是右袖

◀接第100页

衣领(边缘编织)

8号针 深棕色

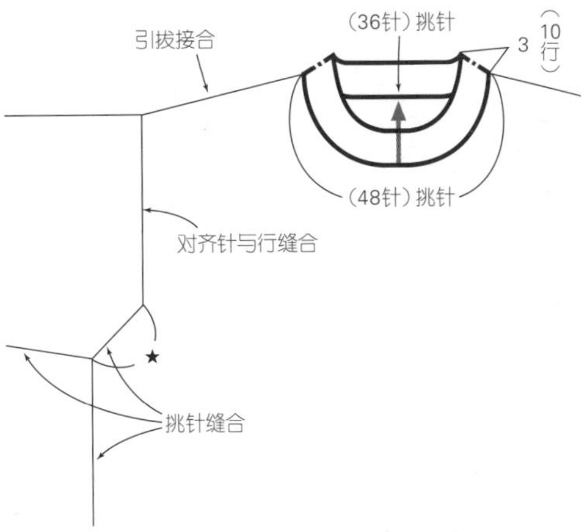

下针条纹的配色

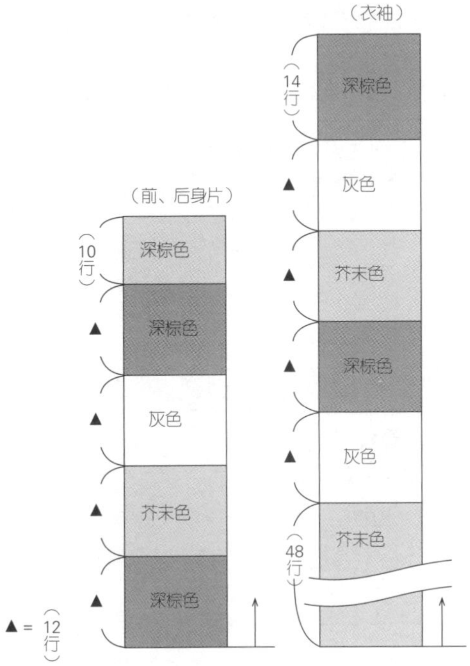

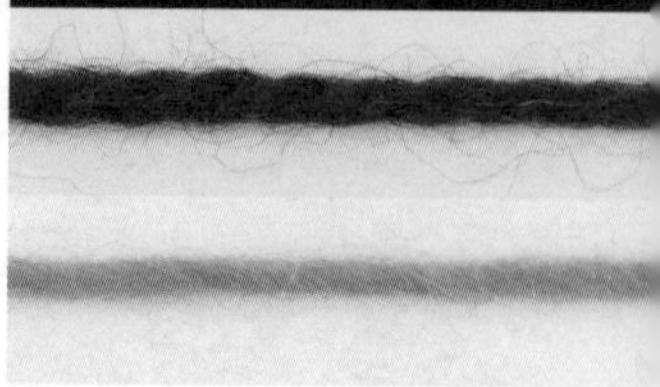

材料

芭贝 艾罗依卡(32)浅紫色(188)165g/4团，紫色(183)130g/3团，芥末色(206)95g/2团，浅褐色(200)90g/2团；美罗提高(0579)绿色系段染(574)95g/3团

工具

棒针9号、8号

成品尺寸

胸围96cm，衣长61cm，连肩袖长73.5cm

编织密度

10cm×10cm面积内：配色花样A、B均为17.5针，20行

编织要点

●身片、衣袖…另线锁针起针，身片环形编织配色花样A，注意从插肩线开始前、后身片分开编织。衣袖往返编织配色花样A、B。用横向渡线编织配色花样的方法编织。减针时，2针及以上时做伏针减针，1针时立起侧边1针减针。袖下加针时，在1针内侧编织扭加针。

●组合…袖下使用毛线缝针做挑针缝合。下摆、袖口拆开锁针起针挑针，环形编织双罗纹针配色花样A。编织终点做下针织下针、上针织上针的伏针收针。插肩线使用毛线缝针做挑针缝合，腋下针目做下针的无缝缝合。衣领挑取指定数量的针目，编织双罗纹针配色花样B。编织终点和下摆的处理方法相同。

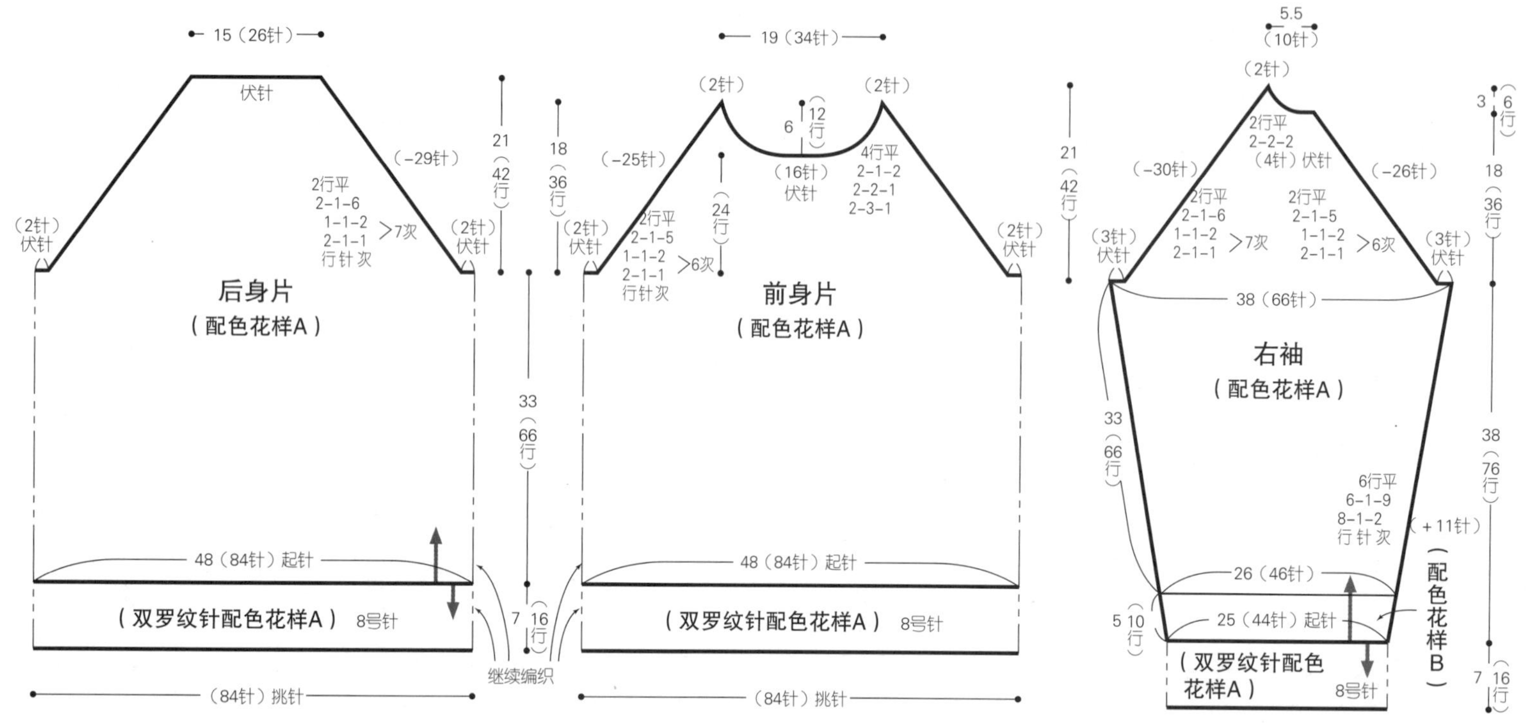

※ 除指定以外均用9号针编织

※ 横向渡线编织配色花样的方法请参照第91页

※ 对称编织左袖

衣领（双罗纹针配色花样B）

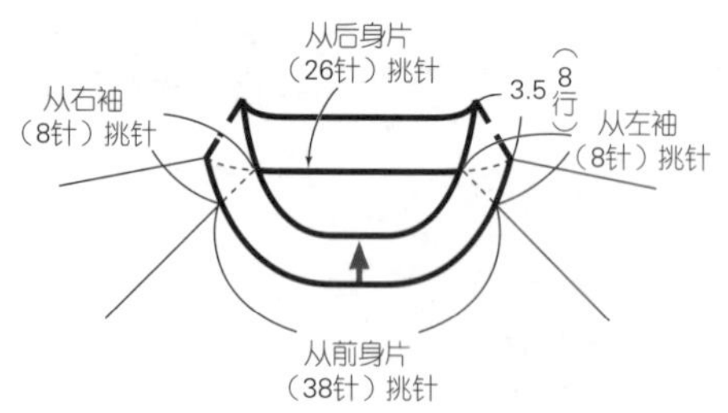

双罗纹针配色花样A

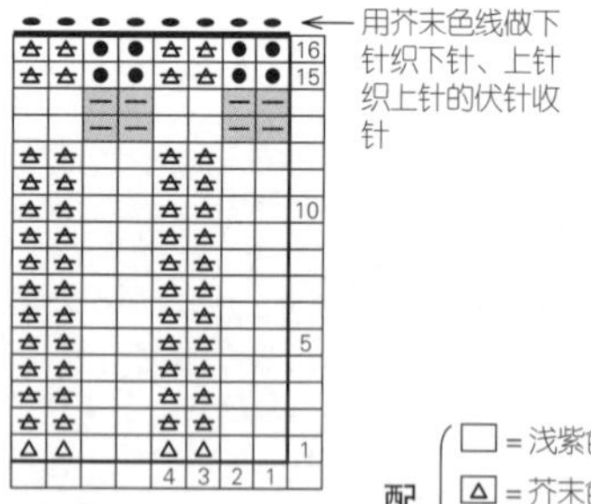

□ = Ⅰ

双罗纹针配色花样B

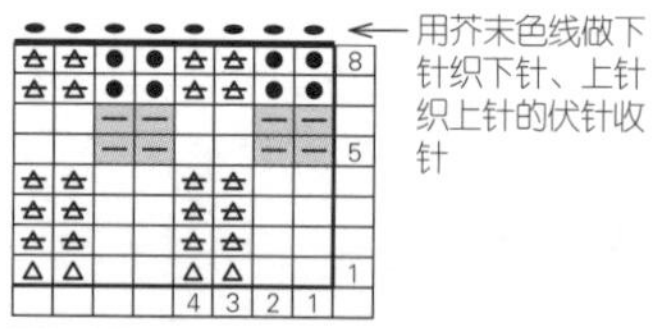

□ = Ⅰ

配色

- □ = 浅紫色
- △ = 芥末色
- ▨ = 浅褐色
- ● = 绿色系段染

配色花样B

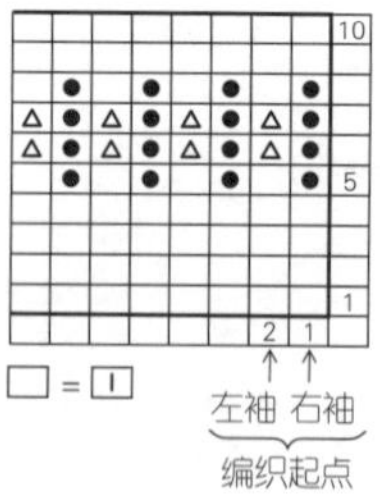

□ = Ⅰ

配色

- □ = 浅紫色
- ● = 绿色系段染
- △ = 芥末色

滑针
（1行的情况）

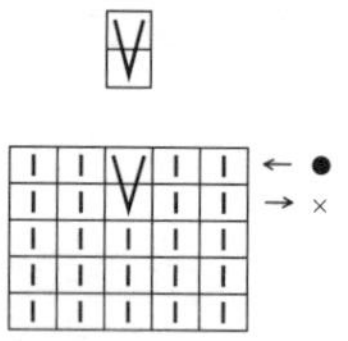

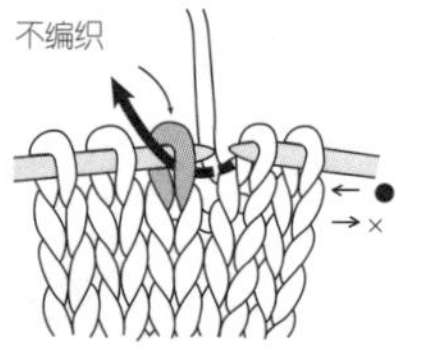

1 编织时使×行成为下针。●行将线放在织片后面，不编织直接移至右棒针上。

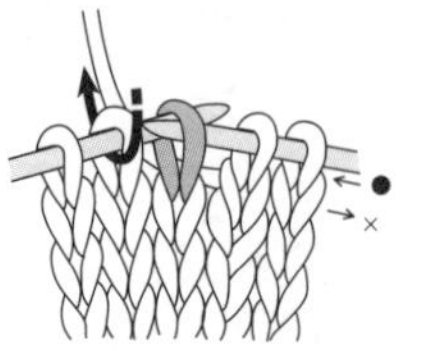

2 从下一针开始按照图示将右棒针插入，编织下针。

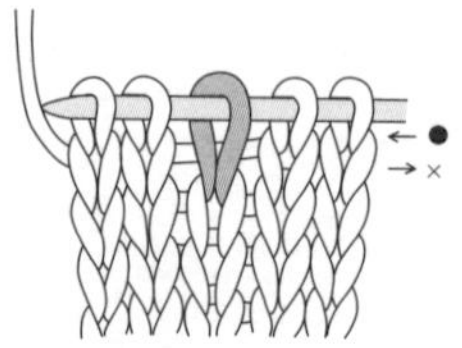

3 完成1行滑针。

配色花样A

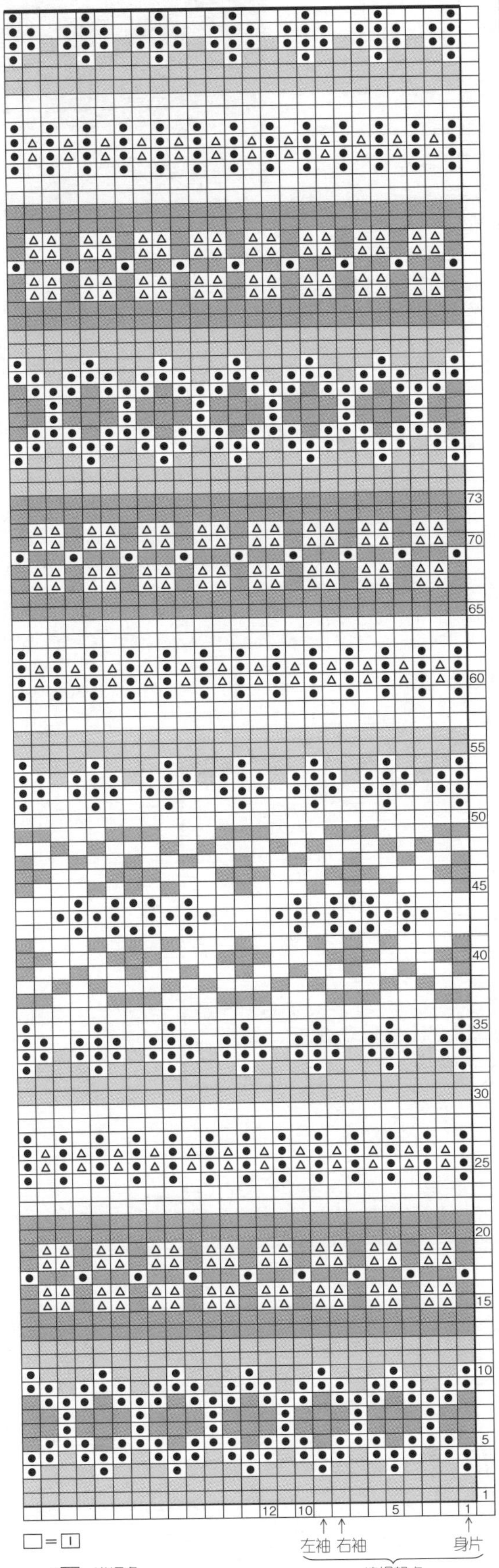

□=|

配色
- ▨=浅褐色
- ●=绿色系段染
- ■=紫色
- △=芥末色
- □=浅紫色

双罗纹针收针
（环形编织的情况）

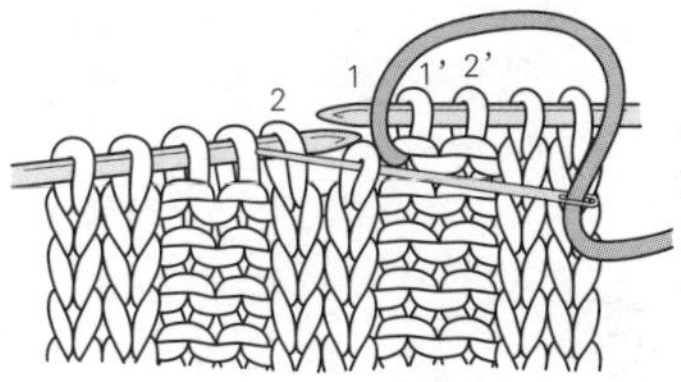

1 从针目1的后面插入毛线缝针。

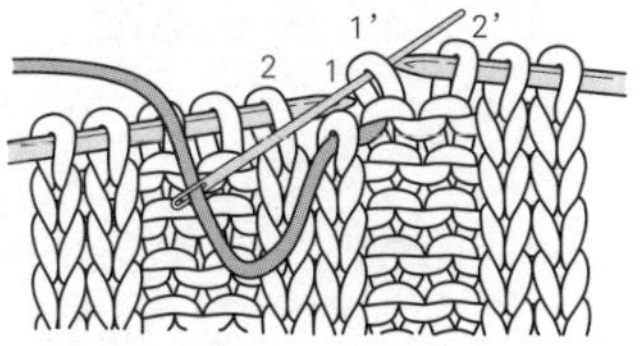

2 从针目1’的前面插入毛线缝针。

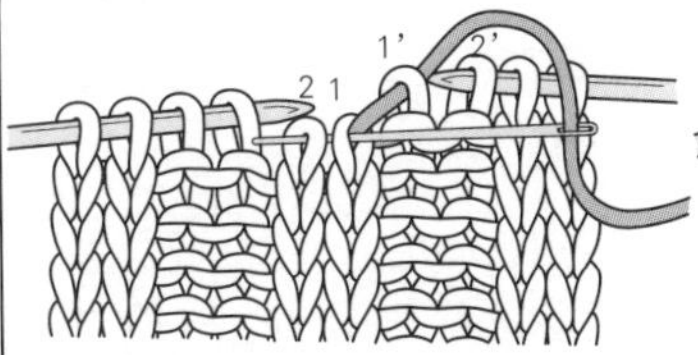

3 从针目1的前面插入毛线缝针。从针目2的前面出针。

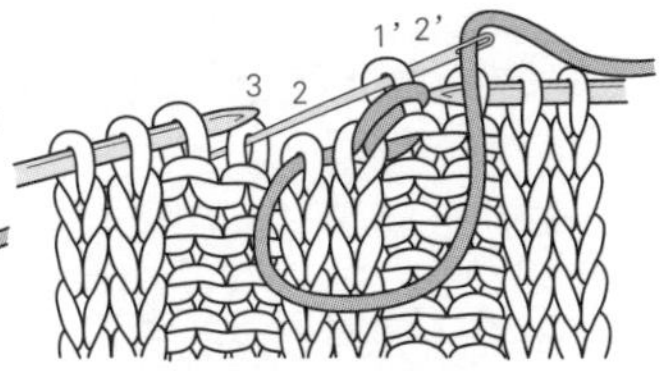

4 从针目1’的后面插入毛线缝针。从针目3的后面出针。

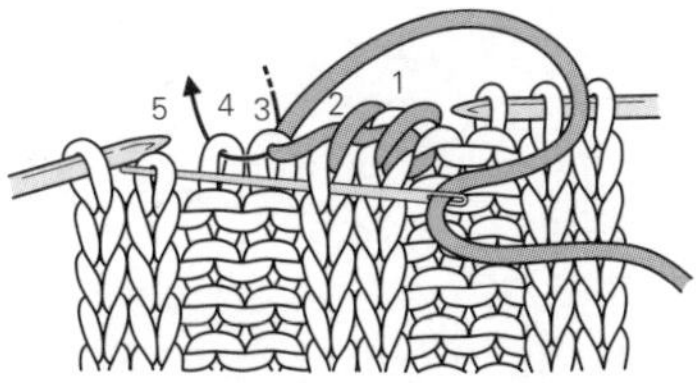

5 从针目2的前面入针，从针目5的前面出针。随后，从针目3的后面入针，从针目4的后面出针。重复步骤3~5。

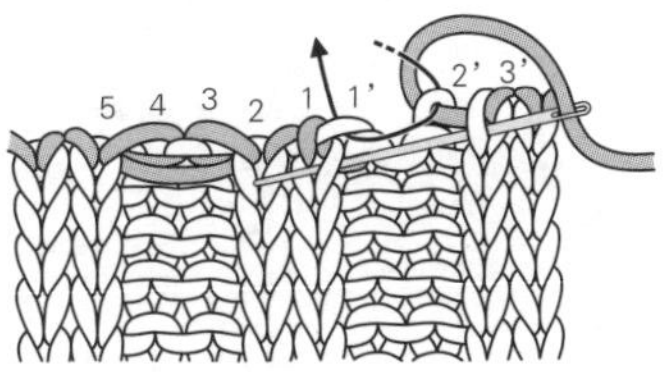

6 最后从针目3’的前面入针，从针目1的前面出针。从针目2’的后面插入毛线缝针，从针目1’的后面出针。

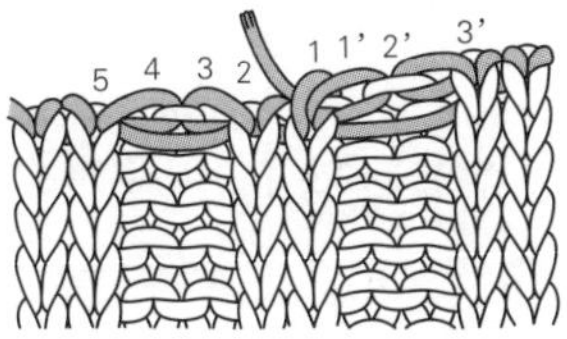

7 完成。

双罗纹针收针
（两端为2针下针的情况）

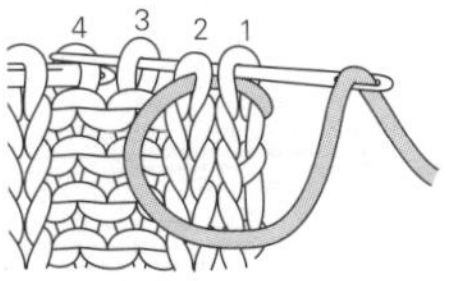

1 参照图示，将毛线缝针插入针目1、2后，再一次插入针目1中，从针目3的前面入针、后面出针。

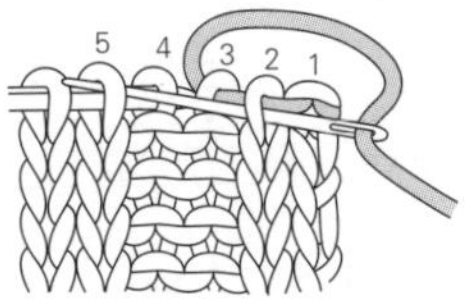

2 下针之间，从针目2的前面入针，从针目5的后面入针、前面出针。

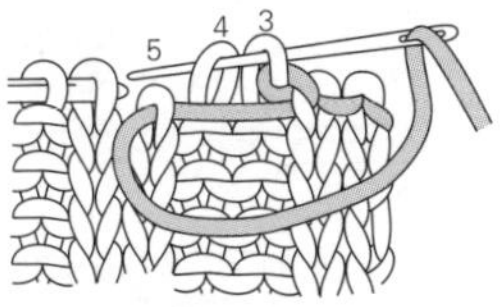

3 上针之间，从针目3的后面入针，从针目4的前面入针、后面出针。

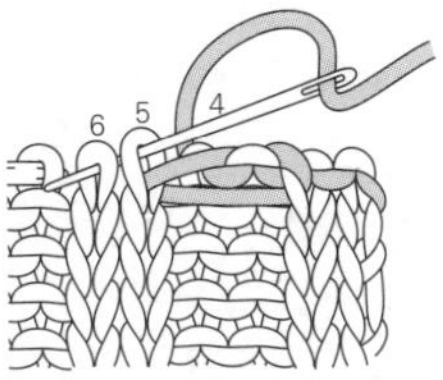

4 下针之间，从针目5的前面入针，从针目6的后面入针、前面出针。

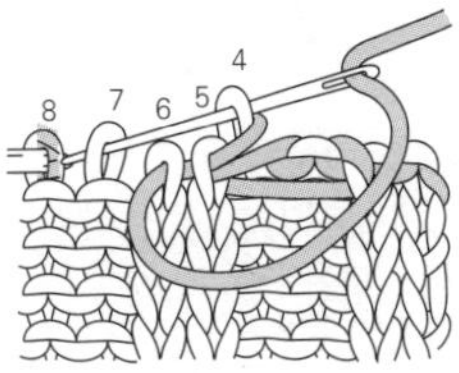

5 上针之间，从针目4的后面入针，从针目7的前面入针、后面出针。重复步骤2~5。

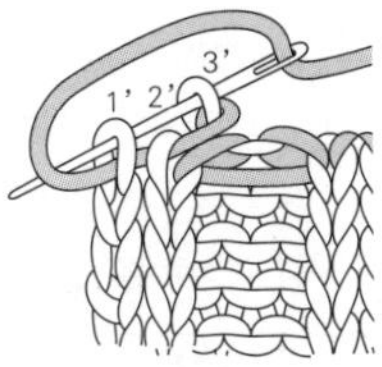

6 最后重复步骤4之后，参照图示入针。

材料

芭贝 Mille Colori 200G 橙色、绿色、蓝色系段染(88) 290g/2团；Monarca 驼色(903)、藏青色(906)、蓝绿色(908)、深棕色(910)各50g/各1团，炭灰色(909) 40g/1团；米色(902) 35g/1团

工具

棒针8号、6号

成品尺寸

胸围108cm，肩宽41cm，衣长61.5cm，袖长55.5cm

编织密度

10cm×10cm面积内：下针条纹18针，25行；配色花样20针，25行

编织要点

●身片、衣袖…另线锁针起针，编织下针条纹、配色花样。组合使用纵向渡线和横向渡线编织配色花样的方法编织。减针时，2针及以上时做伏针减针，1针时立起侧边1针减针。袖下加针时，在1针内侧编织扭加针。下摆、袖口拆开锁针起针挑针，编织双罗纹针。编织终点做双罗纹针收针。

●组合…肩部做盖针接合，胁部、袖下使用毛线缝针做挑针缝合。衣领挑取指定数量的针目，环形编织起伏针。编织终点做上针的伏针收针。衣袖和身片做引拔接合。

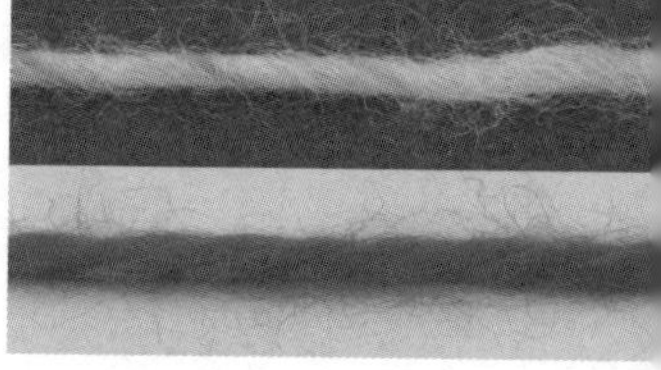

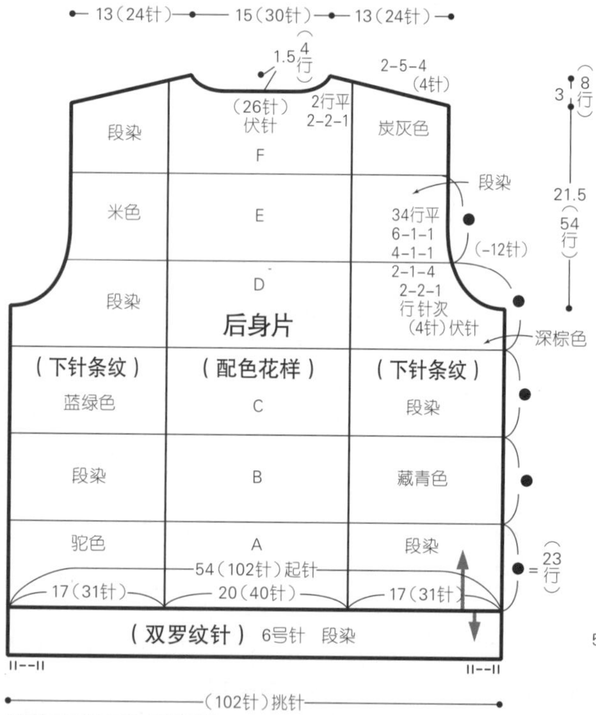

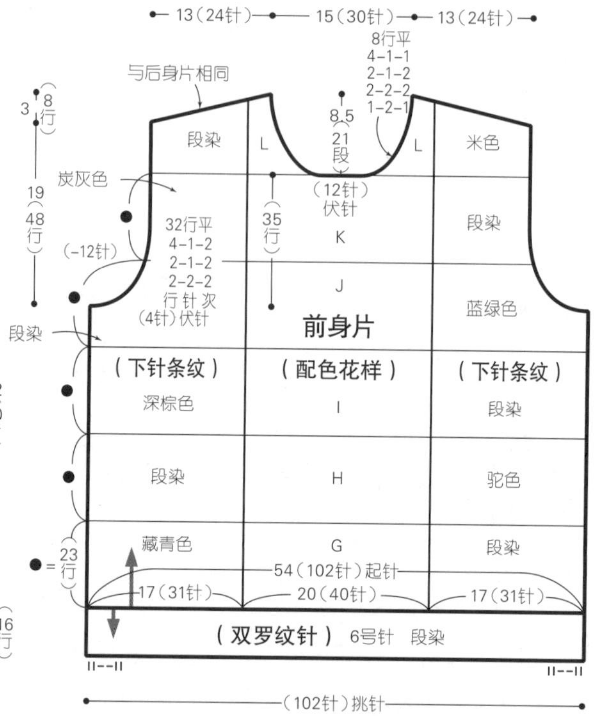

※除指定以外均用8号针编织
※横向渡线编织配色花样的方法请参照第91页
※纵向渡线编织配色花样的方法请参照第151页
※双罗纹针收针的方法请参照第103页

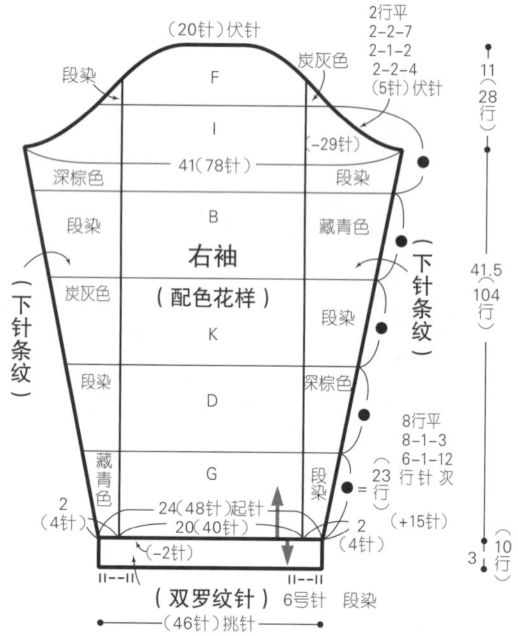

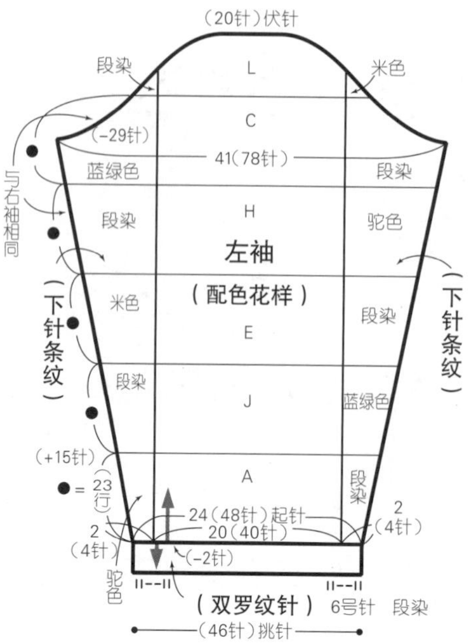

双罗纹针

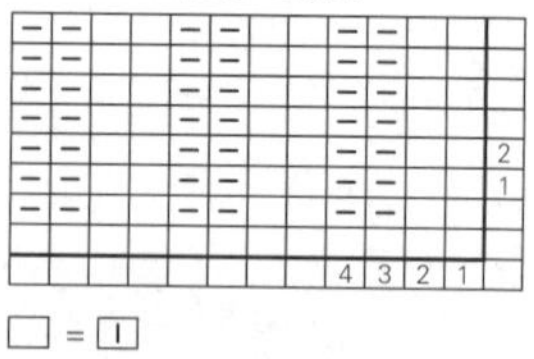

衣领
(起伏针)
8号针 段染

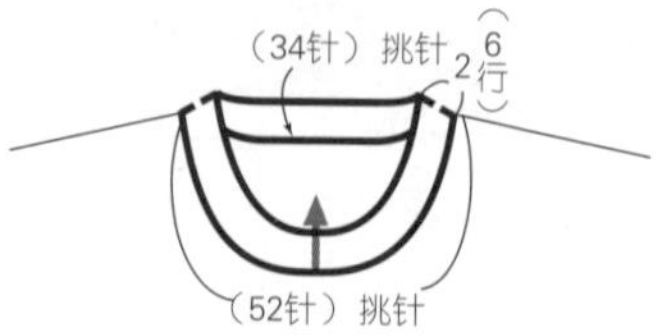

起伏针

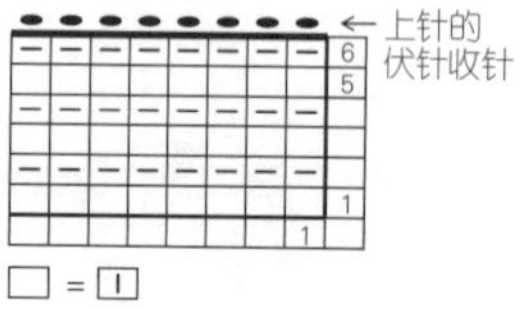

配色花样

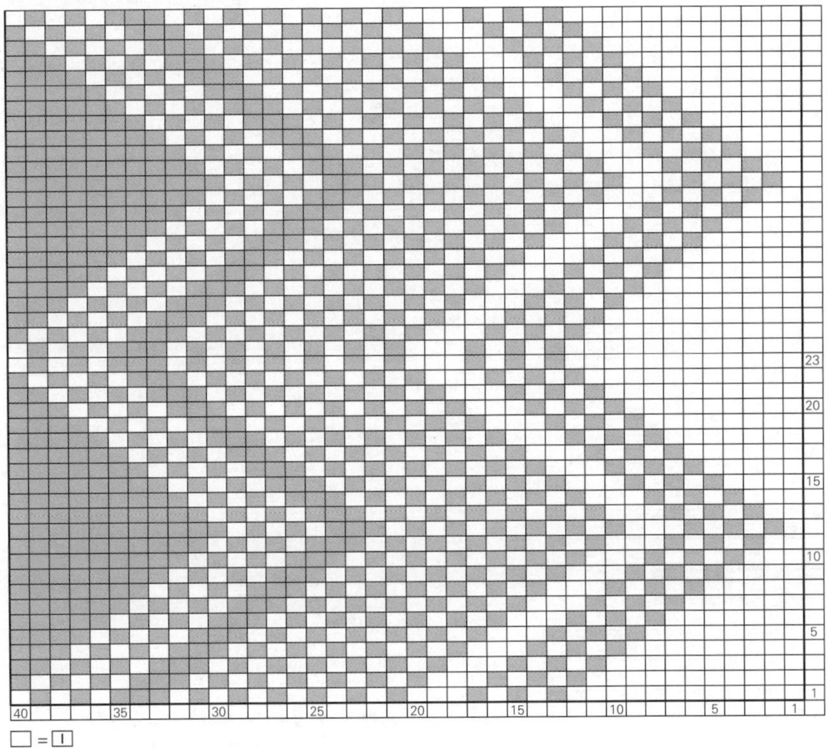

配色

	▨	□
A	驼色	段染
B	段染	藏青色
C	蓝绿色	段染
D	段染	深棕色
E	米色	段染
F	段染	炭灰色
G	藏青色	段染
H	段染	驼色
I	深棕色	段染
J	段染	蓝绿色
K	炭灰色	段染
L	段染	米色

手指挂线做单罗纹针起针
两端均为2针下针

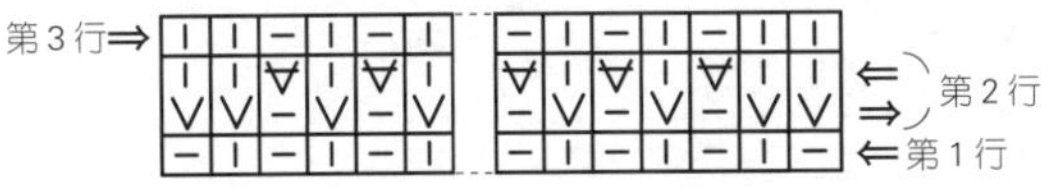

第1行

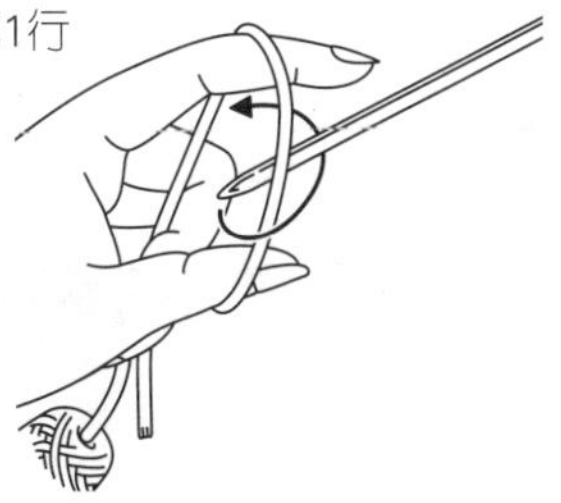

1 将棒针放在线的后面，如箭头所示转动棒针，编织上针。

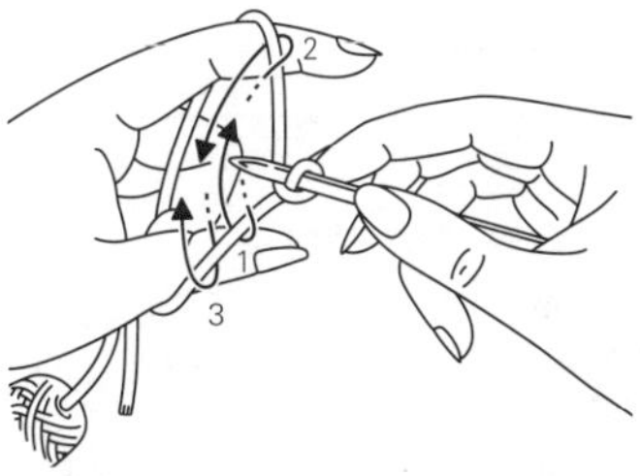

2 按照1、2、3的顺序，转动针头，编织下针。

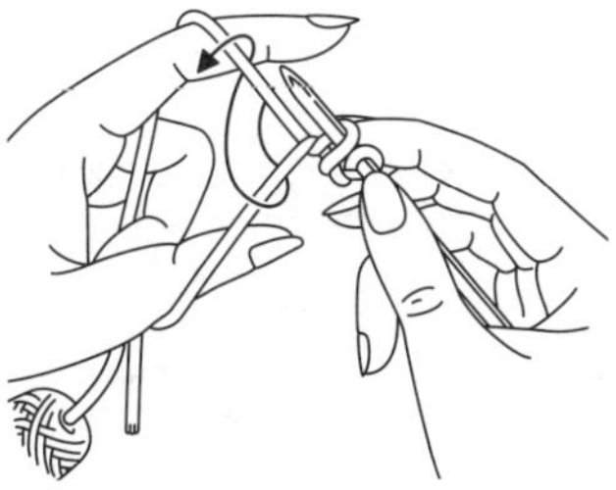

3 第3针按照图示转动棒针，编织上针。重复步骤2、3，最后用2针下针收尾。

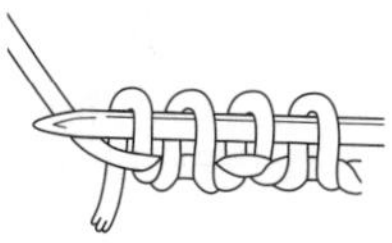

4 第1行左端的状态。最后以步骤3（上针）的状态结束。

第2行

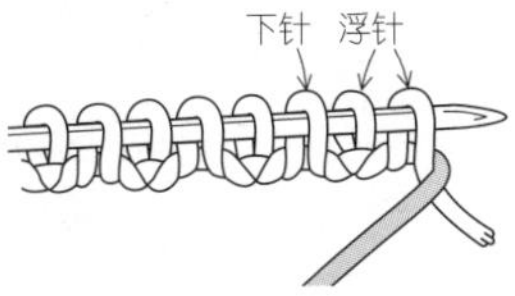

5 翻转织片，将线放在前面。

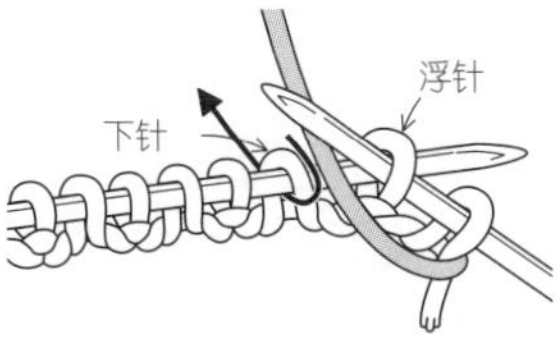

6 右端的2针不编织直接移至右棒针（浮针）上，第3针编织下针。

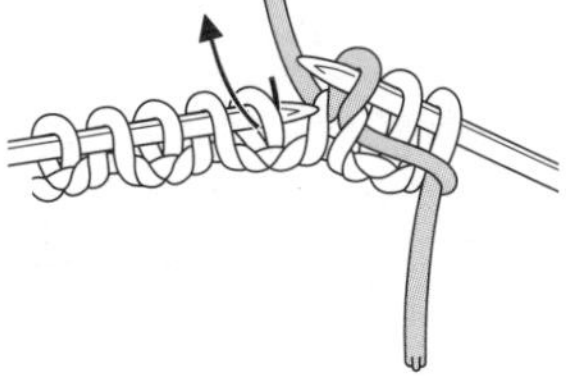

7 后面交替编织“1针上针的浮针、1针下针”。

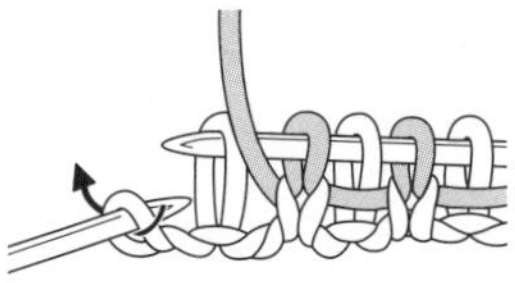

8 最后一针按照箭头所示移至右棒针上。

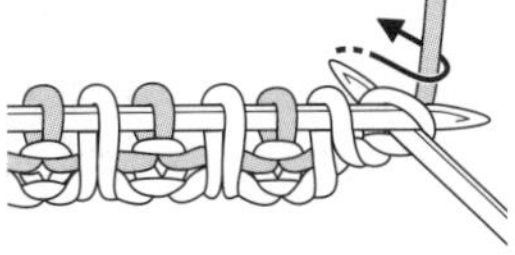

9 翻转织片，端头的2针编织下针。

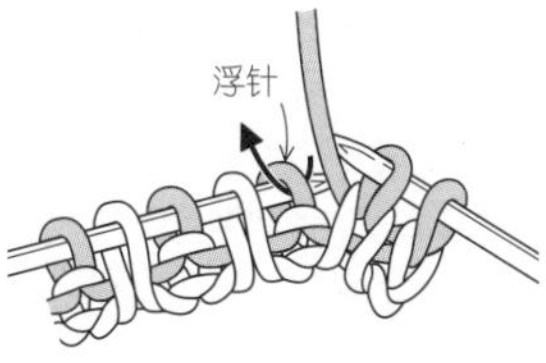

10 下一针开始重复编织“1针上针的浮针、1针下针”。

第3行

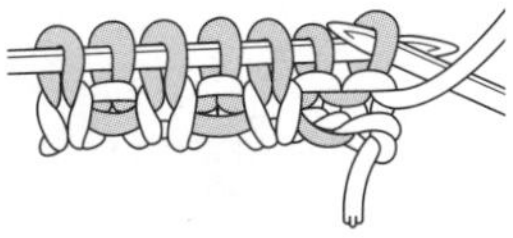

11 翻转织片，端头的2针编织上针，下一针开始交替编织“1针下针、1针上针”。最后一针编织上针。

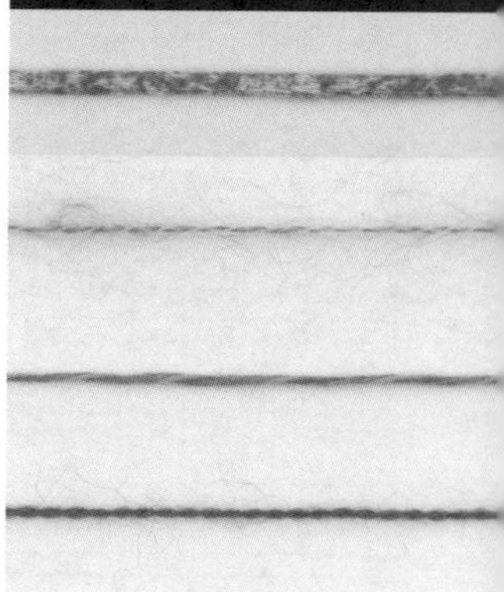

材料

ISAGER Palet 蓝色(OCEAN) 180g/4团；Silk Mohair 灰蓝色(41) 70g/3团；Trio 浅蓝色(FROST) 30g/1团；Alpaca 1 浅蓝色(11) 30g/1团

工具

棒针8号、6号

成品尺寸

胸围102cm，衣长52cm，连肩袖长63.5cm

编织密度

10cm×10cm面积内：编织花样A 18.5针，30行；编织花样B 22针，33行

编织要点

●身片、衣袖…全部取2根指定颜色的线编织。手指起针，环形做编织花样A、B。编织花样A、B花样交界处针数有改变，需要注意。衣袖参照图示，一边加针一边编织。编织终点均要休针。育克从身片和衣袖挑针，做编织花样A、B。育克和前领窝参照图示减针。从前领窝开始，上面做往返编织。衣领环形做编织花样A。编织终点松松地做伏针收针。

●组合…腋下针目对齐☆、★标记，做引拔接合。衣领折向内侧，松松地做卷针缝缝合。

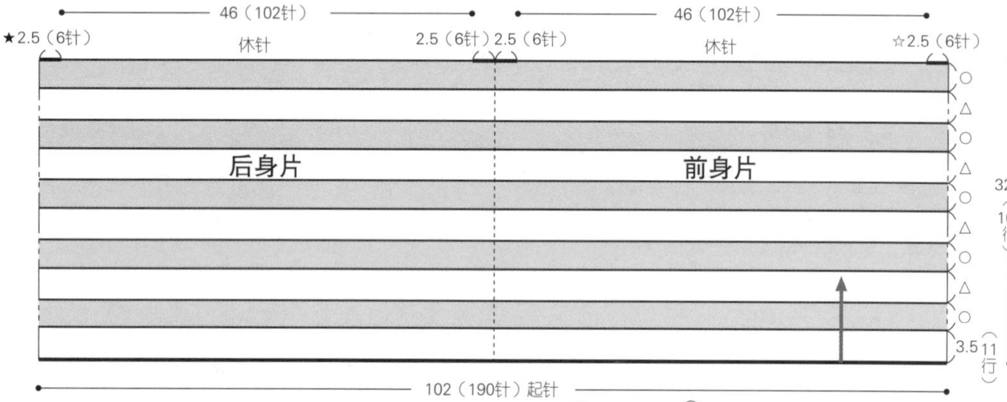

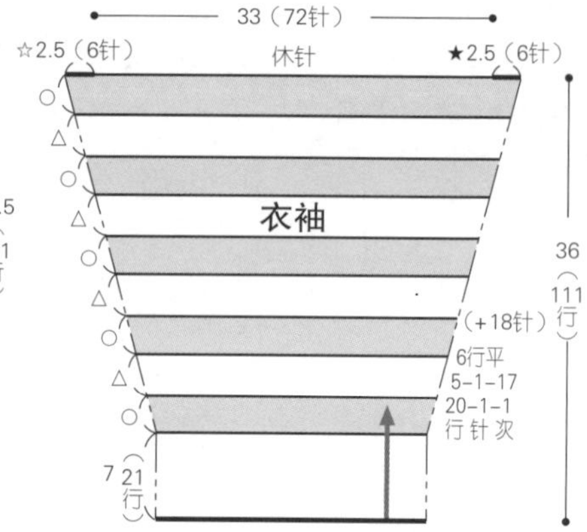

※对齐标记（☆、★）是左袖

□ =（编织花样A）8号针 Palet和Silk Mohair 各取1根　○ = 3 10行　△ = 3.5 10行

▒ =（编织花样B）6号针 Trio和Alpaca 1 各取1根

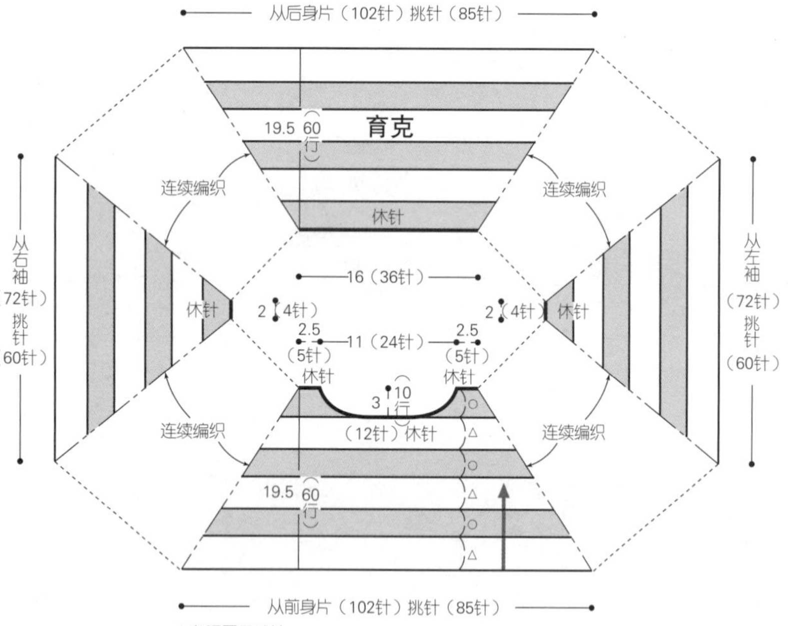

※参照图示减针

衣领

（编织花样A）

8号针 Palet和Silk Mohair 各取1根

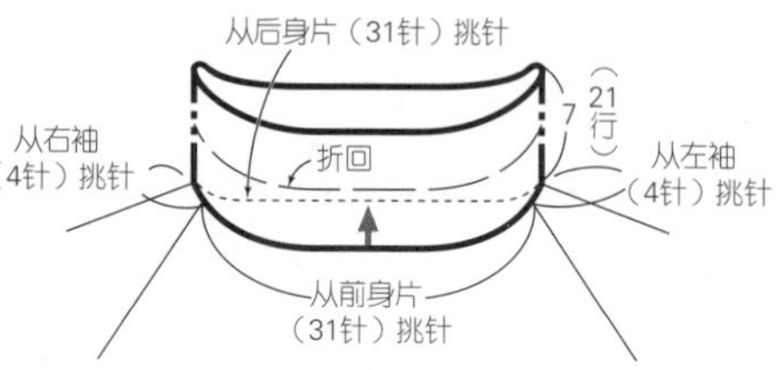

※ 编织花样A要和育克的花样连在一起编织

编织花样A、B

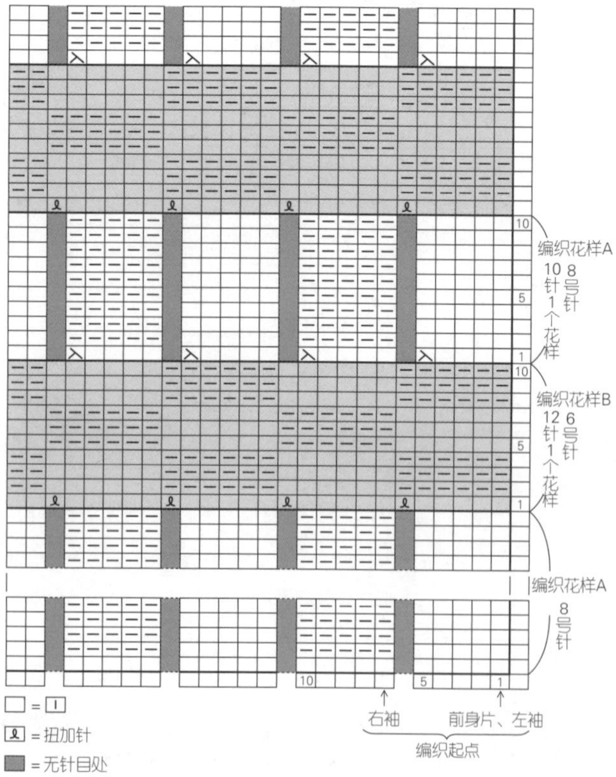

□ = ▯

ℓ = 扭加针

■ = 无针目处

配色 { □ = Palet和Silk Mohair 各取1根
▒ = Trio和Alpaca 1 各取1根 }

右袖下的加针

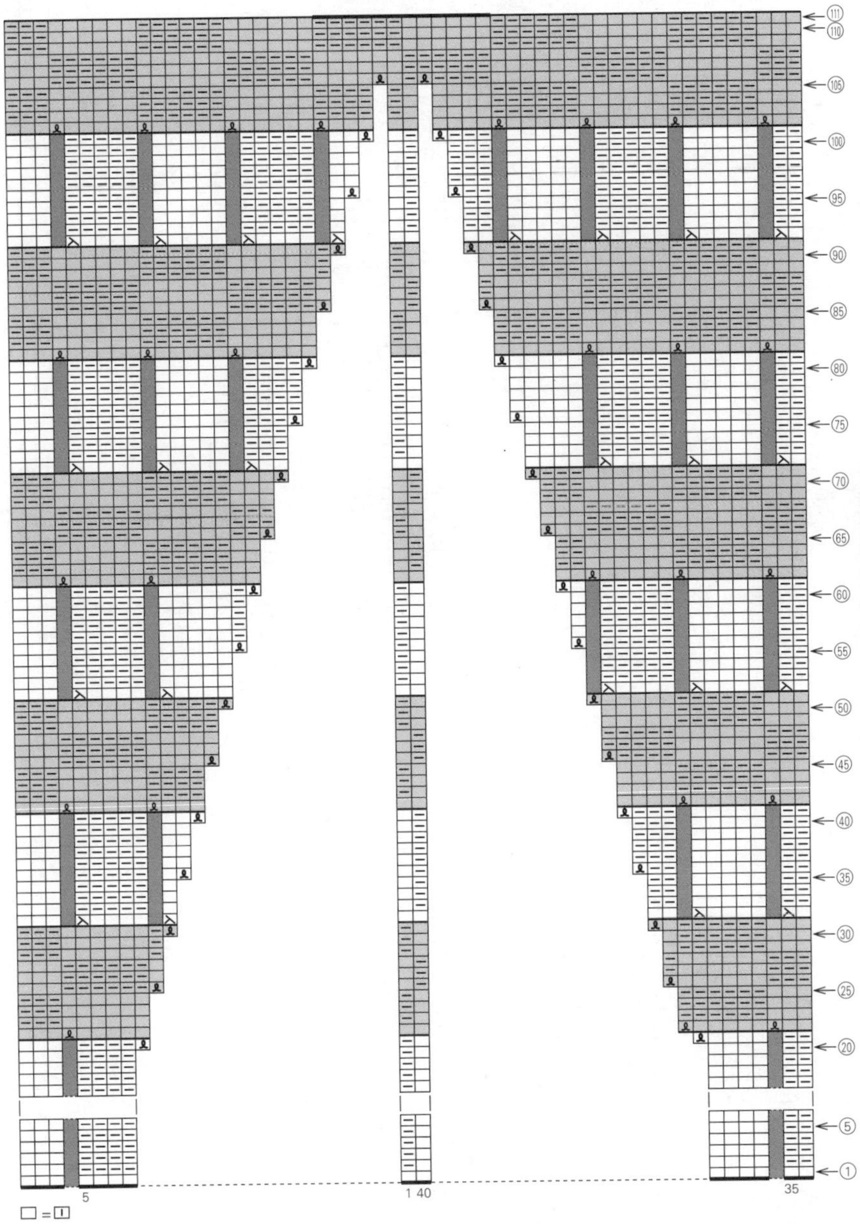

Ⓠ = 扭加针
■ = 无针目处

配色 { □ = Palet和Silk Mohair 各取1根
▒ = Trio和Alpaca 1 各取1根 }

左袖下的加针

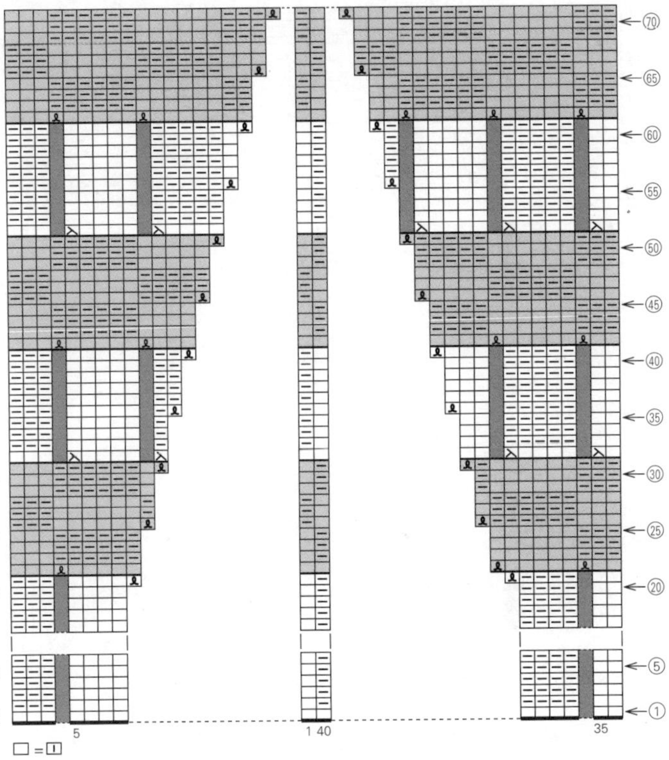

右上1针交叉（中间2针上针）

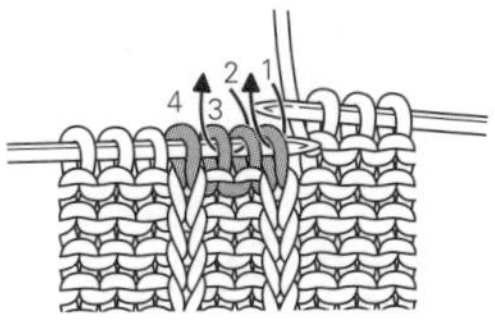

1 将针目1、2、3移至2根麻花针上。

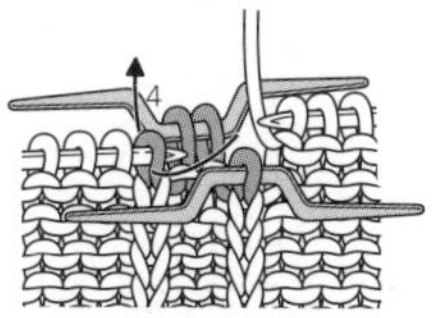

2 针目1放在织片前面，针目2、3放在织片后面。将右棒针插入针目4。

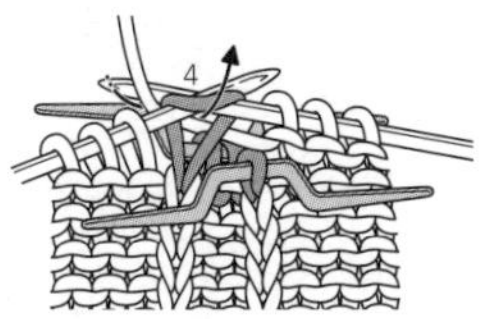

3 编织下针。

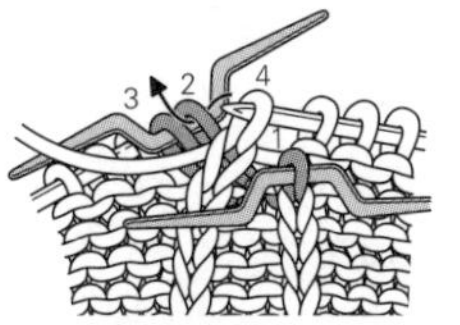

4 如箭头所示，将右棒针插入针目2。

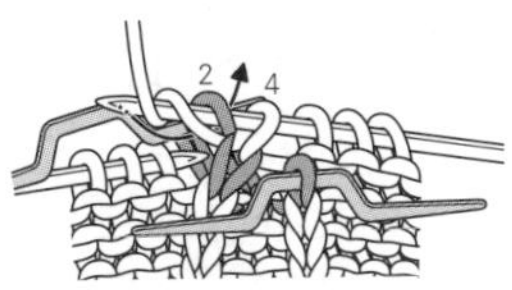

5 编织上针。

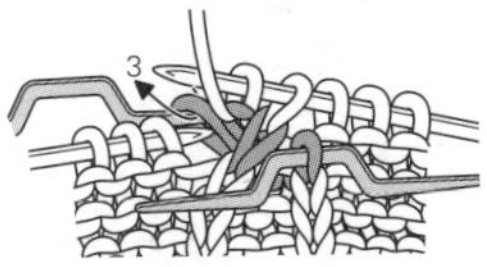

6 如箭头所示，将右棒针插入针目3，编织上针。

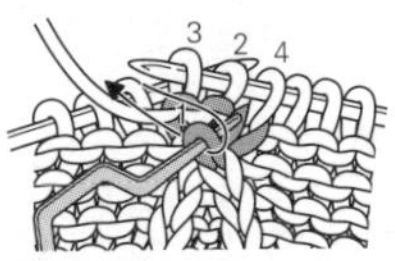

7 如箭头所示，将右棒针插入针目1。

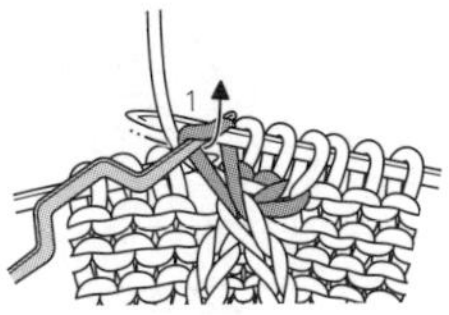

8 编织下针。

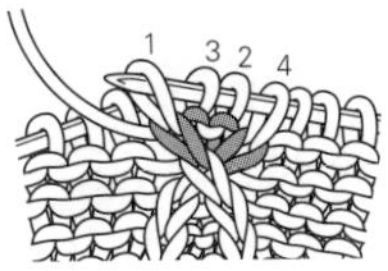

9 右上1针交叉（中间2针上针）完成。

育克和前领窝的减针

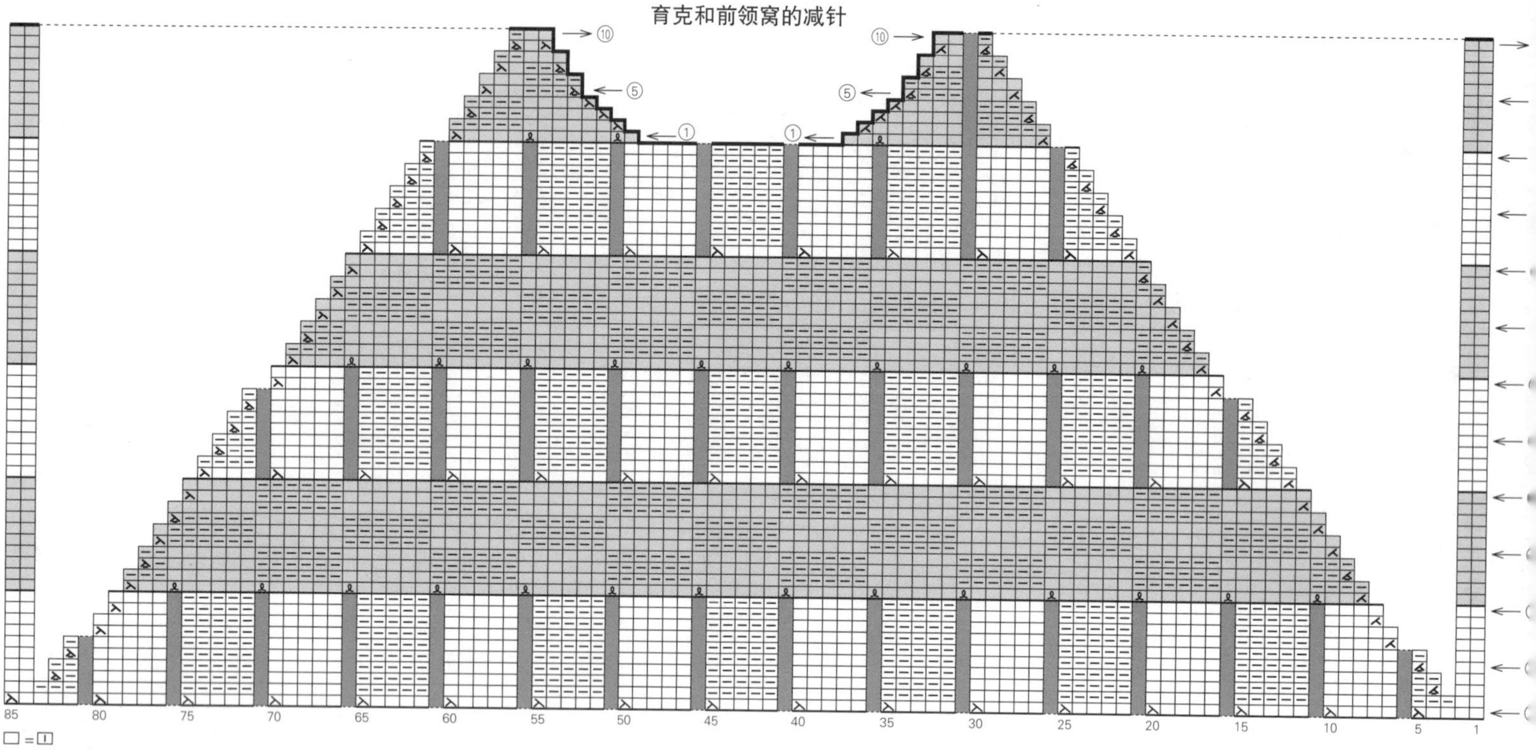

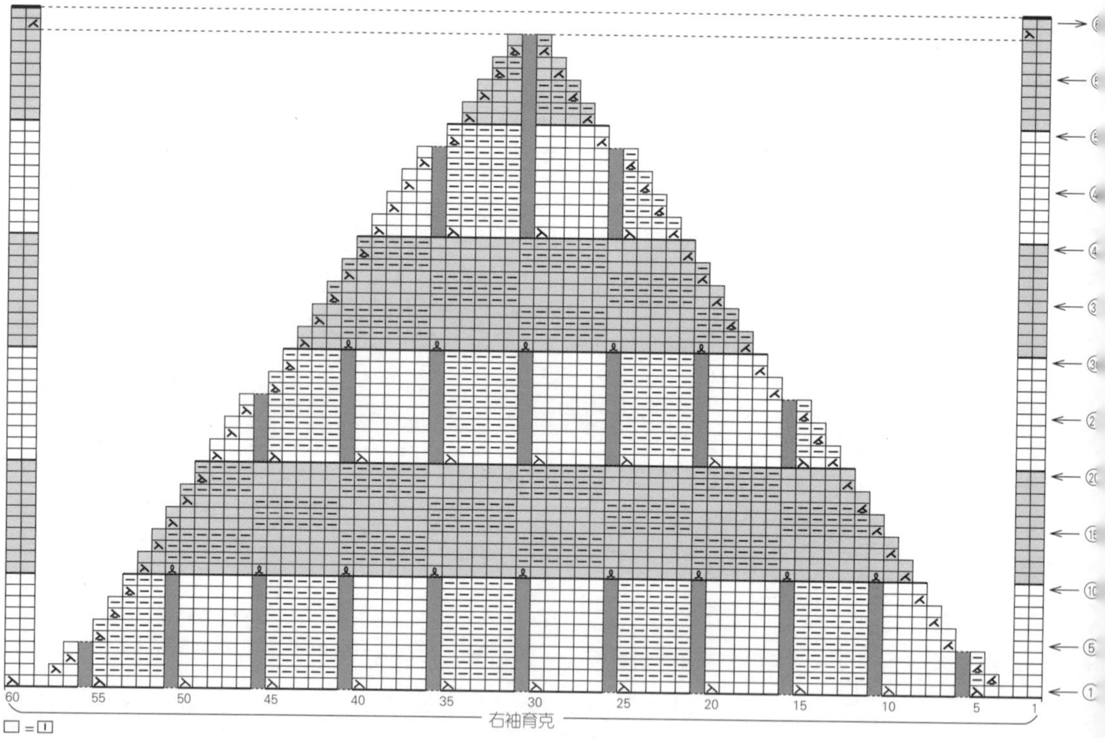
右袖育克

= 扭加针
= 无针目处

配色
= Palet和Silk Mohair 各取1根
= Trio和Alpaca 1 各取1根

※ 后育克第1~30行按照前身片的要领减针
※ 左袖育克和右袖育克的减针要领相同

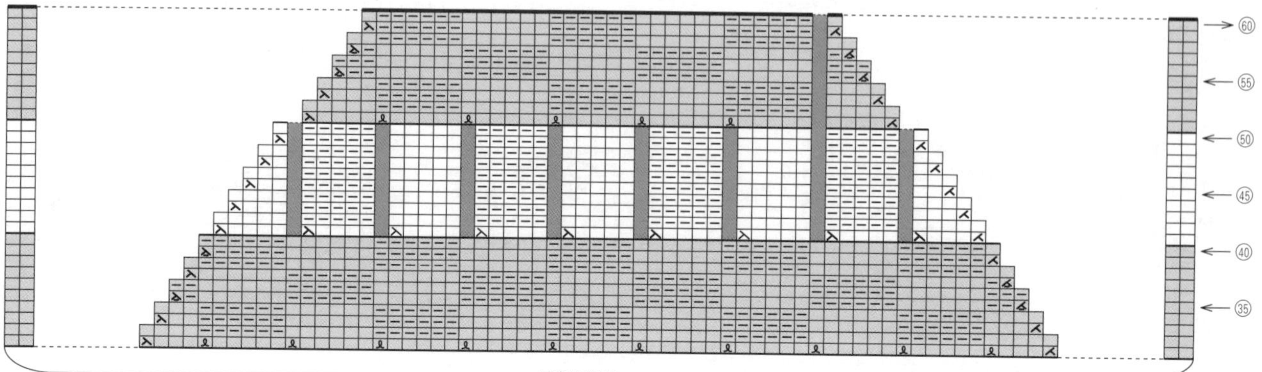
后身片育克

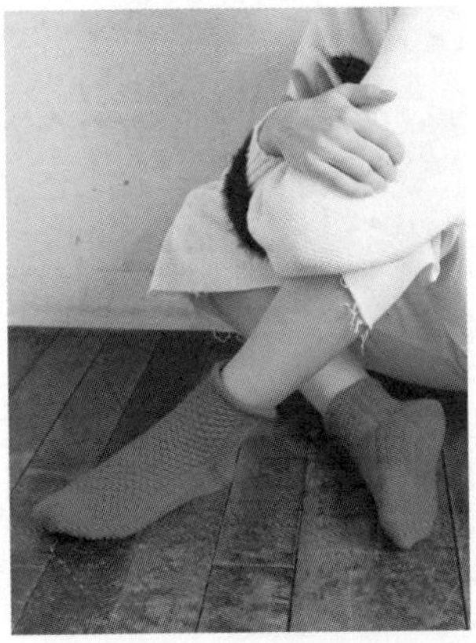

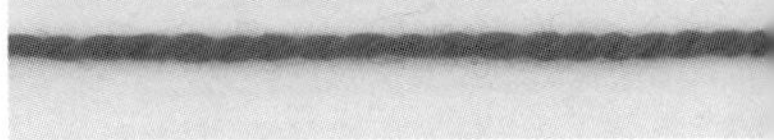

材料

达摩手编线 Super Wash Merino 红色(6) 75g/2 团

工具

棒针 1 号

成品尺寸

袜底长 23cm，袜筒长 14cm

编织密度

10cm×10cm 面积内：编织花样 A 36 针，43 行

编织要点

●另线锁针起针，环形编织单罗纹针、编织花样 A。注意编织花样 A 第 1 行拆开起针的锁针，折向内侧，2 片重叠在一起编织。袜跟位置编入另线。袜底做编织花样 B，袜背做编织花样 A，袜头做下针编织。参照图示减针。编织终点休针，做下针的无缝缝合。袜跟拆开另线挑针，参照图示编织。编织终点和袜头相同。

袜头（下针编织）

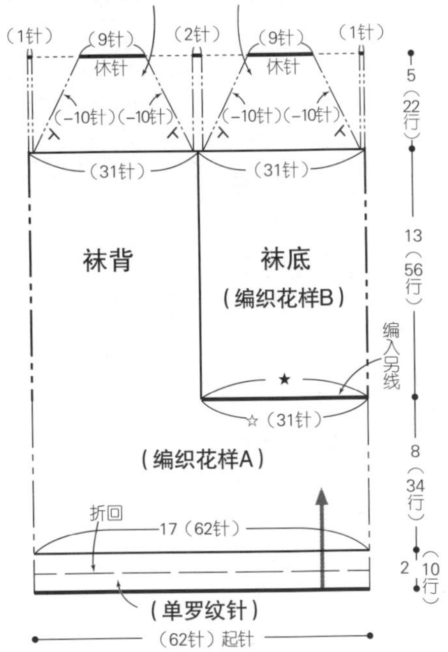

袜跟（下针编织）

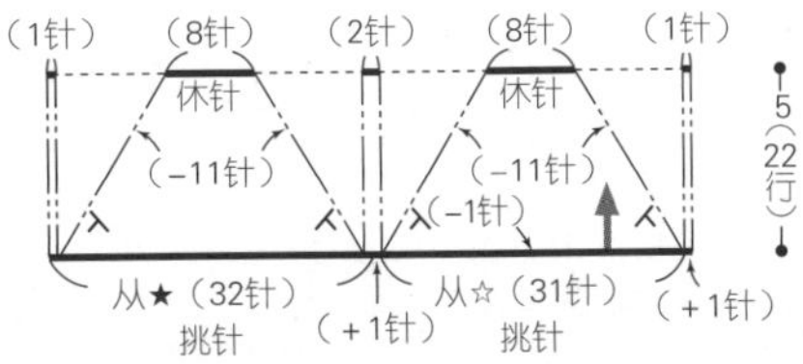

※全部使用1号针编织

※袜头、袜跟参照图示编织

※袜头、袜跟做下针的无缝缝合时，要将端头的▲处针目和下侧重叠着缝合

单罗纹针

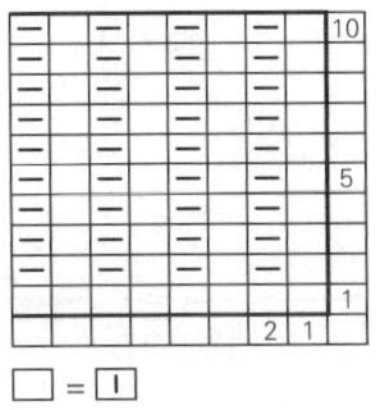

编织花样B

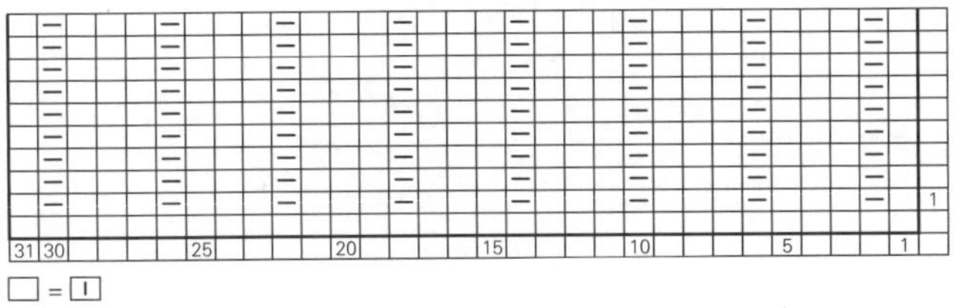

编织花样A

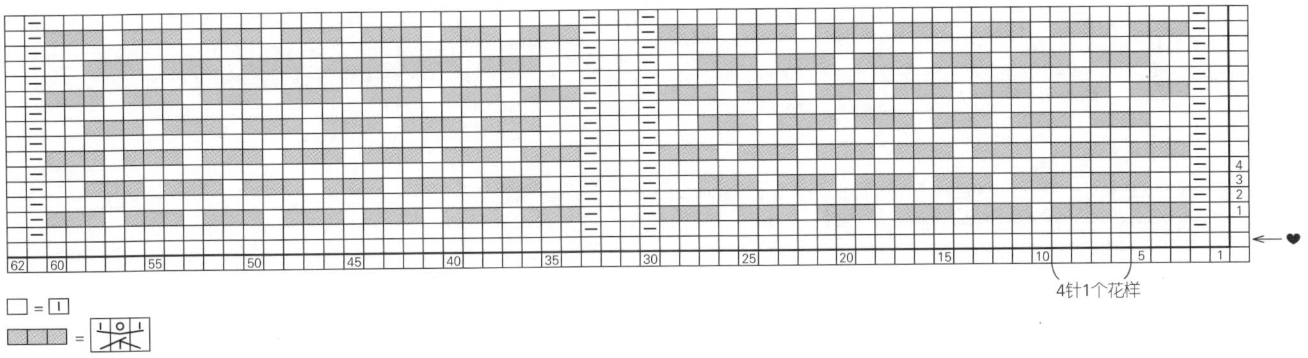

※ ❤ = 拆开起针的锁针，折向内侧，和第1行的下沉弧重叠着编织

袜头的编织方法

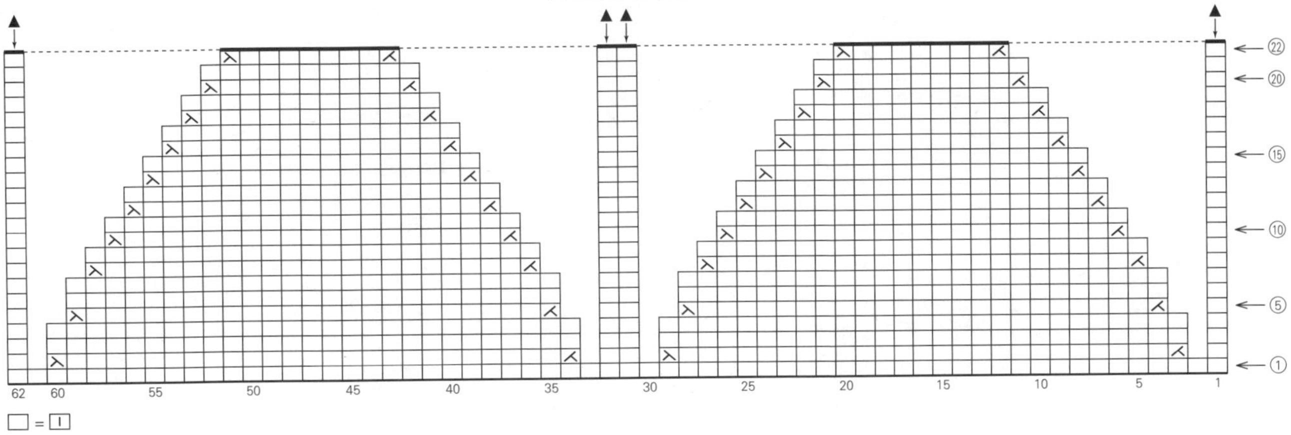

袜跟的编织方法

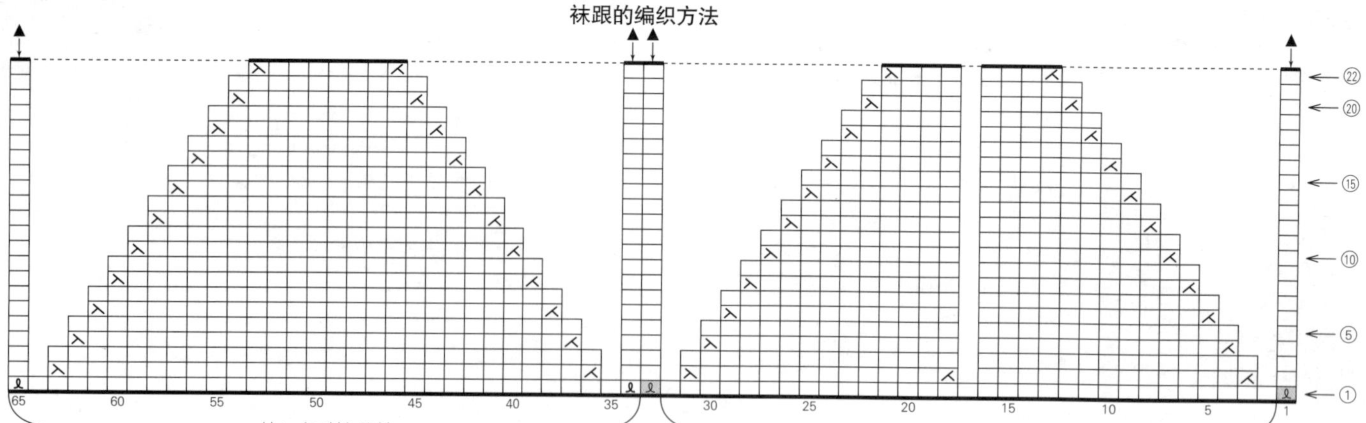

□ = 丨

= 扭加针（将针目之间的渡线扭一下加针）

= 扭针（将端头半针扭一下编织）

B

接第111页 ▶

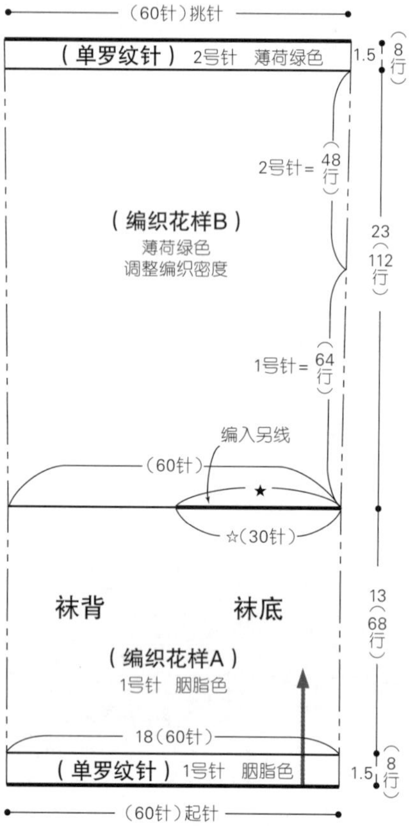

※ 单罗纹针收针的方法请参照第80页

编织花样 A

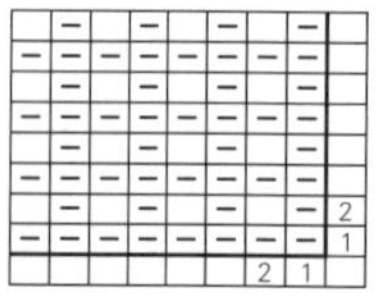

□ = 丨

编织花样 B

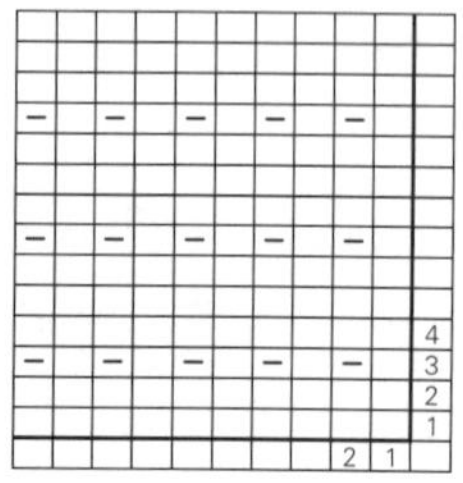

□ = 丨

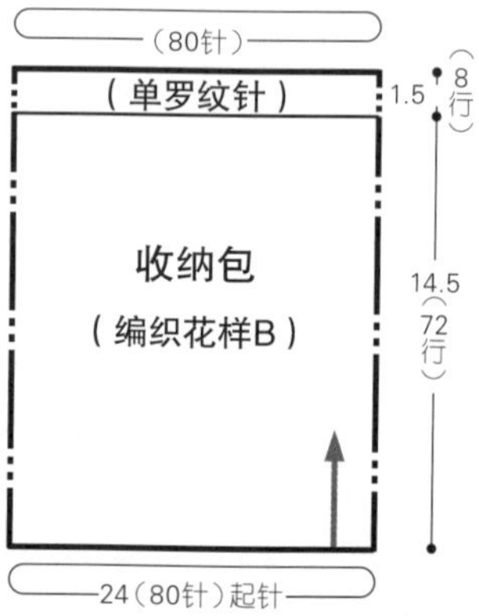

※ 全部使用1号针、薄荷绿色线编织

单罗纹针

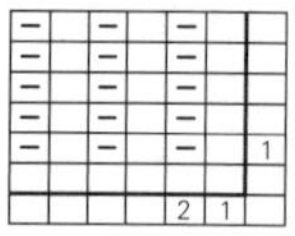

□ = 丨

组合方法

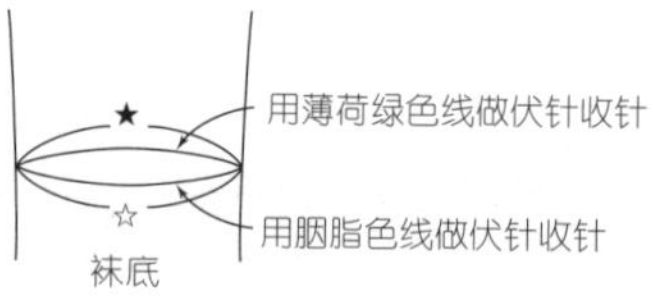

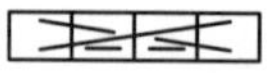

左上1针交叉（中间2针上针）

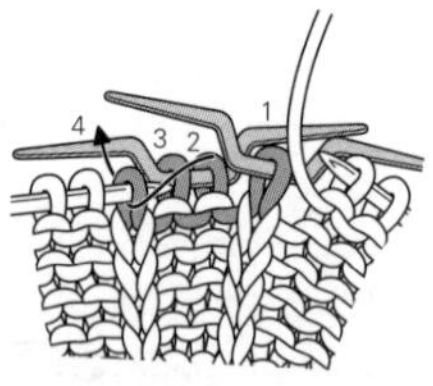

1 将针目1和针目2、3分别移至2个麻花针上，放在织片后面。

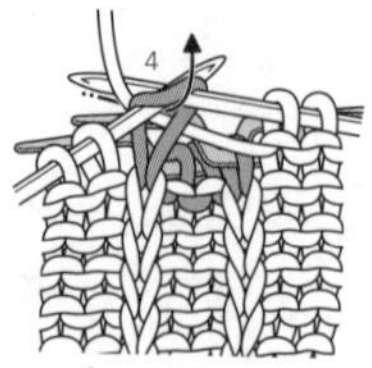

2 将右棒针插入针目4，编织下针。

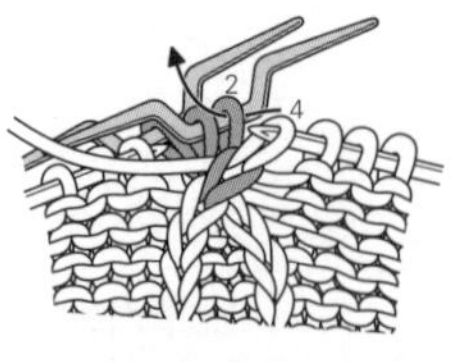

3 将针目1经过针目2、3的前面移至左边，然后将右棒针插入针目2。

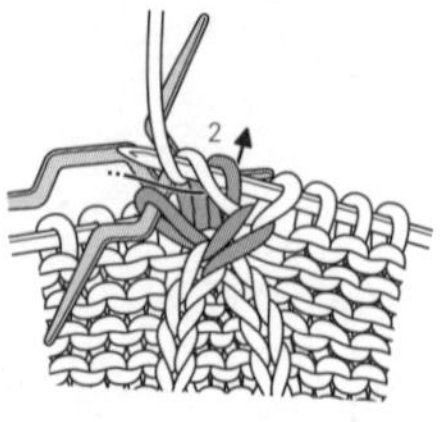

4 编织上针。

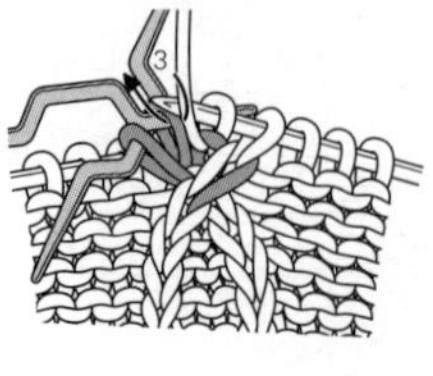

5 如箭头所示，将右棒针插入针目3，编织上针。

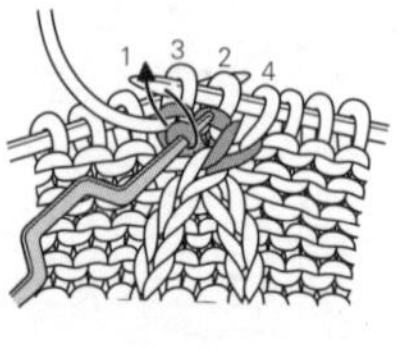

6 如箭头所示，将右棒针插入针目1。

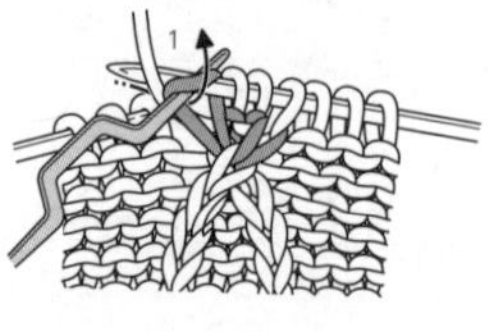

7 编织下针。

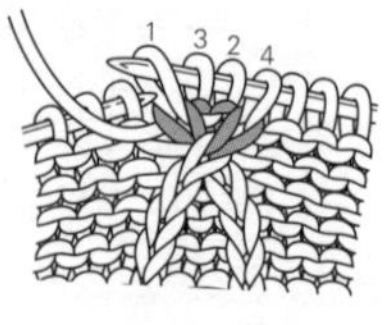

8 左上1针交叉（中间2针上针）完成。

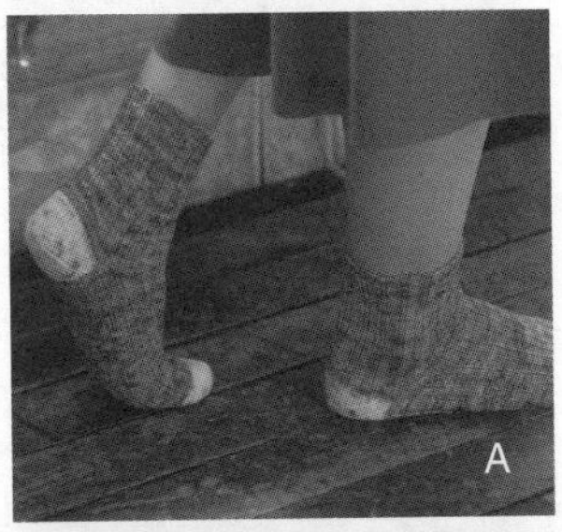

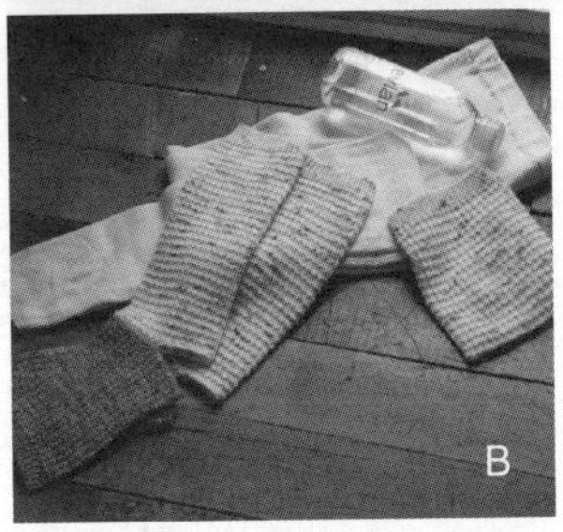

材料

[A] Chappy Yarn Merino Sock 胭脂色(Dianthus – Nadeshiko) 45g/1桄、薄荷绿色(Peranakan Sweets) 15 g/1桄

[B] Chappy Yarn Merino Sock 薄荷绿色(Peranakan Sweets) 65 g/1桄、胭脂色(Dianthus – Nadeshiko) 35g/1桄

工具

棒针1号、2号

成品尺寸

[A]袜底长22.5cm，袜筒长16cm

[B]袜围18cm，袜筒长24.5cm

编织密度

10cm×10cm面积内：双罗纹针33针，46行；编织花样A 33针，52行；编织花样B 33针，50行(1号棒针)

编织要点

●A…另线锁针起针，环形编织双罗纹针。袜跟编入另线，编织终点处做双罗纹针收针。袜头拆开起针的锁针挑针，做下针编织。参照图示减针。编织终点休针，做下针的无缝缝合。袜跟拆开另线挑针，参照图示编织。编织终点和袜头相同。

●B…手指起针，环形编织单罗纹针和编织花样A、B。袜跟位置编入另线。调整编织密度做编织花样B。然后编织单罗纹针，编织终点做单罗纹针收针。拆开另线，参照组合方法做伏针收针。另线锁针起针，环形做编织花样B和单罗纹针。编织终点做单罗纹针收针。袜底拆开锁针起针，做下针的无缝缝合。

A

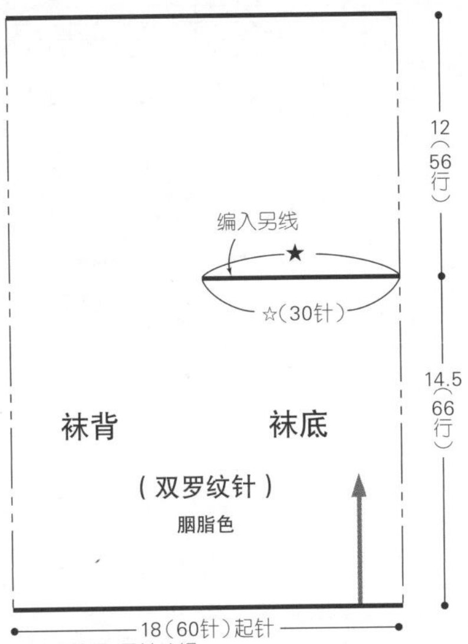

※全部使用1号针编织

※袜头、袜跟参照图示编织

※袜头、袜跟做下针的无缝缝合时，要将端头的▲处针目和下侧重叠着缝合

※双罗纹针收针的方法请参照第103页

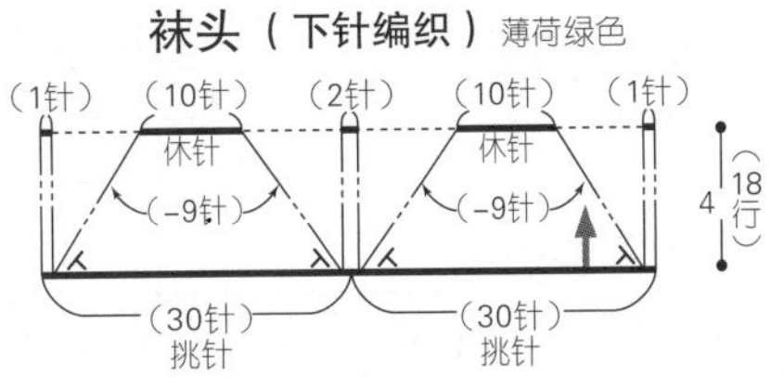

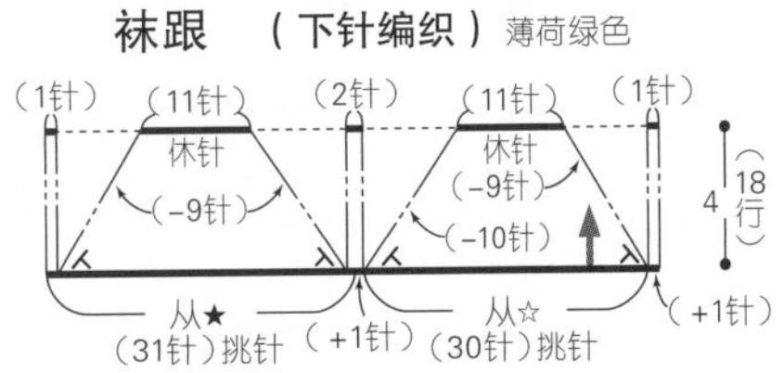

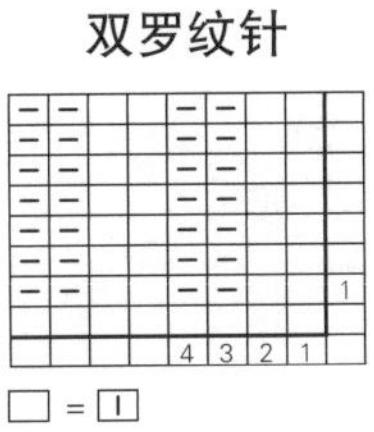

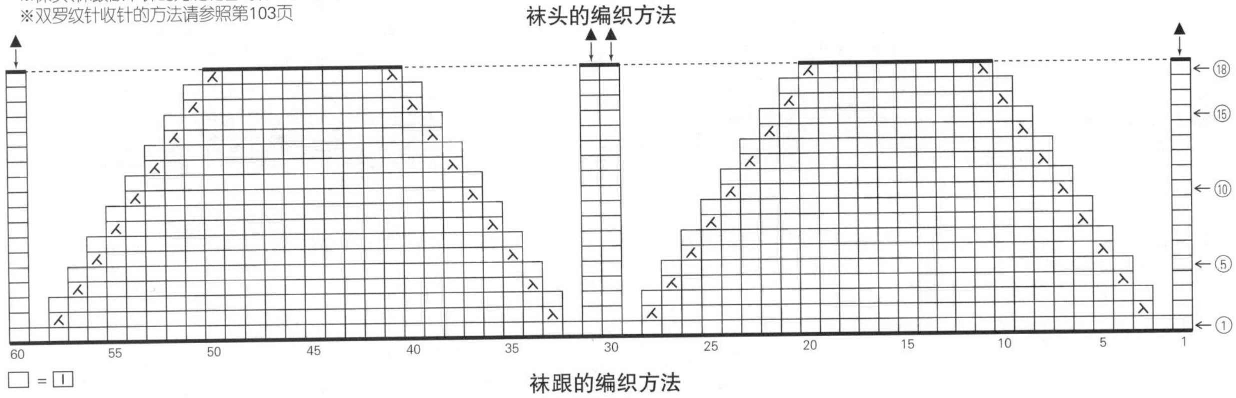

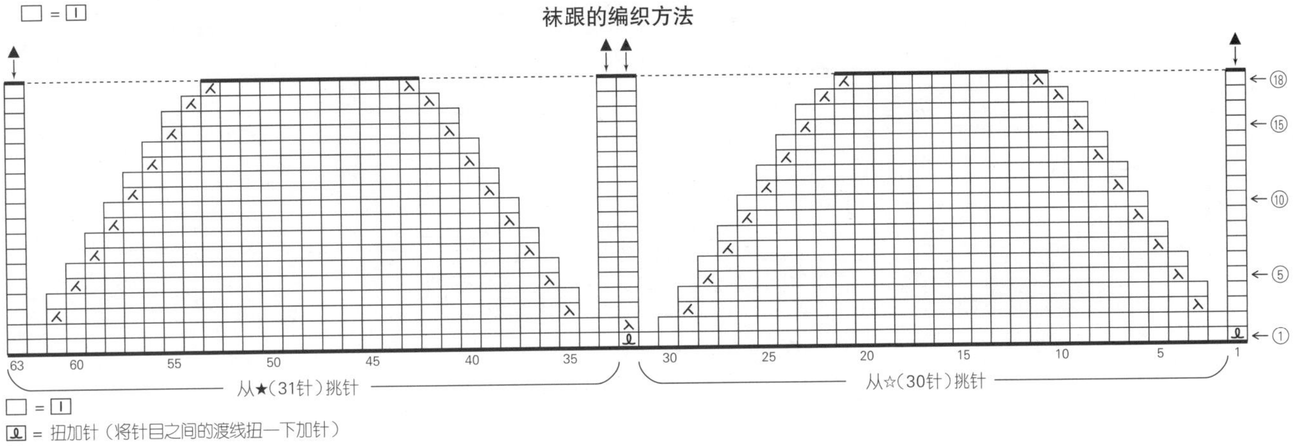

材料

Ski毛线 Ski Kutta 蓝色、紫色、黄色、绿色系段染(6324) 70g/2团

工具

棒针2号

成品尺寸

袜底长22.5cm，袜筒长22.5cm

编织密度

10cm×10cm面积内：编织花样40针，40行

编织要点

●手指起针，环形做编织花样。袜跟位置编入另线。袜底编织双罗纹针，袜背做编织花样。袜头做下针编织。参照图示减针编织。编织终点休针，做下针的无缝缝合。袜跟拆开另线挑针，参照图示编织。编织终点和袜头的处理方法相同。

袜头（下针编织）

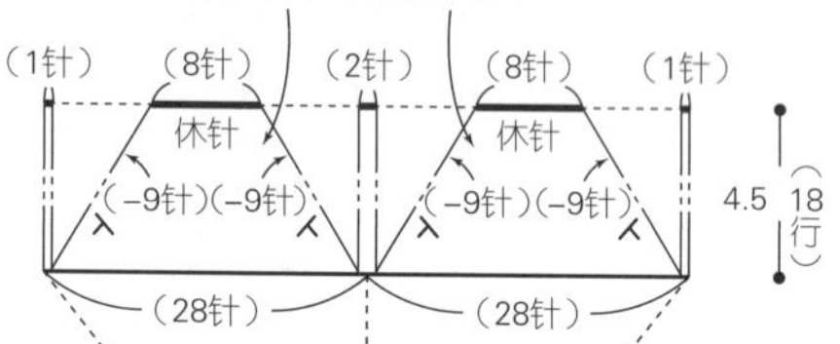

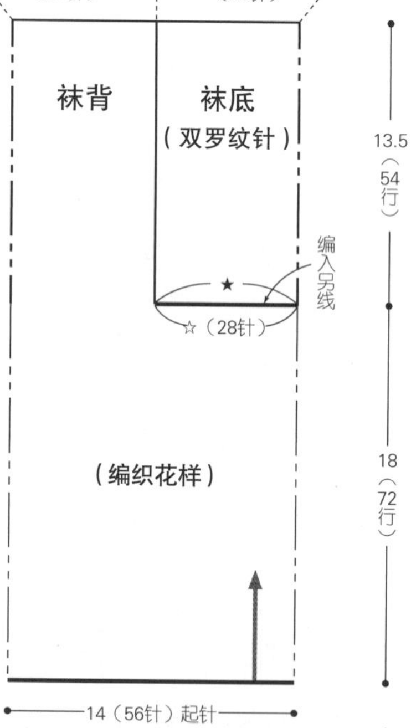

※全部使用2号针编织
※袜头、袜跟参照图示编织
※袜头、袜跟做下针的无缝缝合时，要将端头的▲处针目和下侧重叠着缝合

编织花样

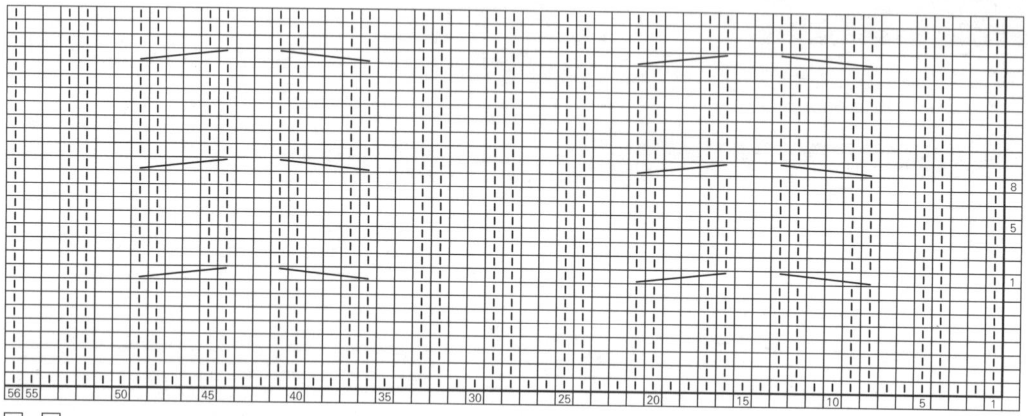

□ = ⊟

= 右上2针交叉（中间2针上针） ※编织方法请参照第107页

= 左上2针交叉（中间2针上针） ※编织方法请参照第110页

袜头的编织方法

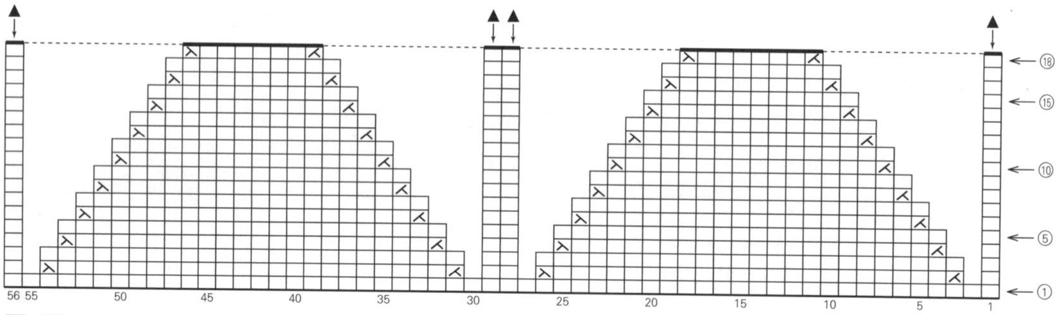

□ = ⊡

袜跟（下针编织）

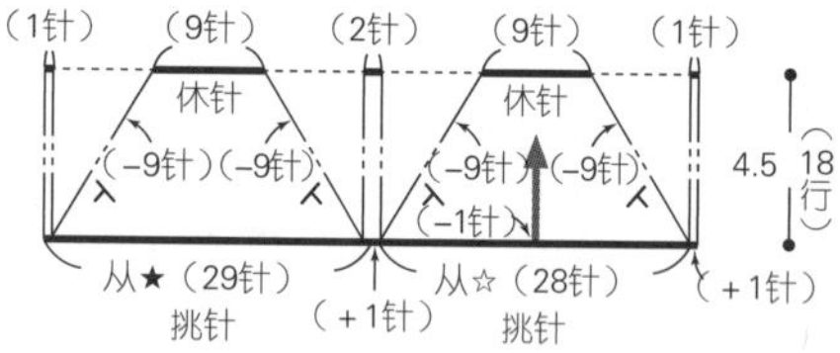

双罗纹针

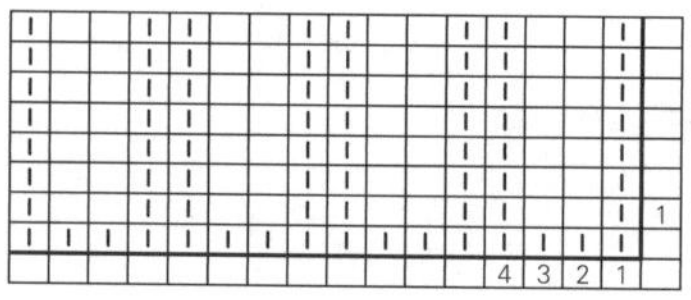

□ = ⊟

袜跟的编织方法

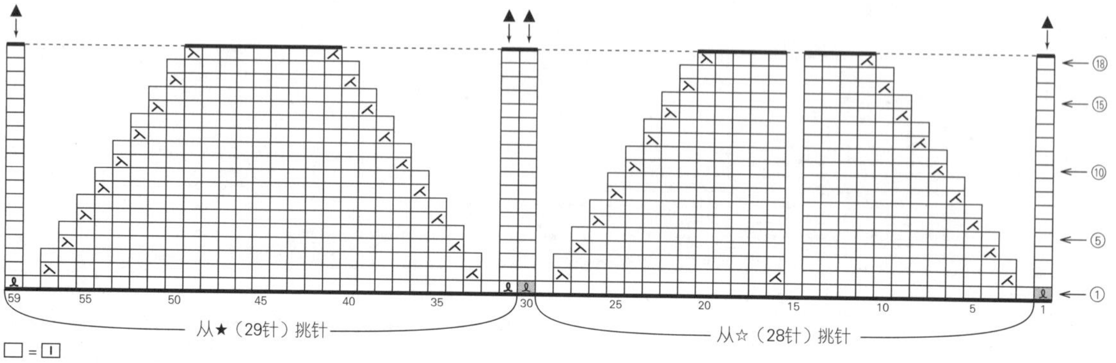

□ = ⊡

= 扭加针（将针目之间的渡线扭一下加针）

= 扭针（将端头半针扭一下编织）

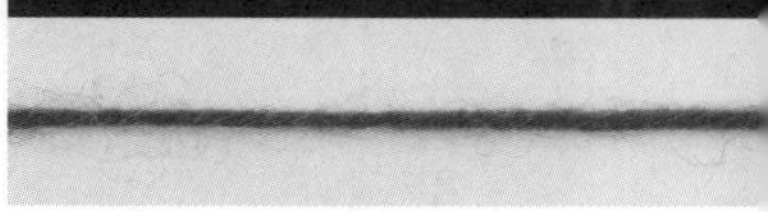

材料

和麻纳卡 Korpokkur 黄色(22) 40g/2 团，灰色(3)、藏青色(17) 各20g/ 各1团

工具

棒针3号、2号

成品尺寸

袜底长21cm，袜筒长19.5cm

编织密度

10cm×10cm面积内：条纹花样32针，68行

编织要点

●手指起针，环形编织单罗纹针、条纹花样。袜跟位置编入另线。袜头做下针编织。参照图示减针编织。编织终点休针，做下针的无缝缝合。袜跟拆开另线挑针，参照图示编织。编织终点和袜头的处理方法相同。

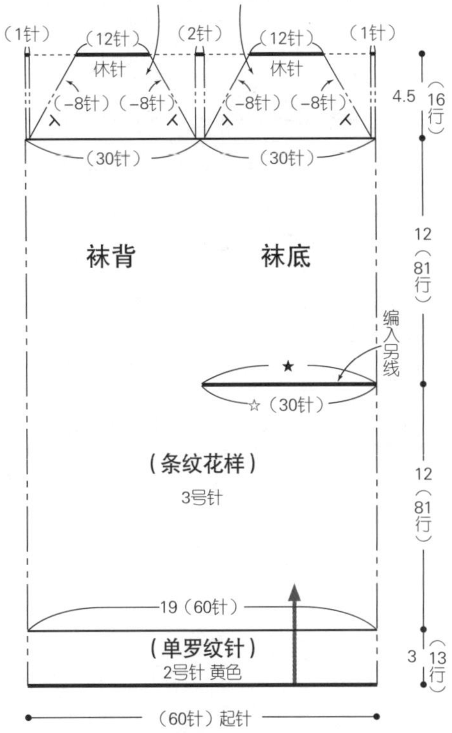

※ 袜头、袜跟参照图示编织

※ 袜头、袜跟做下针的无缝缝合时，要将端头的▲处针目和下侧重叠着缝合

条纹花样

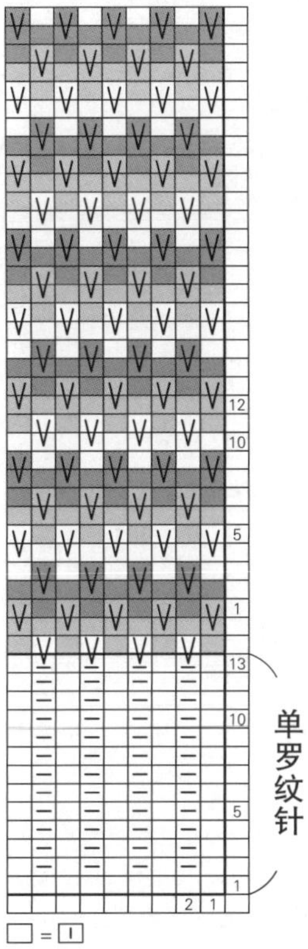

袜跟（下针编织）

3号针 黄色

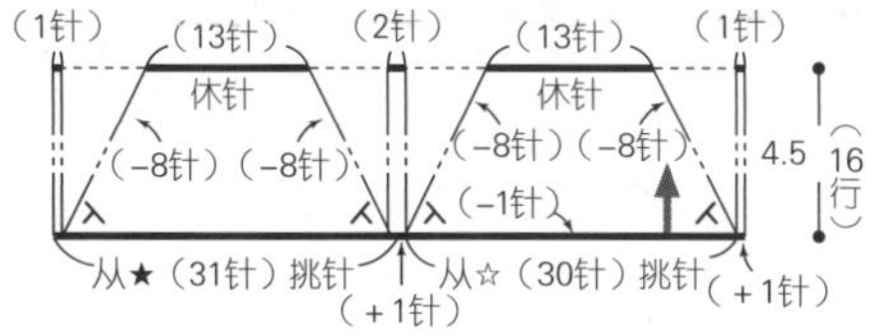

V = 滑针（1行的情况）

※编织方法请参照第102页

配色

□ = 黄色

▨ = 灰色

■ = 藏青色

袜头的编织方法

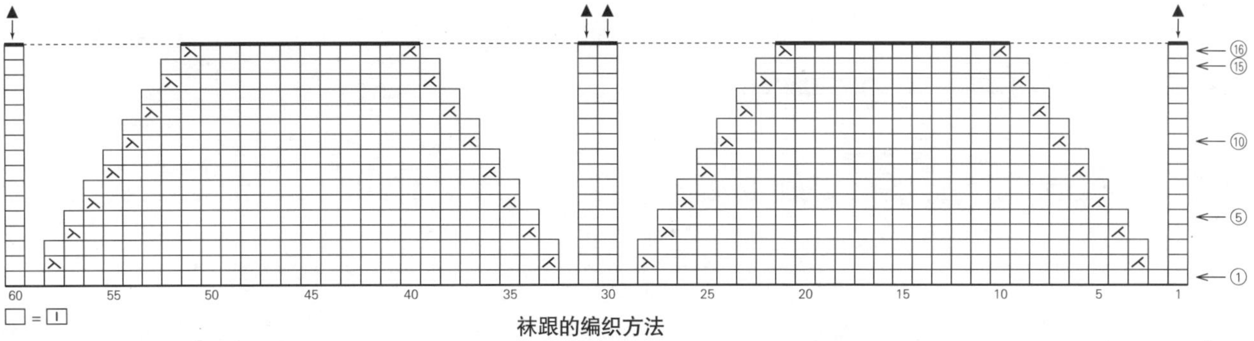

□ = |

袜跟的编织方法

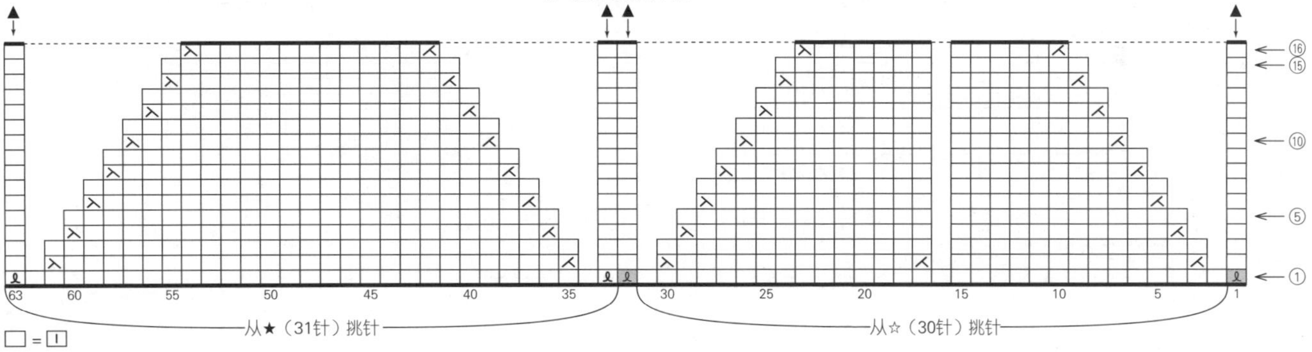

□ = |

ℓ = 扭加针（将针目之间的渡线扭一下加针）

ℓ = 扭针（将端头半针扭一下编织）

29 页的作品 ★★★

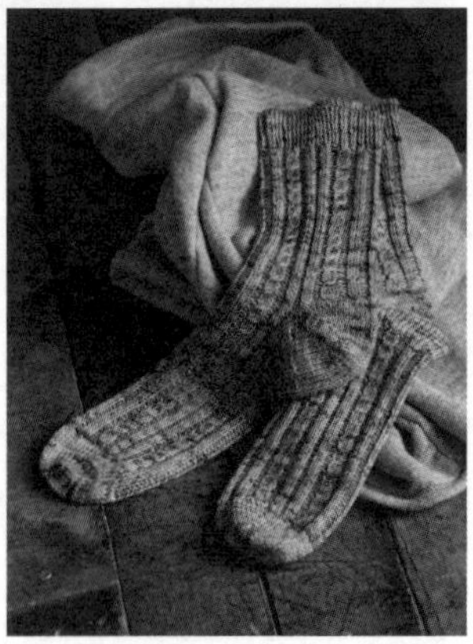

材料

Chappy Yarn Merino Sock 灰蓝色（Istanbul）65g/1 桄

工具

棒针 1 号

成品尺寸

袜底长 23.5cm，袜筒长 19.5cm

编织密度

10cm×10cm 面积内：编织花样 30 针，41 行

编织要点

●另线锁针起针，环形做编织花样。袜跟位置编入另线。然后编织单罗纹针，编织终点做单罗纹针收针。袜头拆开起针的锁针挑针，做下针编织。参照图示减针编织。编织终点休针，做下针的无缝缝合。袜跟拆开另线挑针，参照图示编织。编织终点和袜头的处理方法相同。

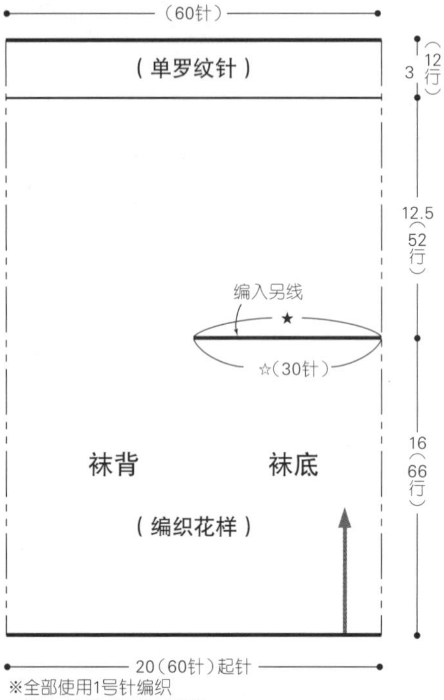

袜头（下针编织）

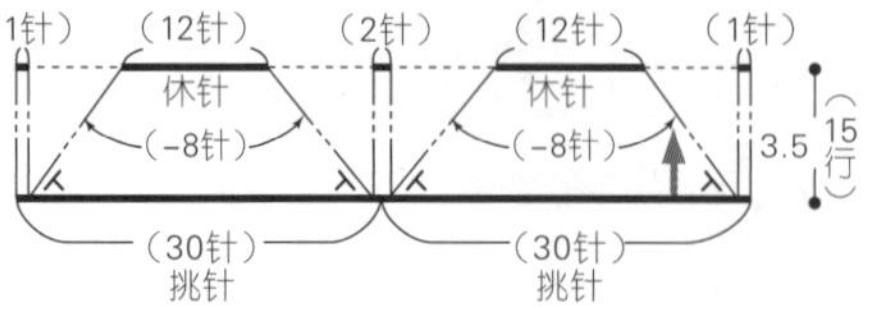

袜跟（下针编织）

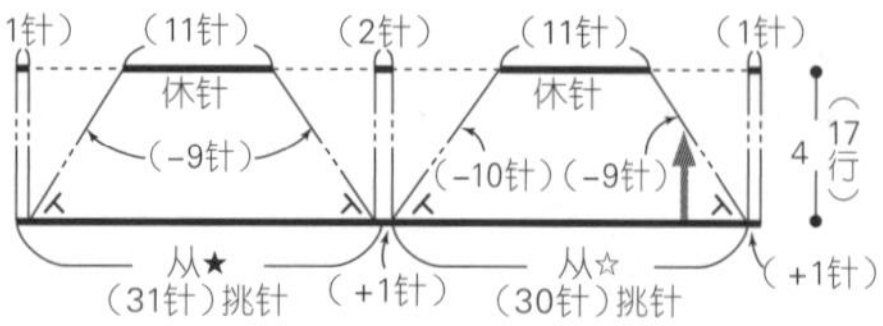

编织花样

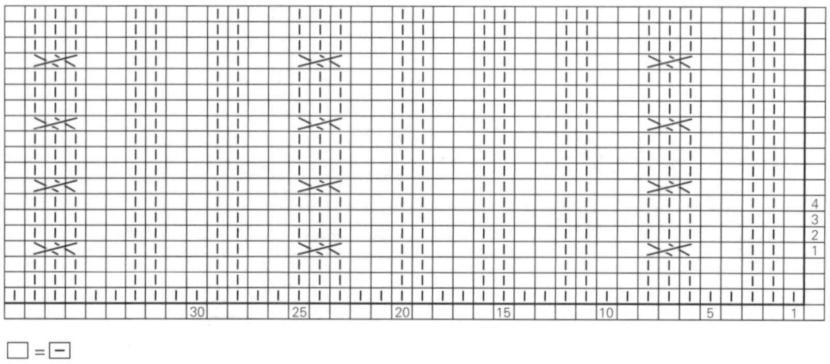

单罗纹针

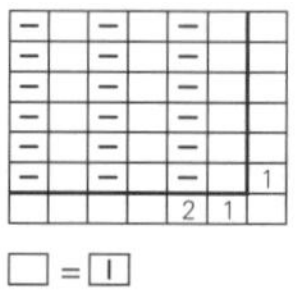

※全部使用1号针编织
※袜头、袜跟参照图示编织
※袜头、袜跟做下针的无缝缝合时，要将端头的▲处针目和下侧重叠着缝合
※单罗纹针收针的方法请参照第80页

袜头的编织方法

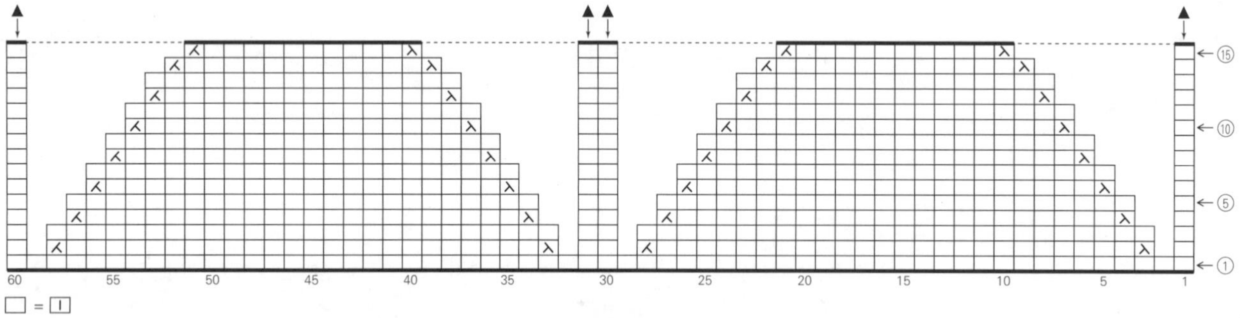

袜跟的编织方法

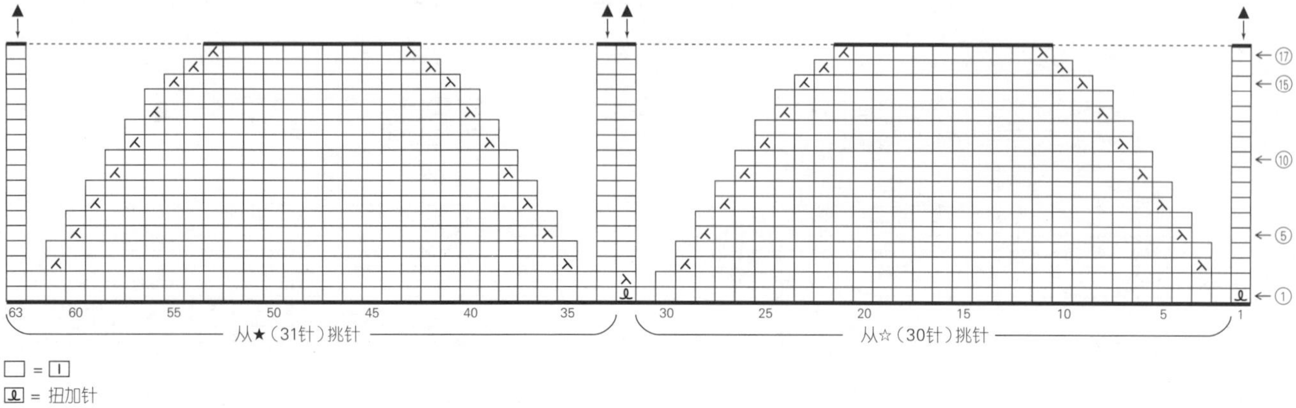

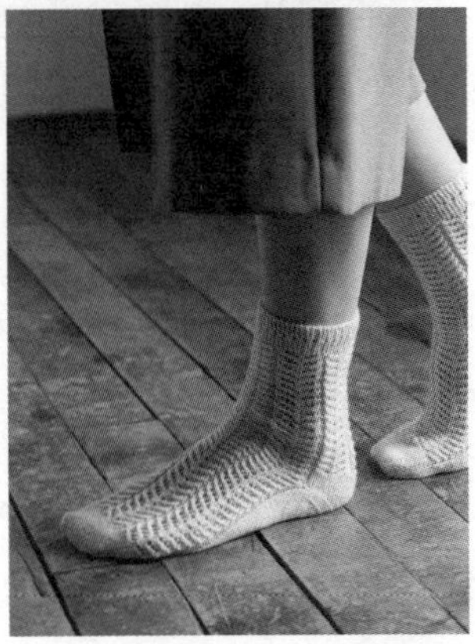

材料

Chappy Yarn Twinkle Sock 浅灰色（Snowy Sky）70g/1 桄

工具

棒针1号

成品尺寸

袜底长21.5cm，袜筒长21cm

编织密度

10cm×10cm面积内：编织花样33针，52行

编织要点

●另线锁针起针，袜底做下针编织，袜背环形做编织花样。袜跟位置编入另线。编织8行，然后全部做编织花样。再做边缘编织，编织终点做单罗纹针收针。袜头拆开起针的锁针挑针，做下针编织。参照图示减针编织。编织终点休针，做下针的无缝缝合。袜跟拆开另线挑针，参照图示编织。编织终点和袜头的处理方法相同。

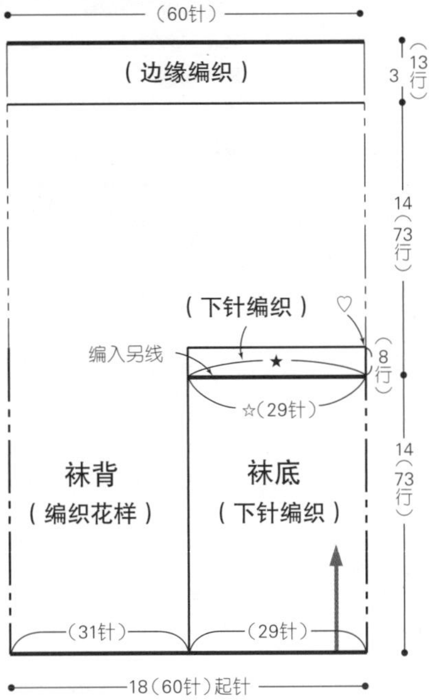

※全部使用1号针编织

※袜头、袜跟参照图示编织

※袜头、袜跟做下针的无缝缝合时，要将端头的▲处针目和下侧重叠着缝合

※单罗纹针收针的方法请参照第80页

袜头（下针编织）

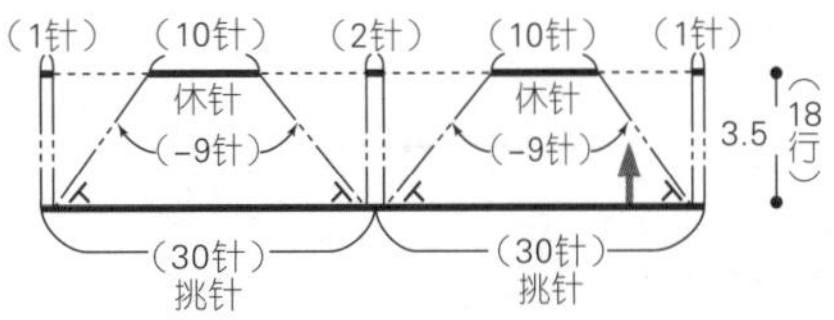

袜跟（下针编织）

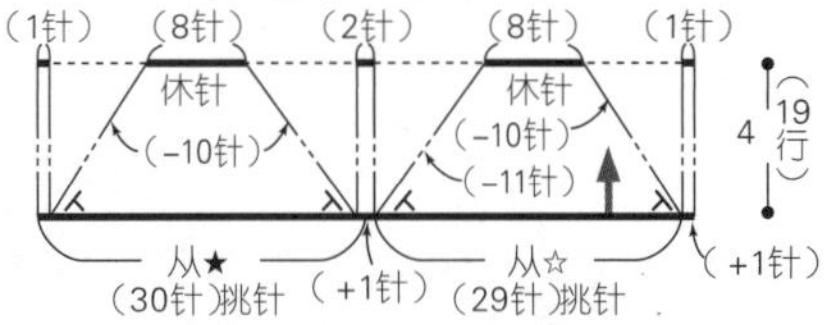

编织花样

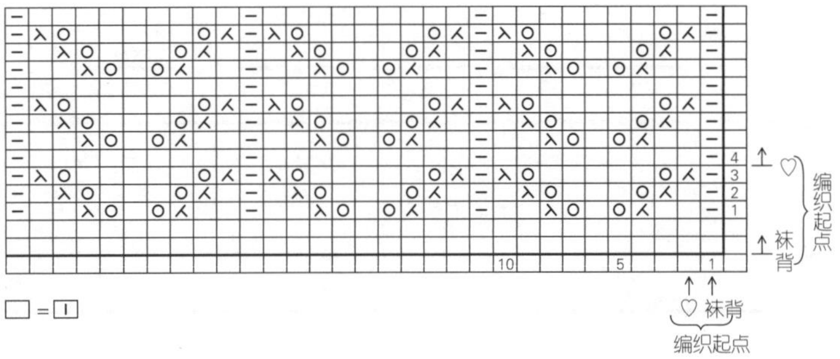

边缘编织

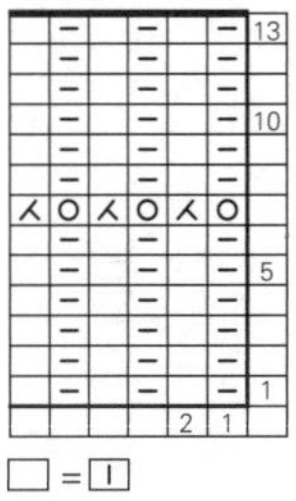

袜头的编织方法

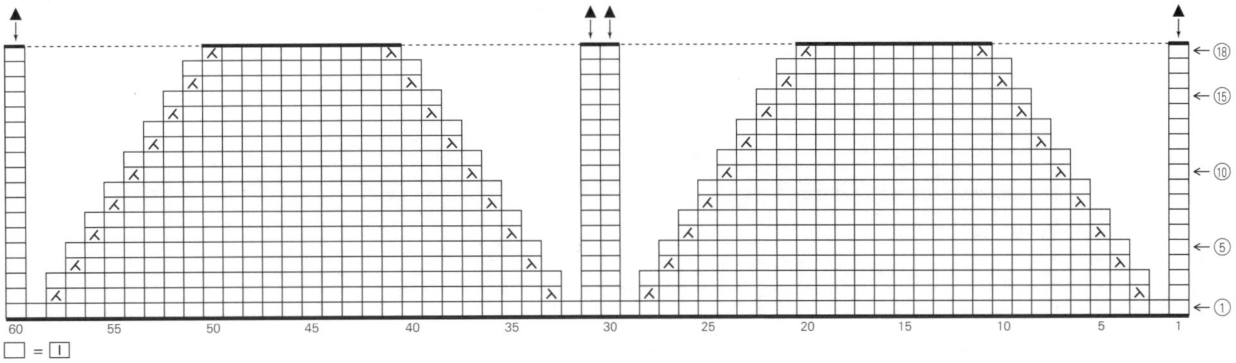

袜跟的编织方法

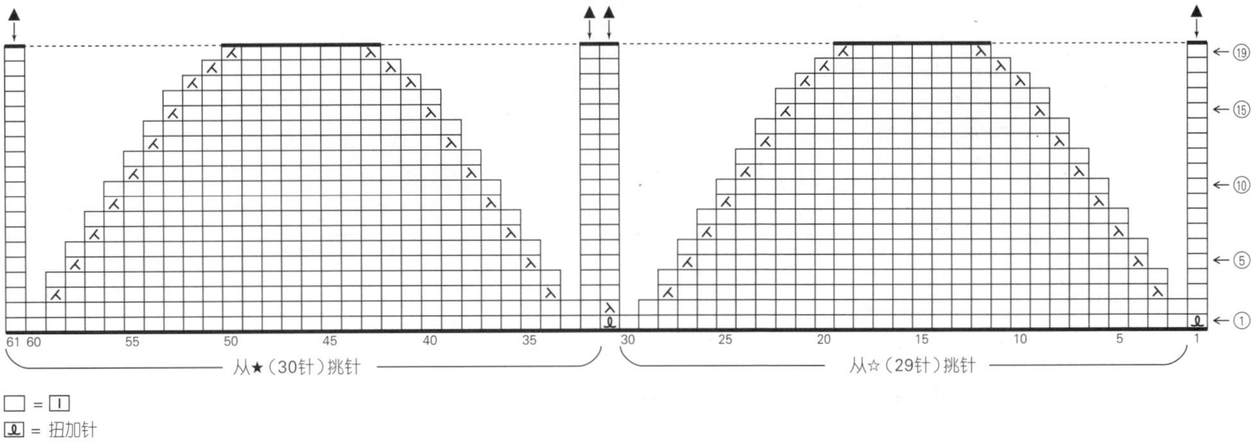

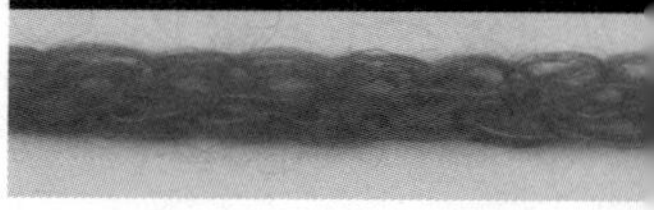

材料

Clover Landscape 褐色系段染（60-105）155g/2团

工具

棒针13号、15号

成品尺寸

颈围80cm，宽27cm

编织密度

10cm×10cm面积内：编织花样21.5针，25行

编织要点

●〈下〉另线锁针起针，做编织花样。编织起点和编织终点做下针的无缝缝合。〈上〉从〈下〉挑取指定数量的针目，一边调整编织密度，一边环形编织起伏针。编织终点做伏针收针。

围脖

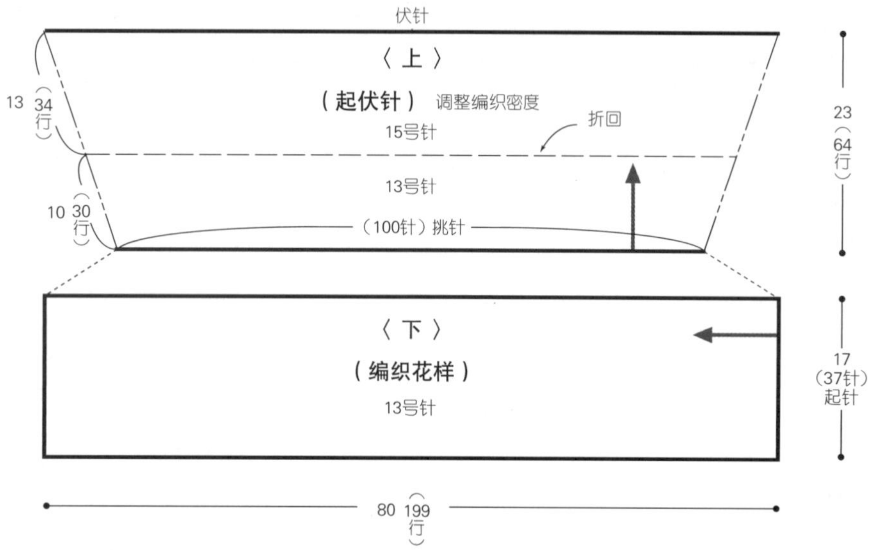

※ 编织花样的编织起点和编织终点做下针的无缝缝合

编织顺序

1. 从第1团的内侧拉出线编织〈下〉
2. 〈上〉从第2团外侧拉出线编织

编织花样

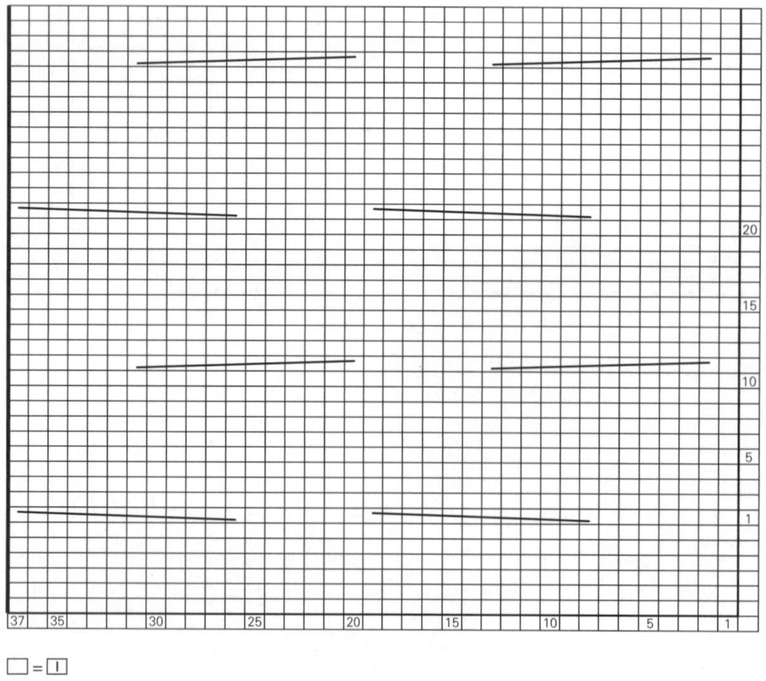

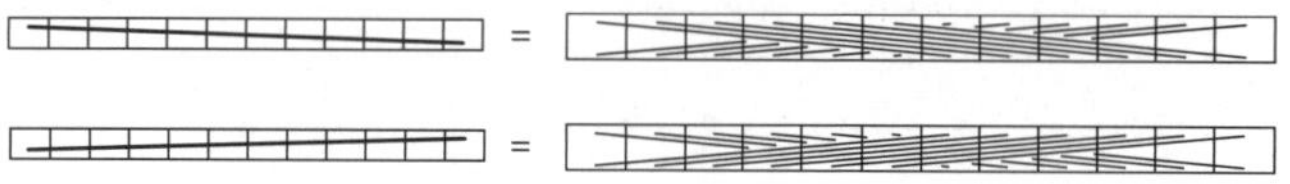

起伏针

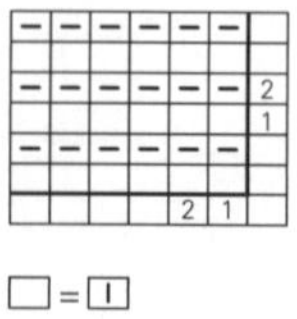

材料

Clover Landscape 黄色系段染（60-101）370g/4团

工具

棒针11号、10号

成品尺寸

胸围96cm，衣长55cm，连肩袖长75.5cm

编织密度

10cm×10cm面积内：编织花样14.5针，31行；下针编织16针，26行

编织要点

●手指起针，衣领环形编织双罗纹针。育克一边分散加针，一边做编织花样。参照图示分散加针。衣袖从腋下的另线锁针和育克挑取指定数量的针目，环形做编织花样、下针编织和双罗纹针。编织终点做下针织下针、上针织上针的伏针收针。后身片、前身片拆开育克的休针和腋下的另线锁针挑针，编织方法和衣袖相同。

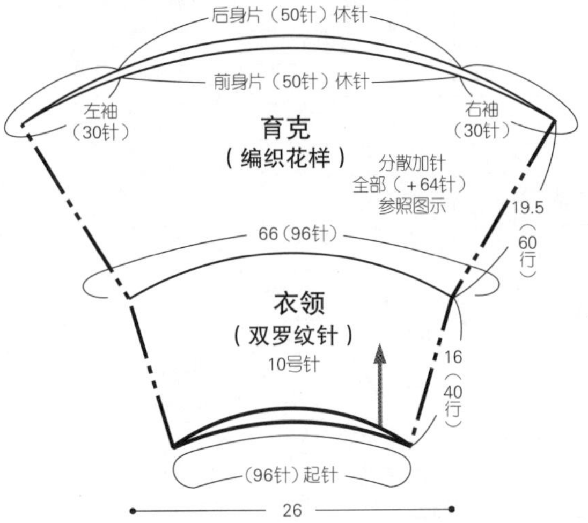

※ 除指定以外均用11号针编织

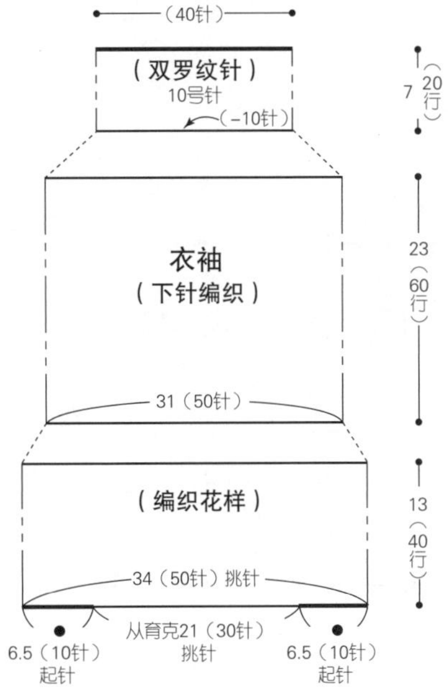

※ 腋下的另线锁针起针继续（20针）起针

※ 对齐标记是右袖

编织顺序

1. 从第1团的内侧拉出线，从衣领开始编织
2. 第2团从外侧继续编织，在育克的编织终点剪线
3. 从第2团的内侧拉出线编织右袖
4. 从第3团的内侧拉出线编织左袖
5. 从第4团的内侧拉出线编织身片。第4团编织完后，从第3团的外侧拉出线编织

双罗纹针

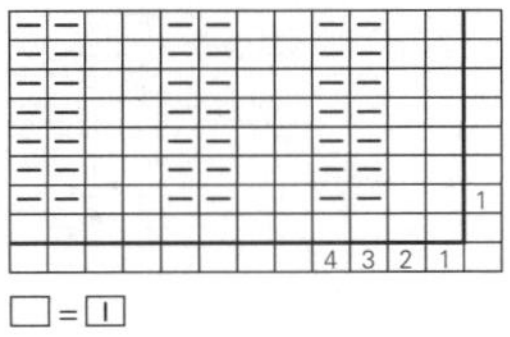

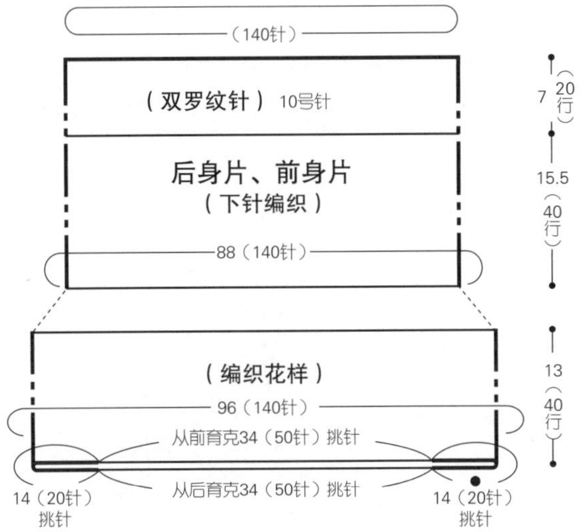

编织花样（身片、衣袖）

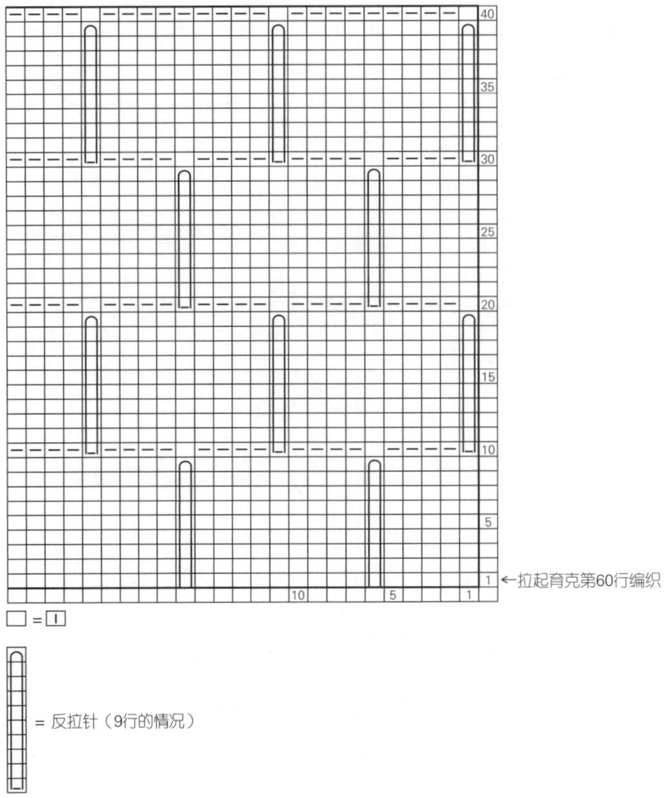

袖下的编织方法

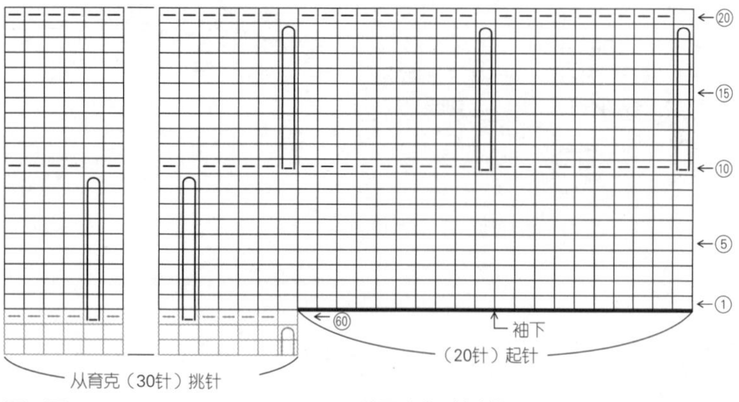

※ 腋下9行做下针编织

育克的分散加针

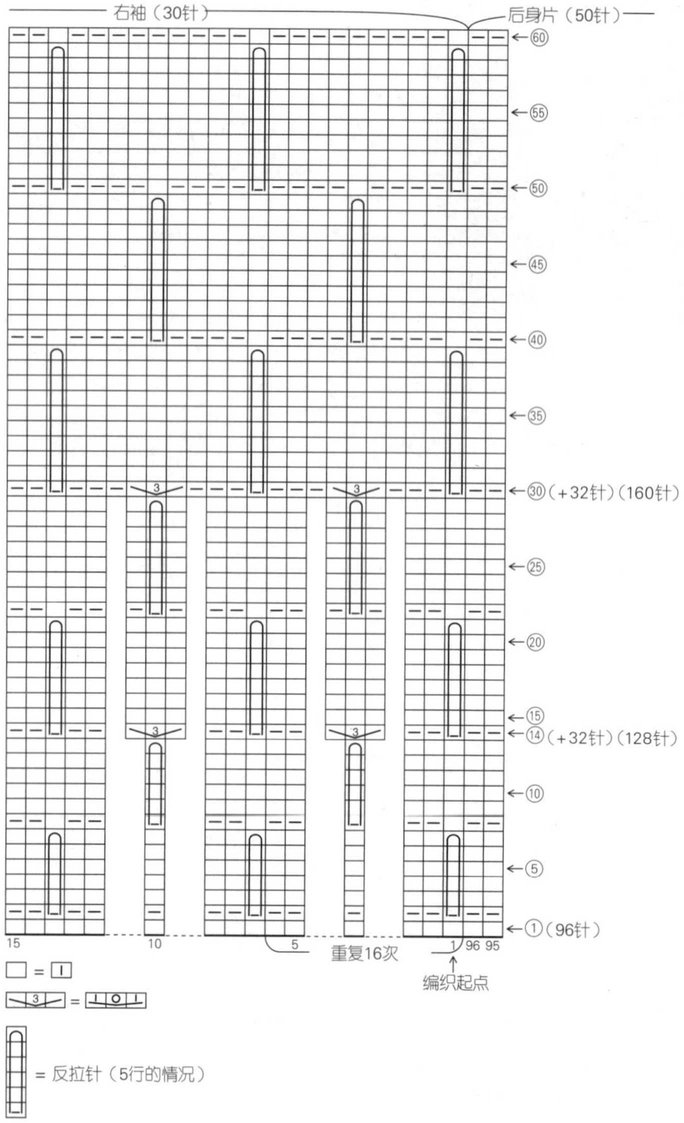

胁部的编织方法

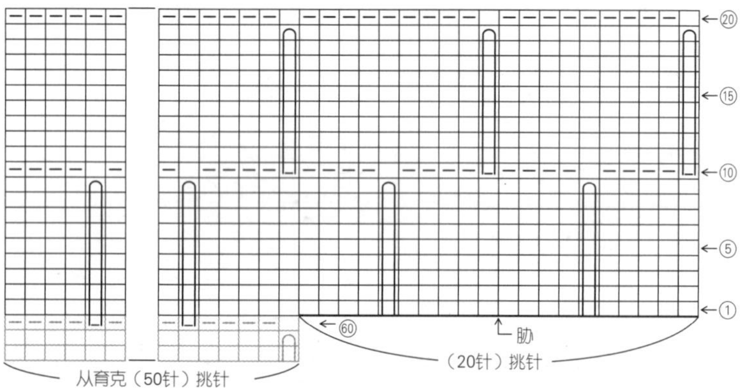

反拉针
（2行的情况）

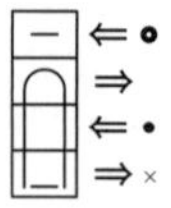

※ 本作品中●行编织下针

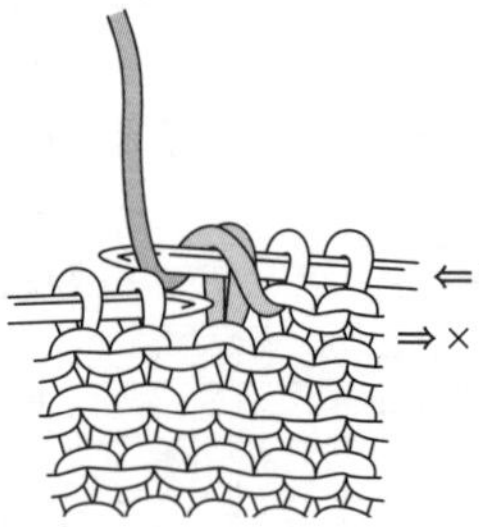

1 不编织，直接移至右棒针上，挂线。

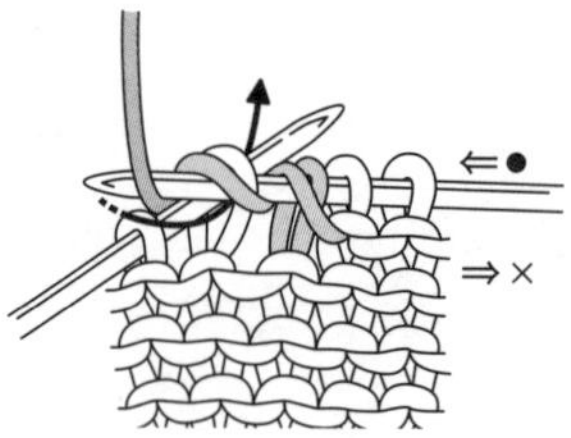

2 下一针编织上针。

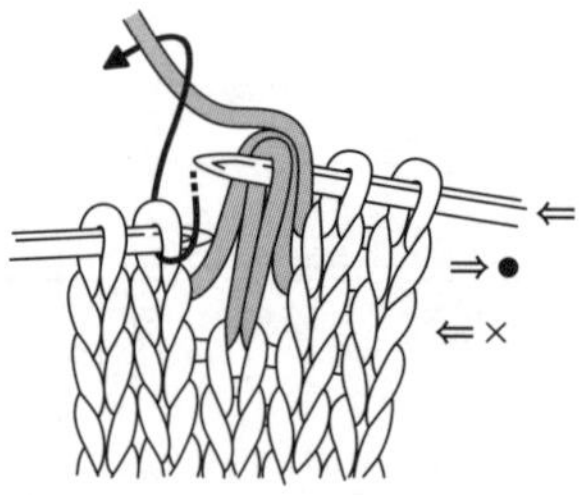

3 下一行也给右棒针挂线，同样的针目直接移至右棒针上。

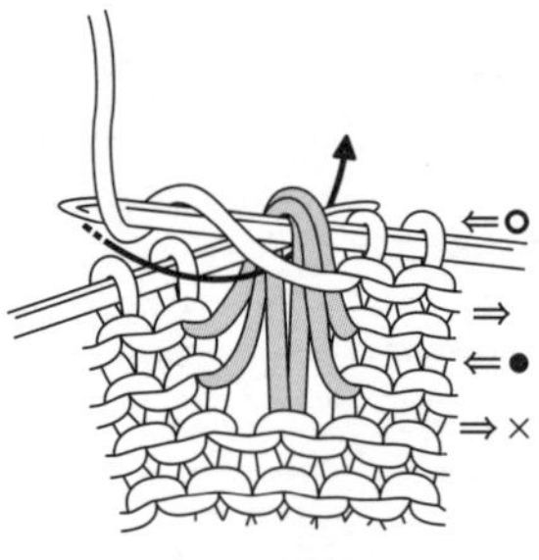

4 2行不编织移过去的针目和挂针，3针一起编织上针。

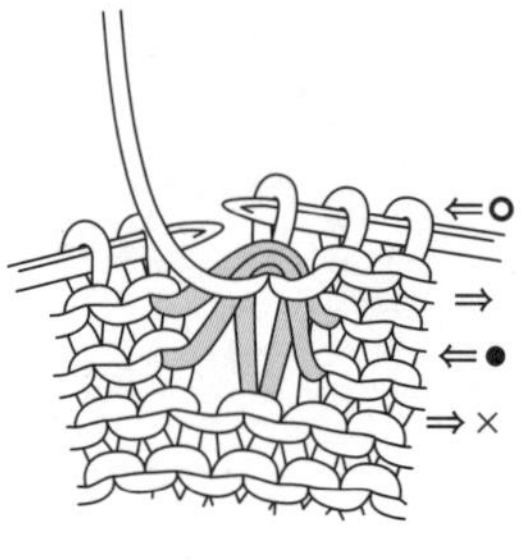

5 反拉针（2行的情况）完成。

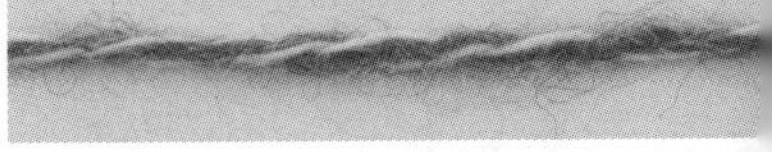

材料

[开衫] Clover Per Favore原白色混合(60-411) 595g/15团；直径25mm的纽扣6颗

[围脖] Clover Per Favore原白色混合(60-411) 90g/3团

工具

棒针10号

成品尺寸

[开衫] 胸围102.5cm，肩宽35cm，衣长55.5cm，袖长52.5cm

[围脖] 长73cm，宽15cm

编织密度

10cm×10cm面积内：编织花样B 22针、22.5行(身片)，23.5针、21.5行(衣袖)；编织花样C16针、22.5行(身片)，16.5针、21.5行；(衣袖)编织花样D16.5针，22.5行

编织要点

●开衫…手指起针，前、后身片连在一起编织起伏针和编织花样A、B、C。右前门襟开扣眼。从袖窿开始前、后身片分开编织。减针时，2针及以上时做伏针减针，1针时立起侧边1针减针。衣袖的编织起点和身片的相同，做编织花样A、B、C。袖下加针时，在1针内侧编织扭加针。肩部做盖针接合，袖下使用毛线缝针做挑针缝合。衣领挑取指定数量的针目，一边开扣眼，一边编织起伏针。编织终点做上针的伏针收针。衣袖和身片做引拔接合。缝上纽扣。

●围脖…手指起针，编织起伏针、编织花样D。在指定位置开孔。编织终点从反面做伏针收针。

开衫

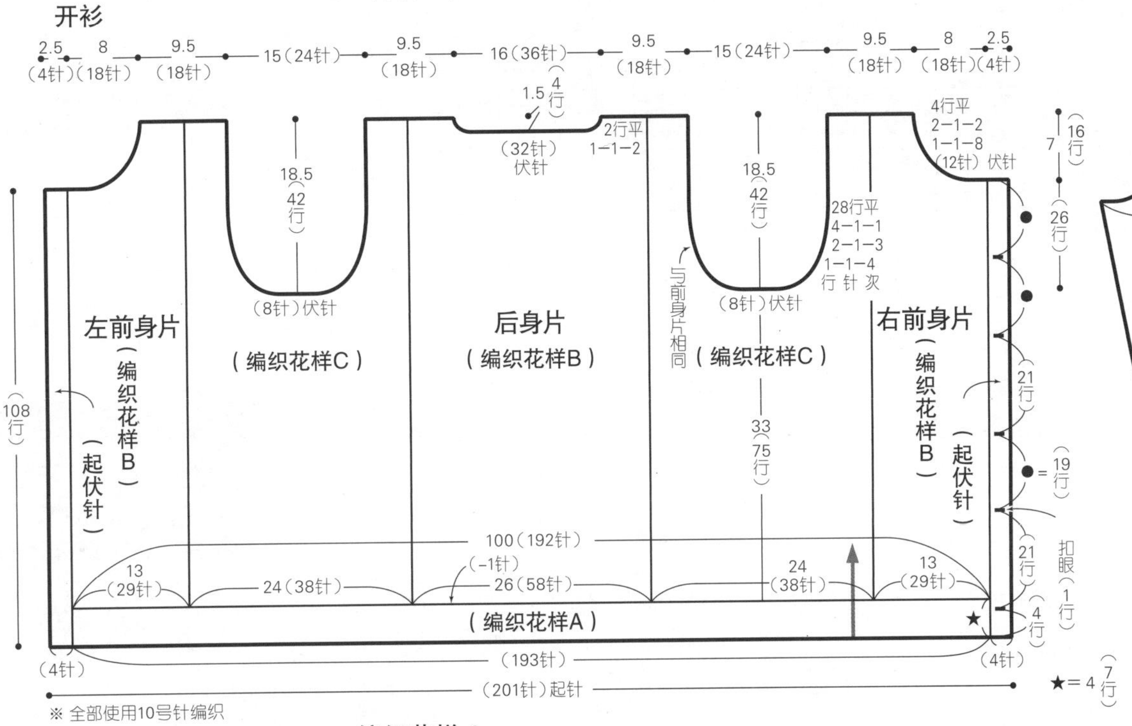

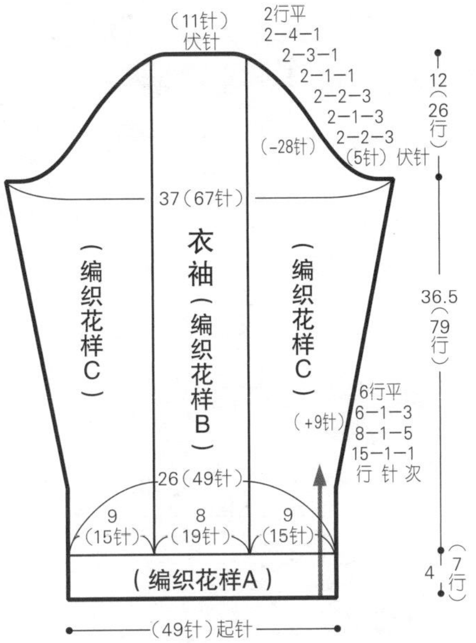

※ 全部使用10号针编织

编织花样 A

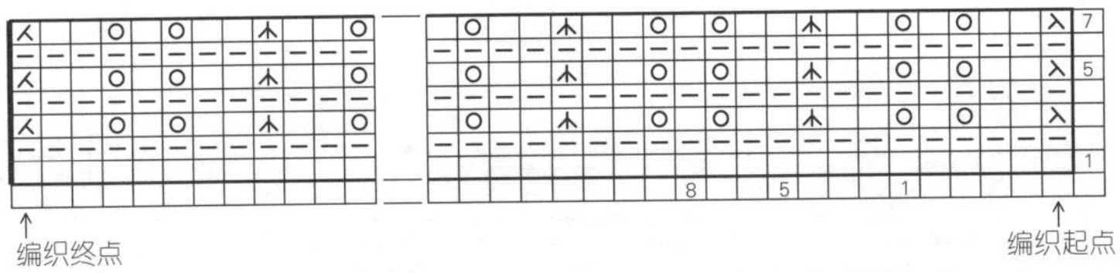

□=□

起伏针

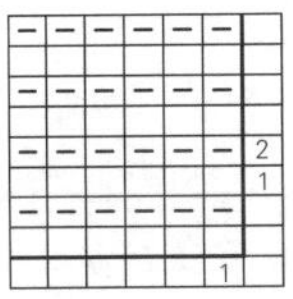

□=□

编织花样 C

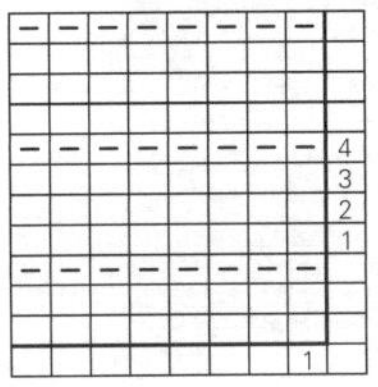

□=□

扣眼

(右前身片)

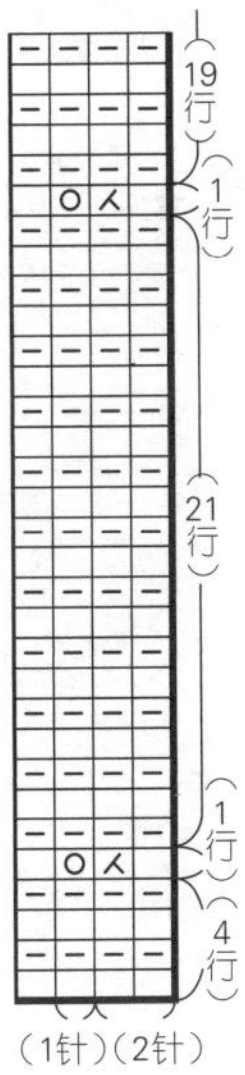

□=□

编织花样 B

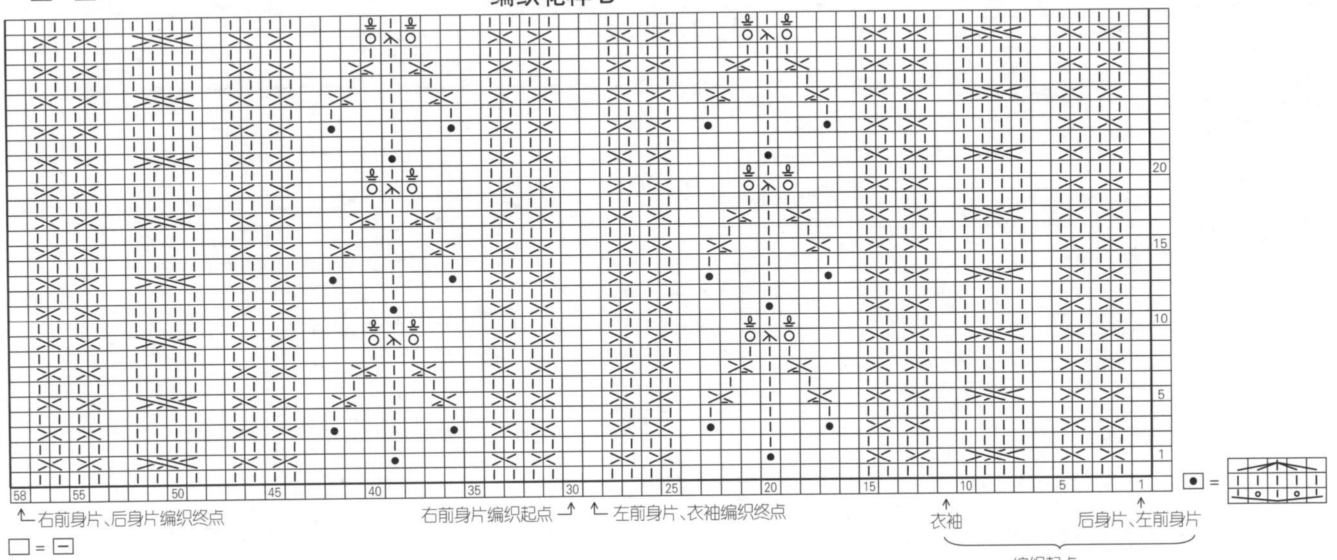

□=□

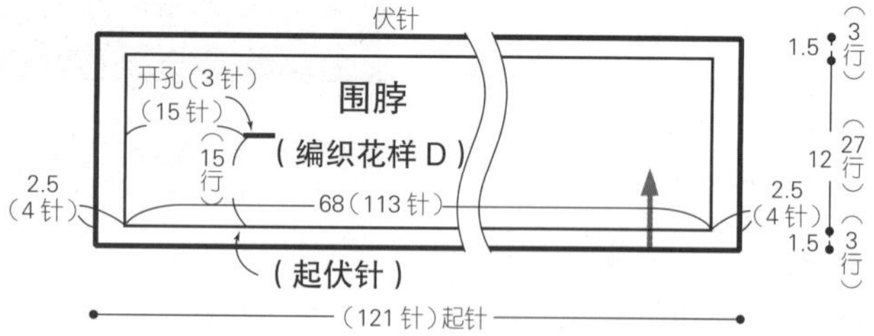

※ 全部使用10号针编织

衣领（起伏针）

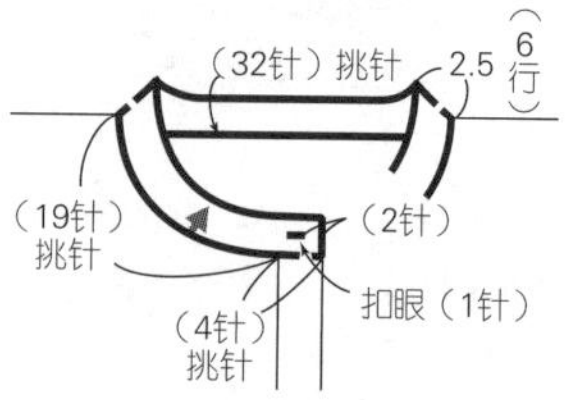

编织花样D

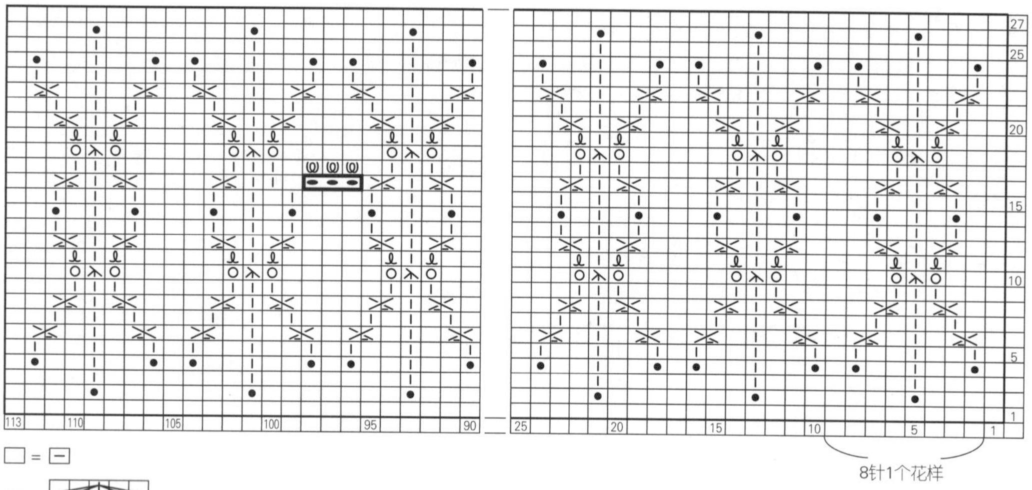

□ = ⊟

⦿ = 卷针 ※ 编织方法请参照第154页

扣眼（右前衣领）

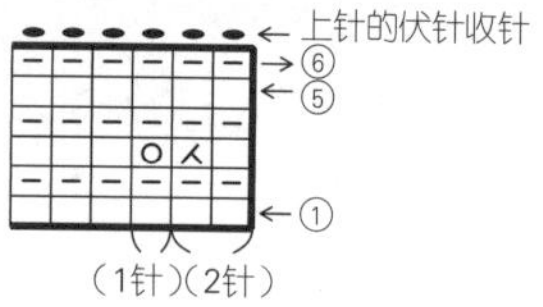

□ = ⊟

材料

Clover Per Favore灰色系混合（60-415）60g/2团，黑色系混合（60-416）50g/2团

工具

棒针10号，钩针10/0号

成品尺寸

手掌围22cm，长39cm

编织密度

10cm×10cm面积内：下针条纹16.5针，25行；条纹花样16.5针，29行

编织要点

●手指起针，环形编织单罗纹针、下针条纹、条纹花样。拇指位置编入另线。编织终点做单罗纹针收针。拇指位置拆开另线，用钩针从反面做引拔收针。

33 页的作品 ★★

右

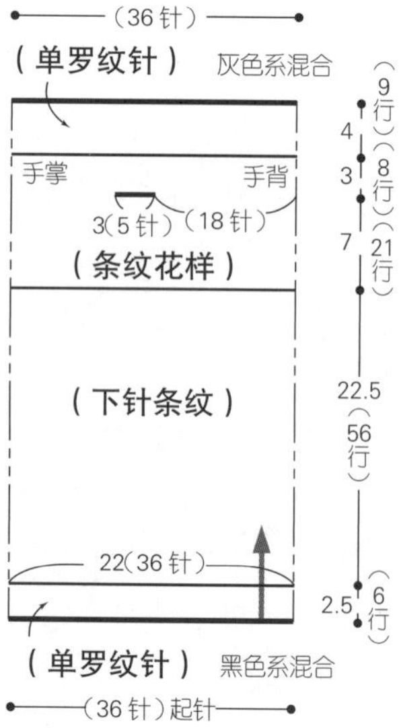

※ 对称编织左手
※ 除指定以外均用10号针编织
※ 拇指位置拆开另线，用10/0号针从反面做引拔收针
※ 单罗纹针收针的方法请参照第80页

单罗纹针

（编织起点侧）

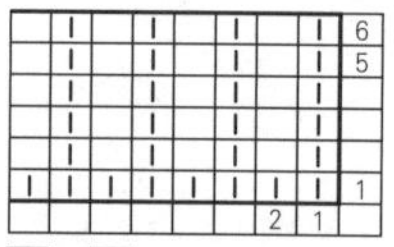

□ = ⊟

下针条纹的配色

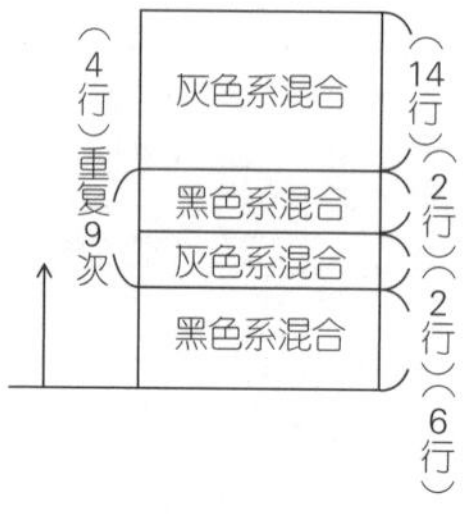

条纹花样（右）

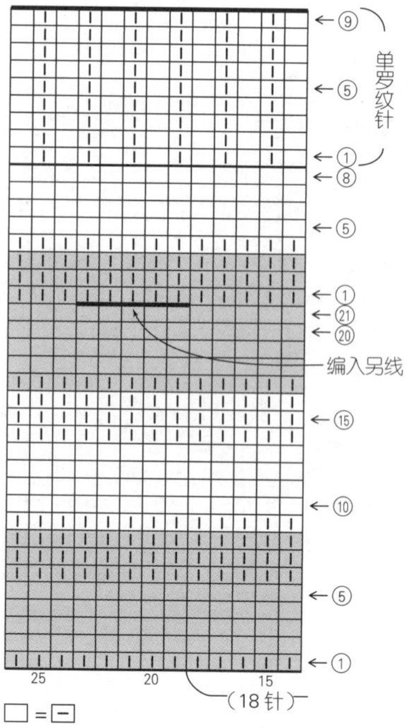

配色 ■ = 黑色系混合 □ = 灰色系混合

□ = ⊟

材料

DMC SAMARA 米色(407) 300g/3团；长13mm的风纪扣1组

工具

棒针10mm，钩针8mm

成品尺寸

胸围100cm，肩宽42cm，衣长53.5cm

编织密度

10cm×10cm面积内：下针编织8针，11.5行

编织要点

●身片…手指起针，做下针编织。减针时，2针及以上时做伏针减针，1针时立起侧边1针减针。下摆加针时，2针及以上时做卷针加针，1针时在1针内侧编织扭加针。

●组合…肩部做盖针接合，胁部使用毛线缝针做挑针缝合。下摆、前门襟、衣领、袖口挑取指定数量的针目，环形编织短针。缝上风纪扣。

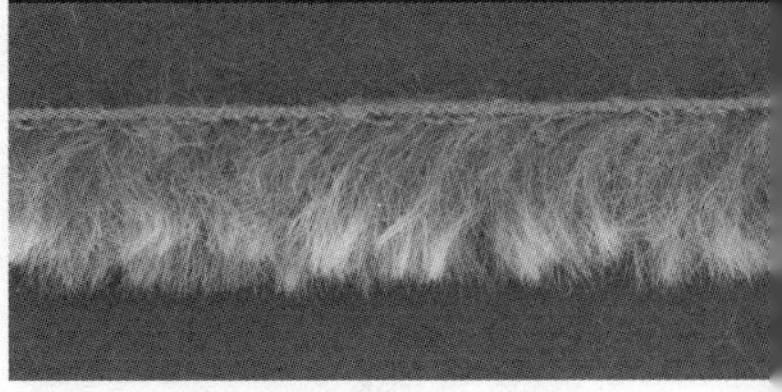

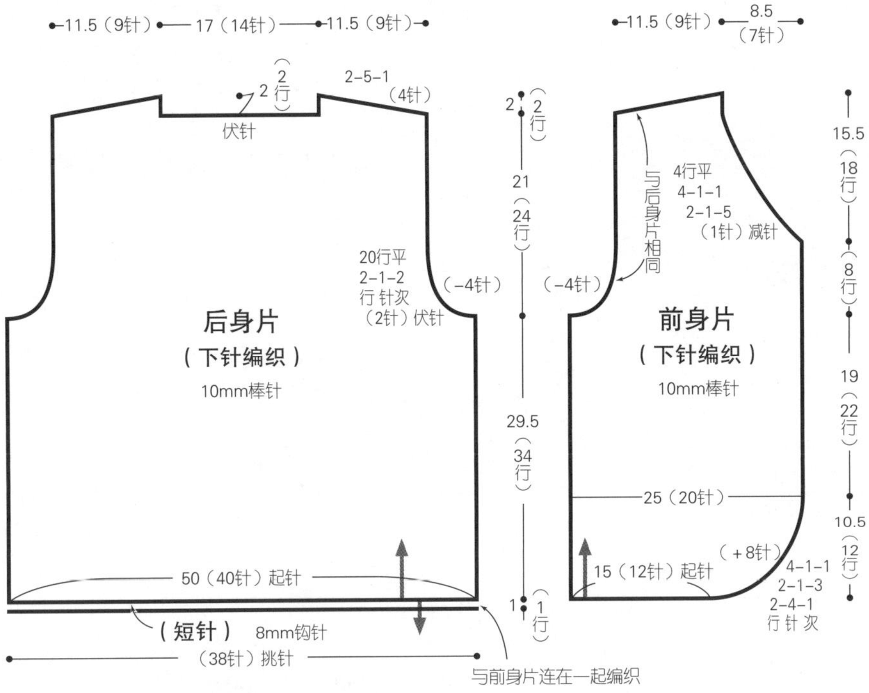

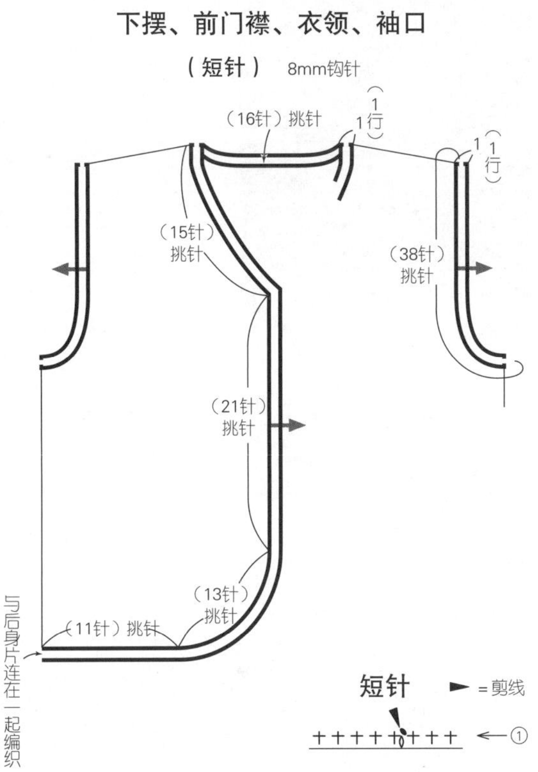

左前下摆的编织方法

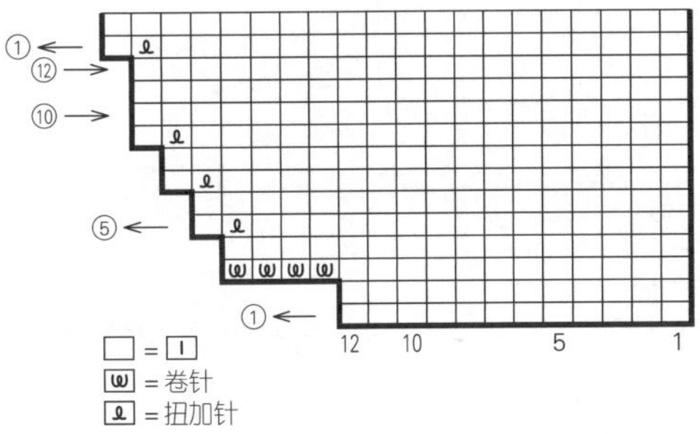

右前下摆的编织方法

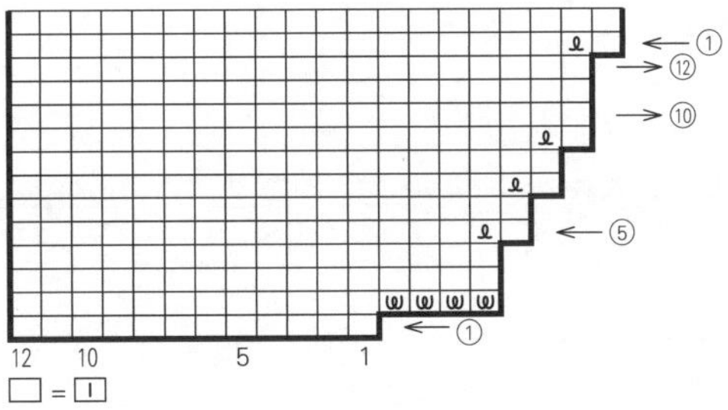

组合方法

卷针加针（2针以上）

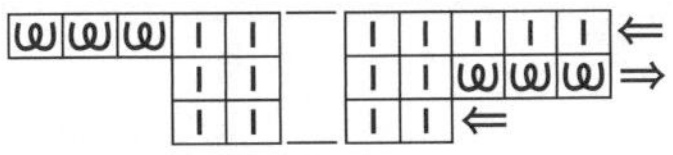

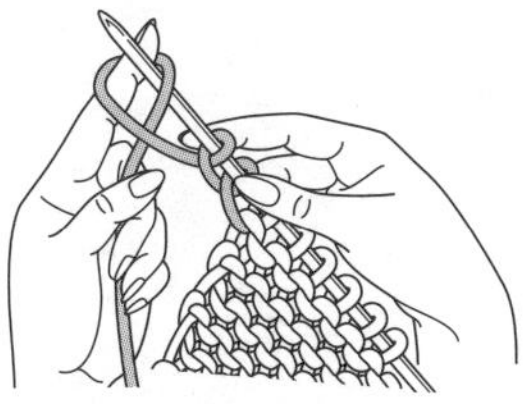

1 重复“左手食指挂线，插入右棒针，将线圈从食指上取下”，至所需要加针的针数。

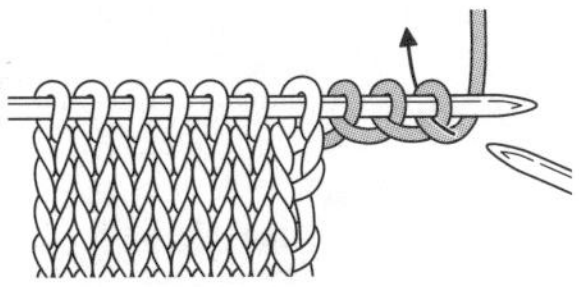

2 翻到正面，如箭头所示将右棒针插入，编织下针。剩下的2针也按照相同方法编织至一端。

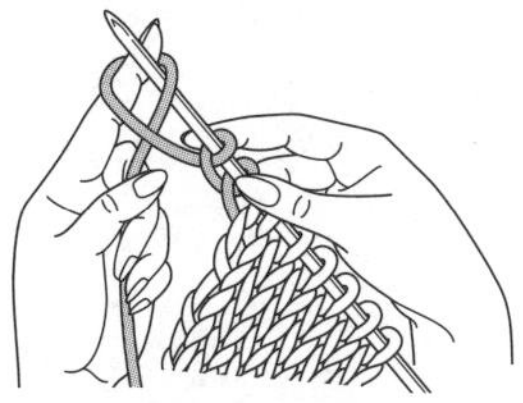

3 和步骤1相同，左手食指挂线，插入棒针。

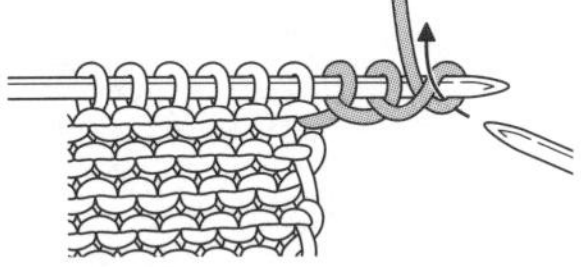

4 翻到正面，如箭头所示将右棒针插入，编织上针。剩下的2针也按照相同方法编织。

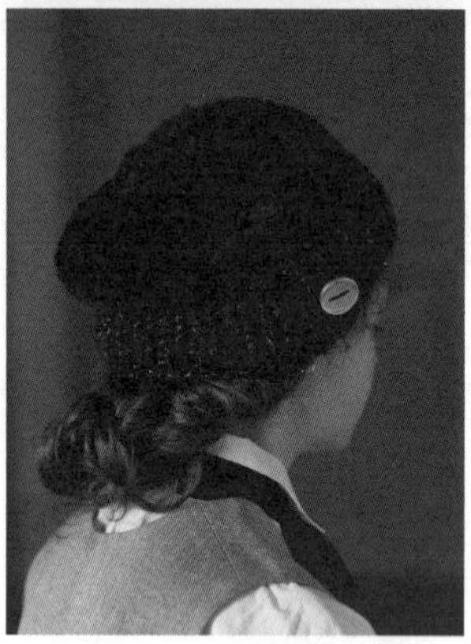

材料

［护腕］DMC SAMARA 深棕色（403）75g/1团；DMC Cocoon Chic 米色（03）40g/1团

［帽子］DMC SAMARA 黑色（401）40g/1团；DMC Cocoon Chic 黑色（02）50g/1团；Cocoon Chic 含纽扣1颗

工具

棒针10mm、8mm

成品尺寸

［护腕］掌围20cm，长33cm

［帽子］头围54cm，帽深23cm

编织密度

10cm×10cm面积内：单罗纹针10针，13行（SAMARA 8mm棒针）；下针编织9针，12.5行

编织要点

●护腕…手指起针，编织单罗纹针。做2行环形编织后，第3~10行做往返编织，留出拇指穿入孔。第11行开始再次做环形编织，一边调整编织密度一边编织。编织终点做下针织下针、上针织上针的伏针收针。

●帽子…手指起针，环形编织单罗纹针。然后做下针编织。参照图示分散减针。最终行穿线并收紧。缝上纽扣。

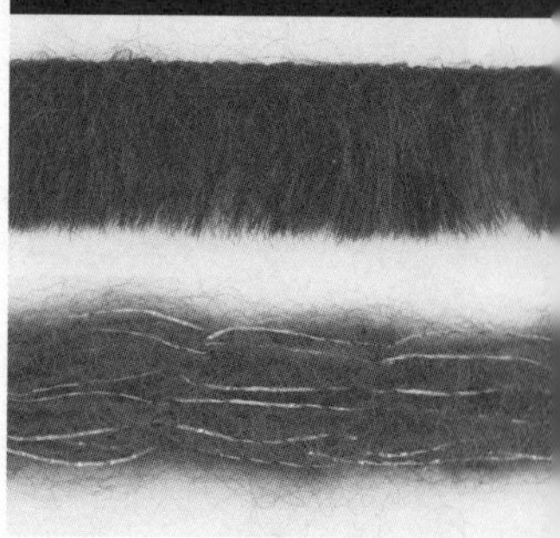

帽子

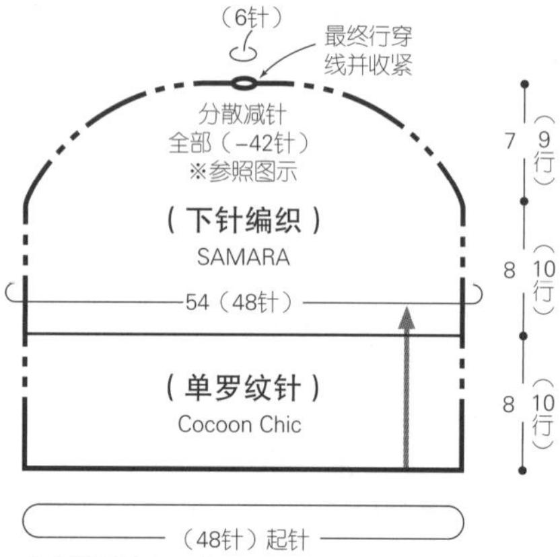

※ 全部使用10mm针

护腕

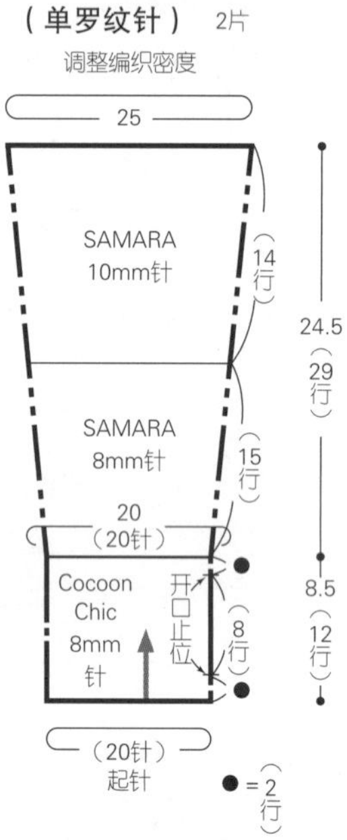

单罗纹针

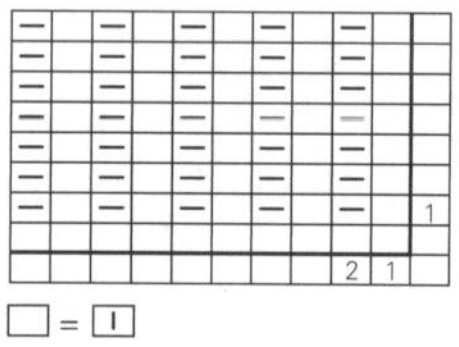

组合方法

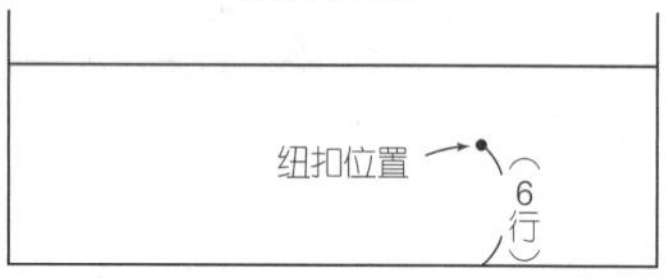

帽子的分散减针

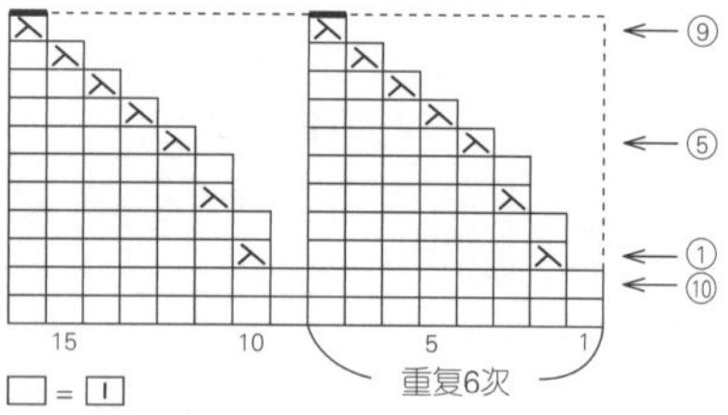

左上扭针1针交叉（下面是上针时）

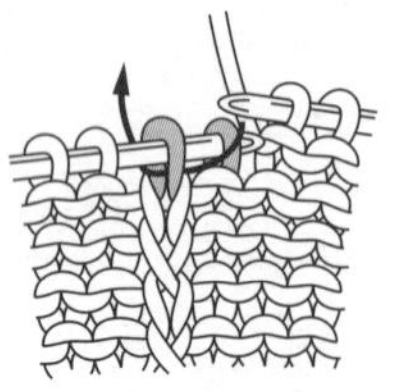

1 如箭头所示，从右边针目的前面将右棒针插入左边的针目。

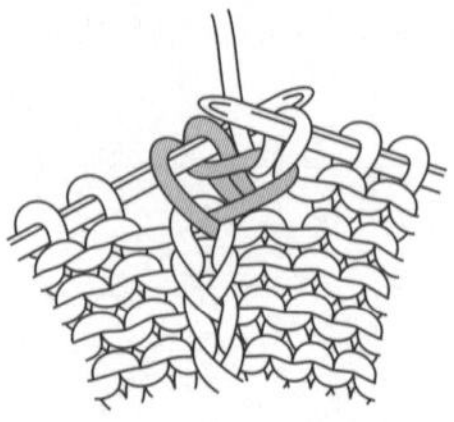

2 将针目拉至右边针目的右侧，编织扭针。

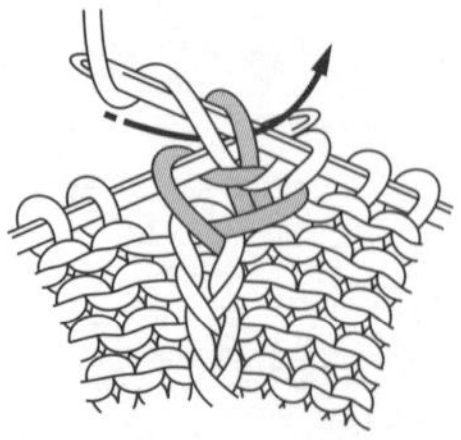

3 编织过的左边针目保持不动，右边针目编织上针。将左边针目从左棒针上取下。

右上扭针1针交叉（下面是上针时）

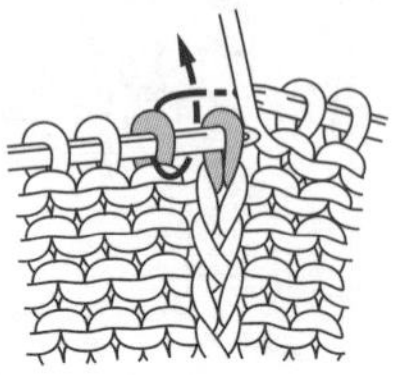

1 如箭头所示，从右边针目的后面将右棒针插入左边的针目。

2 将针目拉至右边针目的右侧，编织上针。

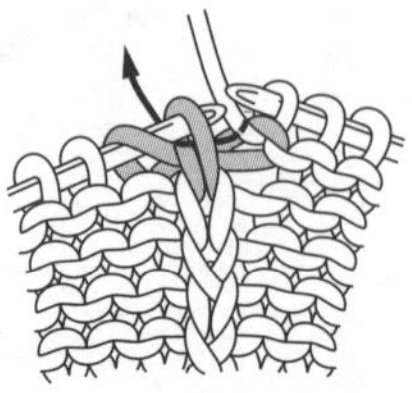

3 编织过的左边针目保持不动，右边针目如箭头所示入针，编织扭针，将左边针目从左棒针上取下。

42页的作品 ★★★

材料

[套头衫] Pierrot毛线 Zakka Stores Vintage Cashmere 乳白色(326) 400g/10团

[可拆卸领、袖套] Pierrot毛线 Zakka Stores Vintage Cat Yarn 米灰色(04) 100g/1团；宽24mm的天鹅绒丝带(黑色) 106cm；直径25mm的纽扣2颗

工具

棒针3号、12mm

成品尺寸

[套头衫] 胸围90cm，肩宽34cm，衣长52.5cm，袖长51cm

[可拆卸领] 衣领内周长57cm，宽15cm

编织密度

10cm×10cm面积内：桂花针23针，36行；编织花样26针，34行；起伏针7针，11行

编织要点

●套头衫…手指起针，编织桂花针、编织花样。减针时，2针及以上时做伏针减针，1针时立起侧边1针减针。袖下加针时，在1针内侧编织扭加针。编织终点肩部休针，衣领开口部分做伏针收针。肩部做盖针接合，胁部、袖下使用毛线缝针做挑针缝合。衣袖和身片做引拔接合。

●可拆卸领、袖套…手指起针，编织起伏针。可拆卸领参照图示，一边分散减针，一边编织。编织终点从反面做伏针收针。可拆卸领在指定位置缝上纽扣。在袖套上缝上纽扣。

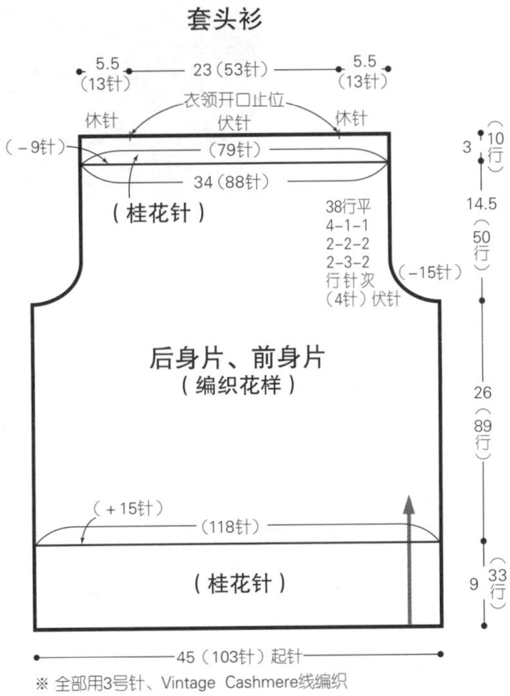

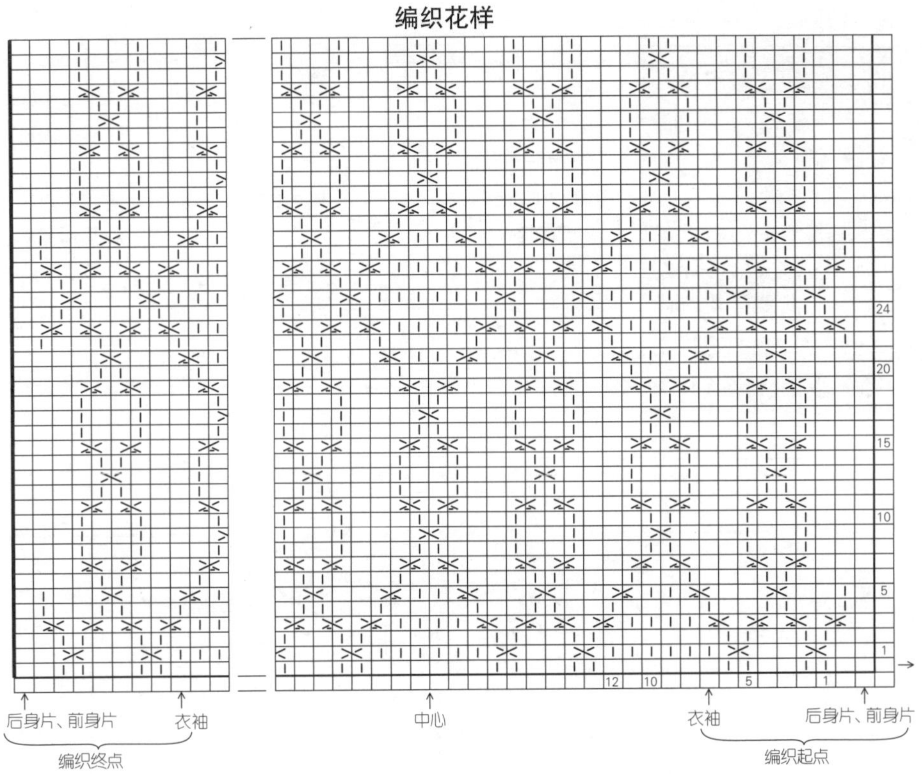

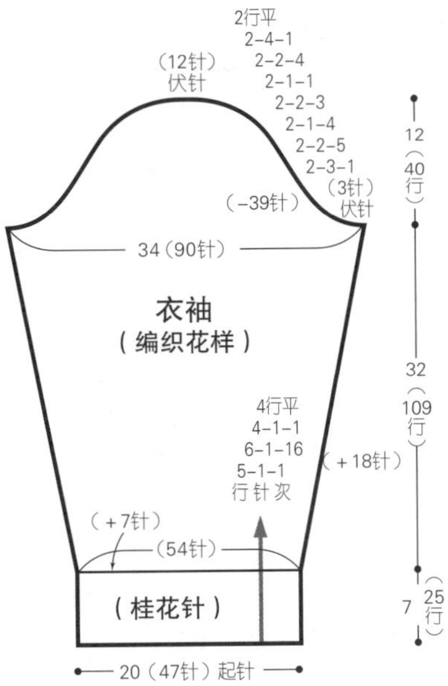

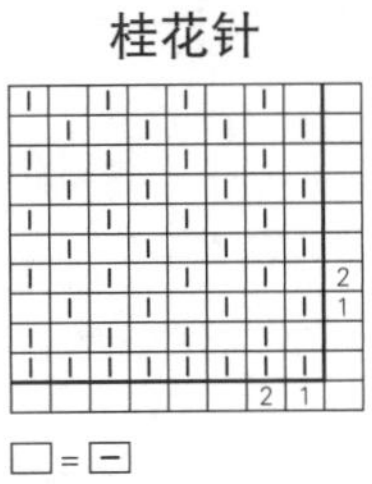

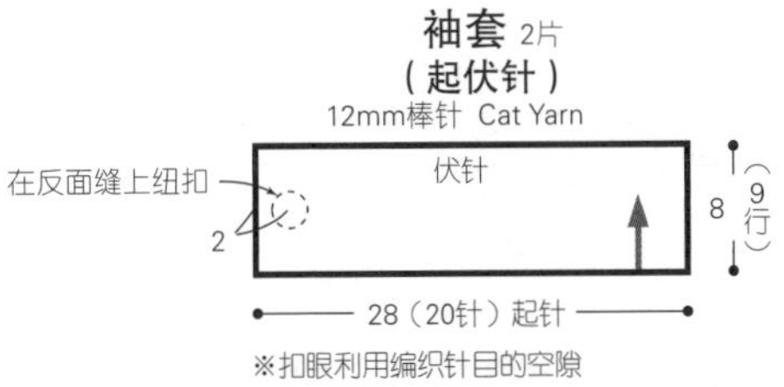

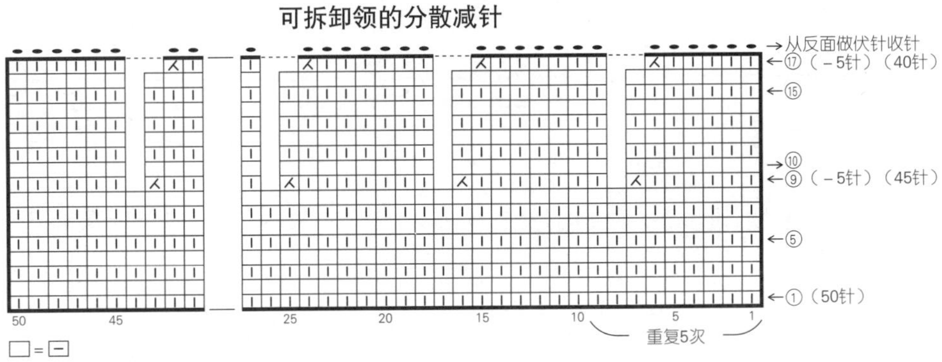

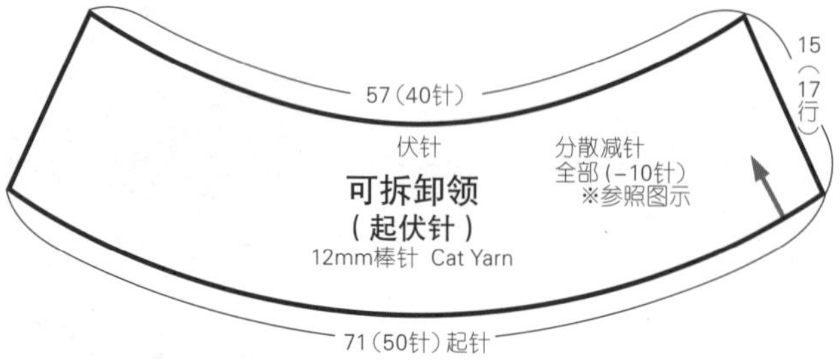

可拆卸领的组合方法

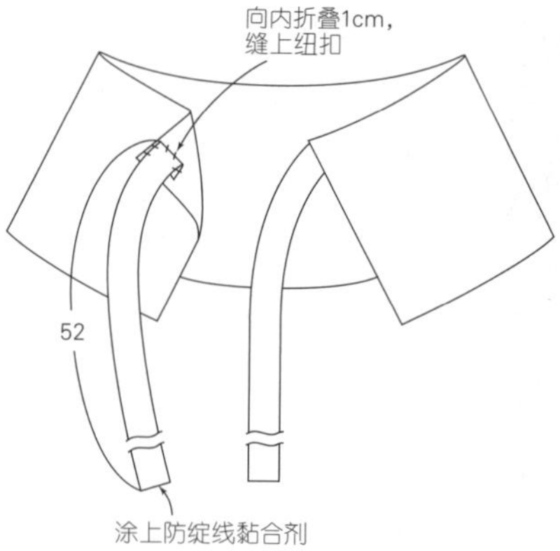

45 页的作品 ★★

材料

FGS Negie 米色（古典色）210g/3团

工具

棒针5号、4号

成品尺寸

胸围105cm，衣长71.5cm，连肩袖长55cm

编织密度

10cm×10cm面积内：下针编织22针、27.5行

编织要点

●身片手指起针开始编织。前、后身片连在一起环形编织桂花针和下针编织。从前身片开口开始做往返编织。从衣袖挑针止位分开编织前、后身片。下摆钩织引拔针接合。衣袖从身片挑取指定数量的针目，环形做下针编织和编织花样。袖下参照图示减针编织。编织终点做伏针收针。

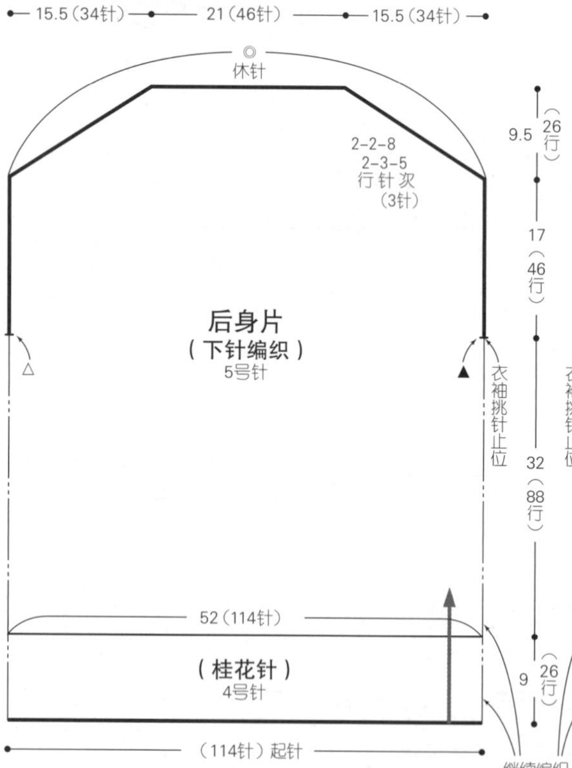

※◎标记处用引拔针接合

※衣袖挑针止位和衣领开口止位为了防止拉伸，△和▲的针目编织1针交叉

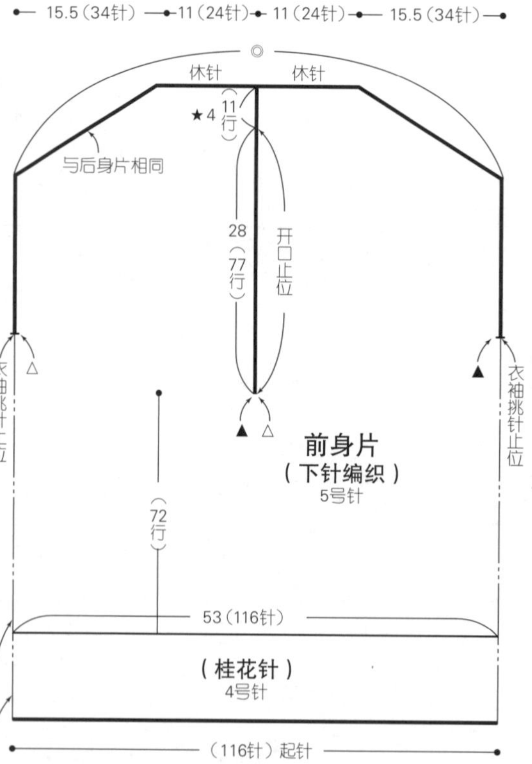

※★标记处使用毛线缝针做挑针缝合

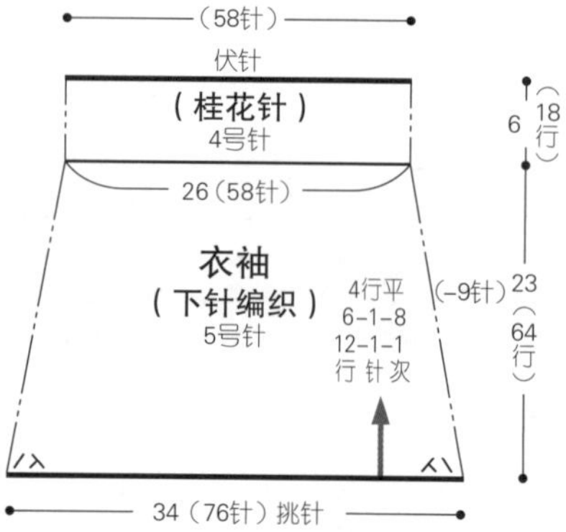

袖下的减针

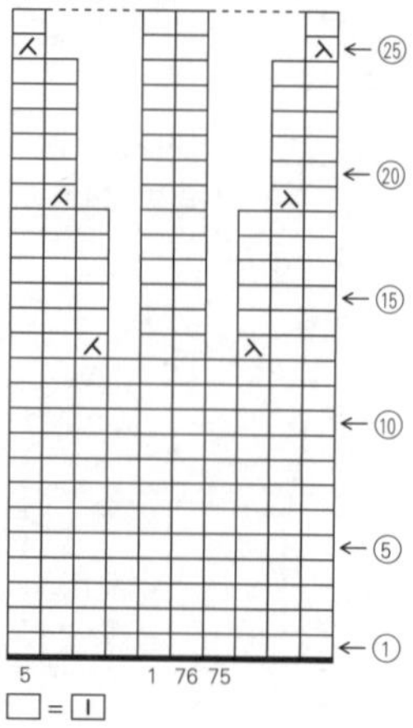

□=□

桂花针

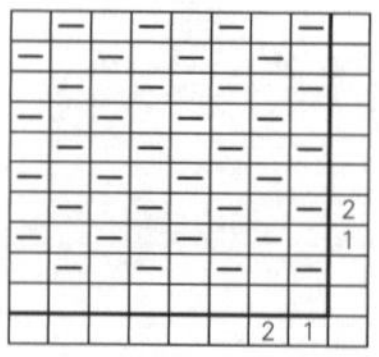

□=□

材料

［围脖］Pierrot毛线 Zakka Stores Vintage Cashmere 黑灰色（303）115g/3团；Yumecorn银灰色（02）90g/1团

［手提包］毛线Pierrot毛线 Zakka Stores Vintage Cashmere 黑灰色（303）155g/4团；Yumecorn银灰色（02）40g/1团；直径23mm的纽扣1颗

工具

［围脖］钩针7/0号、7mm

［手提包］钩针6/0号、5/0号、7mm

成品尺寸

［围脖］颈围126cm，宽24cm

［手提包］宽40cm，深25cm

编织密度

10cm×10cm面积内：编织花样A 21针，8.5行；编织花样A' 23针，9.5行

编织要点

●围脖…锁针起针，做编织花样A。编织花样A用黑灰色线打底，编织起点和编织终点做卷针缝缝合。在打底编织上用引拔针钩织银灰色线。

●手提包…主体锁针起针，做编织花样A'。用编织花样A'完成打底编织后休针，用银灰色线钩织引拔针。用休针的线在包口做边缘编织B。编织起点侧同样钩织包口。侧面、提手用往返编织的方法环形钩织短针。系带锁针起针，钩织短针。参照组合方法组合。

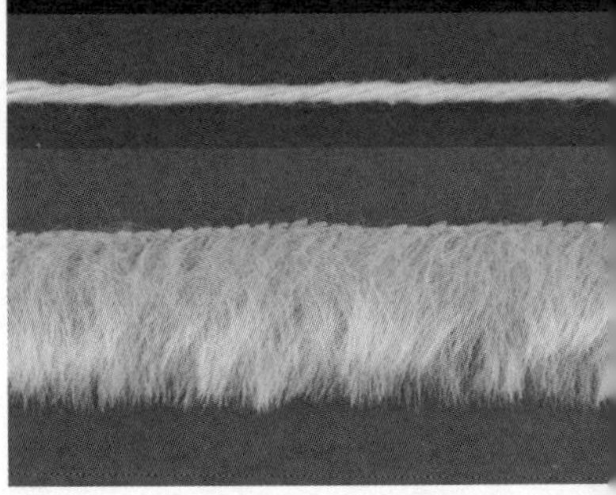

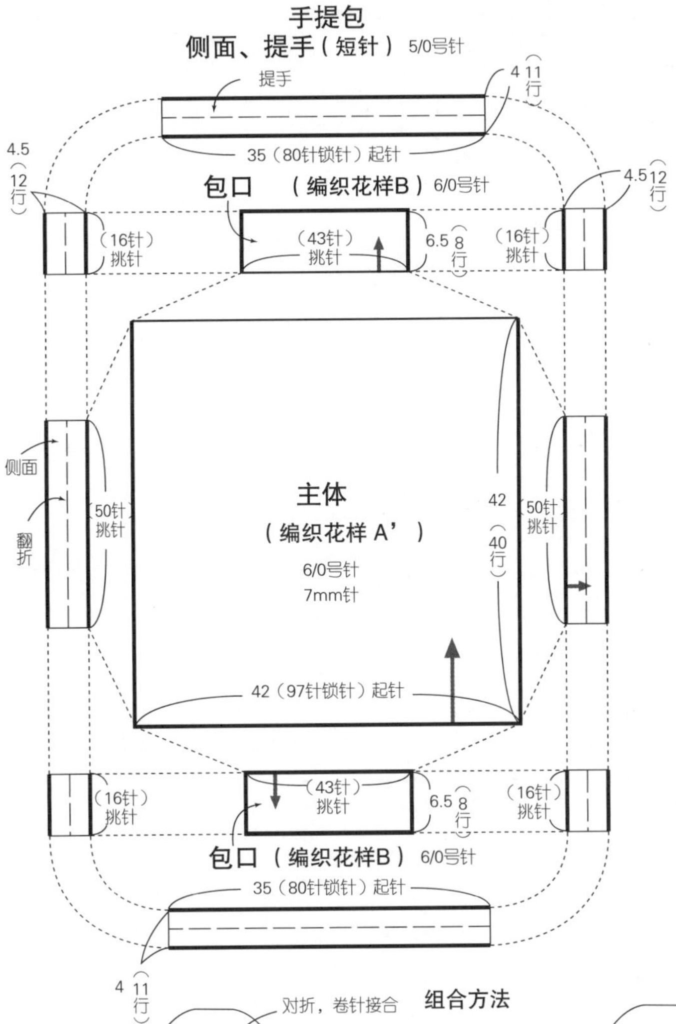

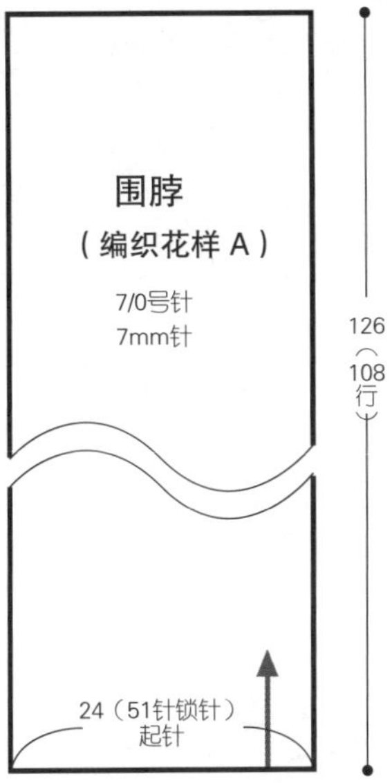

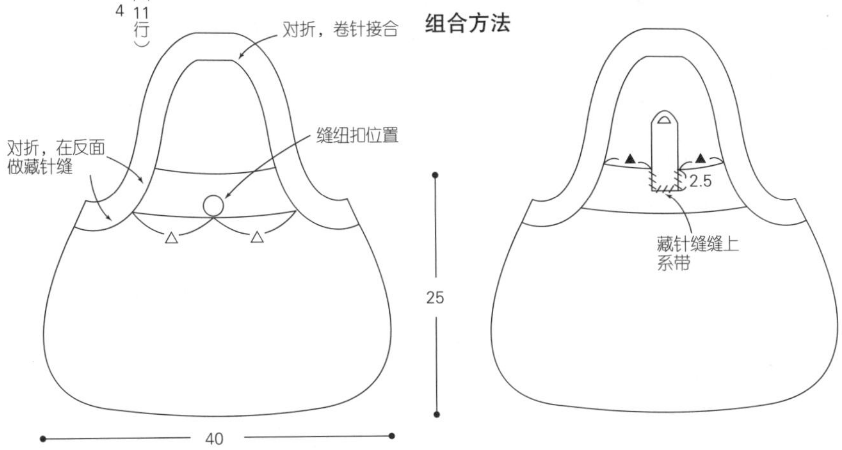

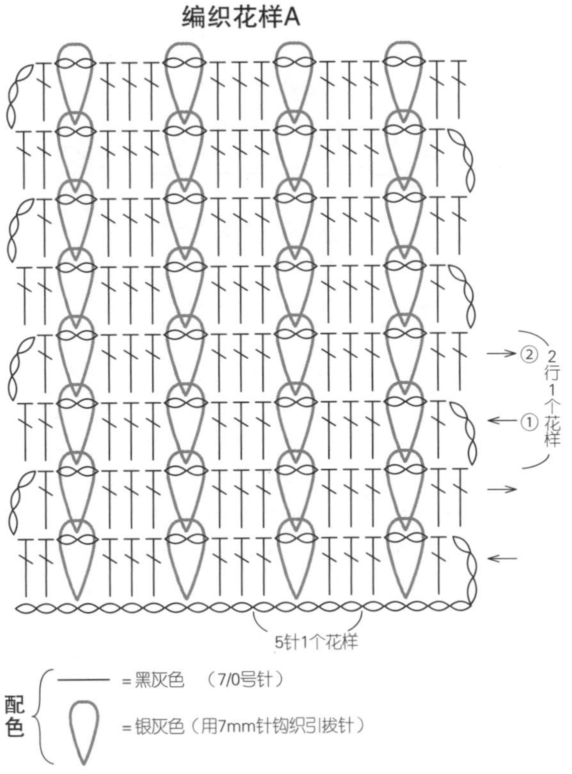

▷ = 加线
▶ = 剪线

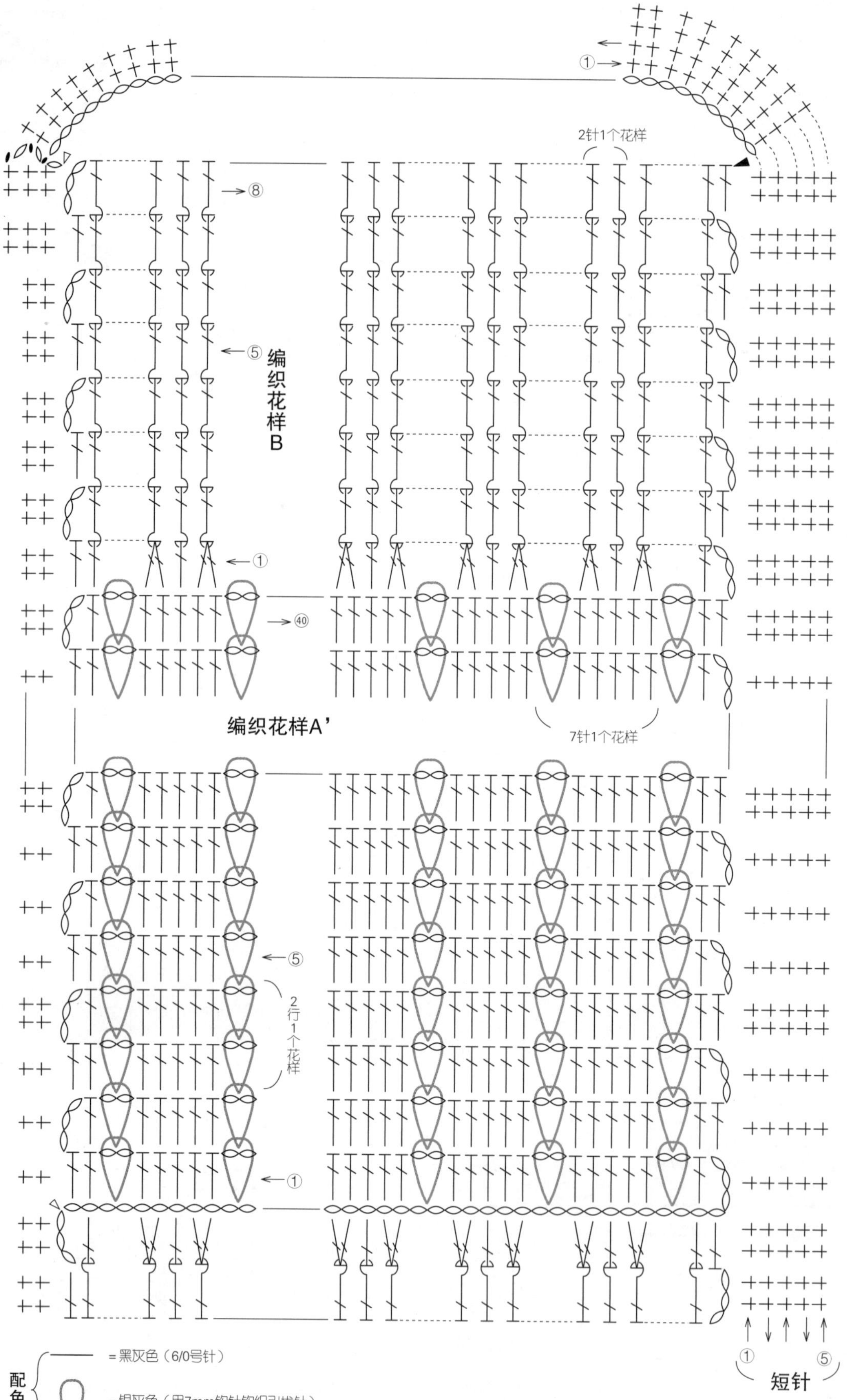

配色
— = 黑灰色（6/0号针）
= 银灰色（用7mm钩针钩织引拔针）

= 长针的正拉针（从反面编织时，编织反拉针）

= 长针的反拉针（从反面编织时，编织正拉针）

※ 编织方法请参照第93页

系带（短针）5/0号针

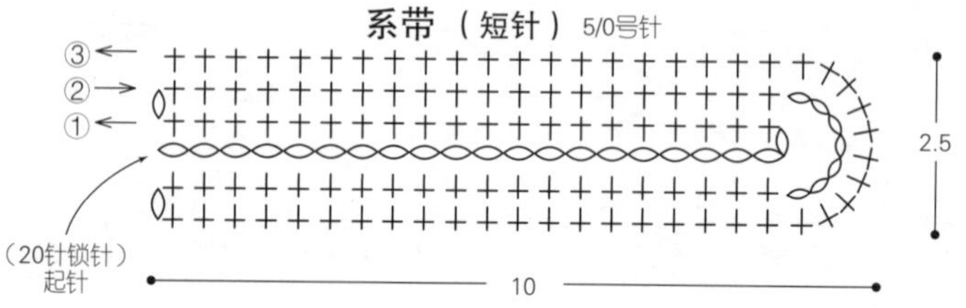

材料

芭贝 Cotton Kona 灰色(65) 90g/3团，藏青色(13) 55g/2团，浅蓝色(76) 30g/1团；MIYUKI 三角珠(TR1105/3mm)透明染芯3332颗

工具

钩针3/0号、4/0号

成品尺寸

宽27.5cm，深23.5cm

编织密度

花片的边长为5.5cm

编织要点

●主体钩织花片并连接。钩织花片b、c、d时，要预先在线中穿入串珠。钩织指定数量的花片后，对齐花片做卷针缝缝合。包口挑取指定针数环形钩织短针。底部钩织锁针起针后钩织短针。提手按编织花样钩织。参照组合方法，缝合主体、底部和提手。

主体（连接花片）　包口（短针）

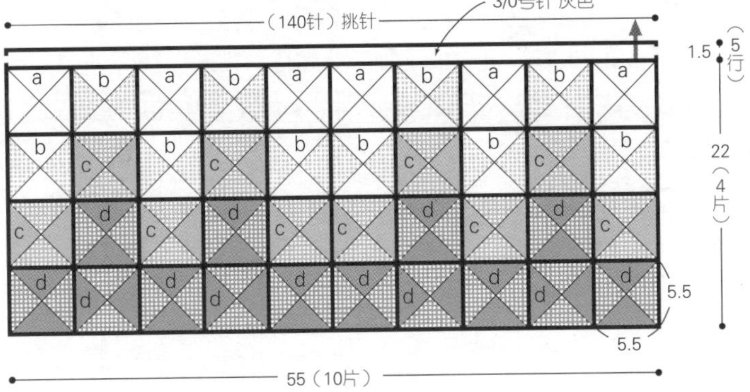

提手（编织花样）　3/0号针　灰色（起针用4/0号针）　2片

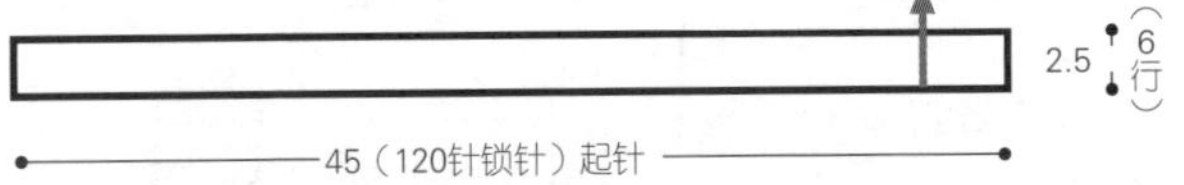

编织花样（提手）

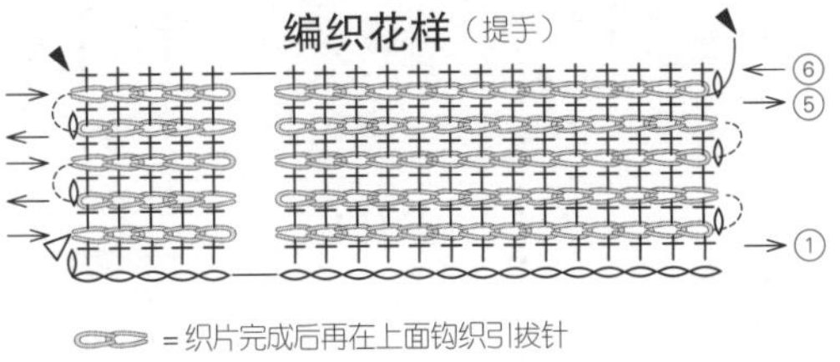

= 织片完成后再在上面钩织引拔针

花片a~d　3/0号针

※除了花片a，钩织其他花片前都要预先在线中穿入98颗串珠

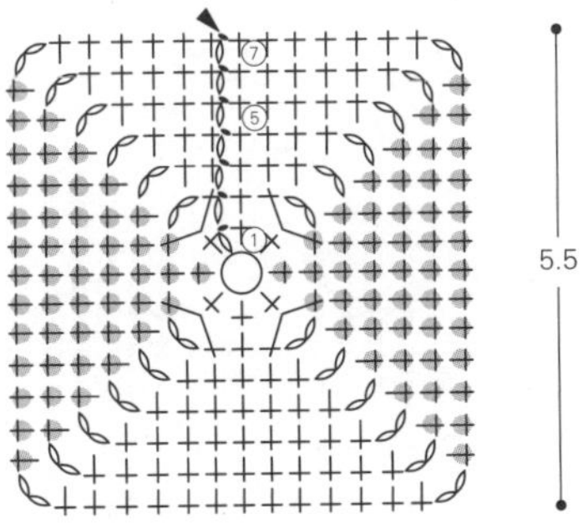

✝ = 编入串珠的位置

※ 将针目的反面用作正面

※ 转角的锁针位置将针目分开挑针

※ 编入串珠的方法请参照第130页

图1 包口

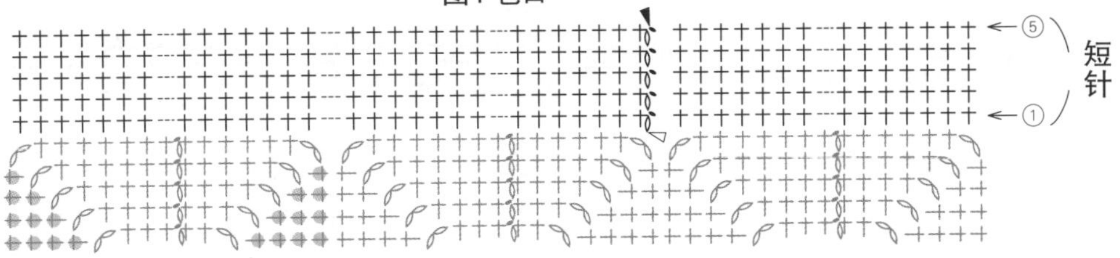

花片和串珠的配色和数量一览表

花片	Cotton Kona	片数	三角珠
a	灰色	6片	
b	灰色	10片	980颗
c	浅蓝色	10片	980颗
d	藏青色	14片	1372颗

▷ = 加线

▶ = 剪线

底部（短针）　3/0号针　藏青色

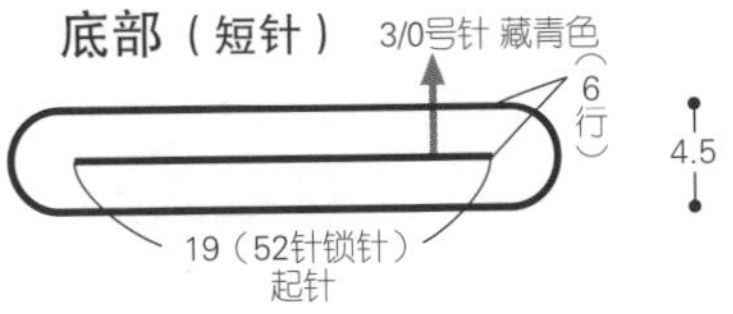

底部的钩织方法

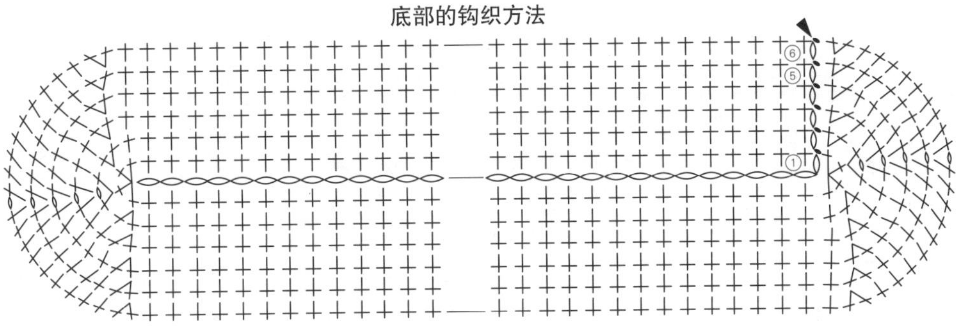

组合方法

材料

达摩手编线 鸭川#18 墨黑色(109) 125g/3团；MIYUKI 方形珠(SB242/4mm) 透明染芯 369 颗；Micro 亚克力环(S215/50mm×40mm) 黑色(30) 2 个；直径10mm 的手缝式磁扣 1 组

工具

钩针 3/0 号

成品尺寸

宽 21.5cm，深 14.5cm

编织密度

10cm×10cm 面积内：短针 29.5 针，39 行

编织要点

●钩织包包主体的前片、侧边、口袋和提手时，要预先在线中穿入串珠。各部分钩织锁针起针，参照图示一边钩织短针一边在指定位置编入串珠。口袋与口袋侧边做引拔接合后，用藏针缝缝在主体的后片。将主体与侧边正面朝外对齐钩织短针接合。最后参照组合方法，将提手和搭襻(挂耳)缝在主体上。

主体（短针）

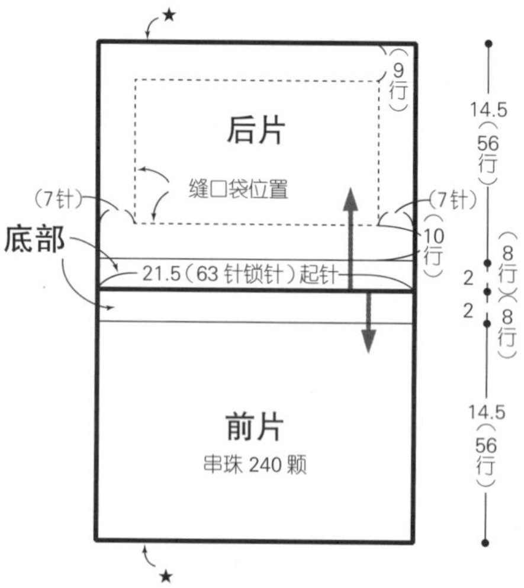

※ 全部用 3/0 号针钩织

※ ★= 在最后一行上钩织引拔针

※ 前片和后片的第 1 行钩织短针的条纹针

侧边 2片 **（短针）** 串珠 各 52 颗

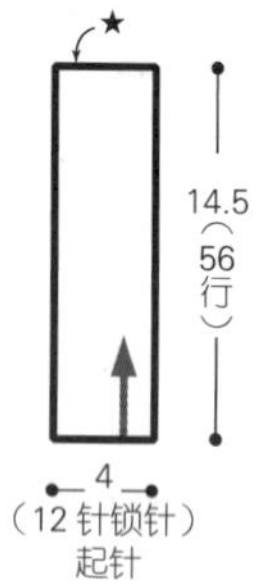

口袋（短针） 串珠 16 颗

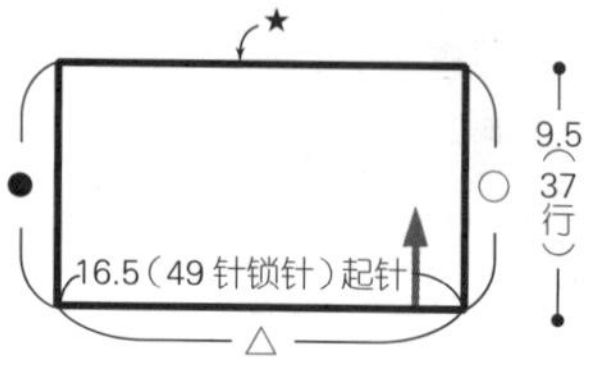

口袋侧边 （短针）

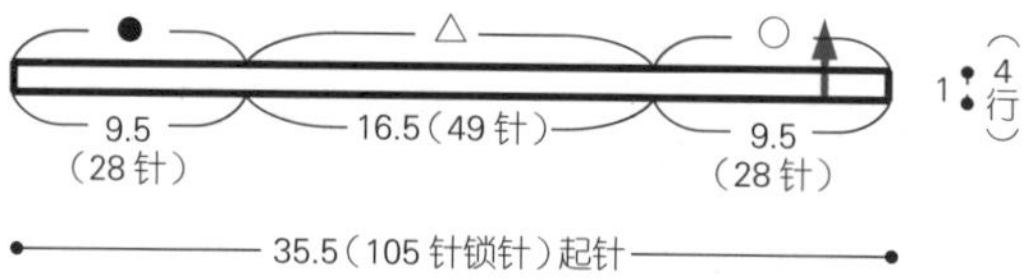

侧边的钩织方法

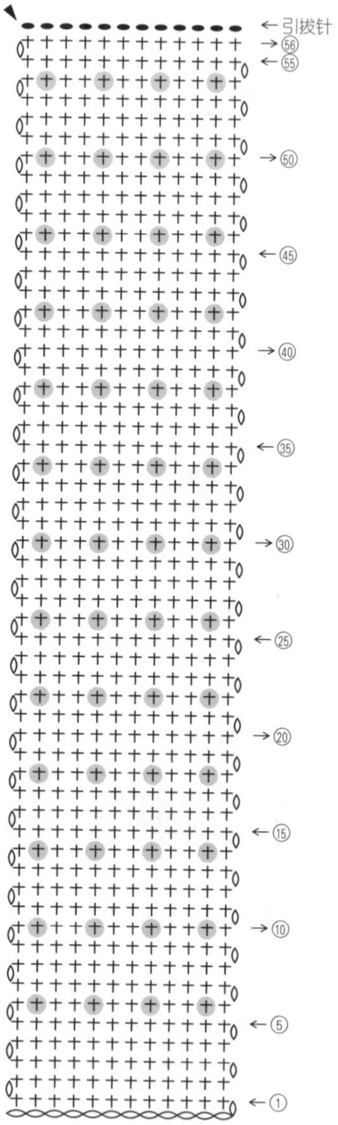

包口搭襻

（短针） 2片

提手 （短针） 串珠 9 颗

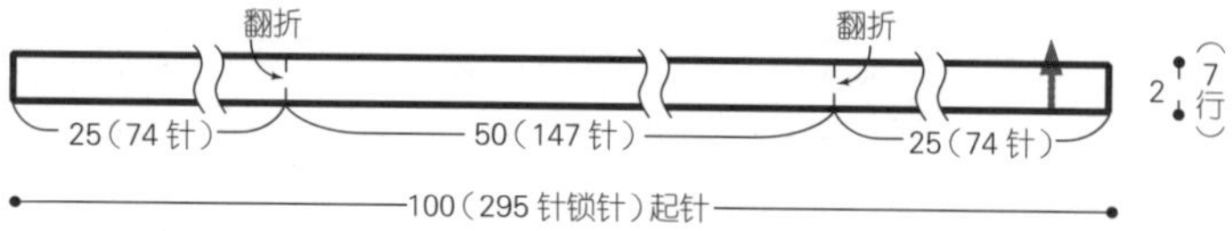

包口搭襻的钩织方法

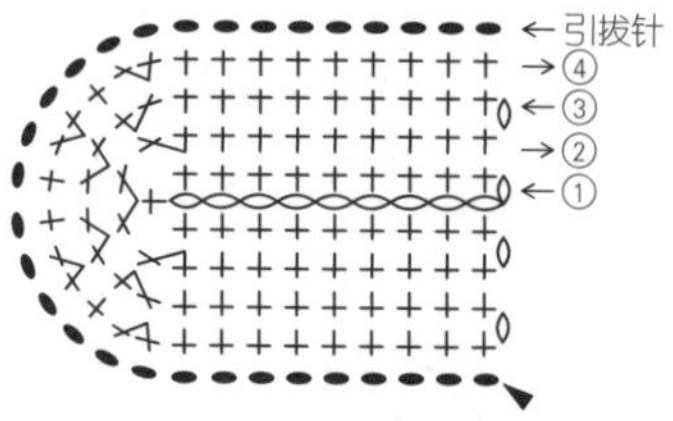

▷ = 加线

▶ = 剪线

⊕ = 编入串珠的位置

※ 钩织方法请参照第130页

口袋的钩织方法

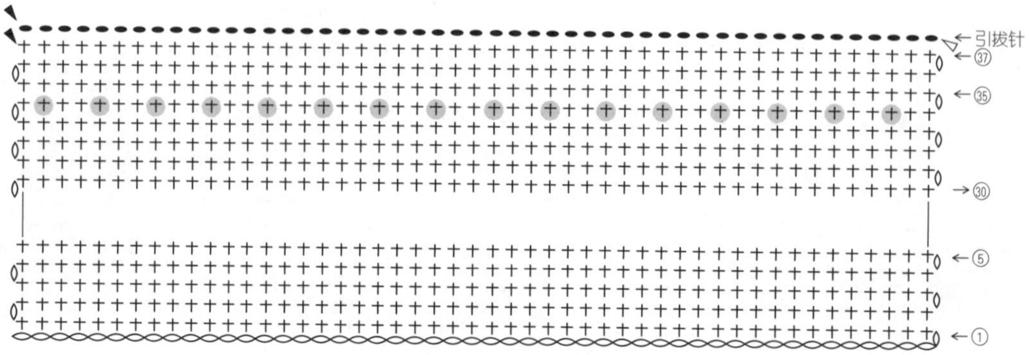

提手挂耳

（短针） 2片

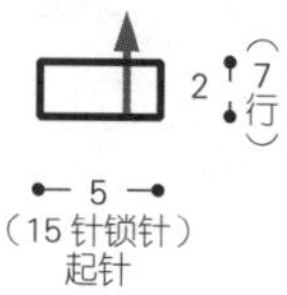

主体的钩织方法

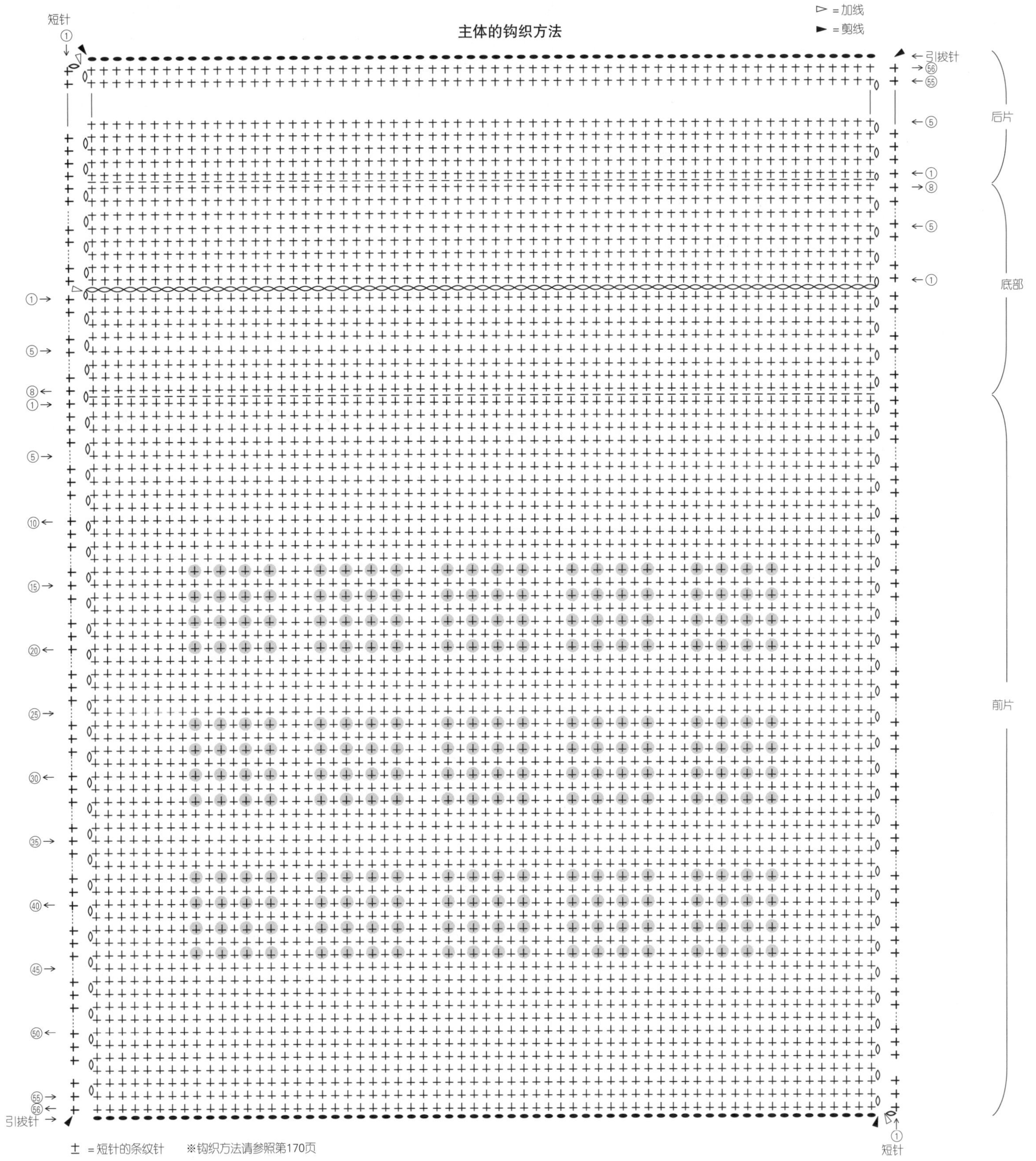

± = 短针的条纹针　※钩织方法请参照第170页

= 编入串珠的位置

提手的钩织方法

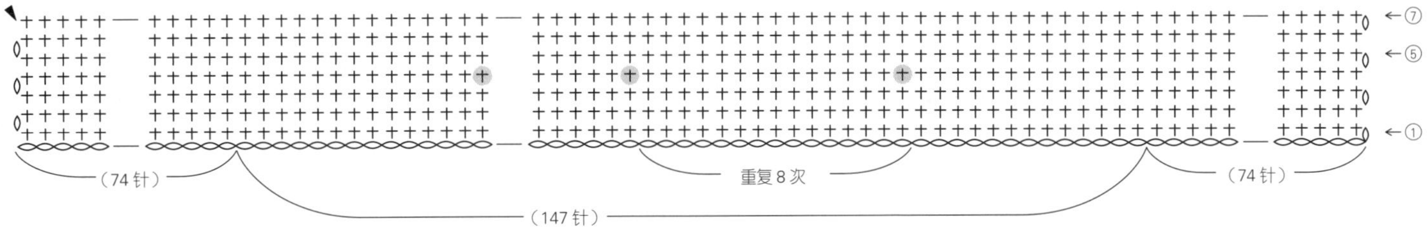

组合方法

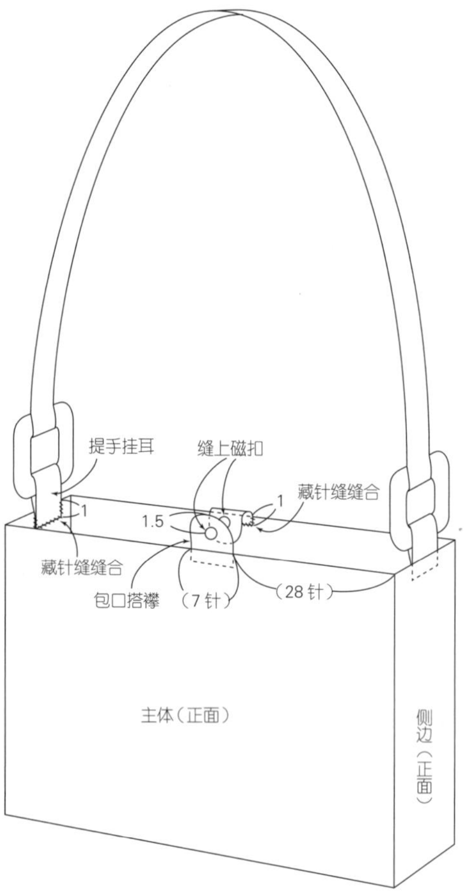
提手挂耳
缝上磁扣
1
1.5
1
藏针缝缝合
藏针缝缝合
包口搭襻
（7 针）
（28 针）
主体（正面）
侧边（正面）

主体和侧边的缝合方法

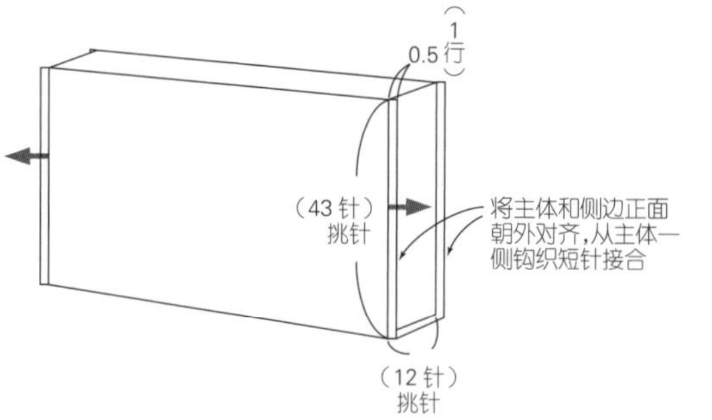
（1行）
0.5
（43 针）
挑针
将主体和侧边正面朝外对齐，从主体一侧钩织短针接合
（12 针）
挑针

口袋的组合方法

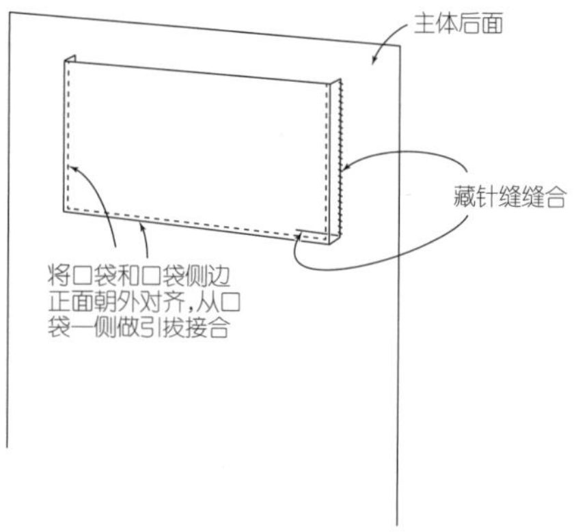
主体后面
藏针缝缝合
将口袋和口袋侧边正面朝外对齐，从口袋一侧做引拔接合

提手的组合方法

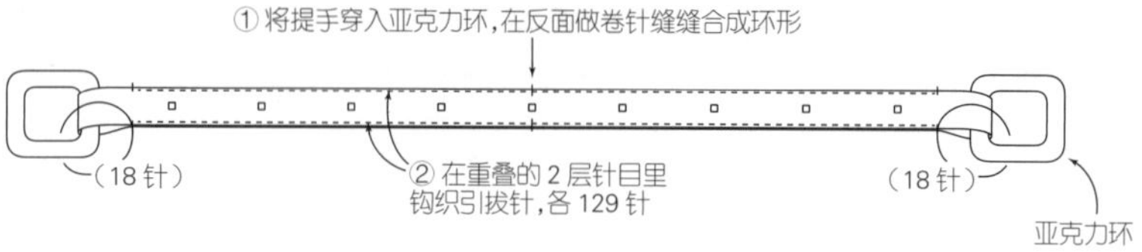
① 将提手穿入亚克力环，在反面做卷针缝缝合成环形
（18 针）
② 在重叠的 2 层针目里钩织引拔针，各 129 针
（18 针）
亚克力环

在短针里编入串珠

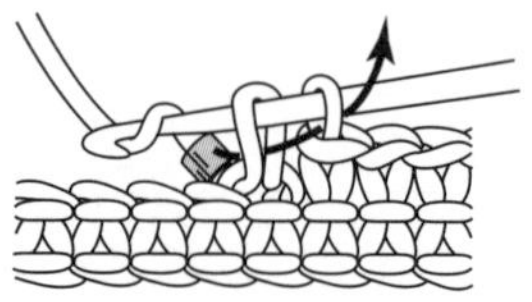

1 从前一行针目拉出线后穿入串珠，然后挂线引拔。

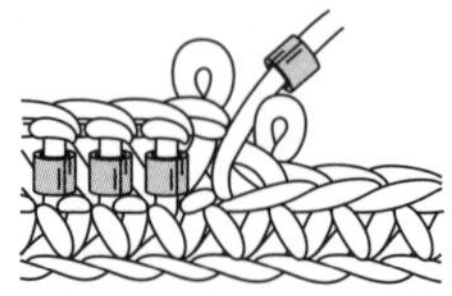

2 串珠出现在织物的反面。

接第 132 页▶

米袋

底部 3片

5/0号针 自然色

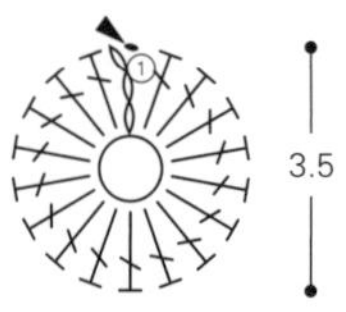
3.5

▶ = 剪线

底部和侧面 3片

5/0号针 自然色

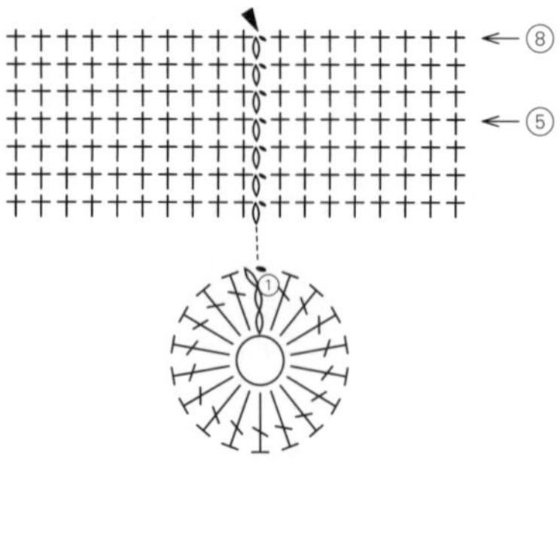
⑧
⑤

米袋的组合方法

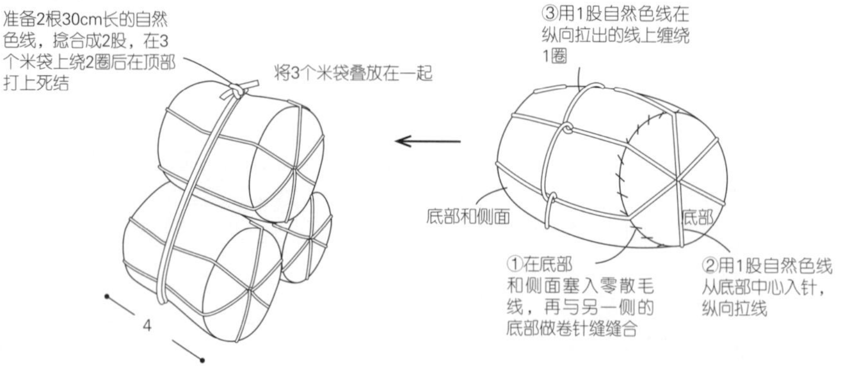
准备2根30cm长的自然色线，捻合成2股，在3个米袋上绕2圈后在顶部打上死结
将3个米袋叠放在一起
4
③用1股自然色线在纵向拉出的线上缠绕1圈
底部和侧面
底部
①在底部和侧面塞入零散毛线，再与另一侧的底部做卷针缝缝合
②用1股自然色线从底部中心入针，纵向拉线

法式结粒绣

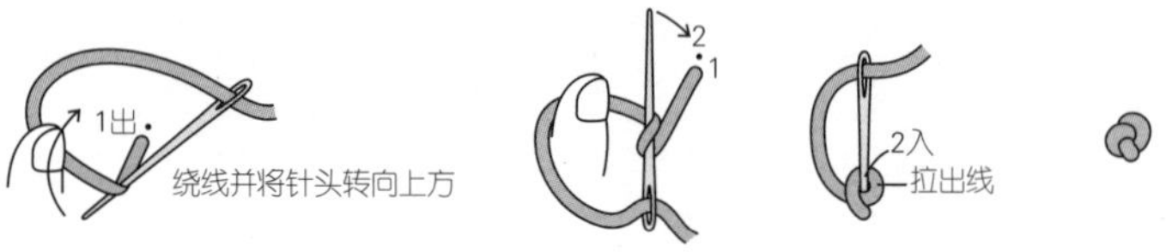
1出
绕线并将针头转向上方
2
1
2入
拉出线

直线绣

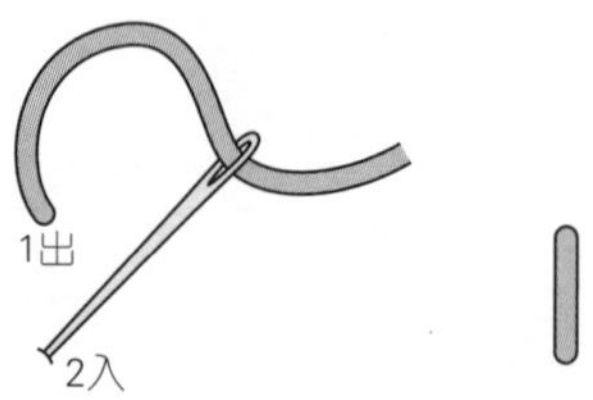
1出
2入

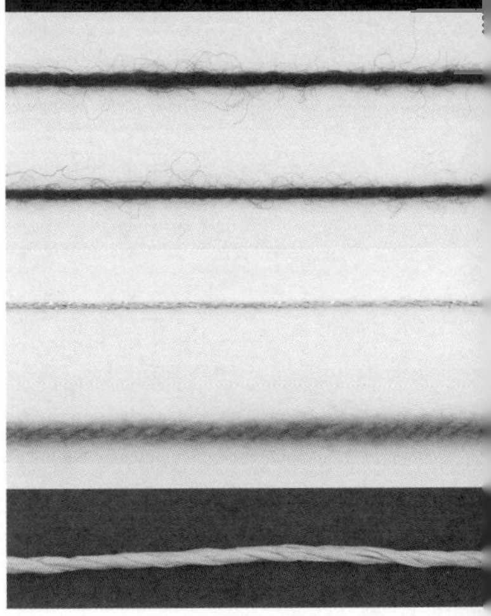

材料

达摩手编线 iroiro、小卷 Café Demi、金属蕾丝线#30、Café Kitchen、SASAWASHI 线的色名、色号和使用量请参照图表；填充棉适量；直径4mm 的树脂彩珠 4 颗；3号渔线少量

工具

钩针 3/0 号、4/0 号、5/0 号、7/0 号，蕾丝钩针 2 号

成品尺寸

参照图示

编织要点

●参照图示钩织各部分，再参照组合方法缝合。

使用量一览表

	线名、色名（色号）	使用量
小老鼠（2只的用量）	iroiro 米白色（1）	18g/1团
	iroiro 浅粉色（40）	少量/各1团
	iroiro 莓红色（44）	
	小卷Café Demi 深绿色（16）	少量/1团
	金属蕾丝线#30 金色（1）	少量/1团
门松	Café Kitchen 绿色（8）	45g/2团
	Café Kitchen 黄绿色（6）	34g/2团
	SASAWASHI 自然色（1）	36g/2桄
	SASAWASHI 黑色（8）	少量/1桄
	金属蕾丝线#30 金色（1）	4g/1团
	iroiro 嫩绿色（27）	4g/1团
	iroiro 莓红色（44）	2g/1团
	iroiro 米白色（1）	1g/1团
米袋（3个的用量）	SASAWASHI 自然色（1）	20g/1团

前腿

4/0号针

米白色 4片

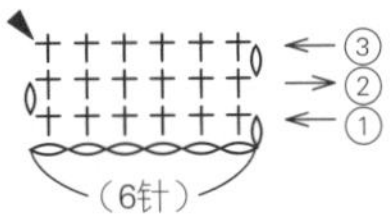

后腿

4/0号针

米白色 4片

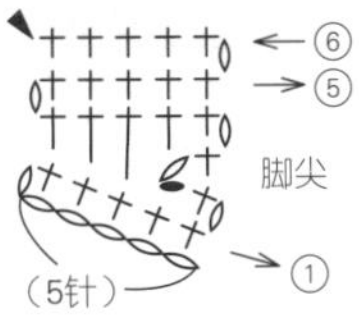

※将起针的锁针与最后一行短针的头部做卷针缝缝合，脚尖也做卷针缝缝合

小老鼠

头部

4/0号针 米白色 2个

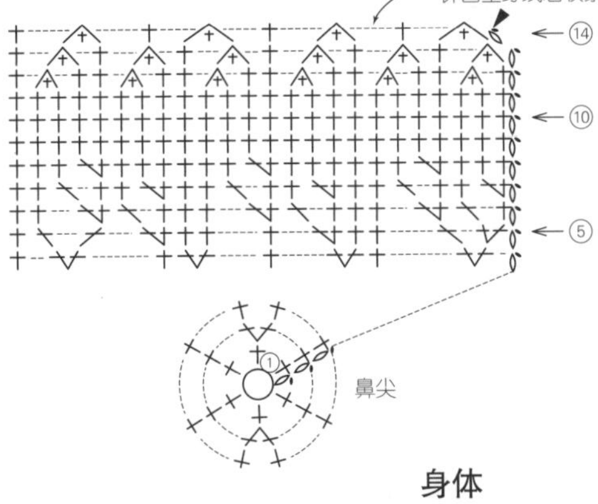

鼻子的刺绣

浅粉色 1股

直线绣

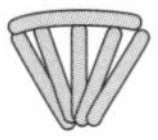

胡须的缝法

3号渔线

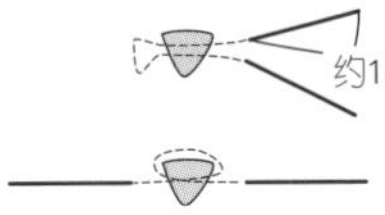

梅花（小）

4/0号针 莓红色 2片

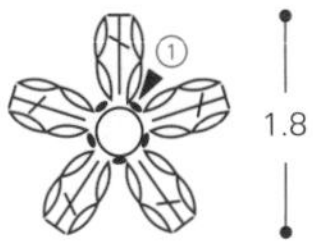

※将针目的反面用作正面

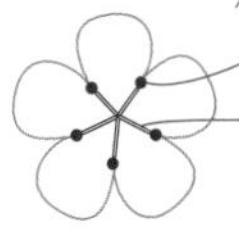

缝在身体上后再用1股金色线刺绣

松枝

3/0号针 深绿色 2片

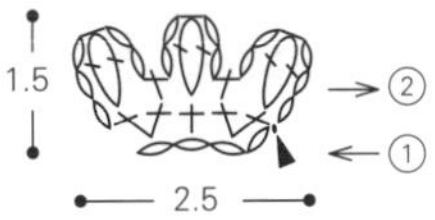

缝在身体上后再用2股金色线刺绣

身体

► = 剪线

4/0号针 米白色 2个

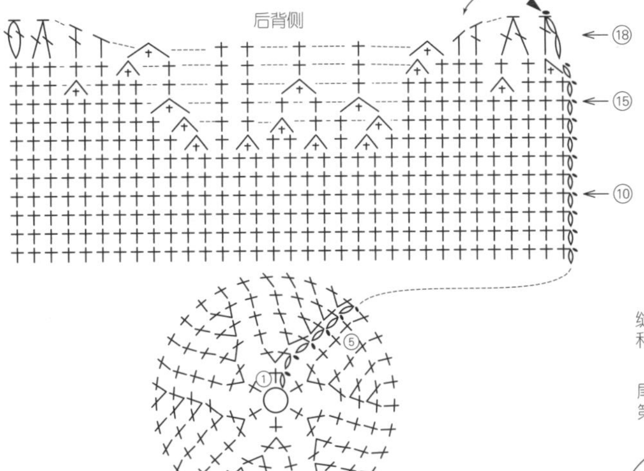

耳朵a

4/0号针 浅粉色 4片

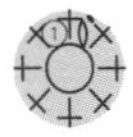

耳朵b

4/0号针 米白色 4片

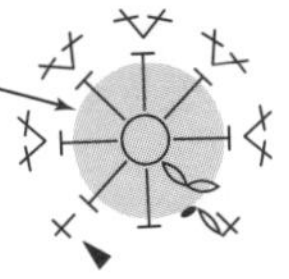

※钩完1圈后，将耳朵a重叠在后面，第2圈在2层织片里一起挑针钩织

小老鼠的组合方法

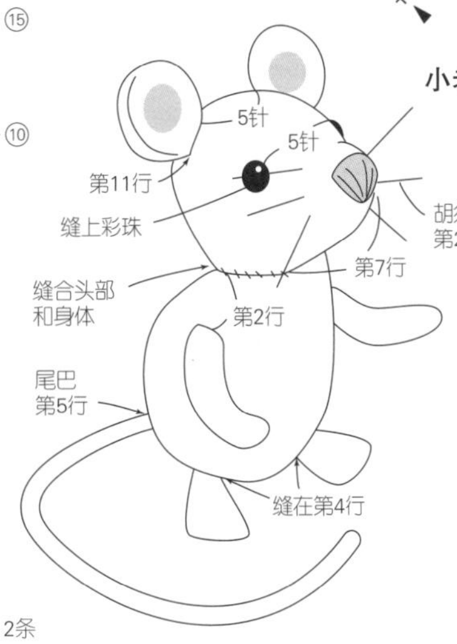

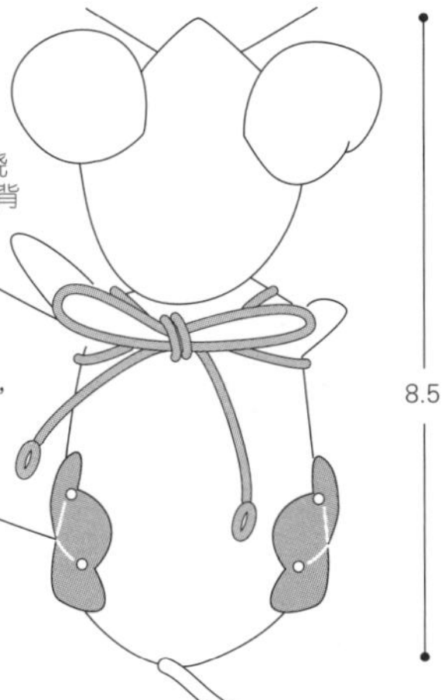

尾巴

4/0号针 米白色 2条

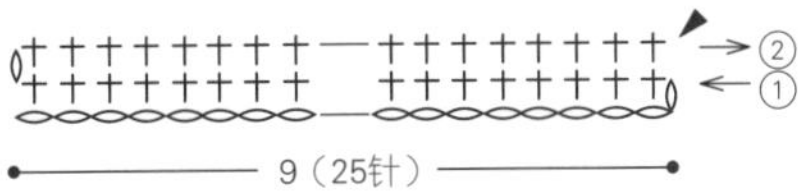

※将起针的锁针与第2行短针的头部做卷针缝缝合

绑带

3/0号针 2股金色线 2条

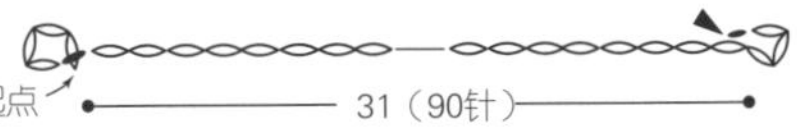

门松

稻草筒的侧面 5/0号针 自然色

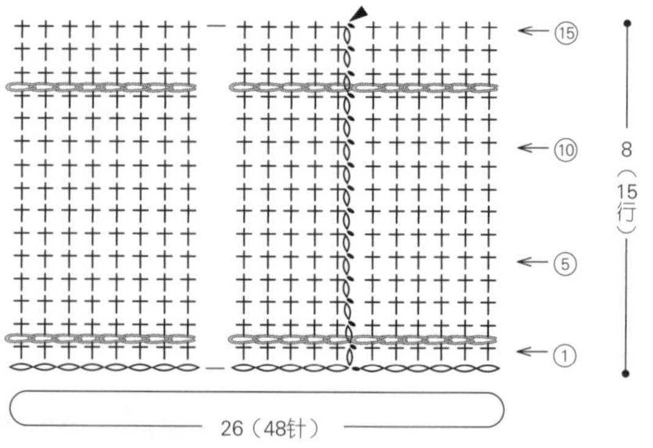

=完成后再在上面钩织引拔针（黑色）

► = 剪线

稻草筒的底部 5/0号针 自然色

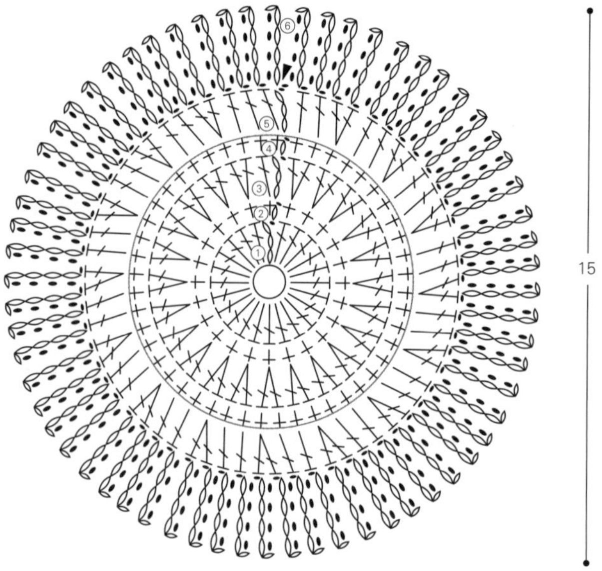

※钩织第5圈时，将已经钩好的侧面放在前面，在侧面起针时的锁针和第4圈针目的头部一起挑针钩织

梅花（大） 3/0号针

莓红色 2片，米白色 1片

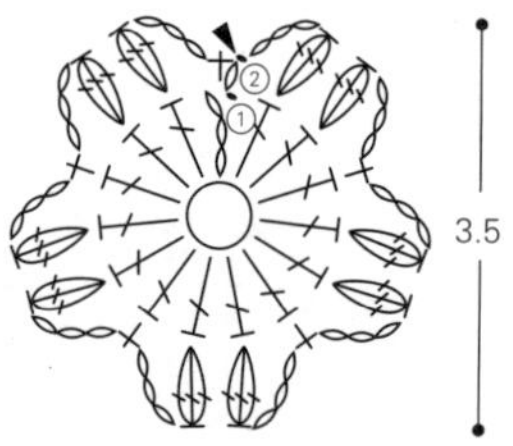

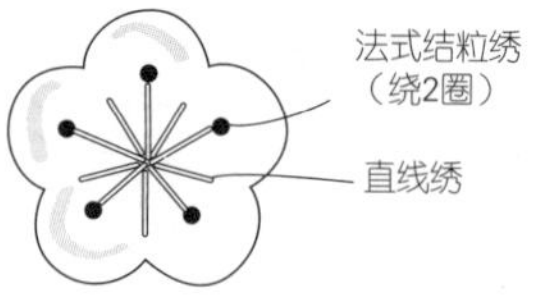

※用1股金色线刺绣

竹子内侧

7/0号针 黄绿色

短竹节2根，长竹节1根

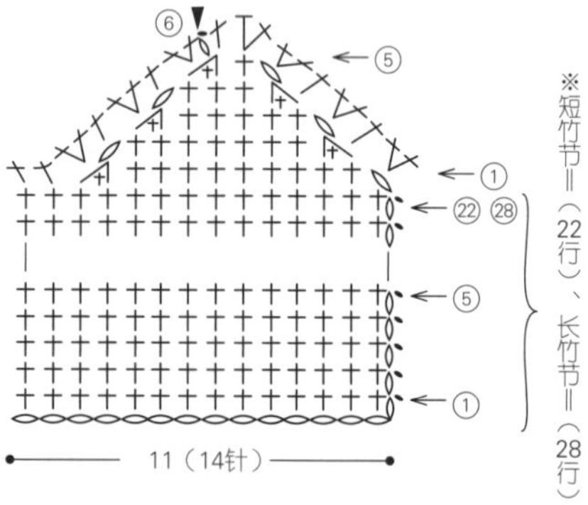

竹子外侧

7/0号针 绿色

短竹节2根，长竹节1根

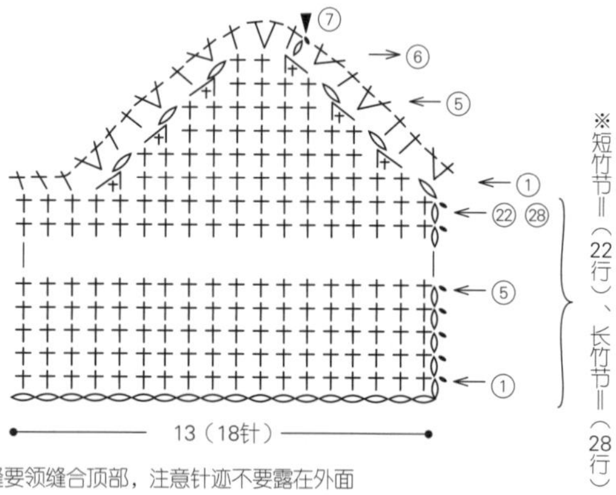

※将竹子的内侧塞入外侧，用手缝线按藏针缝要领缝合顶部，注意针迹不要露在外面

门松的组合方法

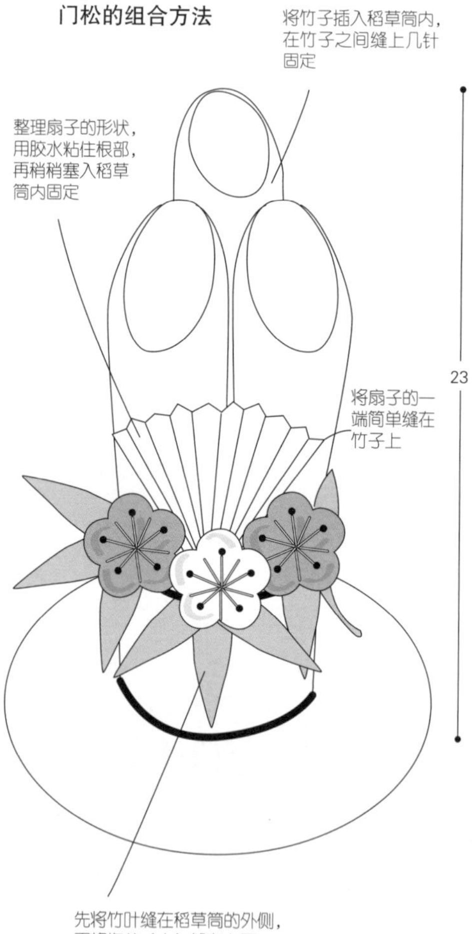

扇子 蕾丝钩针2号 金色

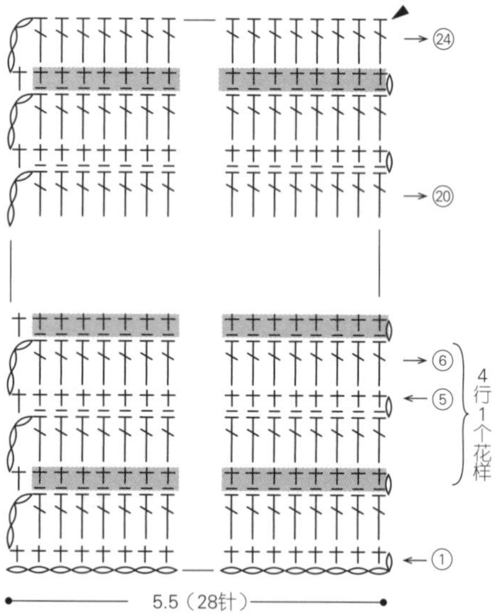

= 在前一行针目头部的后面1根线里挑针钩织短针的条纹针

= 在前一行针目头部的前面1根线里挑针钩织短针的条纹针

竹叶

3/0号针 嫩绿色 3片

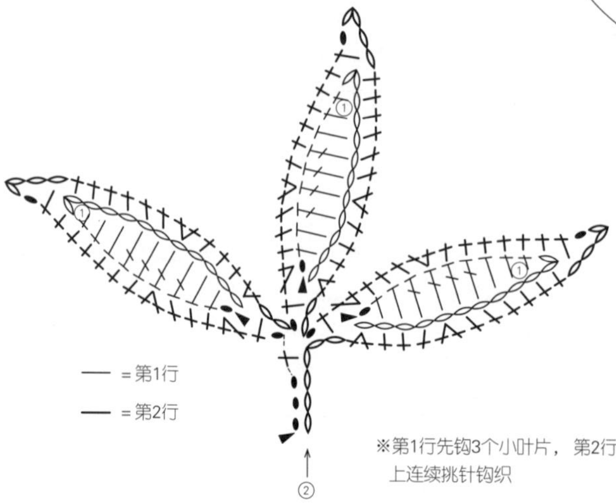

— =第1行

— =第2行

※第1行先钩3个小叶片，第2行从3个小叶片上连续挑针钩织

米袋的钩织方法见第130页▶

48 页的作品 ★★★

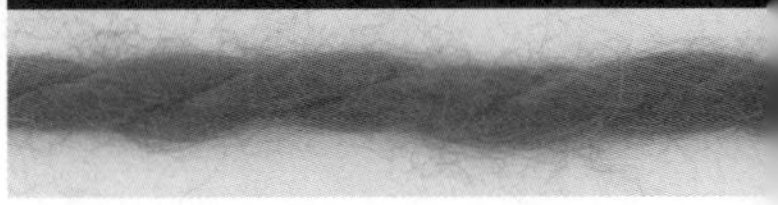

护耳帽

材料

AMANO MAMACHA 深粉色（8005 cantu）175g/2 枕

工具

棒针 10mm、8mm

成品尺寸

头围 49cm，帽深 21cm

编织密度

10cm×10cm 面积内：编织花样 A、B 均为 10 针，14 行

编织要点

●另线锁针起针后开始编织。参照图示，一边分散加针一边按编织花样 A 环形编织。编织 24 行后，按编织花样 B 继续编织 6 行，除了护耳部分，其他针目做下针织下针、上针织上针的伏针收针。继续编织护耳和帽绳。拆开起针时的锁针，穿线收紧帽顶。最后制作绒球，缝在指定位置。

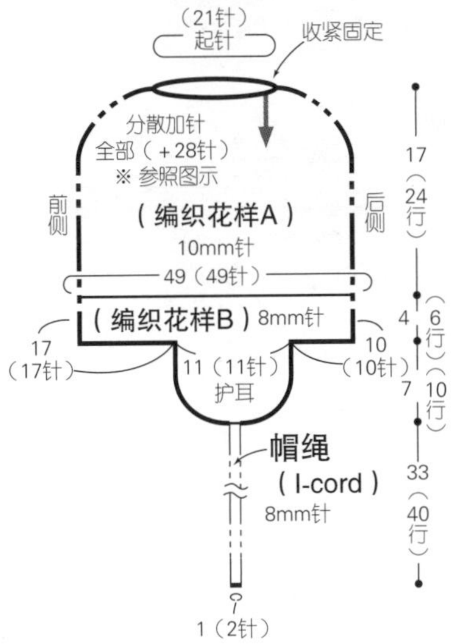

帽绳的编织方法

※ 使用双头直棒针编织
编织完第1行后将线头拉回编织起点，从相同方向编织第2行。重复以上操作，结束时穿线收紧

护耳帽的编织方法

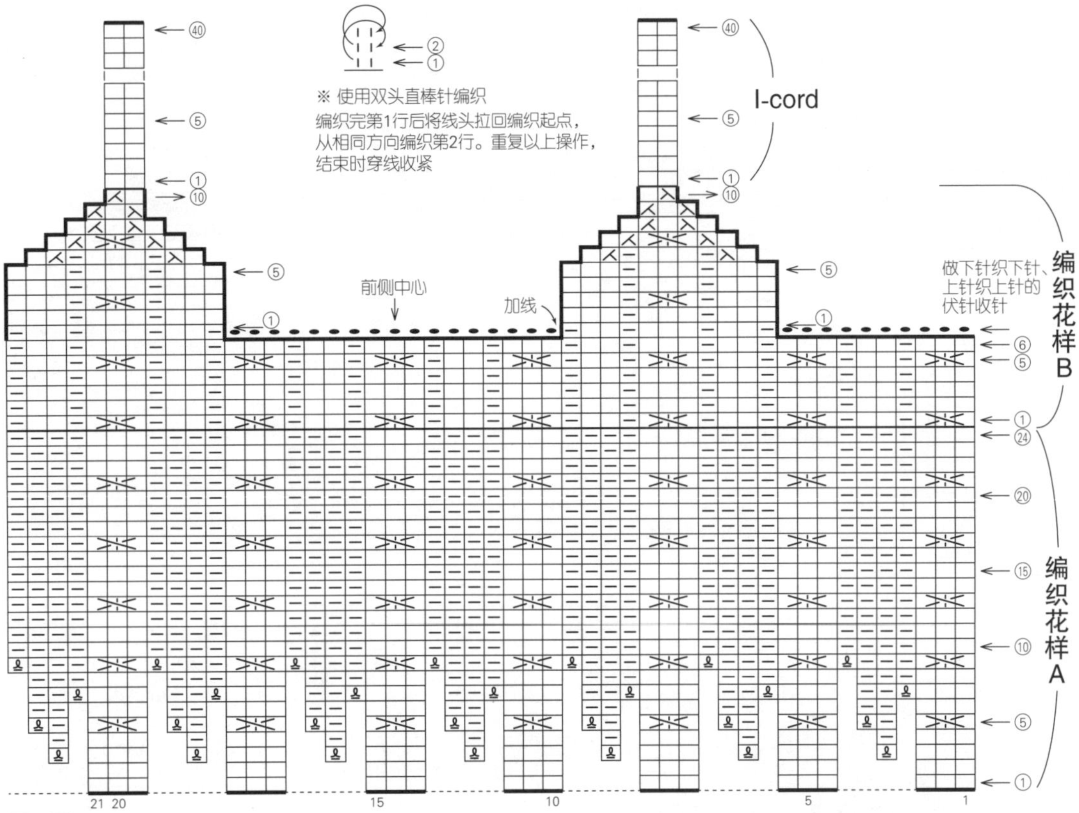

□ = ｜

Ձ = 上针的扭针加针

✕ = 右上1针交叉（中间1针下针）

※编织方法请参照第136页

组合方法

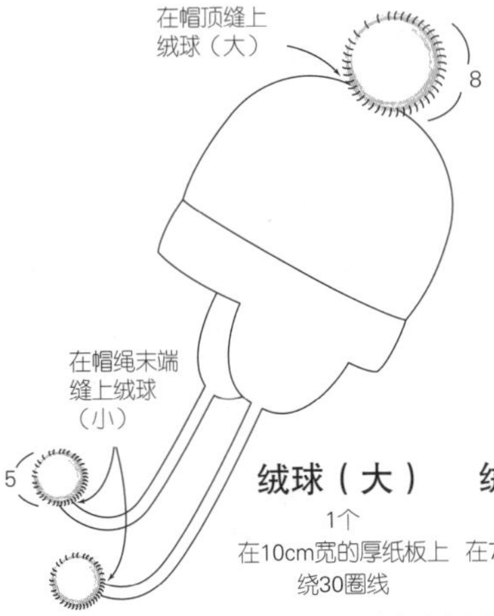

绒球（大）
1个
在10cm宽的厚纸板上绕30圈线

绒球（小）
2个
在7cm宽的厚纸板上绕20圈线

※绒球的制作方法请参照第97页

穿线收紧（针数较多时）

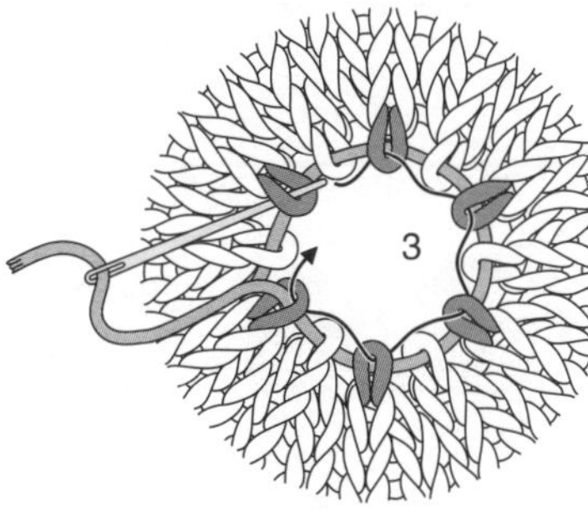

每隔1针穿1次线，穿2圈后收紧

编织花样的编织方法

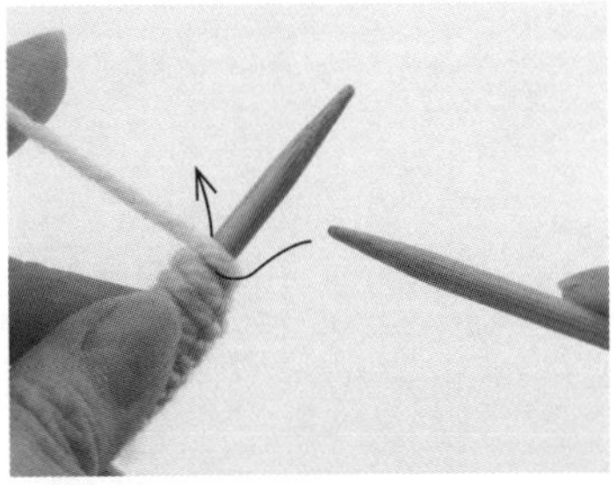

1 手指挂线起针后翻至反面，第2行的第1针编织下针。

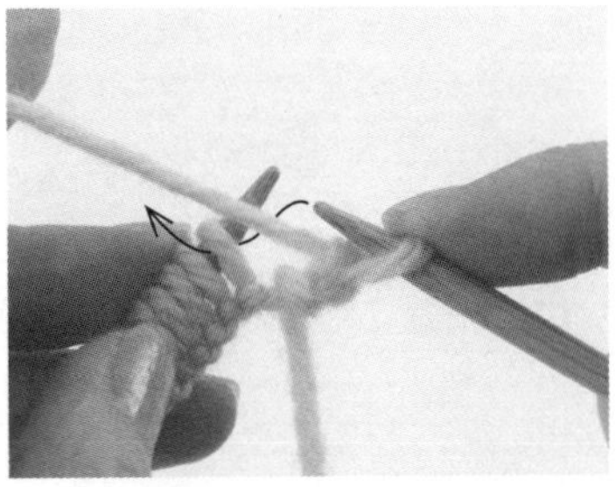

2 下一针将线放到前面滑过针目，即编织上针的浮针。

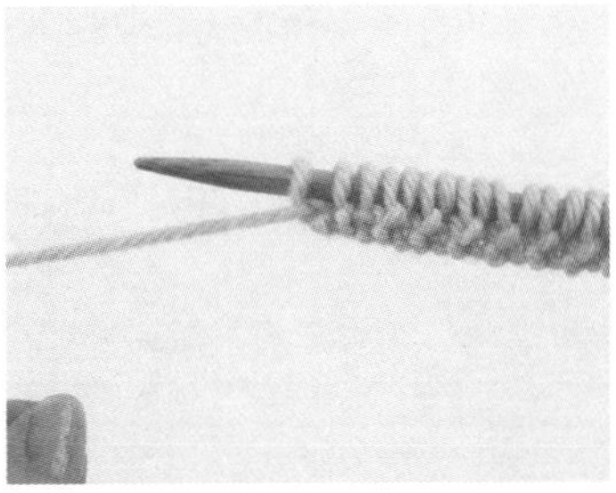

3 重复步骤1、2至行尾。

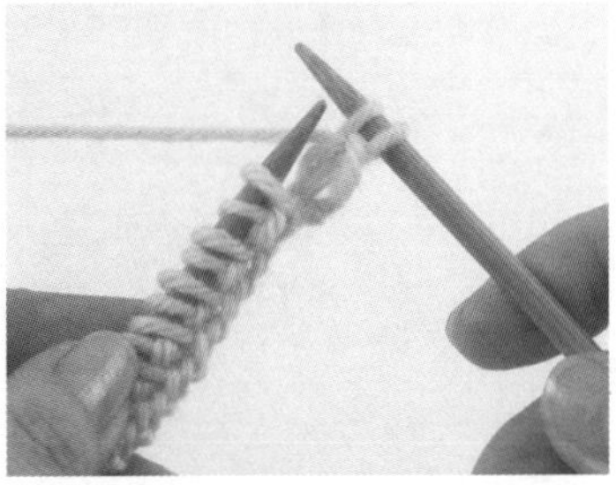

4 翻回正面，按与步骤1、2相同的要领重复编织下针和上针的浮针。每行按相同要领编织。

材料

AMANO MAYU 绿 色(2013 cool breeze) 100g/2 桄，灰色(2011 celestial) 45g/1 桄

工具

棒针8号，钩针7.5/0号(用于另线锁针)

成品尺寸

宽17cm，长82cm

编织密度

10cm×10cm面积内：编织花样37针，52行

编织要点

●参照第133页起针后按编织花样编织。编织穿入口时，在指定位置参照图示做伏针收针，用相同的线另外钩好锁针备用，后面2行就从钩好的锁针上挑针编织。编织结束时按与穿入口处相同的要领做伏针收针。

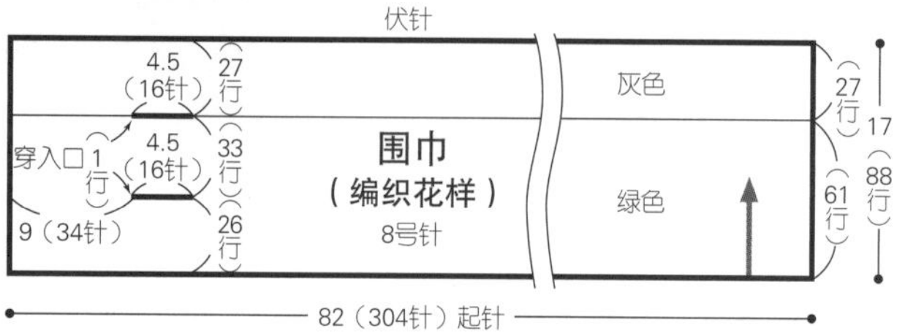

※编织花样的编织方法请参照第133页

编织花样

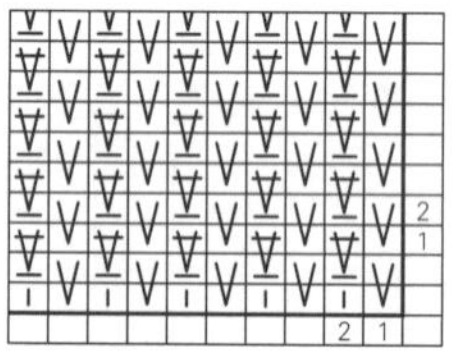

[V] = 滑针（1行的情况）
※ 从反面编织时，编织上针的浮针

[V̲] = 上针的浮针（1行的情况）

穿入口的编织方法

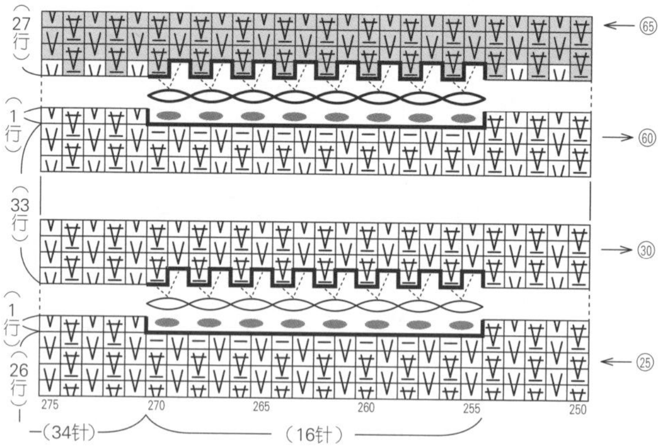

配色 { □、⬭ = 绿色；■、⬭ = 灰色 }

※⬬ = 参照下图

穿入口的编织方法

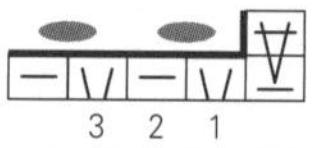

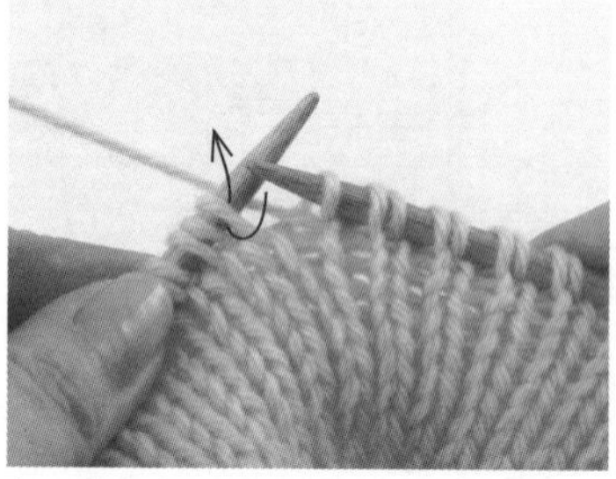

1 编织至穿入口处后，如箭头所示将针目1移至右棒针上。

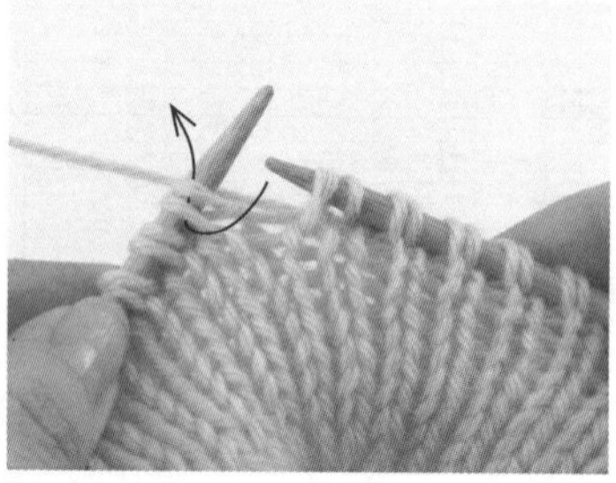

2 如箭头所示，在针目2和3里一起入针编织。

3 将针目1覆盖在刚才编织的针目上。

4 编织2针并1针并套收1次后的状态。再重复7次步骤2、3。

5 伏针收针结束后的状态。从上针的浮针开始继续编织。

6 预先用相同的线钩好锁针备用，下一行就从另线锁针上挑针。

7 从锁针的半针里挑取8针。

8 挑针结束后，下一针编织下针。

9 下一行从另线锁针剩下的半针里挑1针。

10 在步骤7挑取的针目里编织上针的浮针。

11 重复步骤9、10。

12 穿入口编织完成后的状态。

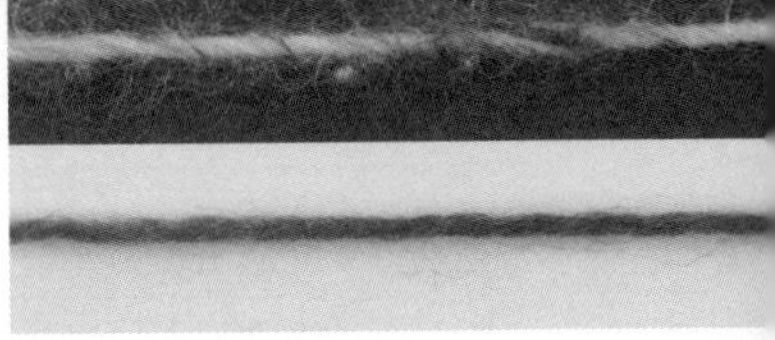

材料

Ski毛线 Ski World Selection Camino、Ski Tasmanian Polwarth色名、色号、使用量请参照图表

工具

棒针4号、6号，钩针7/0号、5/0号

成品尺寸

[S号] 胸围64cm，衣长92.5cm，连肩袖长69cm

[M号] 胸围68cm，衣长96cm，连肩袖长71cm

[L号] 胸围74cm，衣长101.5cm，连肩袖长74.5cm

[XL号] 胸围78cm，衣长105cm，连肩袖长77.5cm

编织密度

10cm×10cm面积内：编织花样A 31针，35行；下针编织18针，24行；编织花样B 20针，24行

编织要点

●身片、衣袖、育克…身片、衣袖手指起针，环形做编织花样A。袖下参照图示加针编织。腋下钩织引拔针接合。育克从身片和衣袖挑针，环形做编织花样A。参照图示减针编织。衣领编织单罗纹针。编织终点做单罗纹针收针。

●半身裙…裙腰起针方法和身片相同，编织4行编织花样A，注意要让起针松松的。然后将身片和裙腰重叠在一起挑针，一边分散加针，一边环形做下针编织和编织花样B。编织终点做伏针收针。编织腰带，缝在指定位置，完成。

M、S号

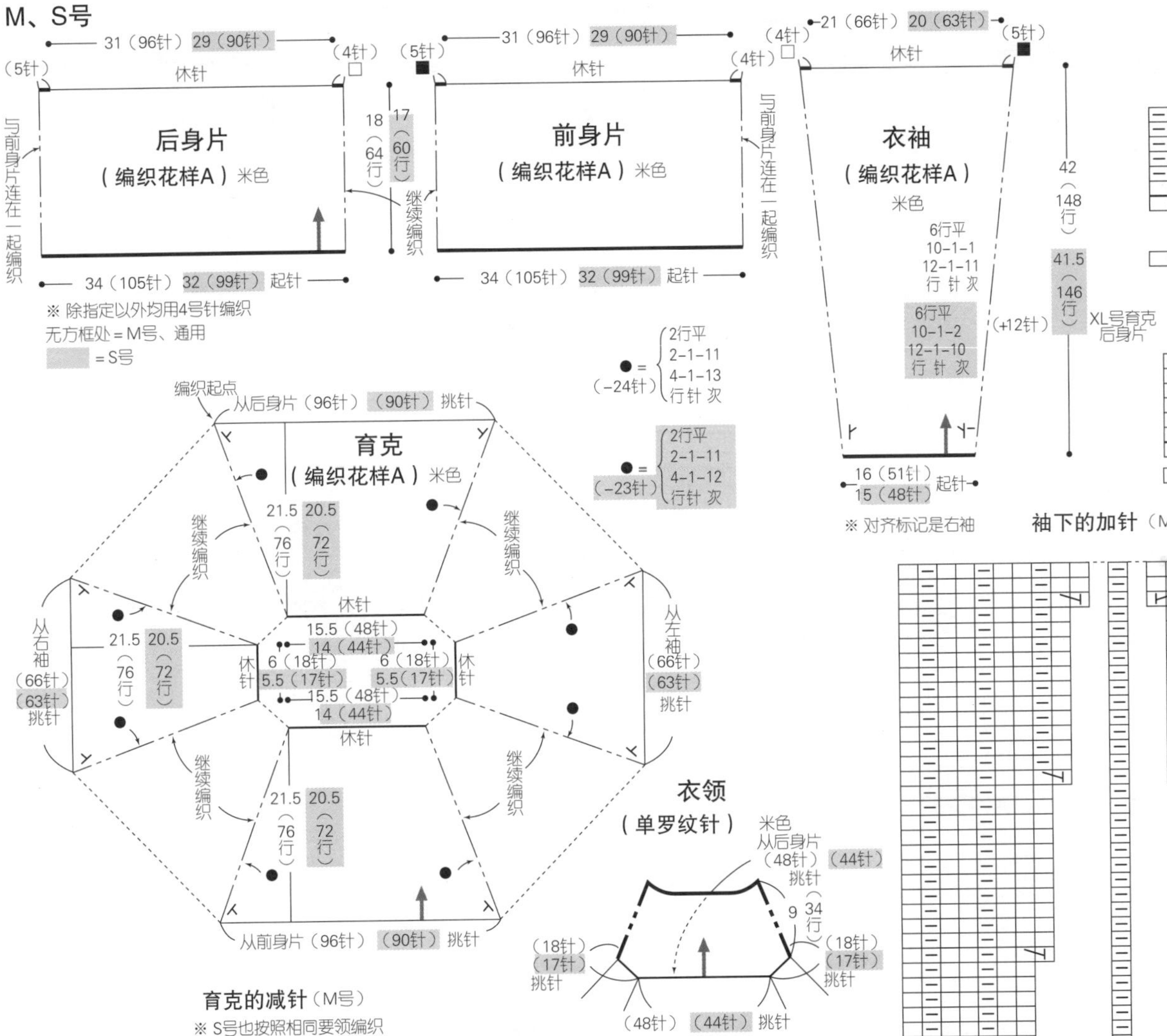

编织花样A

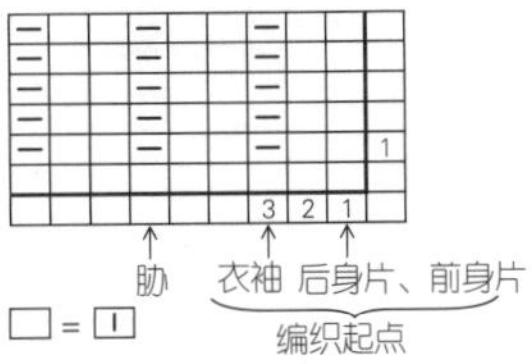

单罗纹针

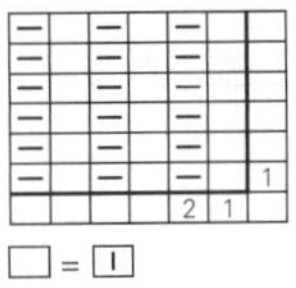

袖下的加针（M号）

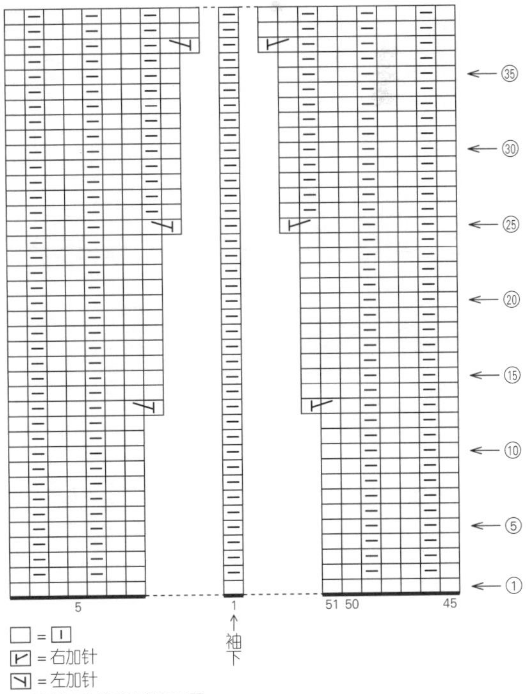

育克的减针（M号）

※ S号也按照相同要领编织

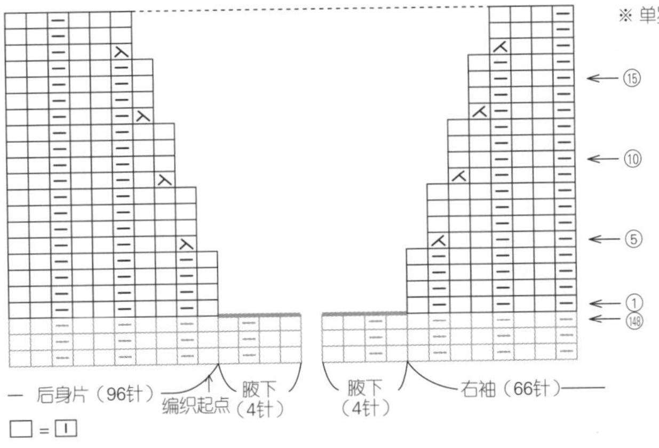

使用量一览表

	S号	M号	L号	XL号
Ski World Selection Camino 藏青色系（4008）	240g/6团	265g/7团	295g/8团	325g/9团
Ski Tasmanian Polwarth米色（7025）	230g/6团	250g/7团	285g/8团	320g/8团

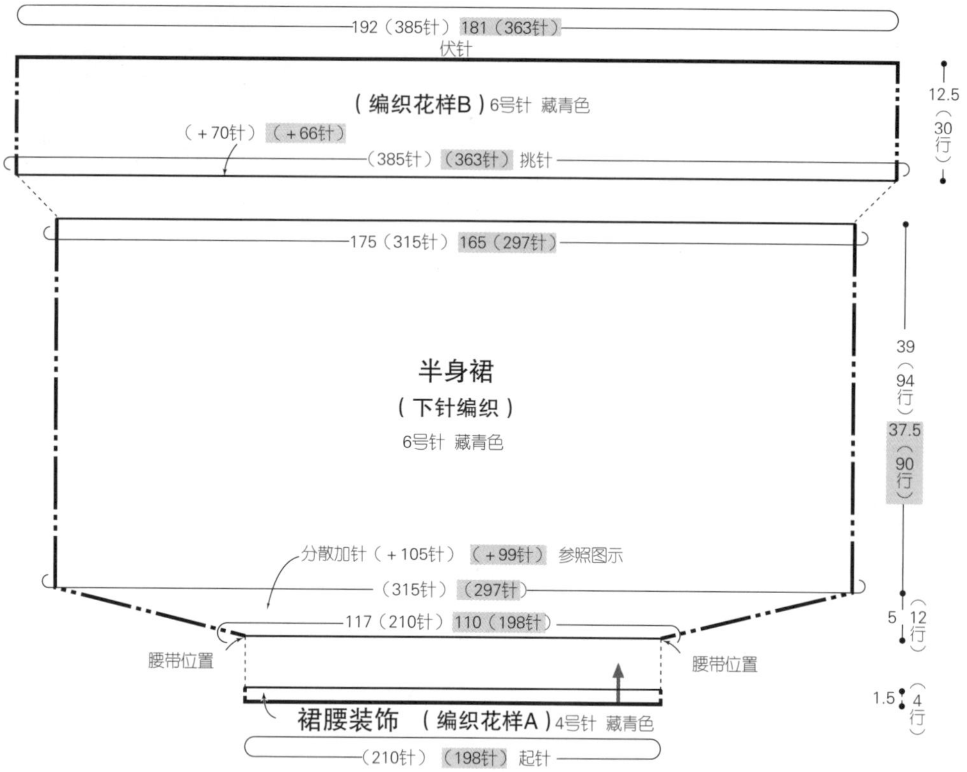

半身裙的分散加针

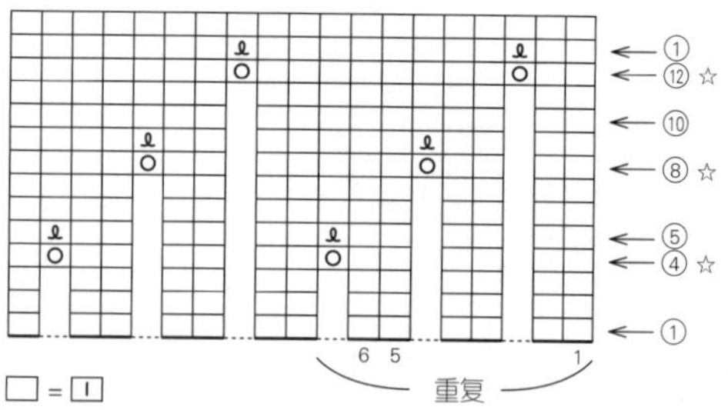

□ = ▯

☆ = S号（+33针） M号（+35针） L号（+38针） XL号（+41针）

※ 半身裙第1行将身片和裙腰内侧重叠，用4号针将裙腰和身片的下针2针一起编织，上针只有裙腰编织下针（身片的上针不编织）

腰带（双重锁针）

藏青色 2根

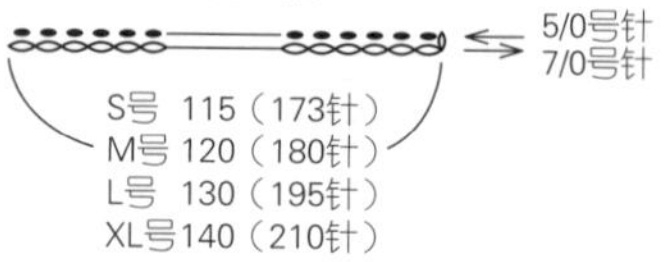

育克的减针（L号）

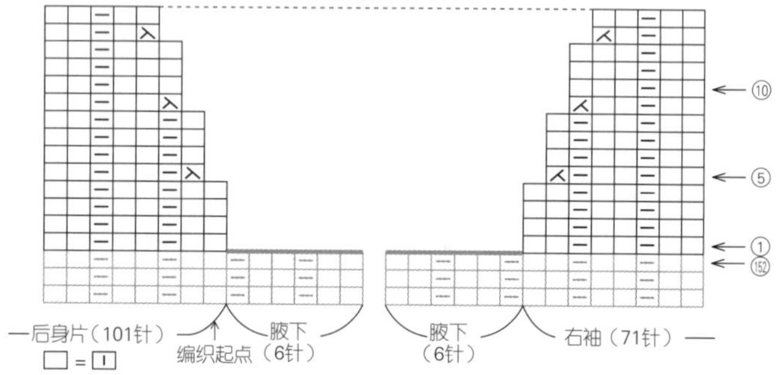

□ = ▯

育克的减针（XL号）

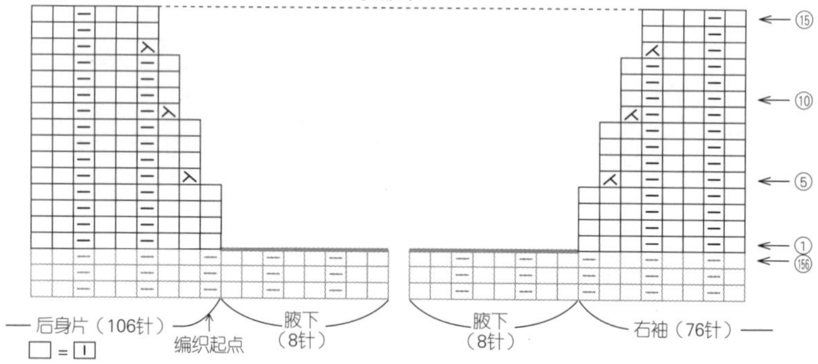

□ = ▯

编织花样B

※第30行编完最后一针后，回到左棒针，编织右上2针并1针的伏针收针

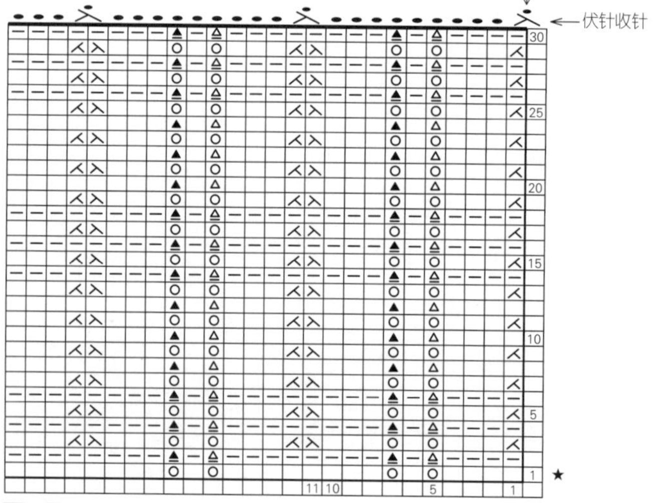

□ = ▯

△ = 右扭加针　　△ = 上针的右扭加针

▲ = 左扭加针　　▲ = 上针的左扭加针

※ 扭针方法请参照137页

★ = S号（+66针） M号（+70针） L号（+76针） XL号（+82针）

右上1针交叉（中间1针下针）

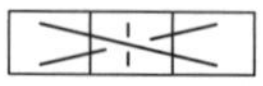

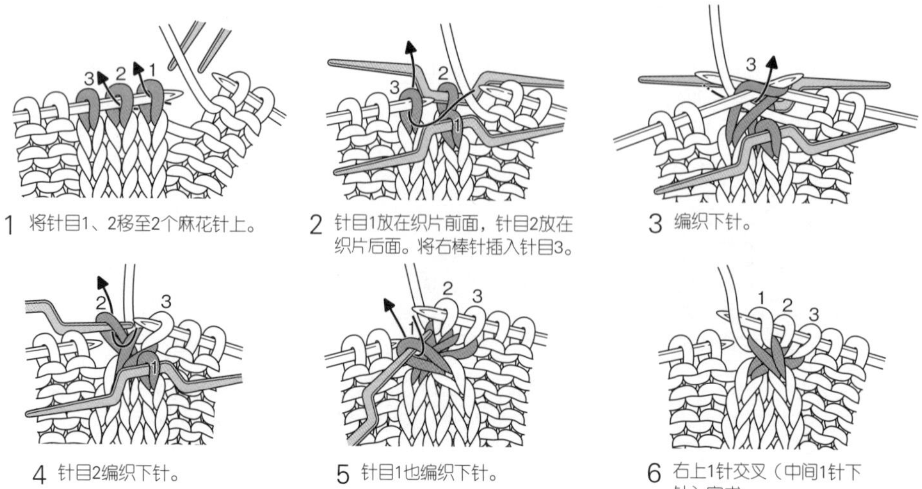

1 将针目1、2移至2个麻花针上。

2 针目1放在织片前面，针目2放在织片后面。将右棒针插入针目3。

3 编织下针。

4 针目2编织下针。

5 针目1也编织下针。

6 右上1针交叉（中间1针下针）完成。

L、XL号

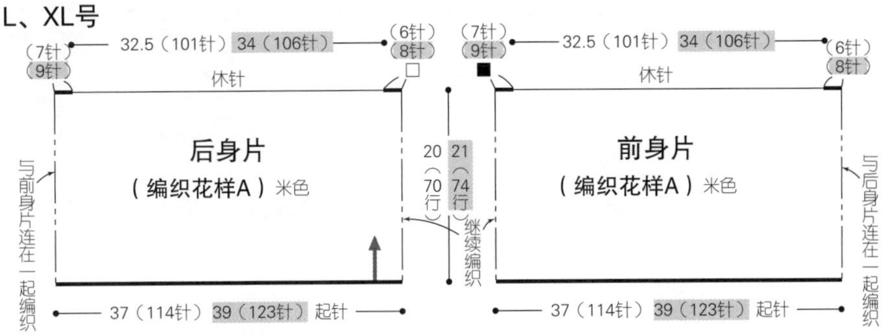

※ 除指定以外均用4号针编织
无方框处=L号、通用
▒ =XL号

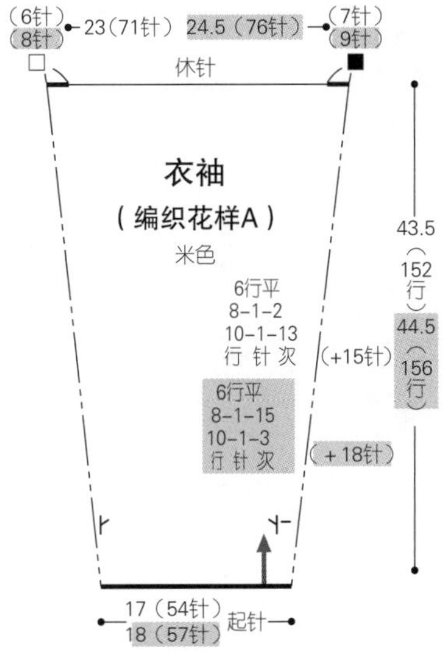

※ 对齐标记是右袖

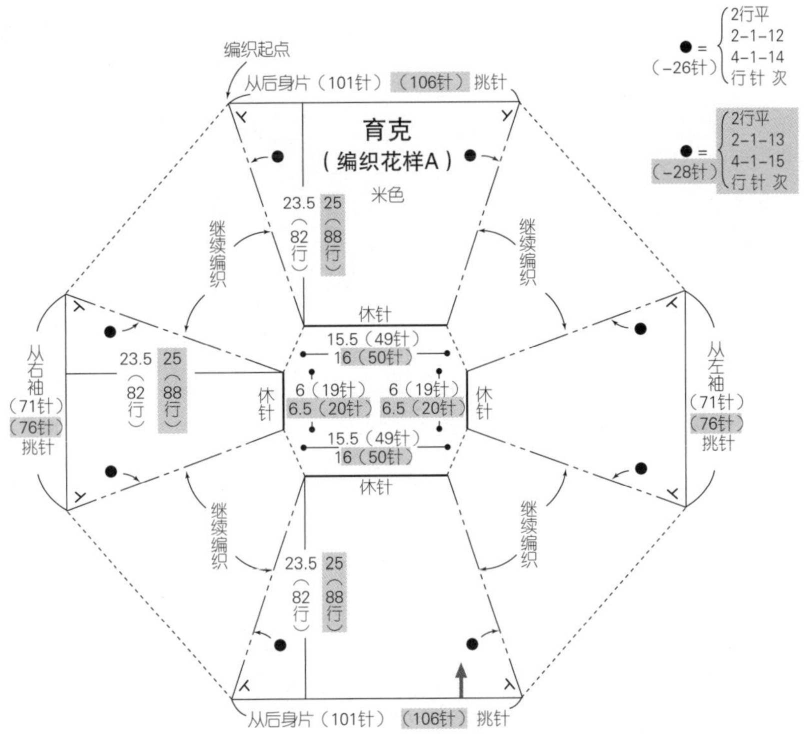

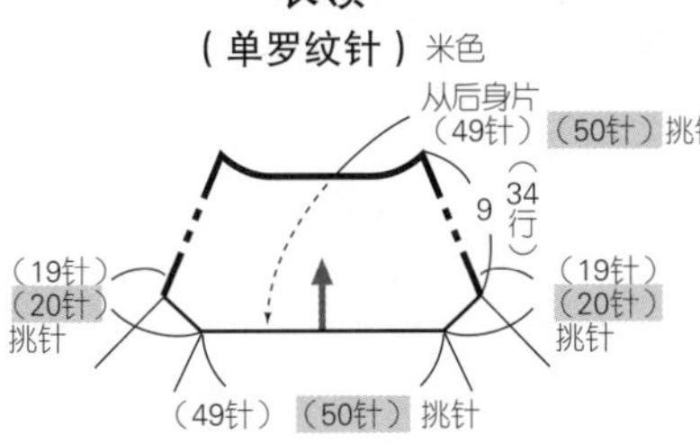

※ 单罗纹针收针的方法请参照第80页

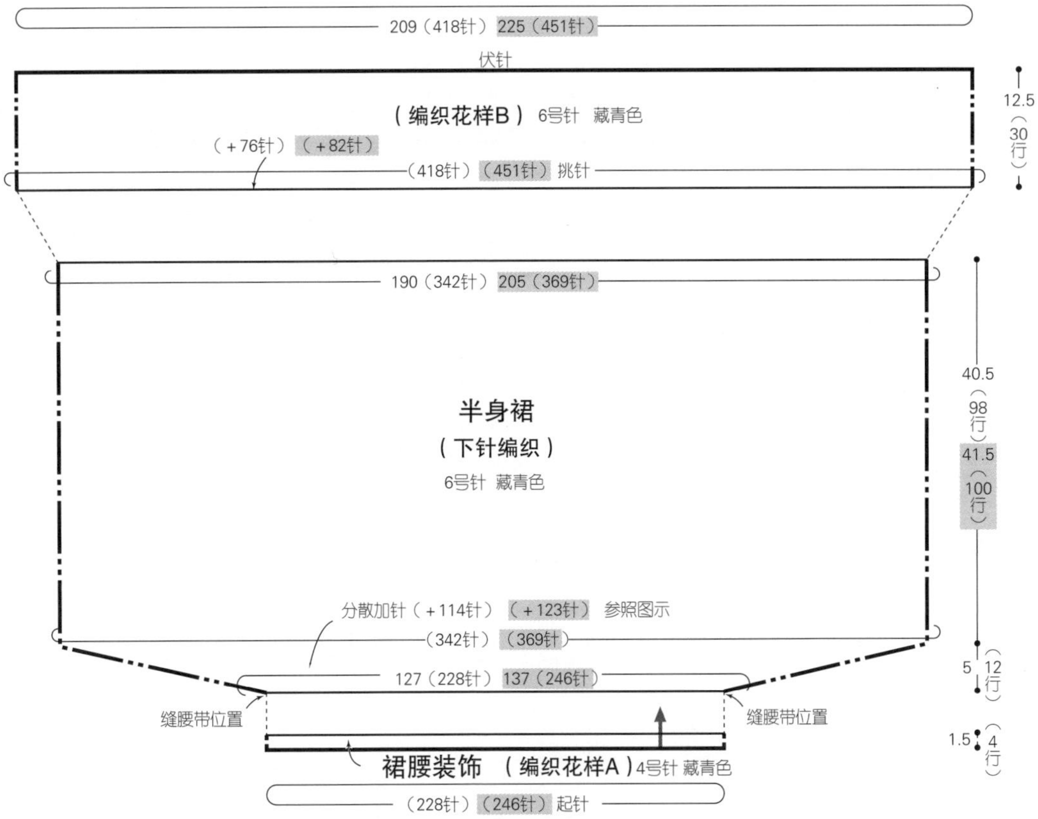

左、右扭加针

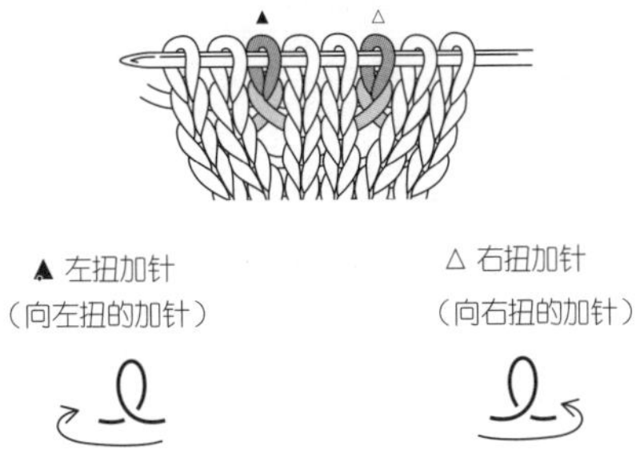

材料

达摩手编线 Wool Mohair 270g/14团

工具

棒针12号

成品尺寸

胸围102cm，衣长60cm，连肩袖长69.5cm

编织密度

10cm×10cm面积内：编织花样13针，18行

编织要点

●身片、衣袖…手指起针，编织单罗纹针、编织花样。减针时，2针及以上时做伏针减针，1针时立起侧边1针减针，前领窝参照图示编织。加针时，在1针内侧编织扭加针。编织花样由和挂针编织的2针并1针组成。如果因加减针导致针数不够的话，另一侧也不要编织。接着后身片、衣袖，衣领编织起伏针，编织终点做伏针收针。

●组合…插肩线、胁部、袖下使用毛线缝针做挑针缝合，腋下针目做下针的无缝缝合。腰带的编织起点和身片相同，编织单罗纹针。编织终点做伏针收针。

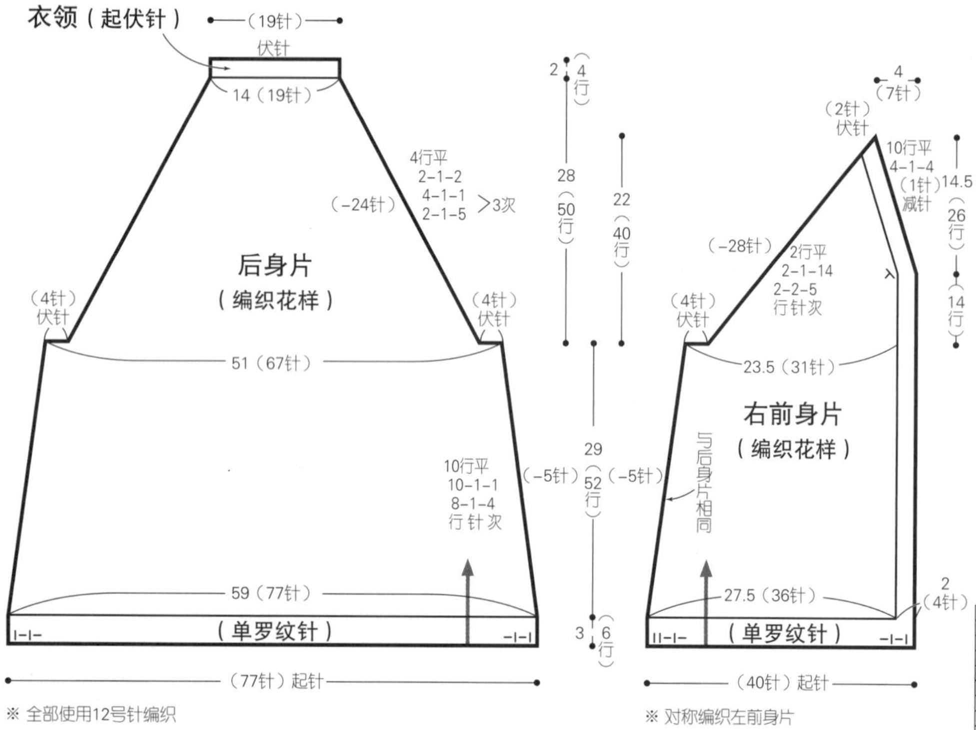

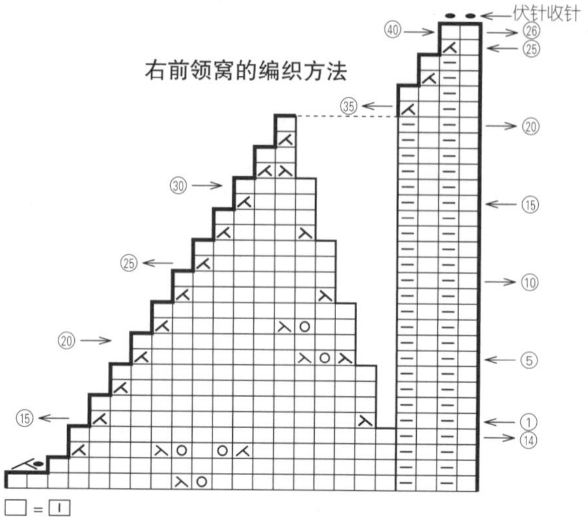

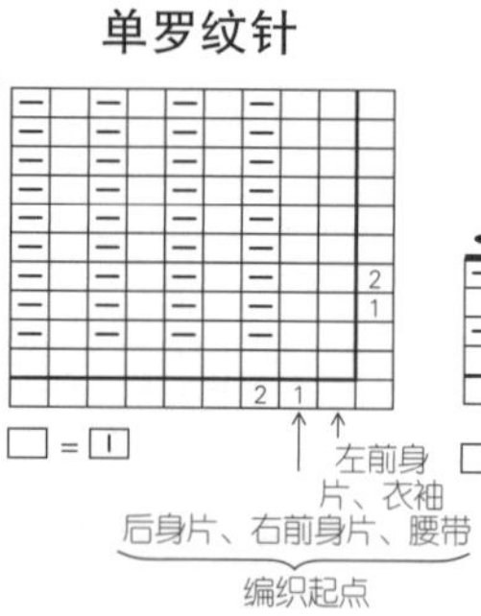

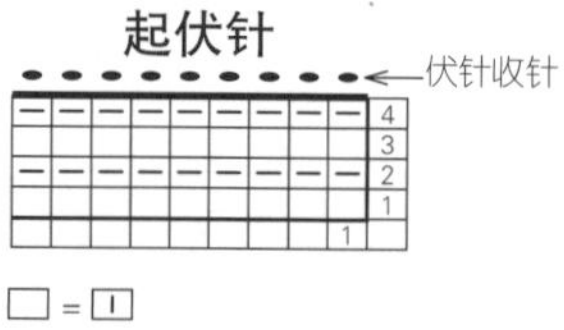

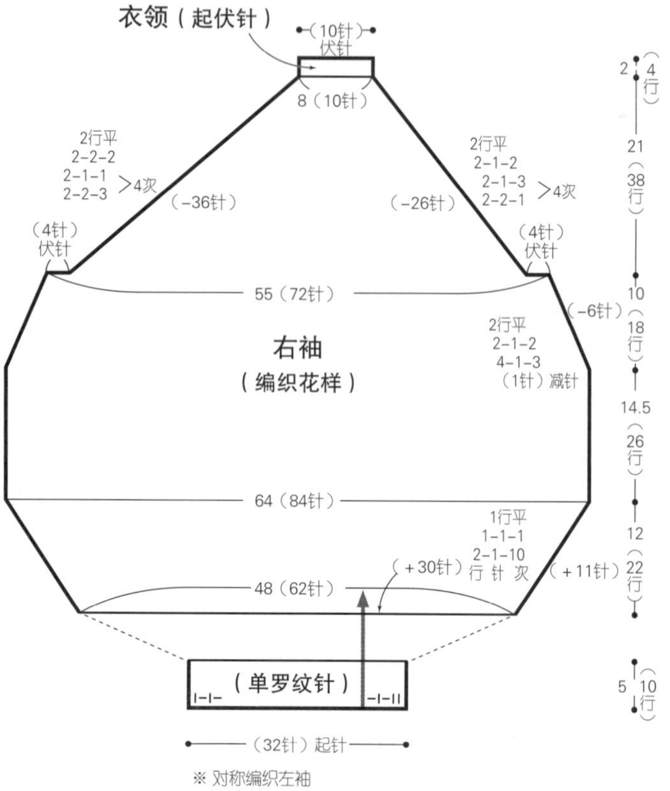

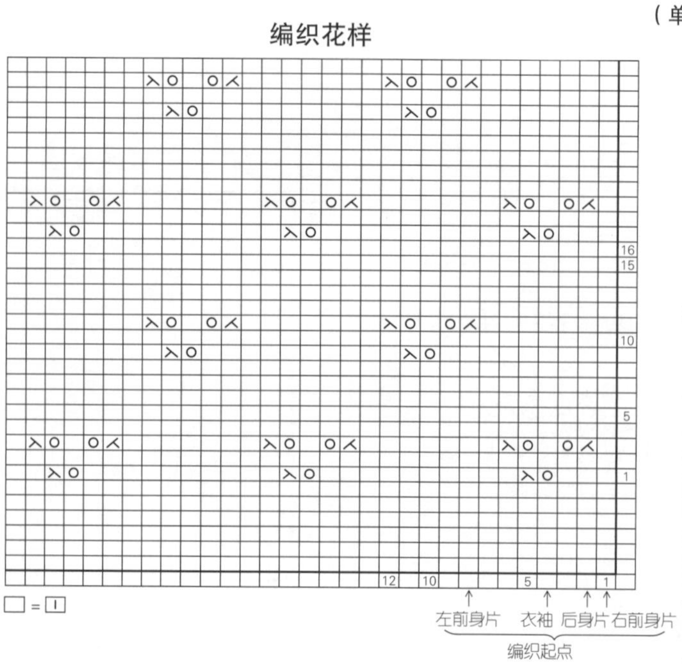

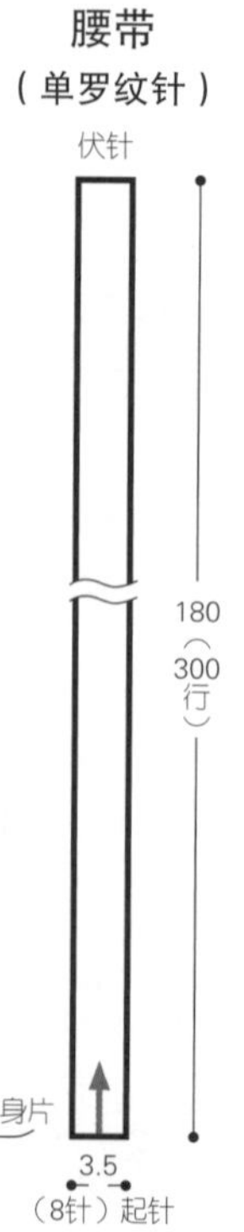

材料

[套头衫] 芭贝 艾罗依卡(32)灰蓝色(101) 445g/9团，浅灰蓝色(178) 195g/4团

[狗狗围脖] 芭贝 艾罗依卡(32)灰蓝色(101) 30g/1团，浅灰蓝色(178) 15g/1团

工具

棒针8号、6号，钩针6/0号

成品尺寸

[套头衫] 胸围104cm，肩宽41cm，衣长56.5cm，袖长56.5cm

[狗狗围脖] 宽30cm，长17cm（不含细绳）

编织密度

10cm×10cm面积内：下针编织17.5针，23行；编织花样A 22.5针，23行；编织花样B 22针，23行；起伏针条纹16针，31.5行

编织要点

●套头衫…另线锁针起针，身片做下针编织和编织花样A，衣袖做下针编织和编织花样B。减针时，2针及以上时做伏针减针，1针时立起侧边1针减针。领窝1针交叉的部分要一边交叉，一边做伏针收针。袖下加针时，在1针内侧编织扭加针。下摆、袖口拆开锁针起针挑针，编织双罗纹针。编织终点做双罗纹针收针。肩部做盖针接合，胁部、袖下使用毛线缝针做挑针缝合。衣领环形编织双罗纹针，编织终点和下摆的处理方法相同。衣袖和身片做引拔接合。

●狗狗围脖…主体做孔斯特起针，一边加针，一边编织起伏针条纹。编织终点松松地做伏针收针。细绳从锁针起针和主体挑针，钩织短针。

套头衫

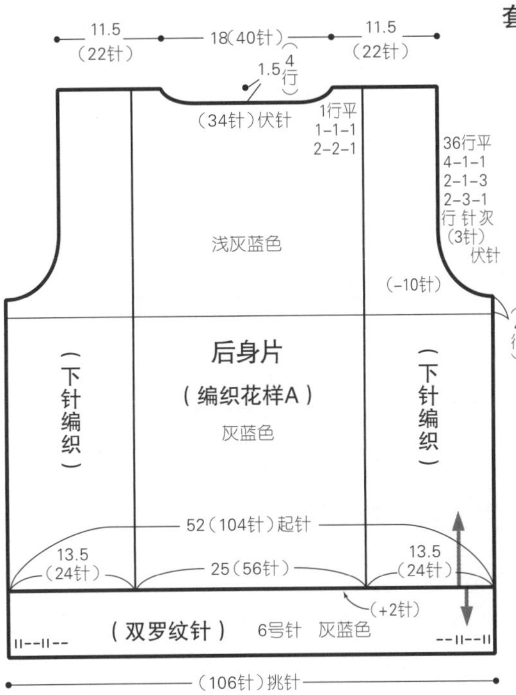

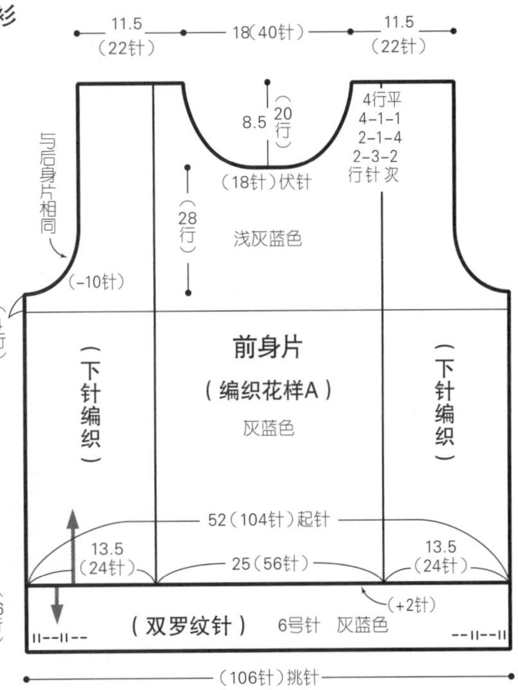

※ 除指定以外均用8号针编织

※ 双罗纹针收针的方法请参照第103页

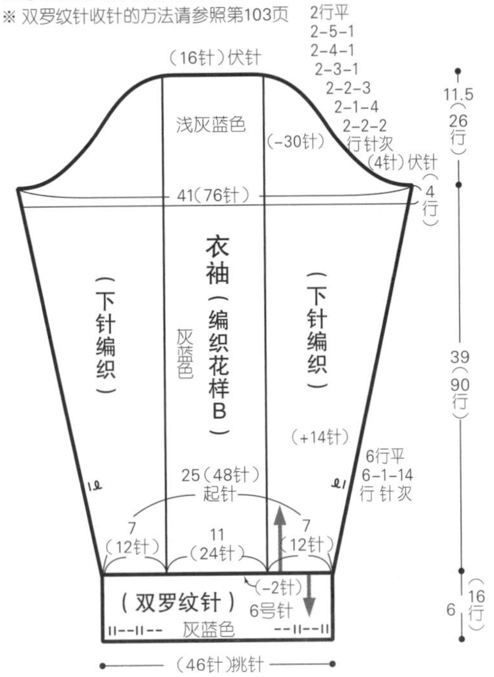

衣领（双罗纹针）

6号针 灰蓝色

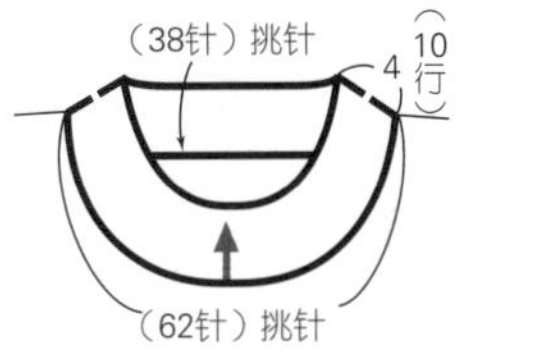

※ 后领窝用浅灰蓝色线（38针）钩织引拔针，挑取衣领的针目

双罗纹针

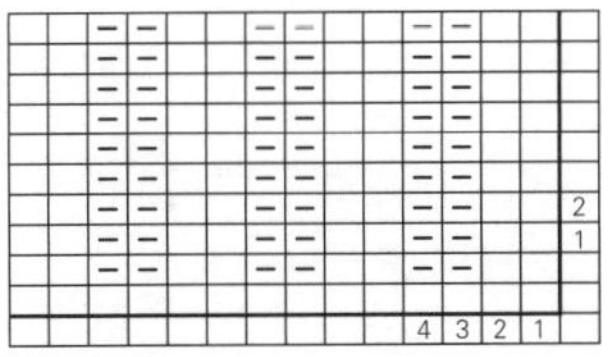

□ = Ⅰ

编织花样B

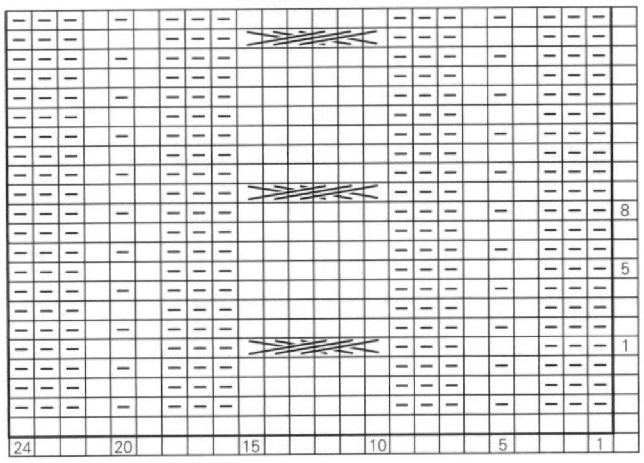

□ = Ⅰ

袖山的编织方法

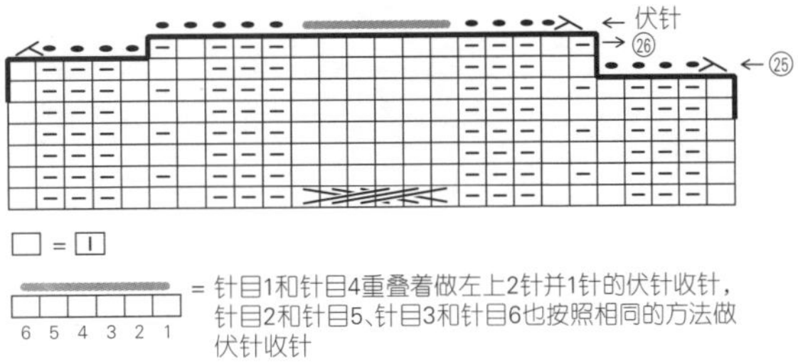

□ = Ⅰ

= 针目1和针目4重叠着做左上2针并1针的伏针收针，针目2和针目5、针目3和针目6也按照相同的方法做伏针收针

编织花样A

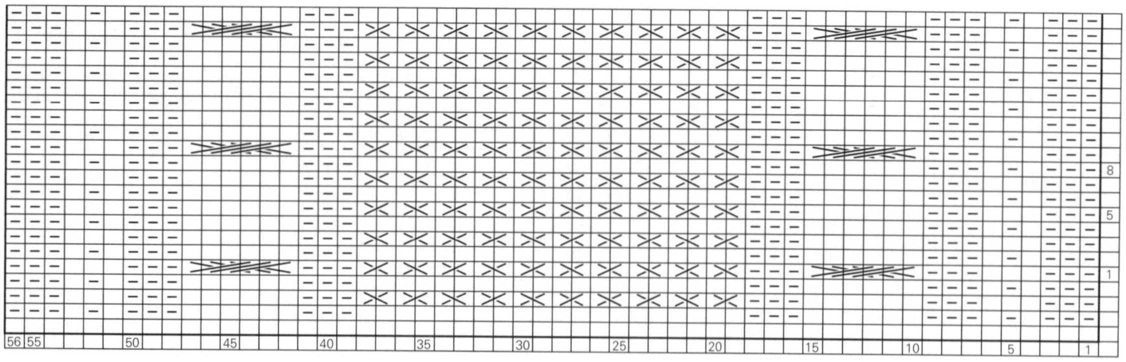

狗狗围脖

主体（起伏针条纹）8号针

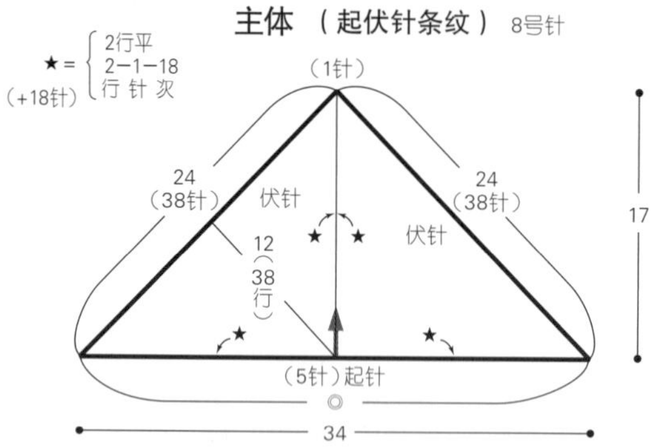

细绳（短针）

6/0号针 灰蓝色

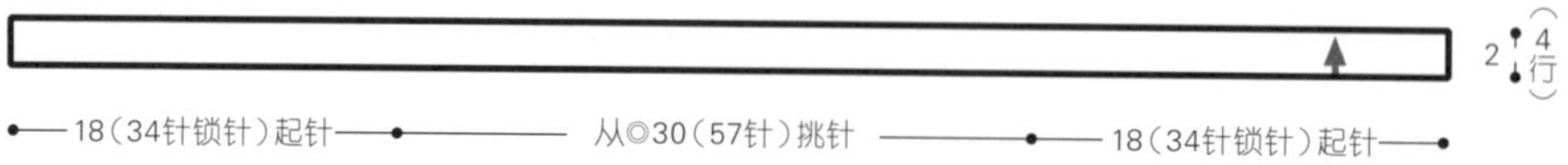

短针（细绳）

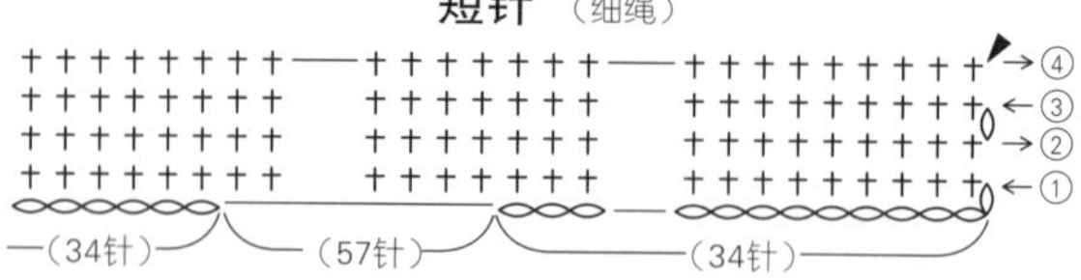

起伏针条纹（主体）

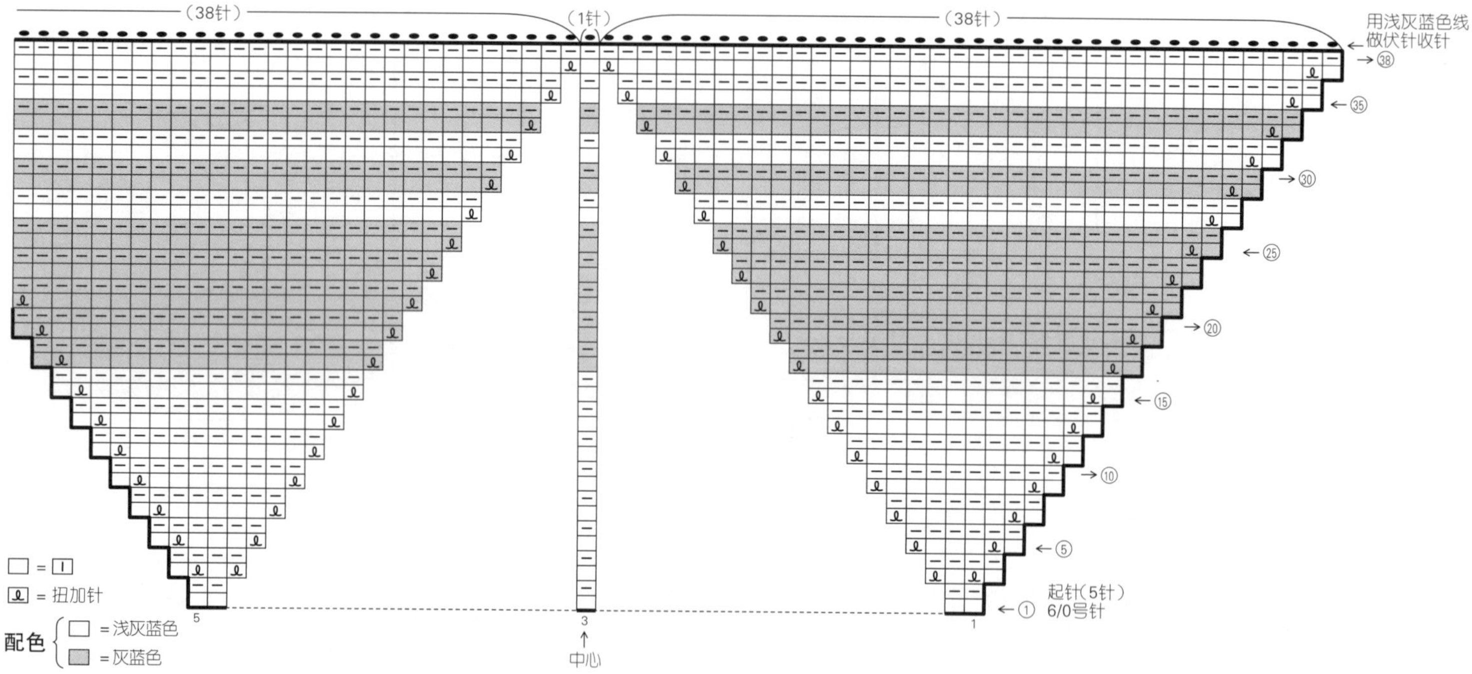

孔斯特起针

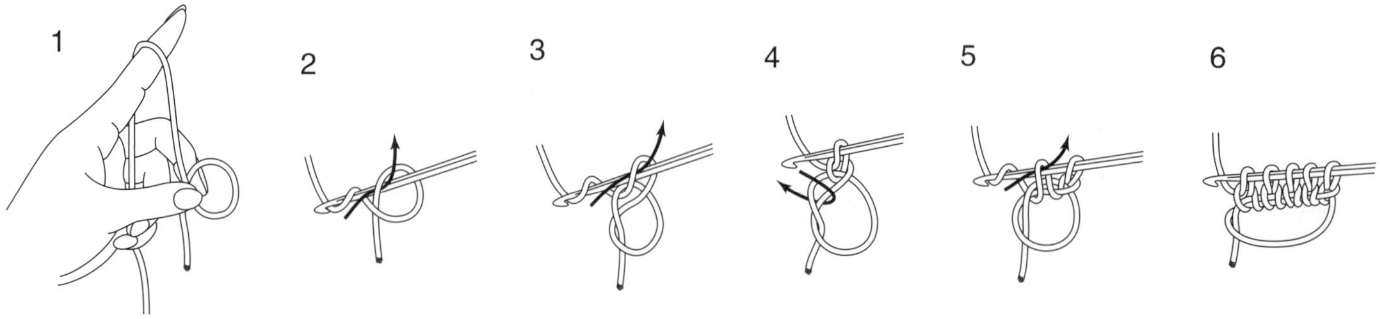

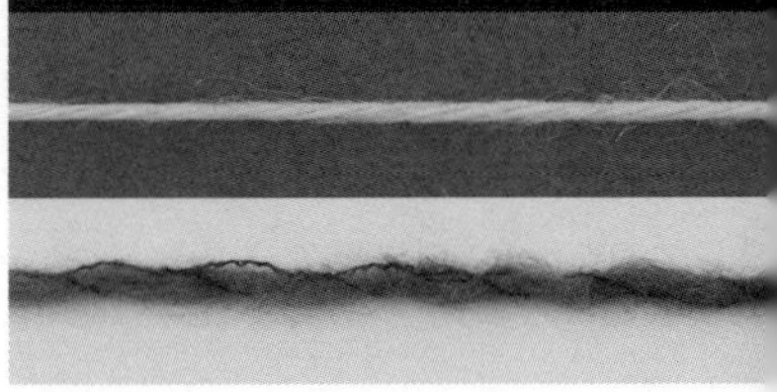

材料

钻石线 DIA Lana Mohair 藏青色(6514) 465g/16团；钻石线DIA Reina 橙色系段染(9604) 230g/8团

工具

棒针5号，钩针5/0号、6/0号

成品尺寸

胸围92cm，肩宽35cm，衣长89cm，袖长42cm

编织密度

10cm×10cm面积内：配色花样28.5针，31行；编织花样1个花样12针4.2cm，9.5行10cm

编织要点

●身片、衣袖…身片用藏青色线手指起针，剪线，然后编织配色花样。用横向渡线编织配色花样的方法编织。减针时，2针及以上时做伏针减针，1针时立起侧边1针减针。衣袖钩织锁针起针，做编织花样。参照图示减针编织。

●组合…肩部做盖针接合，胁部使用毛线缝针做挑针缝合，袖下钩织引拔针和锁针接合。前下摆编织4行边缘编织A后剪线。后下摆按照相同方法编织，然后用边缘编织B将后下摆、开衩周围、前下摆连在一起环形编织1行。衣领挑取指定的针数，环形编织边缘编织C，前衣领的弯曲部分有不一样的地方，参照图示编织。袖口调整编织密度，环形做边缘编织D。衣袖和身片做引拔接合。

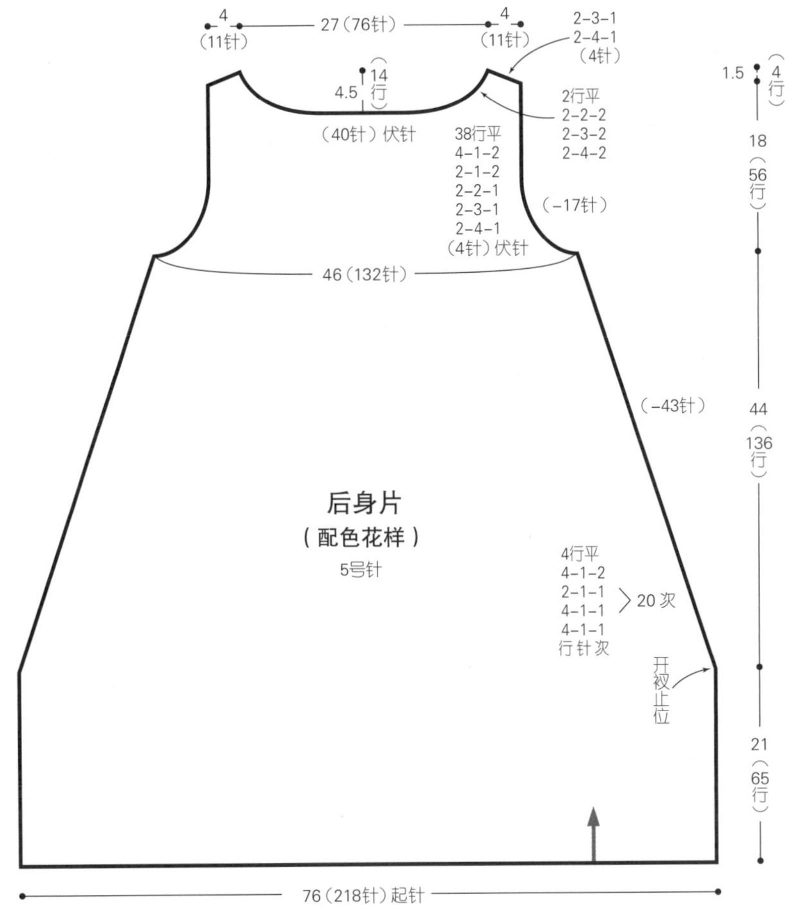

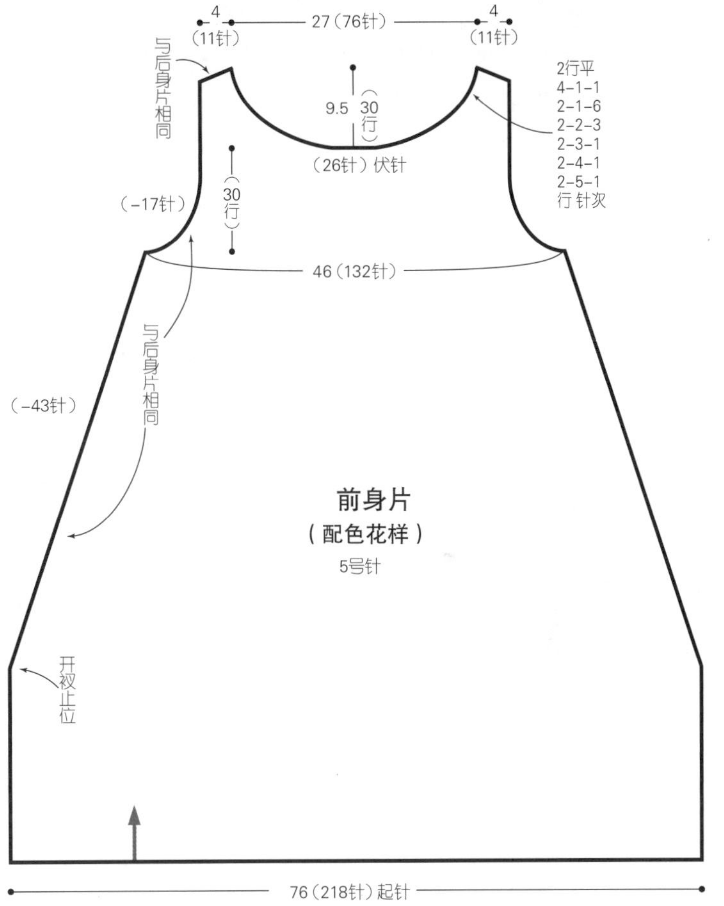

※ 除指定以外均用藏青色线编织

※ 横向渡线编织配色花样的方法请参照第91页

配色花样

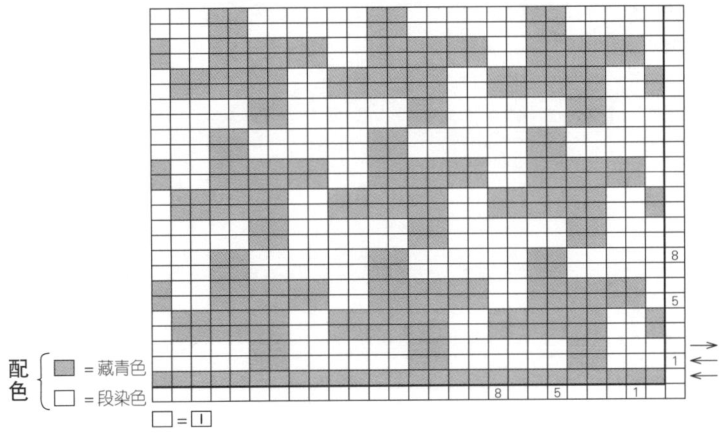

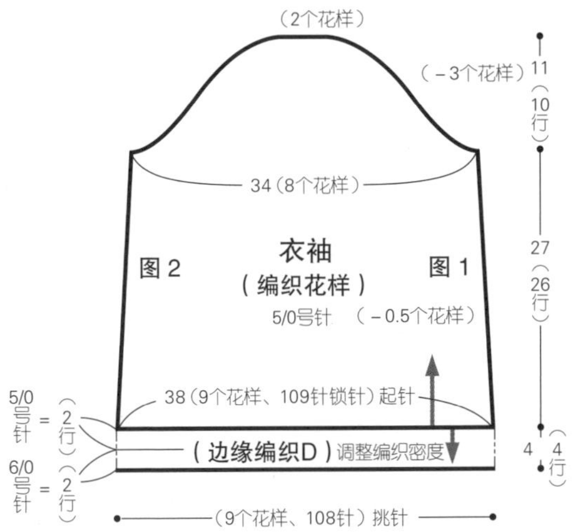

编织花样

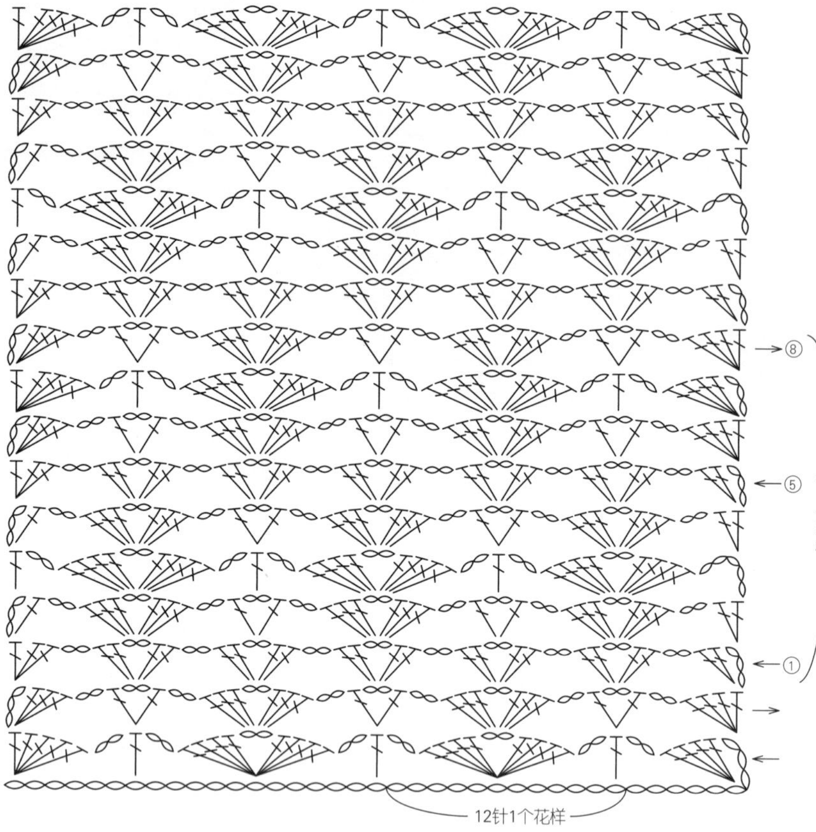

衣领（边缘编织C）5/0号针

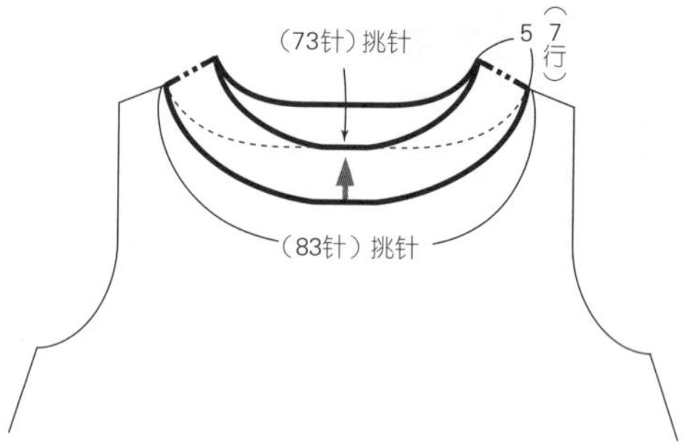

边缘编织 C（衣领）

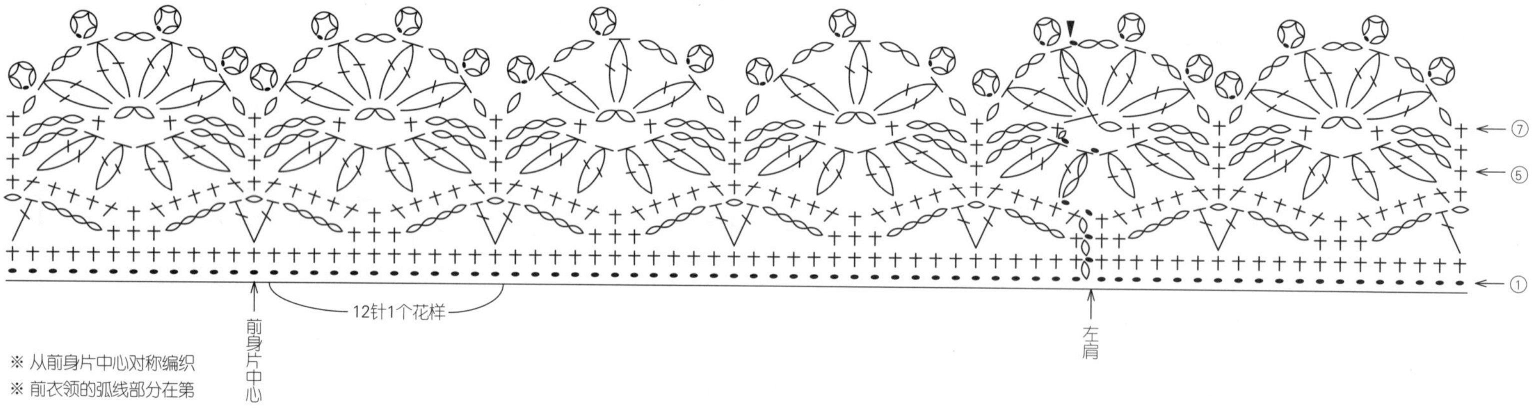

※ 从前身片中心对称编织
※ 前衣领的弧线部分在第7行有不一样的地方

边缘编织 D（袖口）

► = 剪线

图 2
袖下

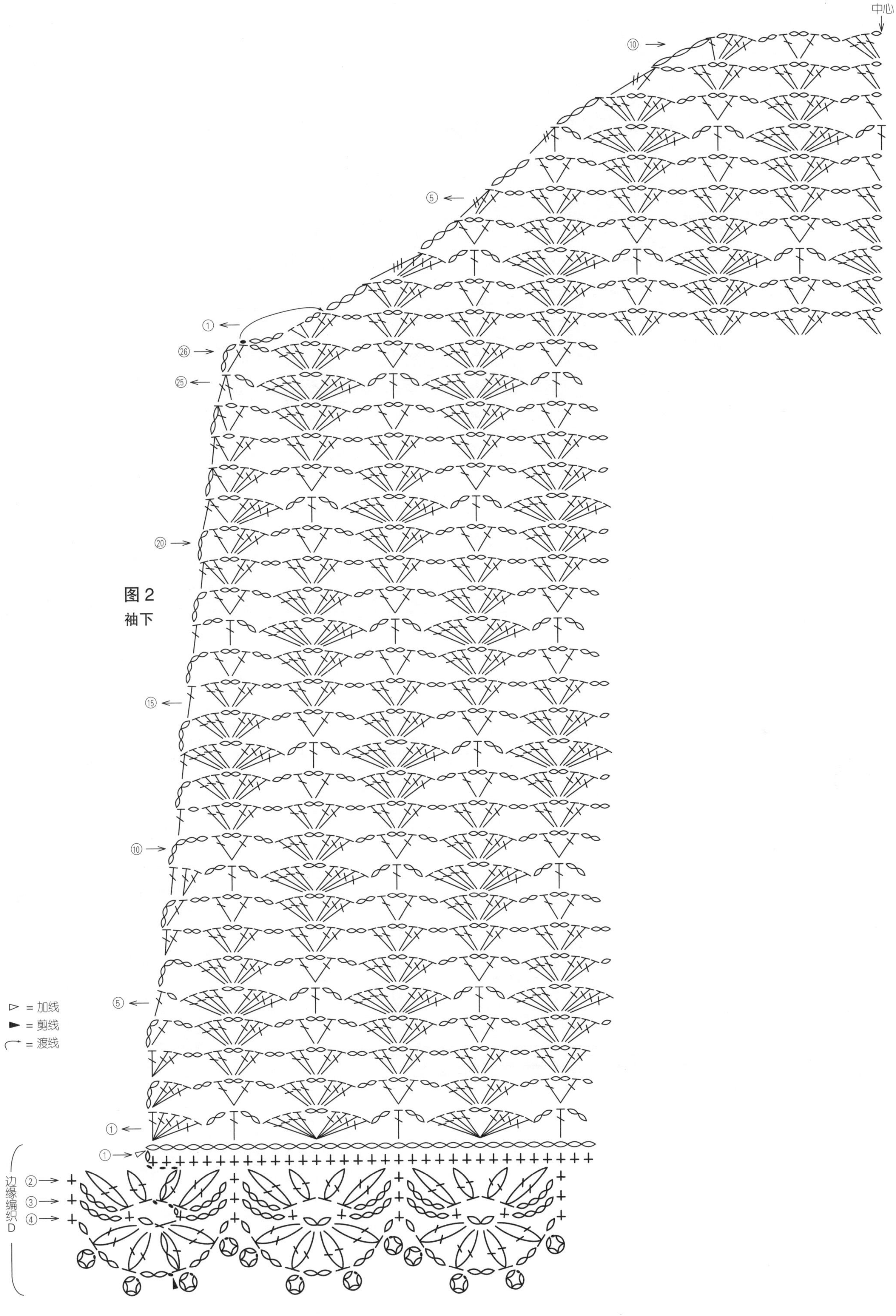

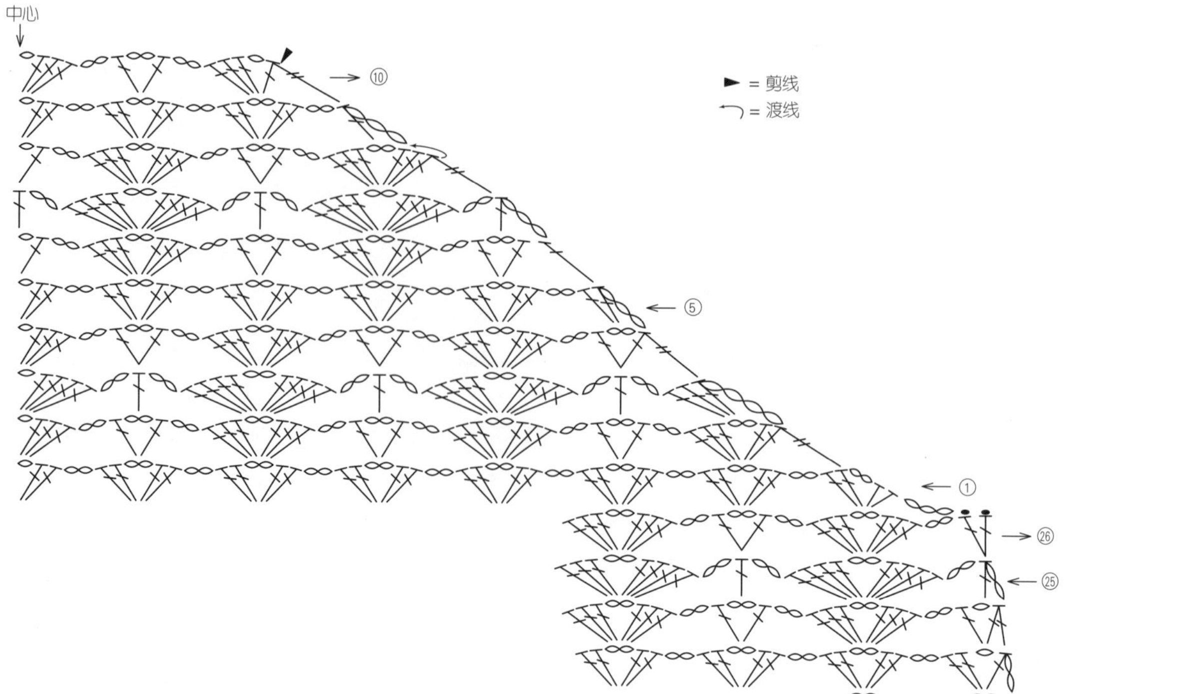
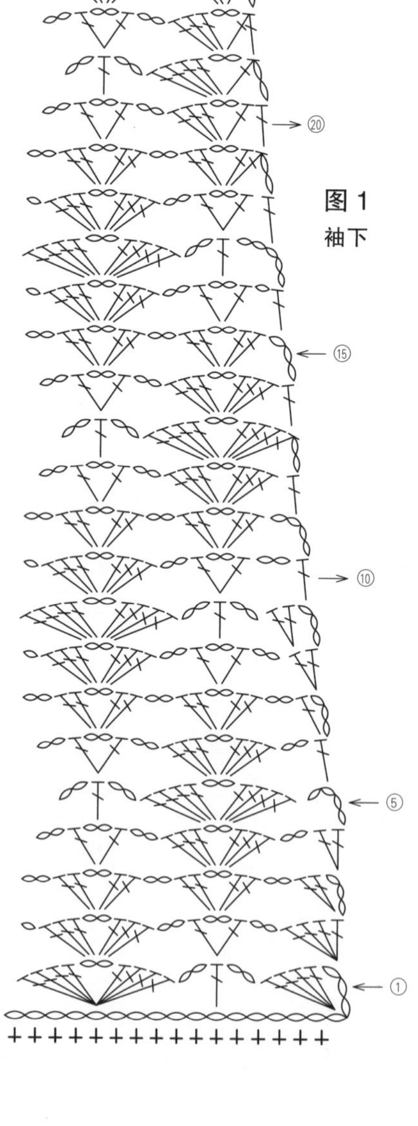
中心
⑩
⑤
①
㉖
㉕
⑳
⑮
⑩
⑤
①
► = 剪线
⌒ = 渡线

图 1
袖下

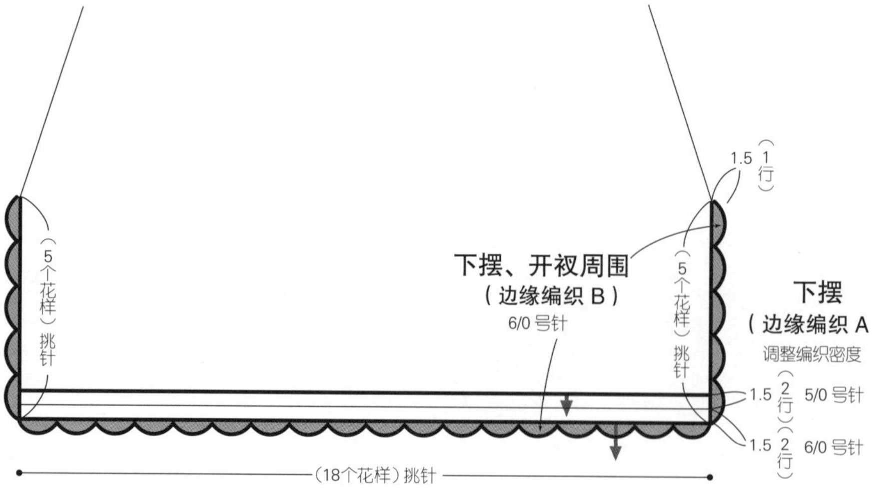
1.5（1行）
（5个花样）挑针
（5个花样）挑针
下摆、开衩周围
（边缘编织 B）
6/0 号针
下摆
（边缘编织 A）
调整编织密度
1.5（2行）5/0 号针
1.5（2行）6/0 号针
（18个花样）挑针

下摆、开衩周围的编织方法

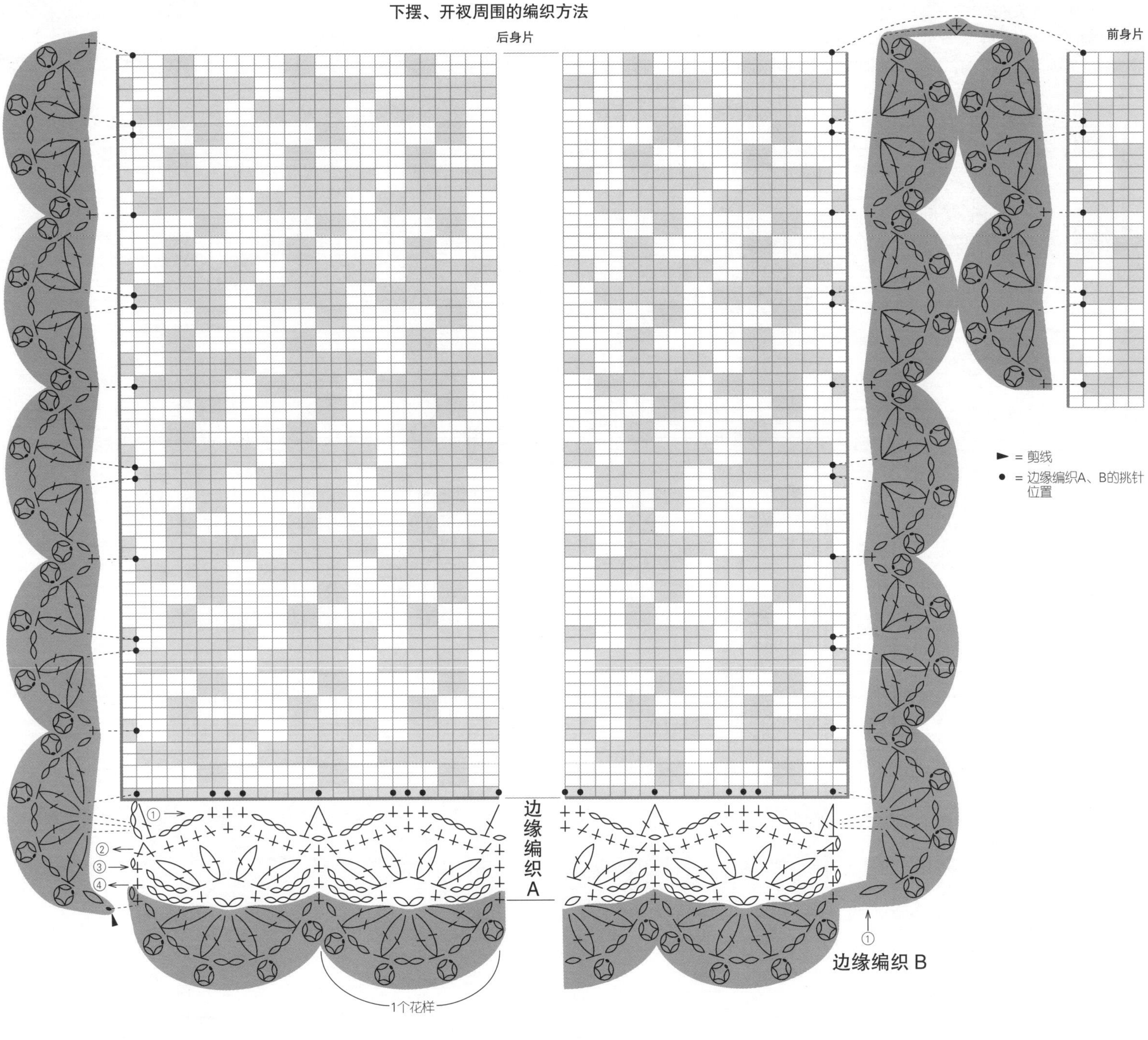

63 页的作品 ★★★★

材料

钻石线 DIA garbo 紫色(8507) 260g/9团，红褐色(8506) 110g/4团，绿色(8505) 55g/2团；DIA moderno 红色、黄色、橙色系混染(8805) 20g/1团

工具

棒针6号，钩针4/0号、5/0号

成品尺寸

胸围96cm，肩宽33cm，衣长67.5cm，袖长39.5cm

编织密度

花片的大小请参照图示。

10cm×10cm面积内：下针编织22针，29行；编织花样B的1个花样13.6cm，14.5行10cm

编织要点

●身片、衣袖…前、后身片钩织并连接花片，接着在身片两侧钩织带状织片a、b。胁部手指挂线起针后做下针编织。2针及以上减针时做伏针减针，1针时立起侧边1针减针。结束时做伏针收针。衣袖锁针起针后按编织花样B、B'钩织，参照图示加减针。

●组合…参照图示缝合前、后身片与胁部。下摆按边缘编织A环形编织。下摆钩织并连接花片，然后在下边钩织边缘编织B，上边一边钩织边缘编织A'，一边与身片做连接。肩部、袖下钩织引拔针和锁针缝合。领窝和袖口分别按边缘编织C、D环形编织。注意，领窝有一部分需要钩织引拔针调整形状后再钩织边缘编织C，请参照图示钩织。衣袖与身片之间做挑针缝合。

后身片
（连接花片） 4/0号针

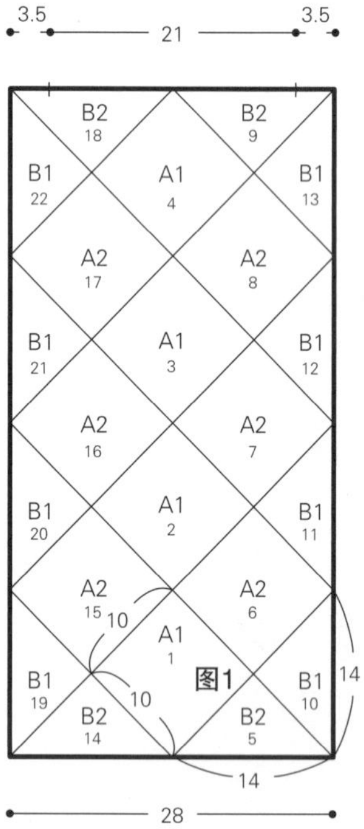

前身片
（连接花片） 4/0号针

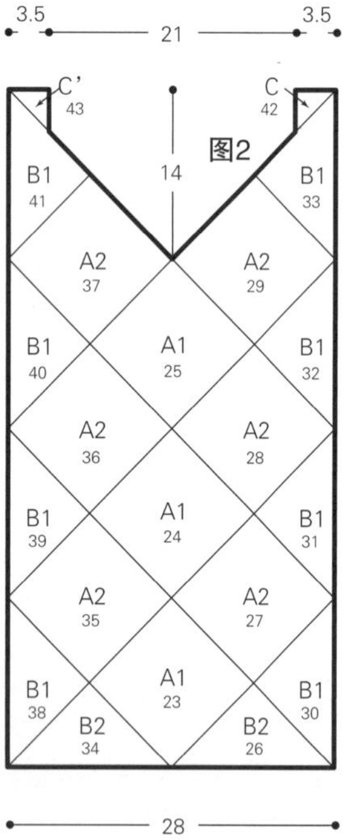

※ 花片下方的数字表示连接顺序

花片C' 1片 红褐色

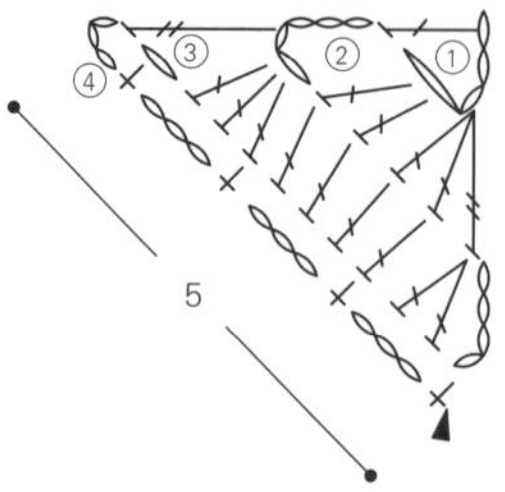

花片C 1片 红褐色

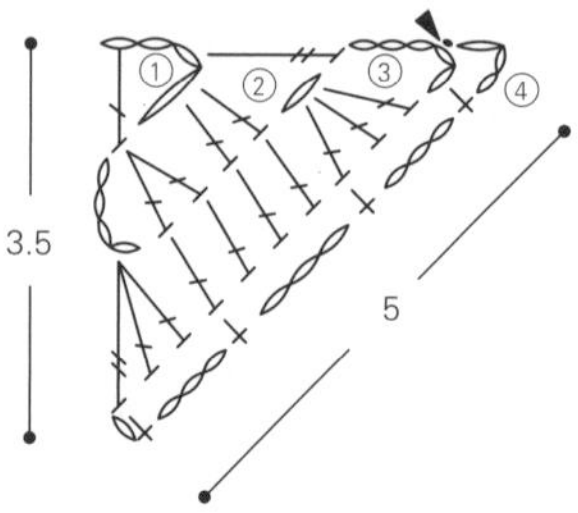

花片A1、A2

花片B1、B2

▷ = 加线

► = 剪线

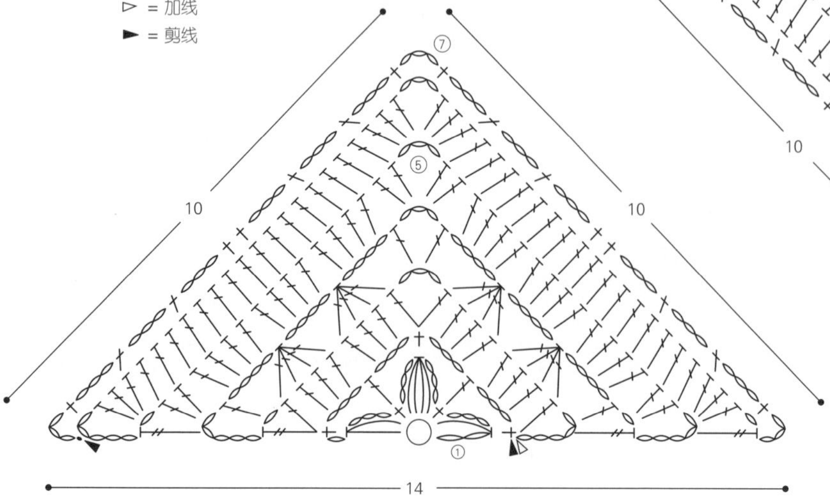

花片的配色和片数

		第1、2行	第3～7行
A1	7片	绿色	紫色
A2	12片	绿色	红褐色
B1	16片	绿色	紫色
B2	6片	绿色	红褐色

编织花样A

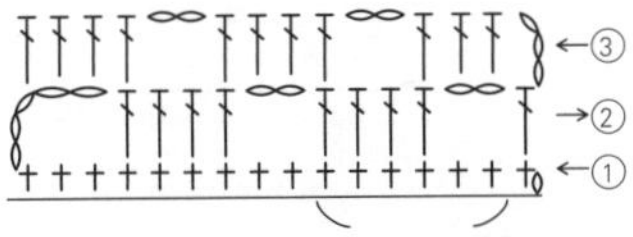

带状织片a（编织花样A） 4/0号针 绿色
带状织片b（编织花样A） 4/0号针 绿色

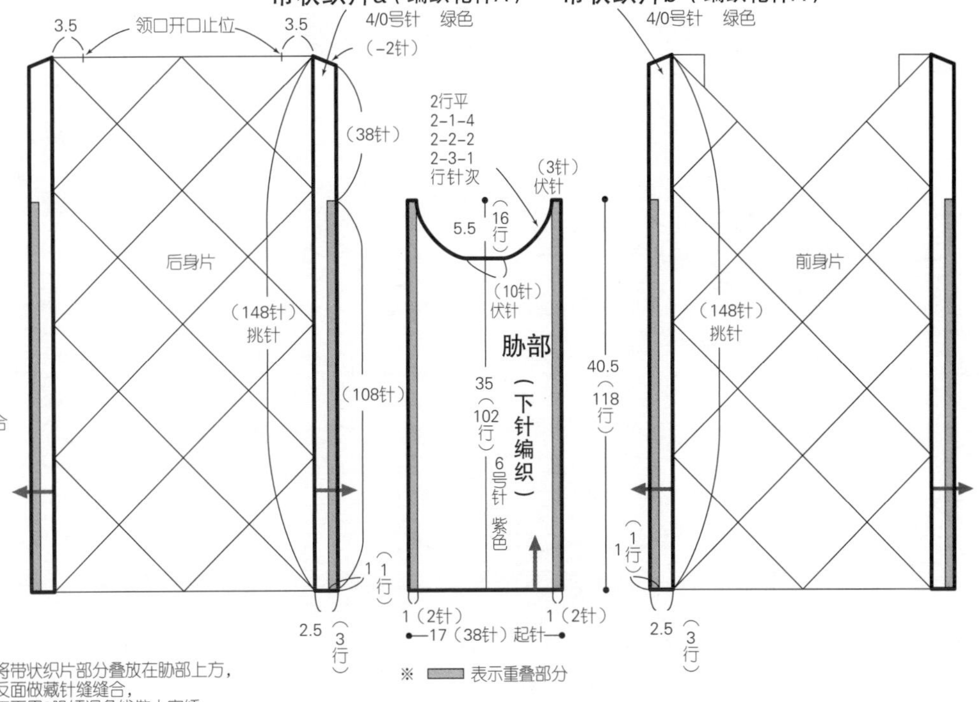

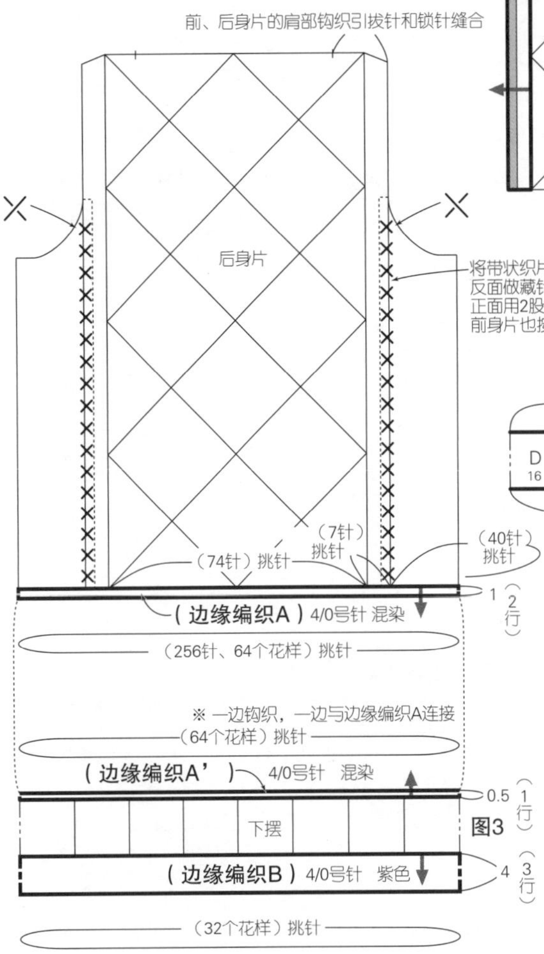

下摆 （连接花片） 4/0号针

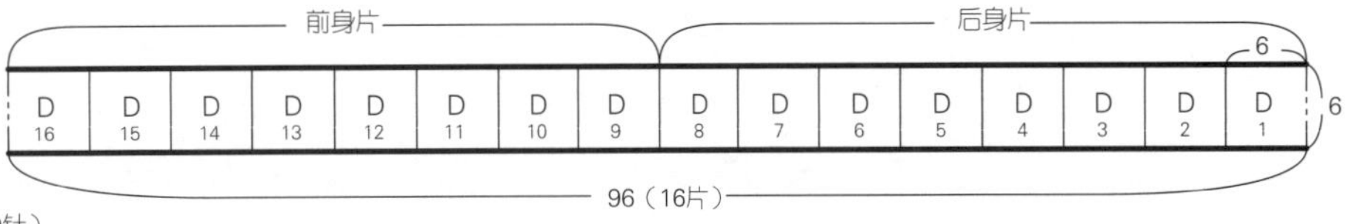

※ 花片下方的数字表示连接顺序

花片D

16片

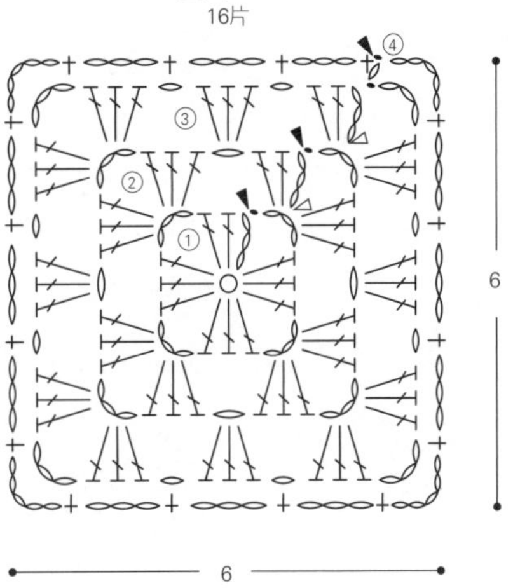

配色 { 第3、4行 = 红褐色
第2行 = 混染
第1行 = 红褐色

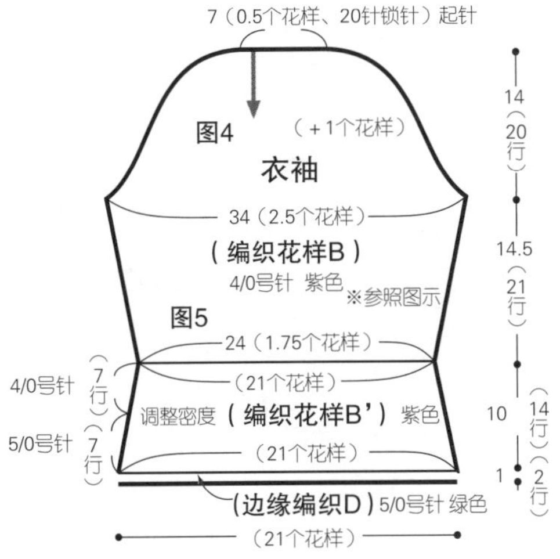

领窝（边缘编织C）4/0号针 紫色

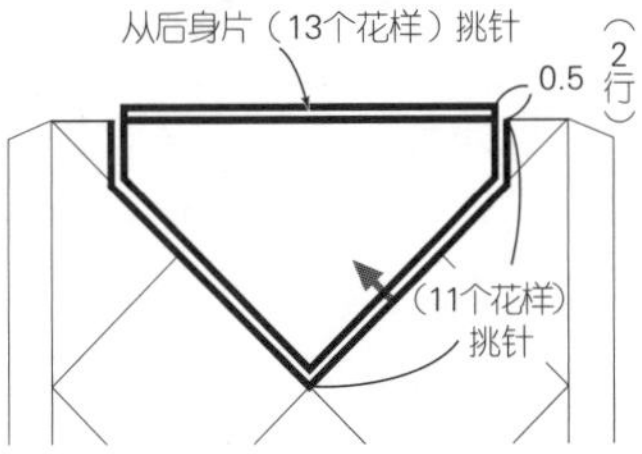

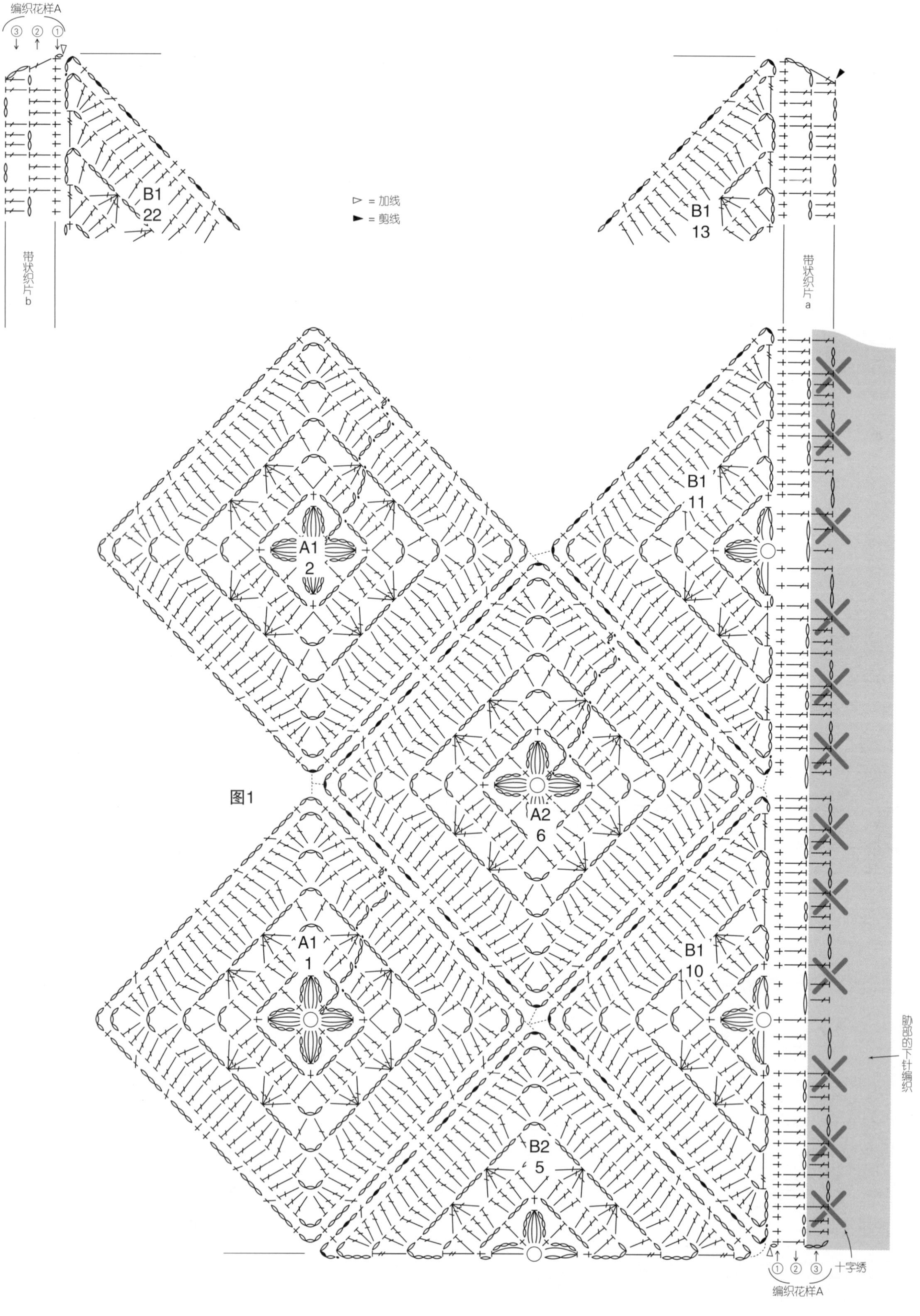
编织花样A
③ ② ①
B1
22
带状织片b
▷ = 加线
► = 剪线
B1
13
带状织片a
A1
2
B1
11
图1
A2
6
A1
1
B1
10
B2
5
胁部的下针编织
① ② ③
十字绣
编织花样A

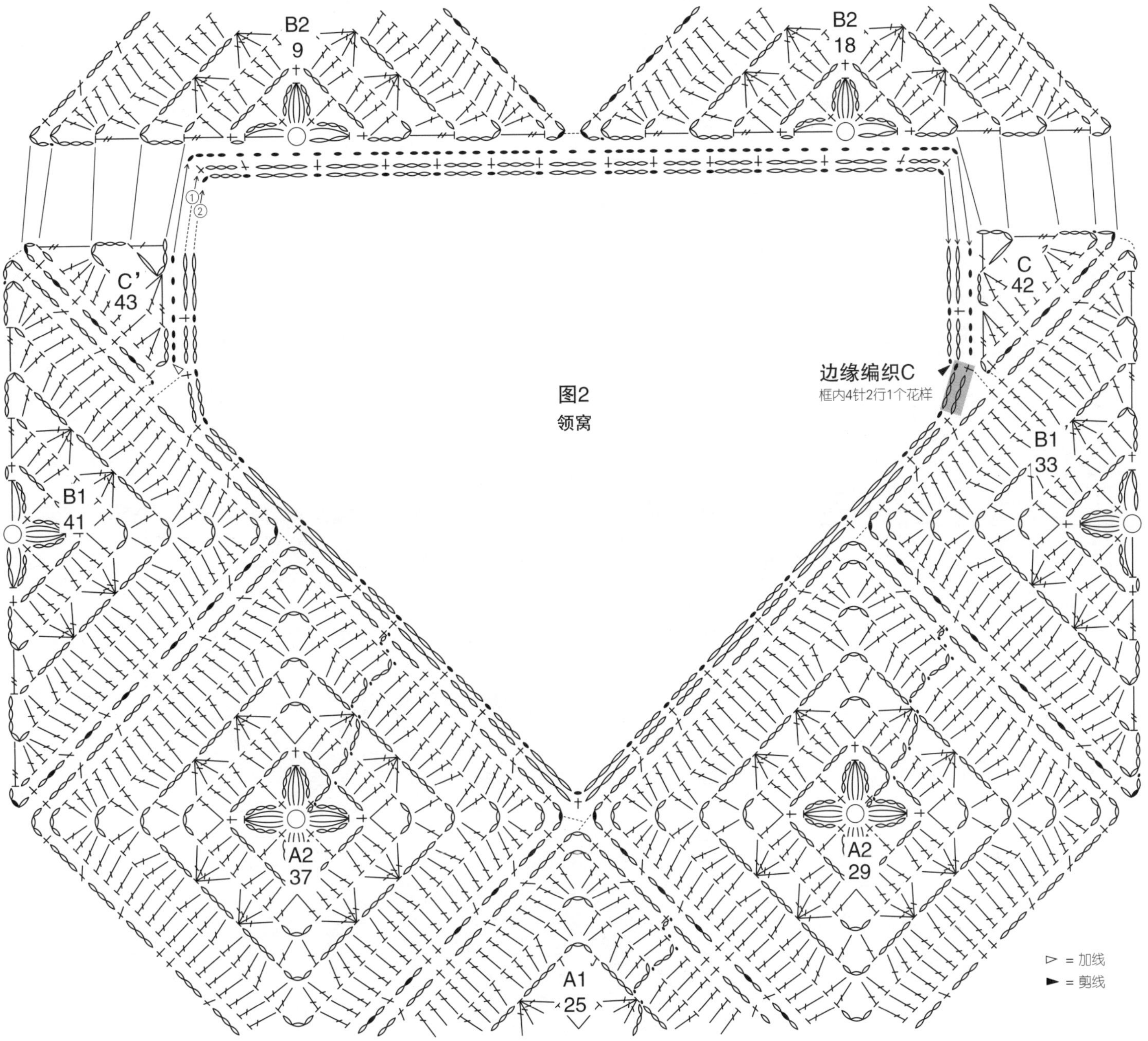

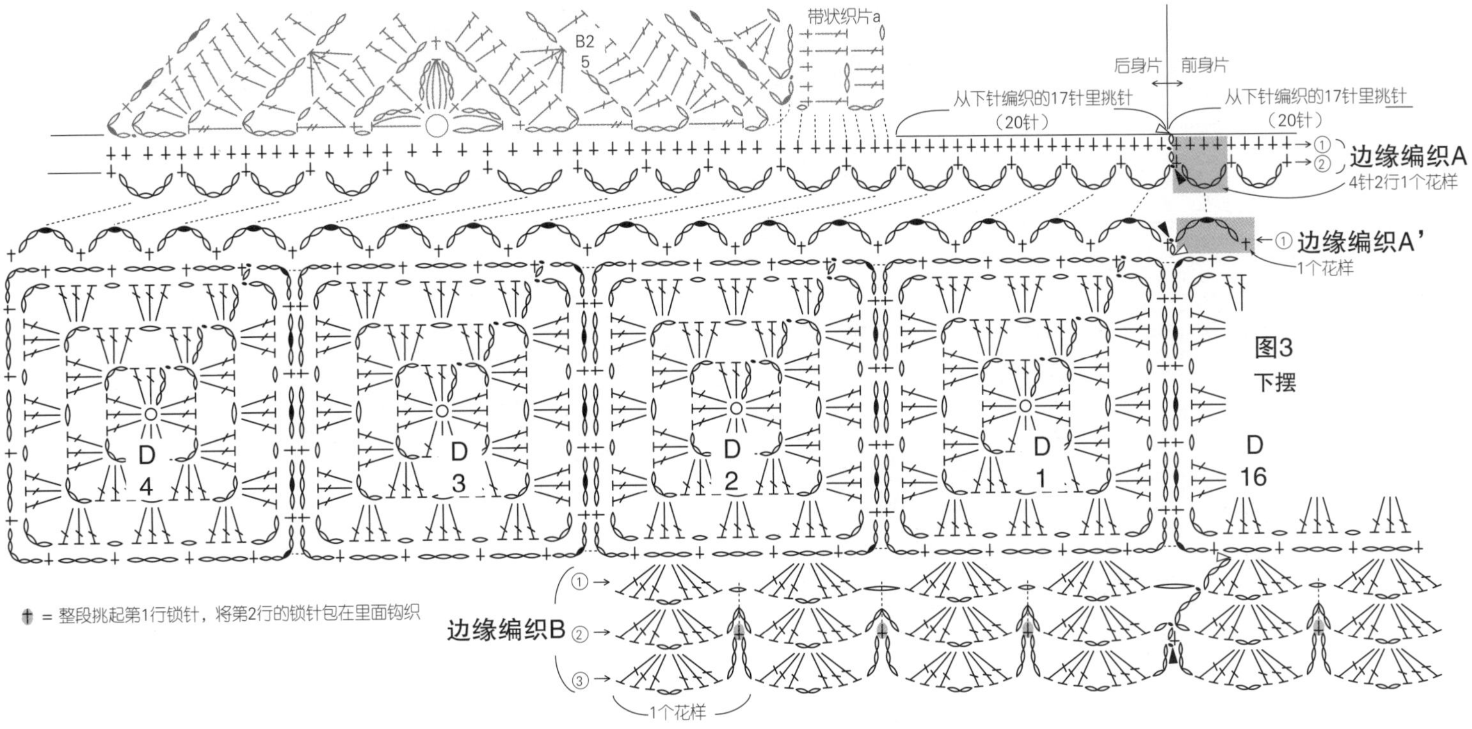

✝ = 整段挑起第1行锁针，将第2行的锁针包在里面钩织

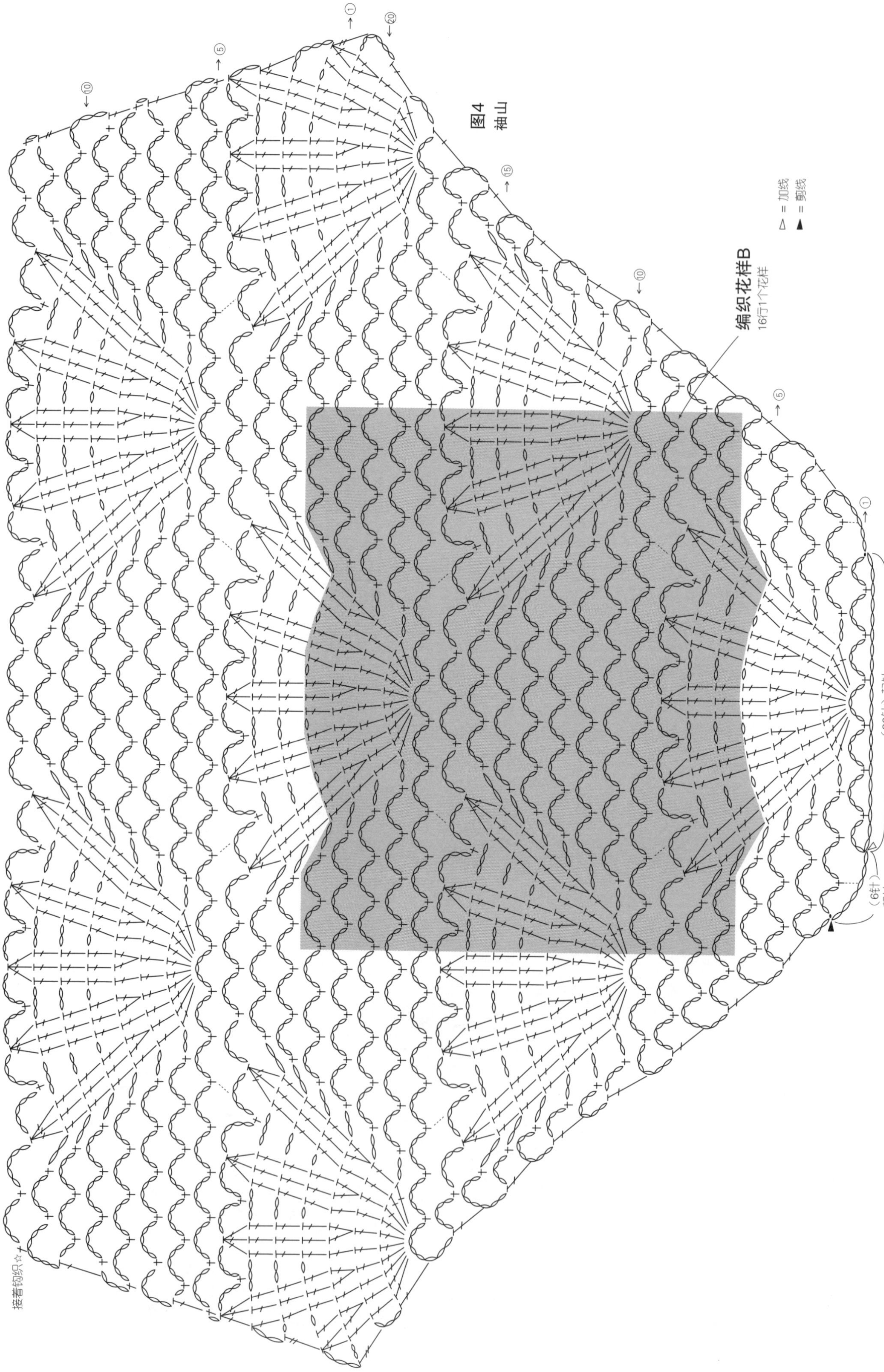
图4
袖山
编织花样B
16行1个花样
△ = 加线
▲ = 剪线
（20针）起针
（6针）起针
接着钩织☆
①
⑤
⑩
⑮
⑳

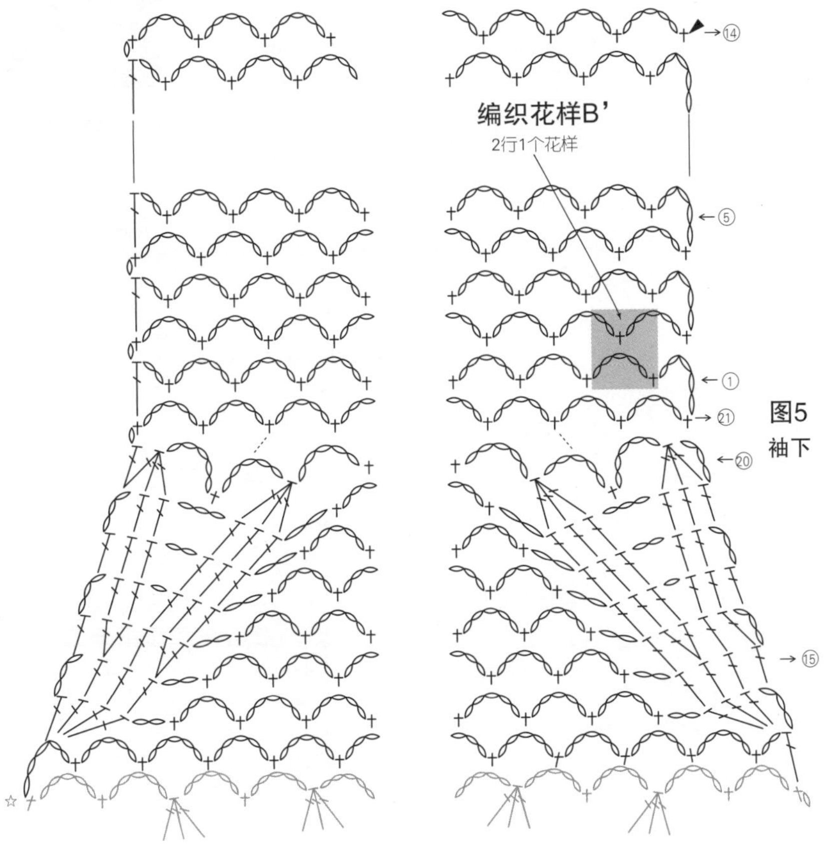

边缘编织D

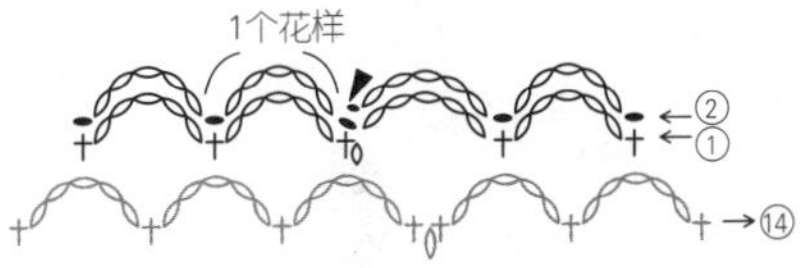

► = 剪线

引拔连接花片的方法

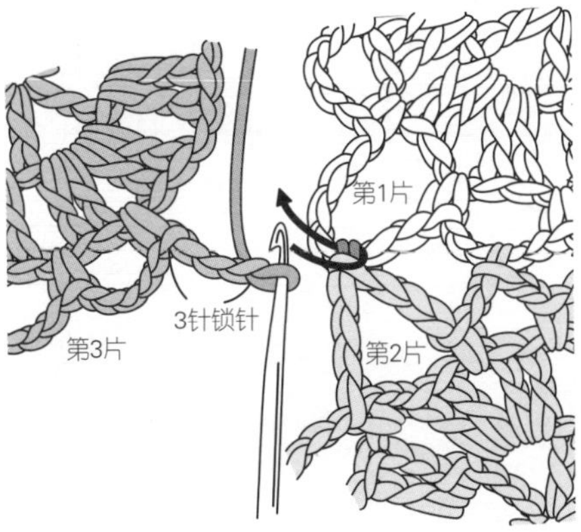

1 第3片花片在连接位置前先钩织3针锁针，然后在第2片花片的引拔针根部2根线里从上方插入钩针。

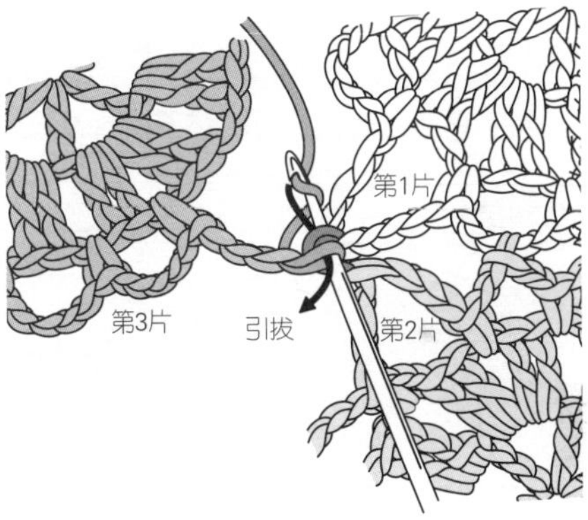

2 挂线引拔。

纵向渡线编织配色花样的方法

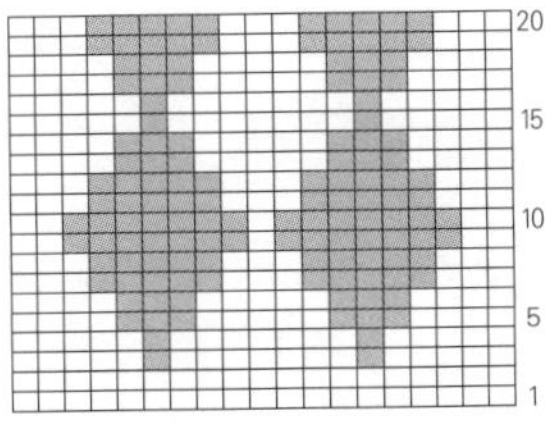

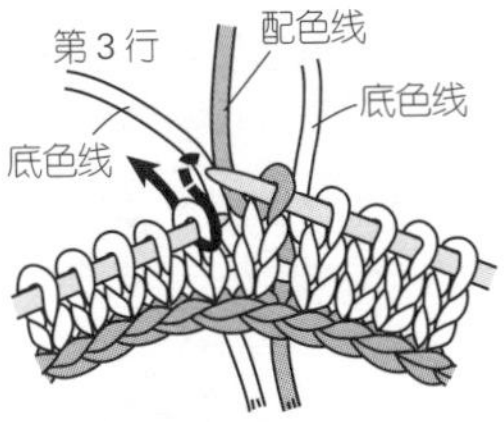

1 在菱形图案的各个顶端分别加线开始编织。

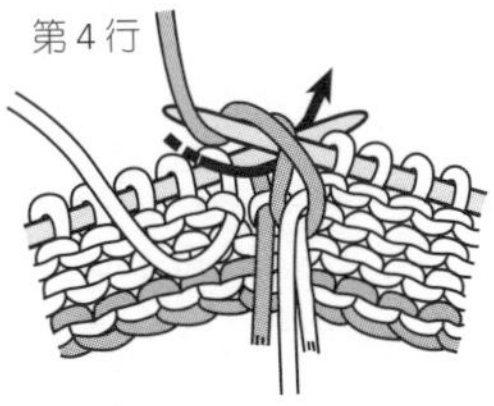

2 换成配色线时，从底色线的下方渡线交叉后编织。

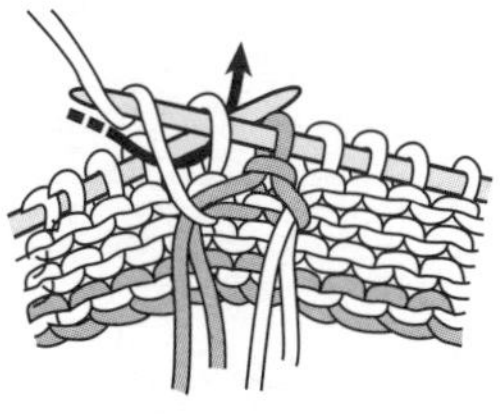

3 换成底色线时也一样，从配色线的下方渡线交叉后编织。

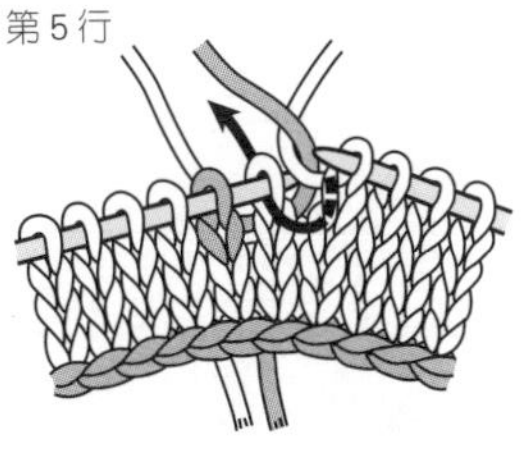

4 看着正面编织的行也将编织线从下方渡线交叉后编织。

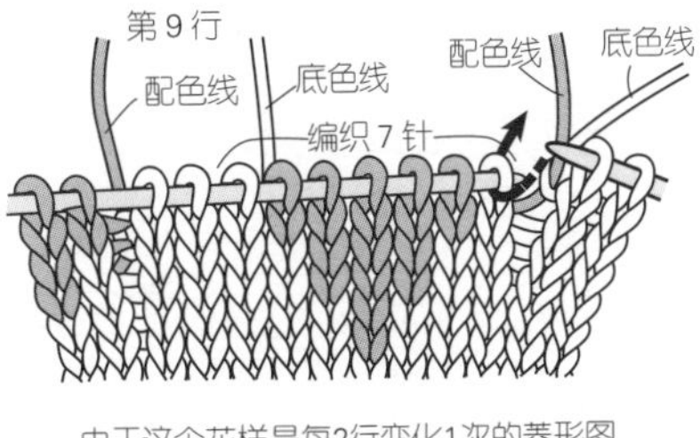

5 由于这个花样是每2行变化1次的菱形图案，所以是在下针行变换花样。

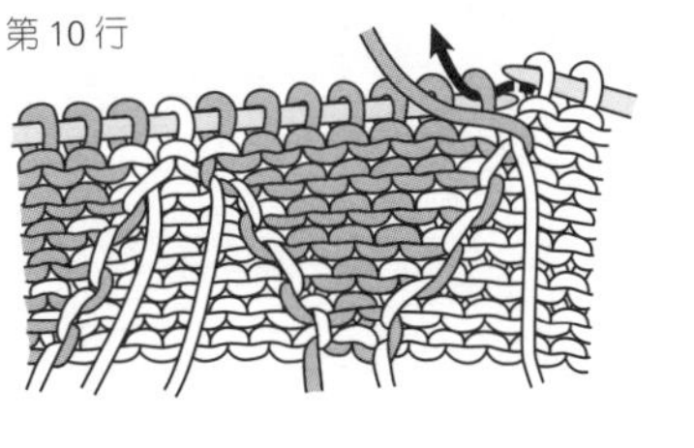

6 上针行按与前一行相同的颜色编织。换色时交叉2种颜色的线。

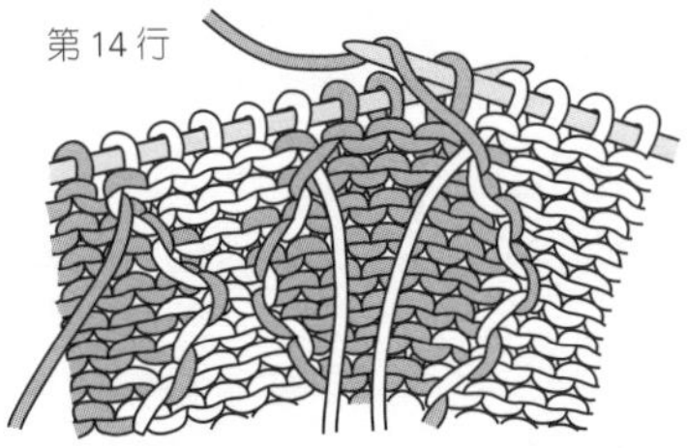

7 这是正在编织第14行时反面的样子。

材料

钻石线 DIA baby Alpaca 炭灰色(9805) 160g/4团；DIA amulet 浅灰色(9502) 75g/3团；DIA chloe 浅蓝色(8406) 60g/2团；直径30mm的纽扣1颗

工具

棒针7号，钩针6/0号

成品尺寸

胸围96cm，衣长35cm，连肩袖长61.5cm

编织密度

10cm×10cm面积内：条纹花样16针，37行；花片的直径为6cm

编织要点

●身片、衣袖…身片手指挂线起针后编织条纹花样。肩部做留针的引返编织，结束时做伏针收针。前身片一边做编织花样，一边做加针的引返编织。2针及以上减针时做伏针减针，1针时立起侧边1针减针。衣袖、衣领钩织并连接花片，从第2片花片开始一边钩织，一边与相邻花片做引拔连接。袖口环形编织条纹花样和边缘编织。

●组合…肩部做下针无缝缝合，胁部做挑针缝合。在下摆、前端和领窝钩织边缘编织。衣袖和衣领分别钩织锁针与身片接合。最后缝上纽扣。

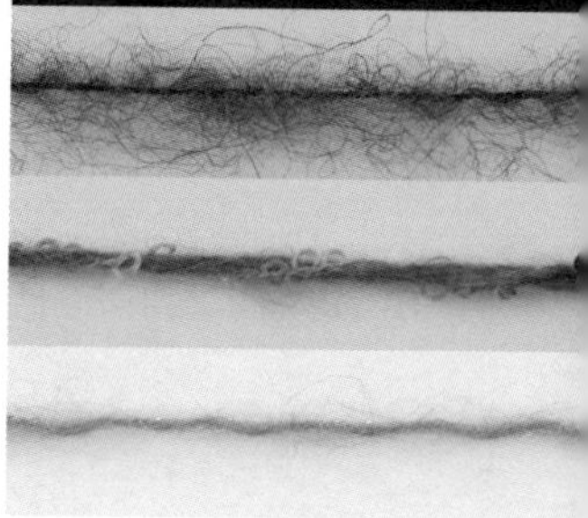

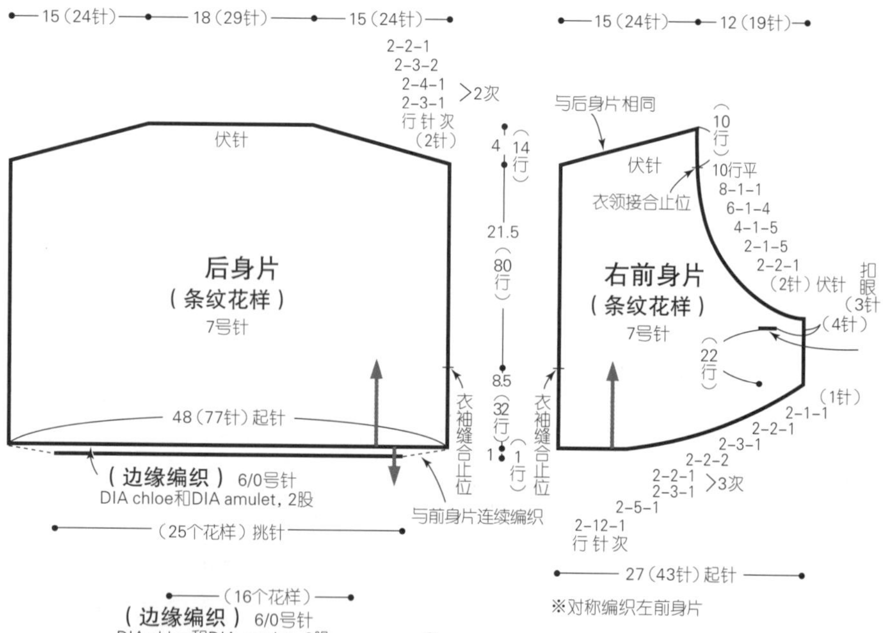

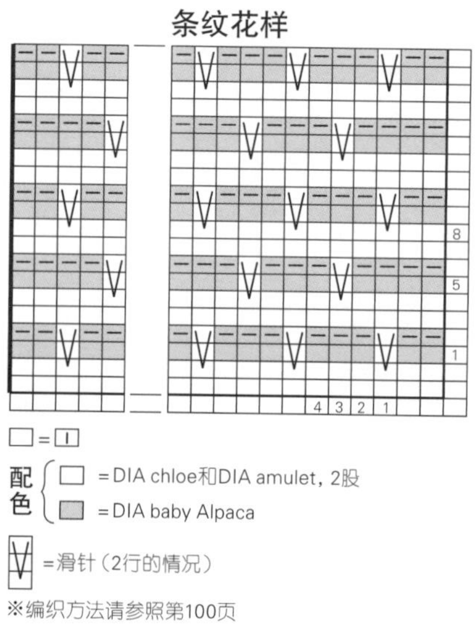

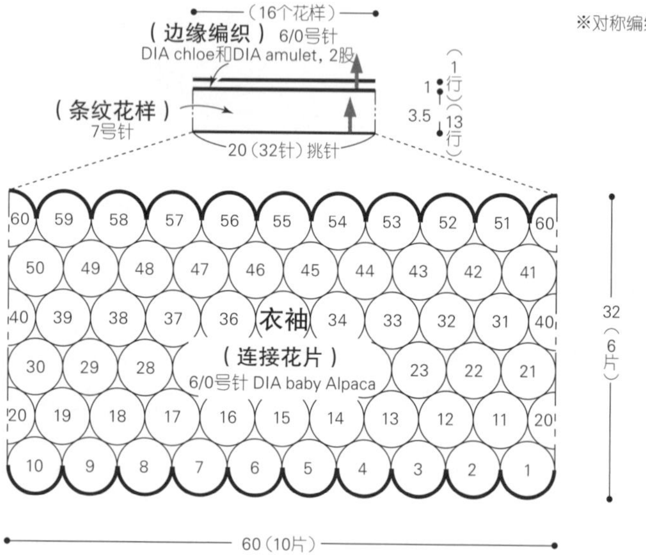

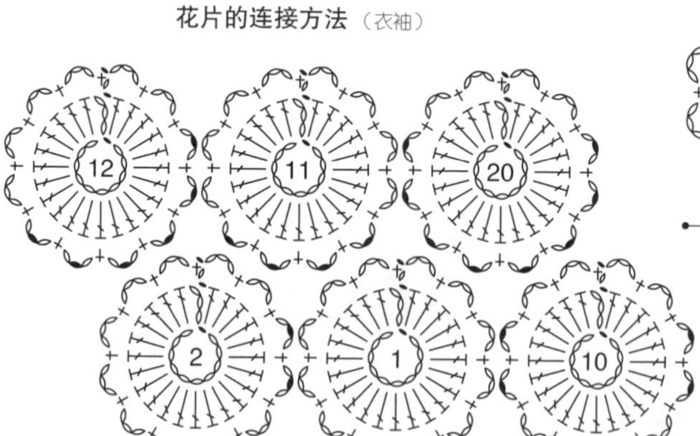

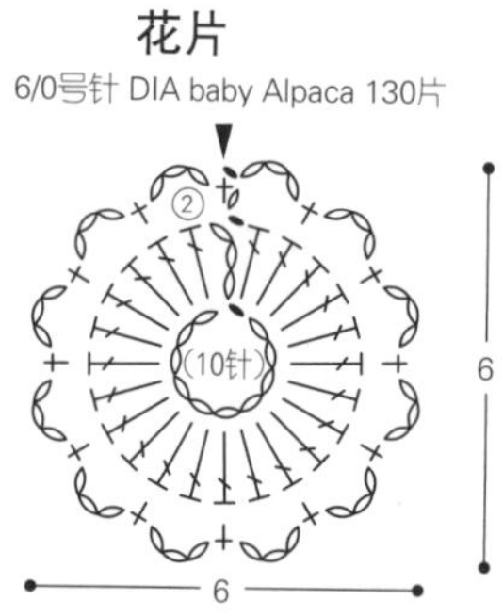

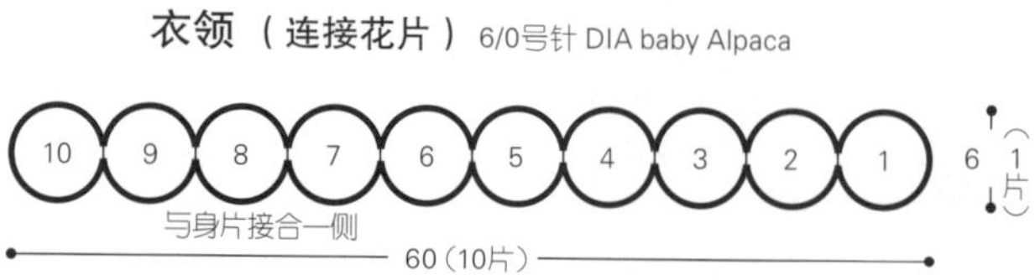

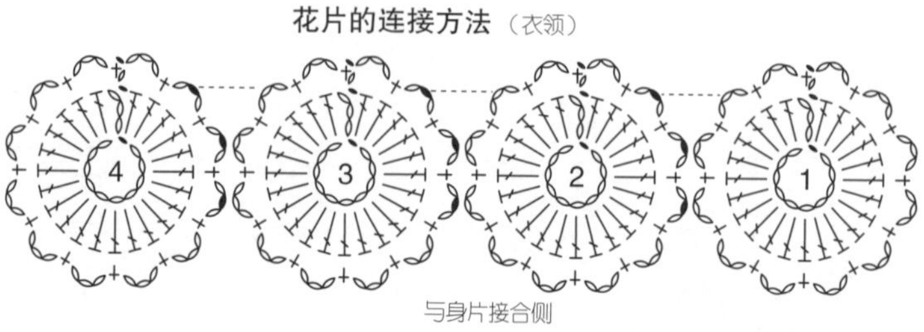

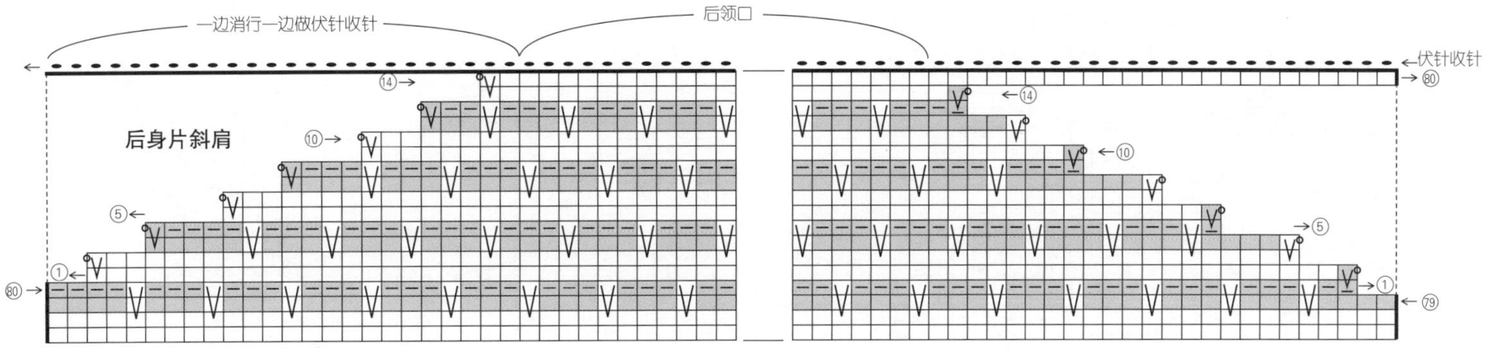

□=Ⅰ

配色 { □ =DIA chloe和DIA amulet，2股
▨ =DIA baby Alpaca

接合衣领

（锁针）6/0号针
DIA baby Alpaca
※参照图示

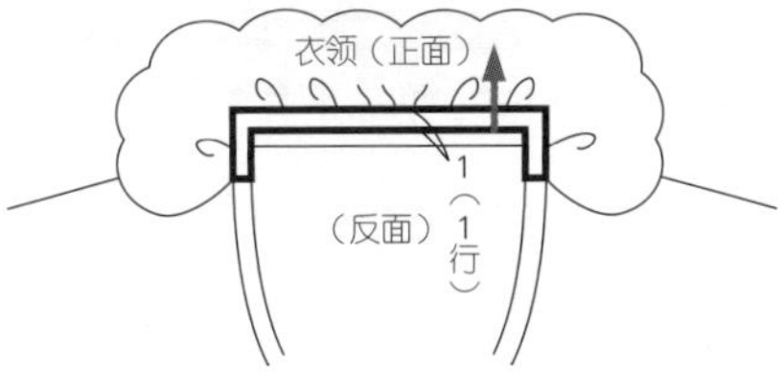

衣领的接合方法

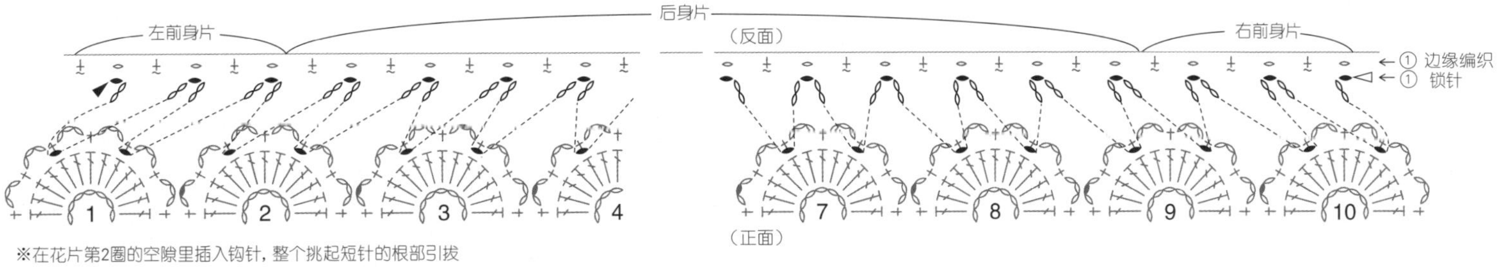

※在花片第2圈的空隙里插入钩针，整个挑起短针的根部引拔

边缘编织

$\tilde{+}$ =反短针
※钩织方法请参照第158页

▷ =加线
◀ =剪线

下摆、前端、领窝

（边缘编织）6/0号针
DIA chloe和DIA amulet，2股

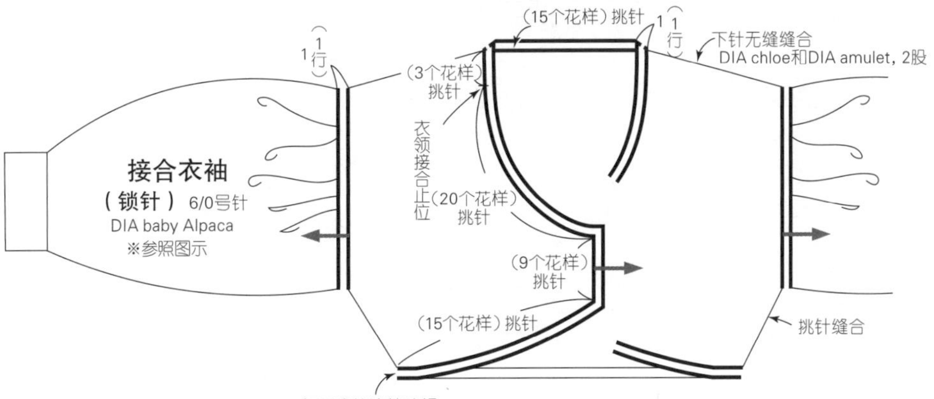

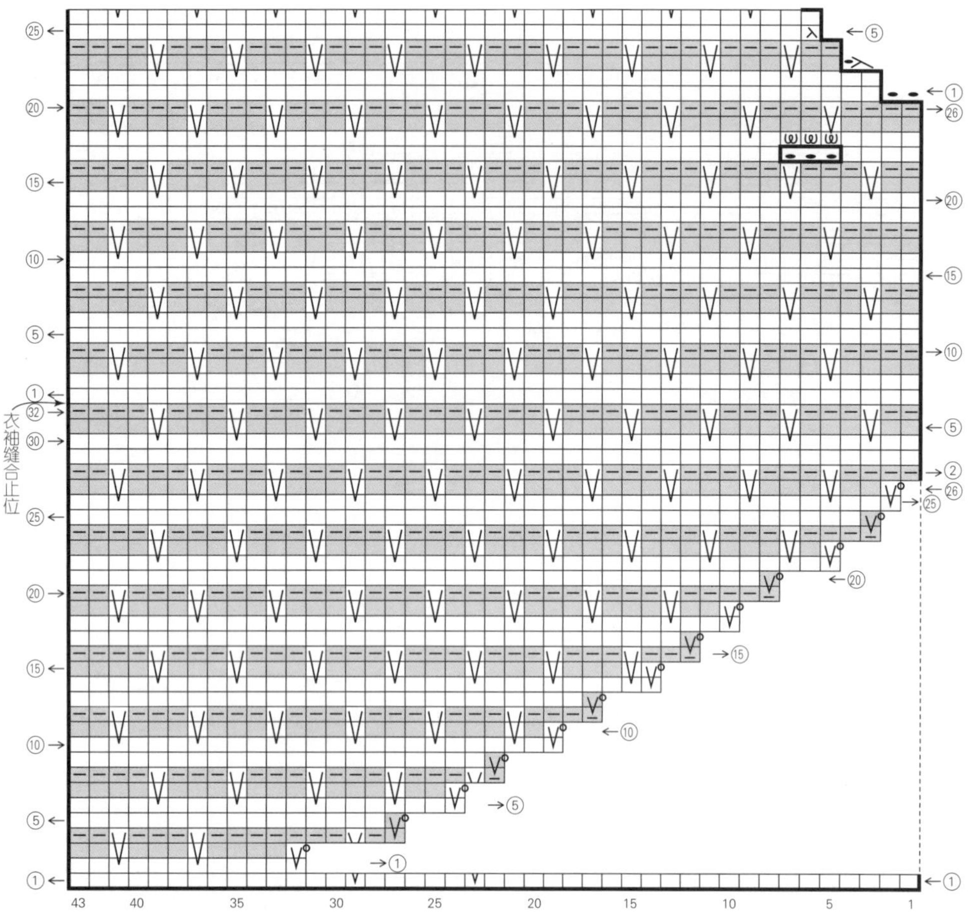

□ = Ⅰ

= 卷针

= 在卷针加出的针目里编织滑针

配色
□ = DIA chloe和DIA amulet，2股
■ = DIA baby Alpaca

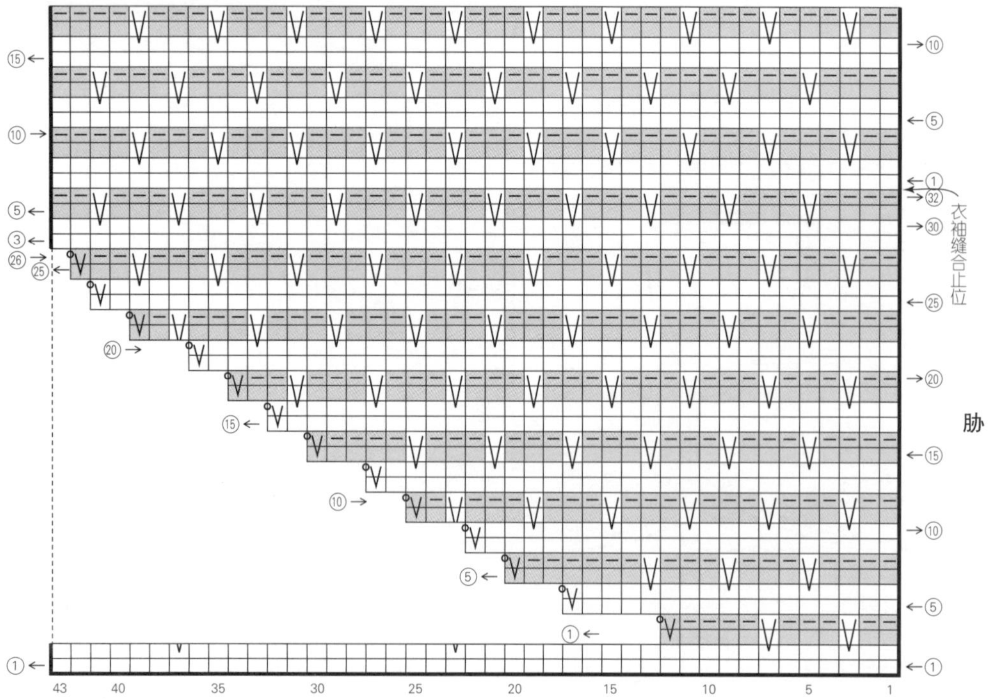

□ = Ⅰ

卷针

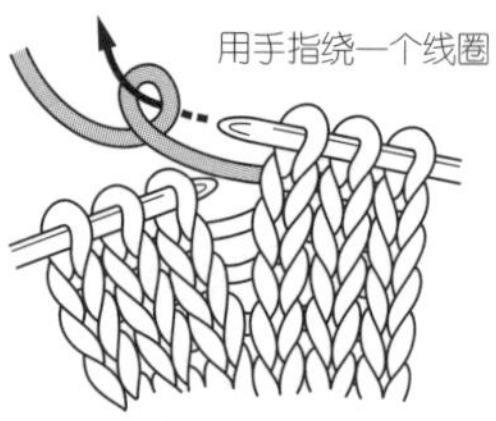

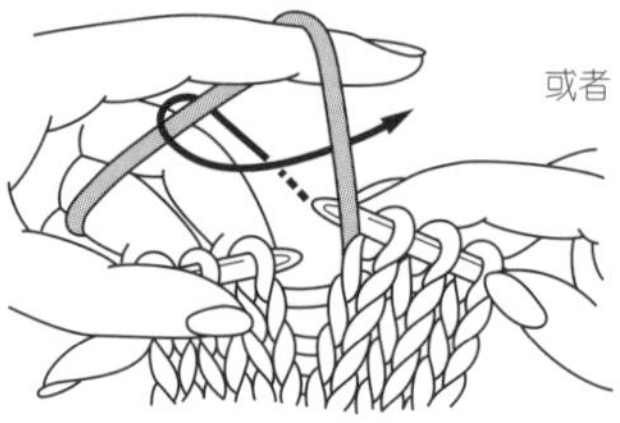

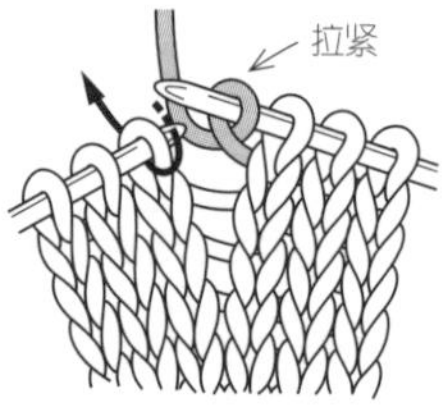

袖口的编织方法

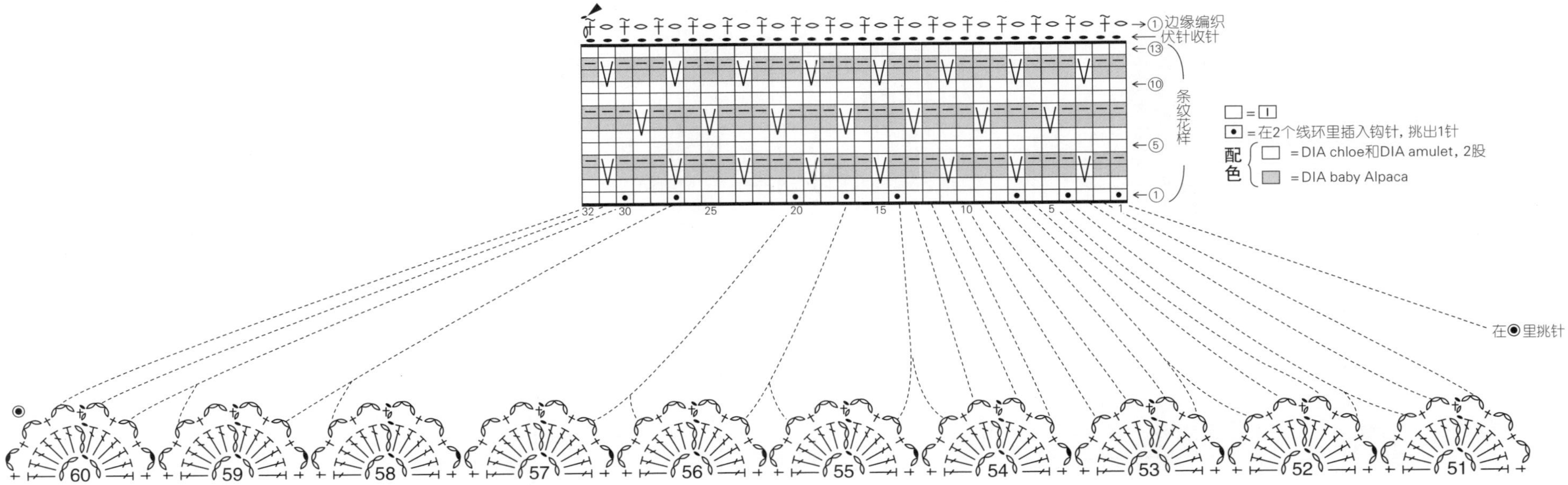

□ = ⊡
⊡ = 在2个线环里插入钩针，挑出1针
配色 { □ = DIA chloe和DIA amulet，2股
▨ = DIA baby Alpaca

衣袖的接合方法

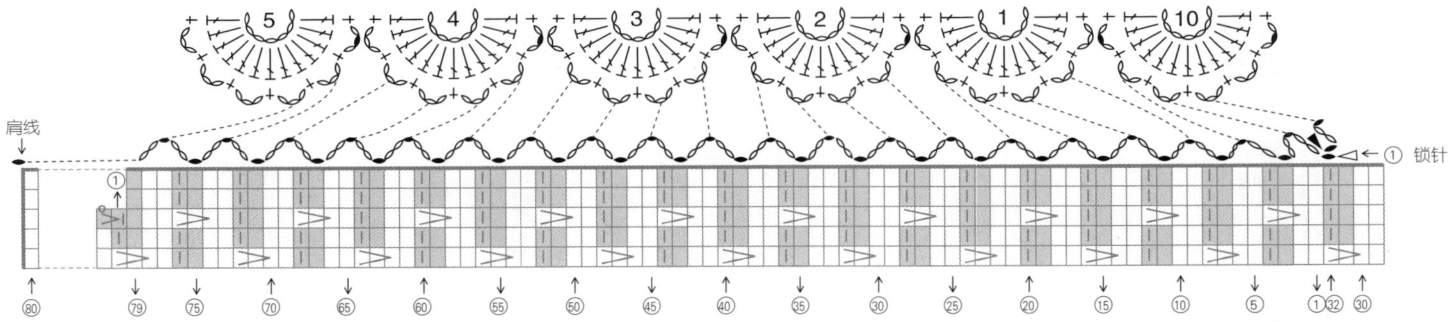

▷ = 加线
▶ = 剪线

材料

钻石线 DIA angoramore 深红色(9406) 365g/13团；直径12mm的纽扣2颗

工具

钩针5/0号

成品尺寸

胸围94cm，肩宽35cm，衣长50.5cm，袖长48.5cm

编织密度

10cm×10cm面积内：长针19.5针，10行；花片的直径为4cm

编织要点

●身片、衣袖…钩织锁针起针后第1行钩织短针，接着钩织长针，注意起针不要钩得太紧。参照图示做加减针。下摆、袖口按与身片相同的要领起针，然后按编织花样环形编织，参照图示分散加针。肩部做引拔接合，胁部、袖下钩织引拔针和锁针缝合。身片与下摆、衣袖与袖口之间一边钩织花片一边连接。

●组合…衣领挑取指定针数后按编织花样钩织。在后领开口处钩织短针，并在右侧留出扣眼。衣袖与身片之间钩织引拔针和锁针缝合。最后缝上纽扣。

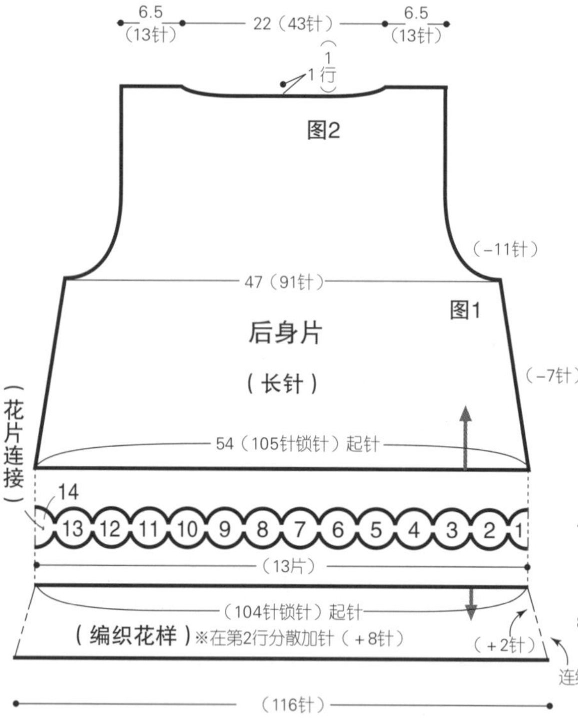

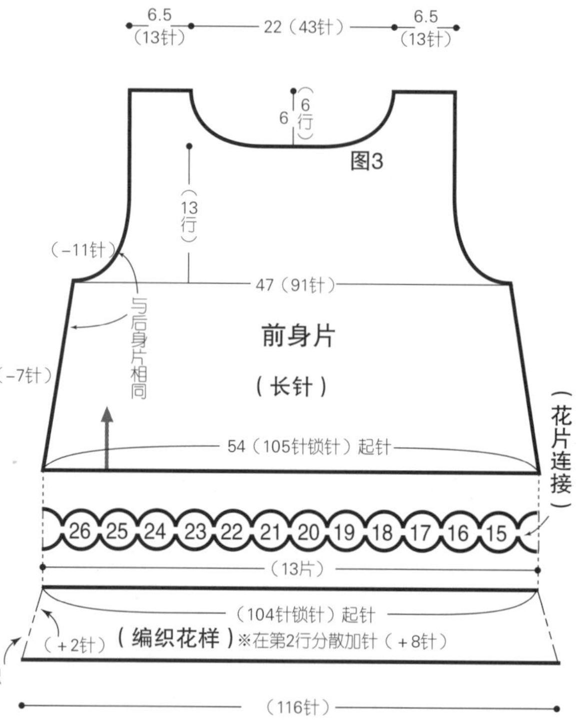

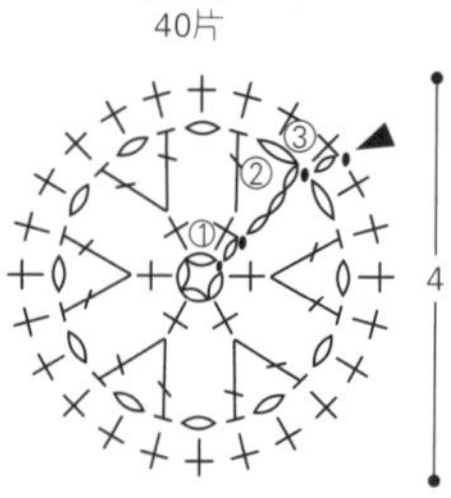

※全部用5/0号针钩织

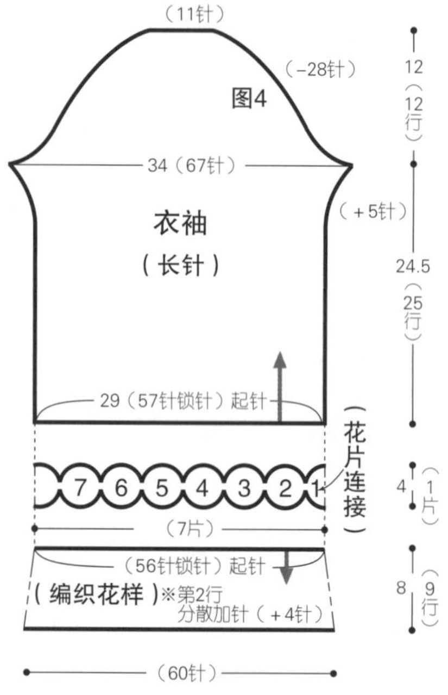

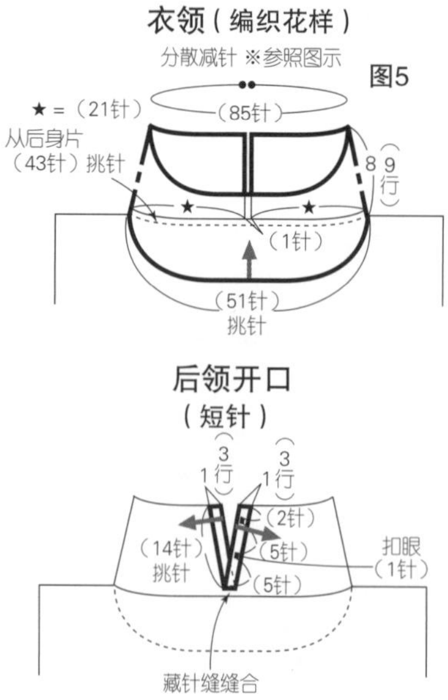

花片的连接方法 (身片)

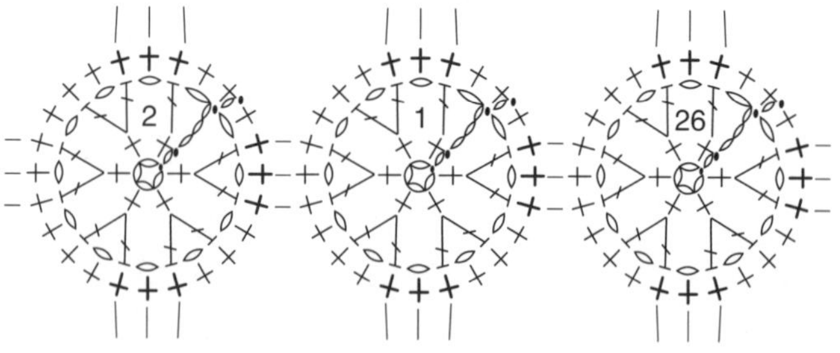

※ ✚ = 将花片与待连接一侧正面朝外重叠，在2层织片里一起挑针钩织短针

※ 第26片花片钩织完成后，将第1片花片拆掉4针，一边重新钩织，一边与第26片花片连接

※ 衣袖也按相同要领钩织

扣眼 (后领开口)

▶ = 剪线

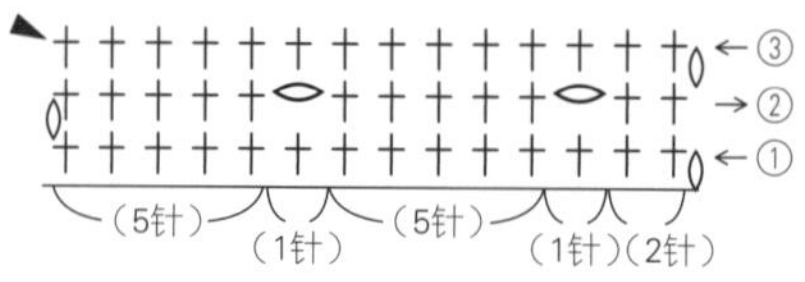

图1

肋部

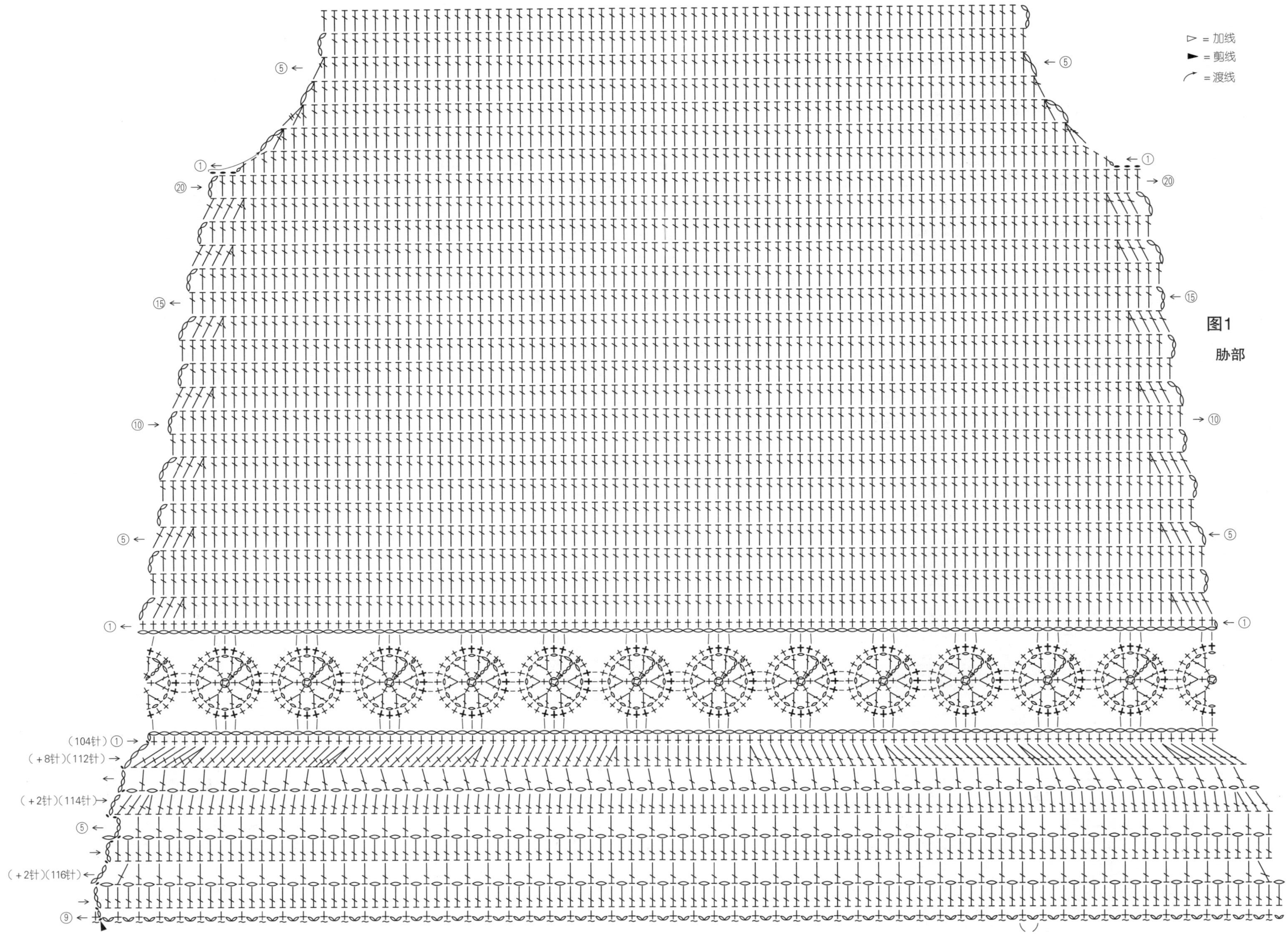

Ŧ = 反短针　※钩织方法请参照第158页

图2

后领窝

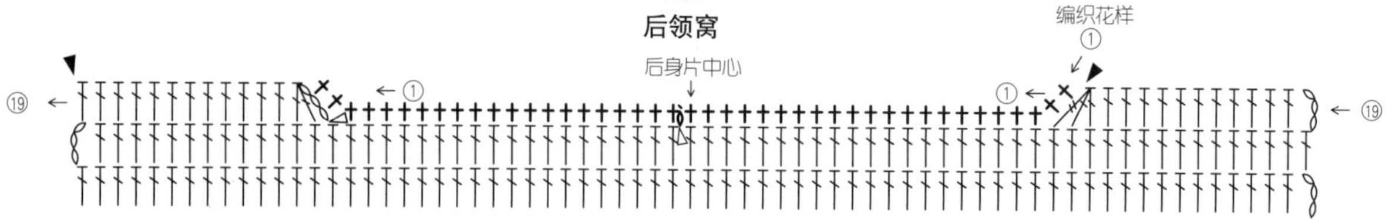

图3

前领窝

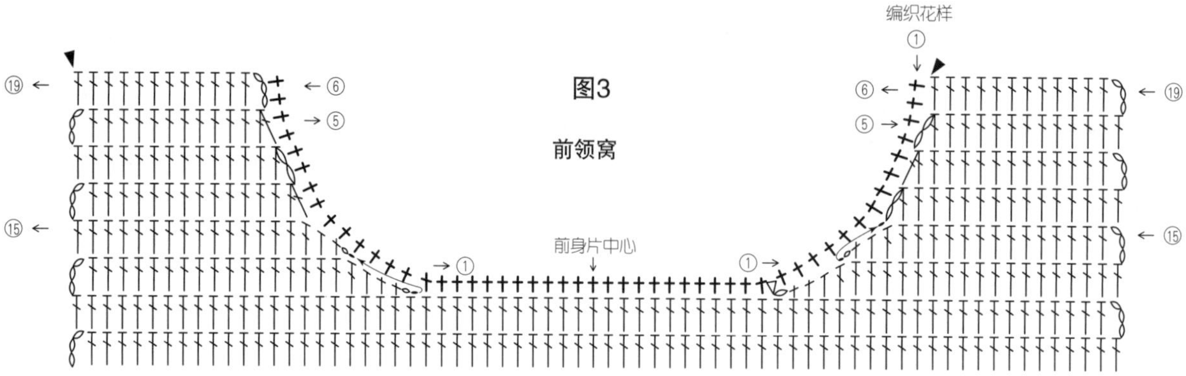

▷ = 加线
▶ = 剪线
⌒、⌒ = 渡线

图5

后领

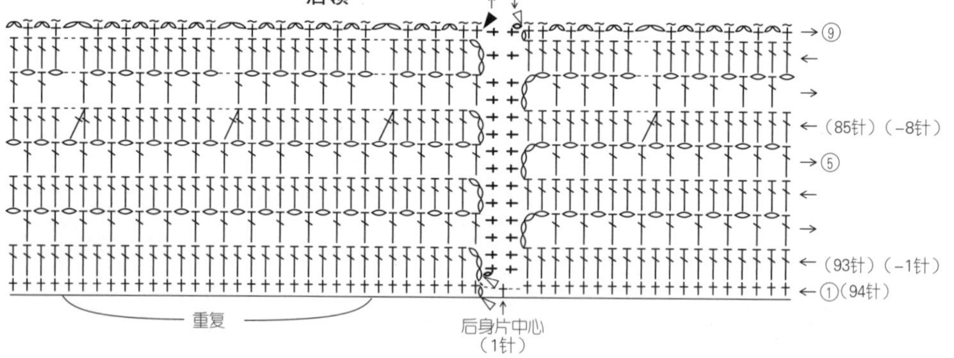

$\tilde{十}$ = 反短针

反短针

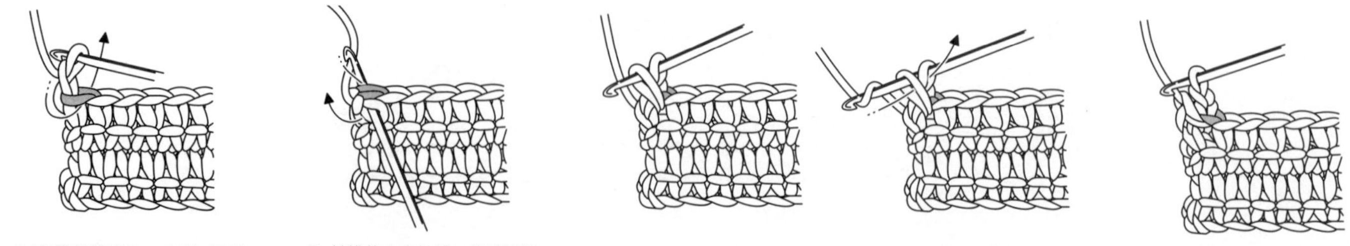

1 不要翻转织片，立织1针锁针，如箭头所示转动钩针，在前一行针目头部的2根线里插入钩针。

2 从线的上方挂线，直接将线拉至前面。

3 将线拉至前面的状态。

4 在钩针上挂线，如箭头所示一次性引拔穿过2个线圈，钩织短针。

5 反短针完成。

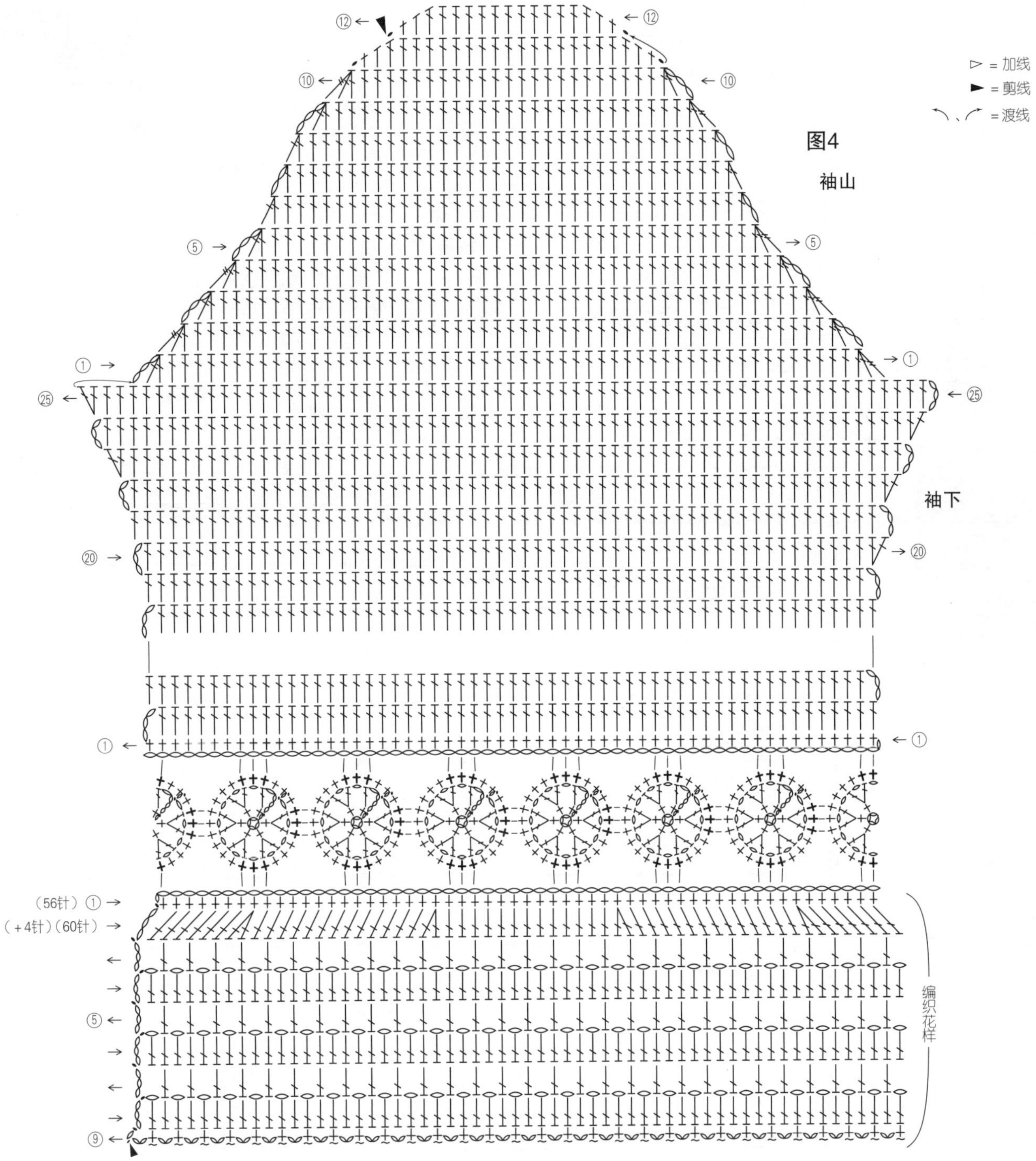

右加针

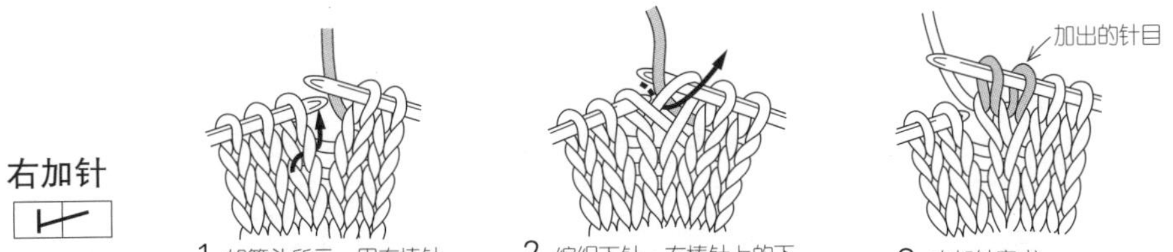

1 如箭头所示，用右棒针挑起前2行的针目。

2 编织下针。左棒针上的下一针也编织下针。

3 右加针完成。

左加针

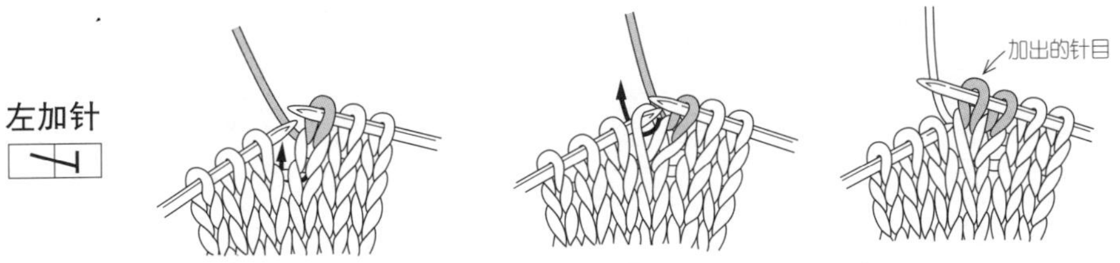

1 编织1针下针，如箭头所示用右棒针挑起前2行的针目。

2 将该针目挂到左棒针上，编织下针。

3 左加针完成。

A

B

C

D

E

材料

奥林巴斯 Lara

[A] 蓝色系段染（7）355g/12团

[B] 米色系段染（1）120g/4团

[C] 紫色系段染（4）120g/4团

[D] 粉色系段染（3）165g/6团

[E] 黄色系段染（2）280g/10团

工具

钩针6/0号、4/0号、5/0号、7/0号

成品尺寸

[A] 长34.5cm

[B] 宽20cm，长127.5cm

[C] 宽13cm，长135cm（内圈实测）

[D] 宽18.5cm，长189cm

[E] 宽44cm，长149.5cm

编织密度

编织花样A的1个花样5.8cm，10.5行10cm；编织花样A'的1个花样4cm（编织起点一侧），11行11cm；编织花样B的1个花样5.8cm，11行10cm

编织要点

●A…钩织锁针起针后按编织花样A钩织。钩织35行后参照图示从起针处挑针，按相同要领钩织另一侧，注意先在领口部分用相同的线另外钩出锁针和网眼针以便挑针。四周按边缘编织A、B环形编织，衣领按边缘编织A环形编织，注意边缘编织A有一部分锁针针数不同，请参照图示钩织。

●B、D、E…按与作品A相同的要领起针，然后按编织花样B钩织。钩织指定行数后，参照图示从起针处挑针，按相同要领钩织另一侧。四周按边缘编织C环形编织。

●C…按与作品A相同的要领起针，然后一边调整密度一边按编织花样A'钩织。四周按边缘编织A、B'环形编织。

A

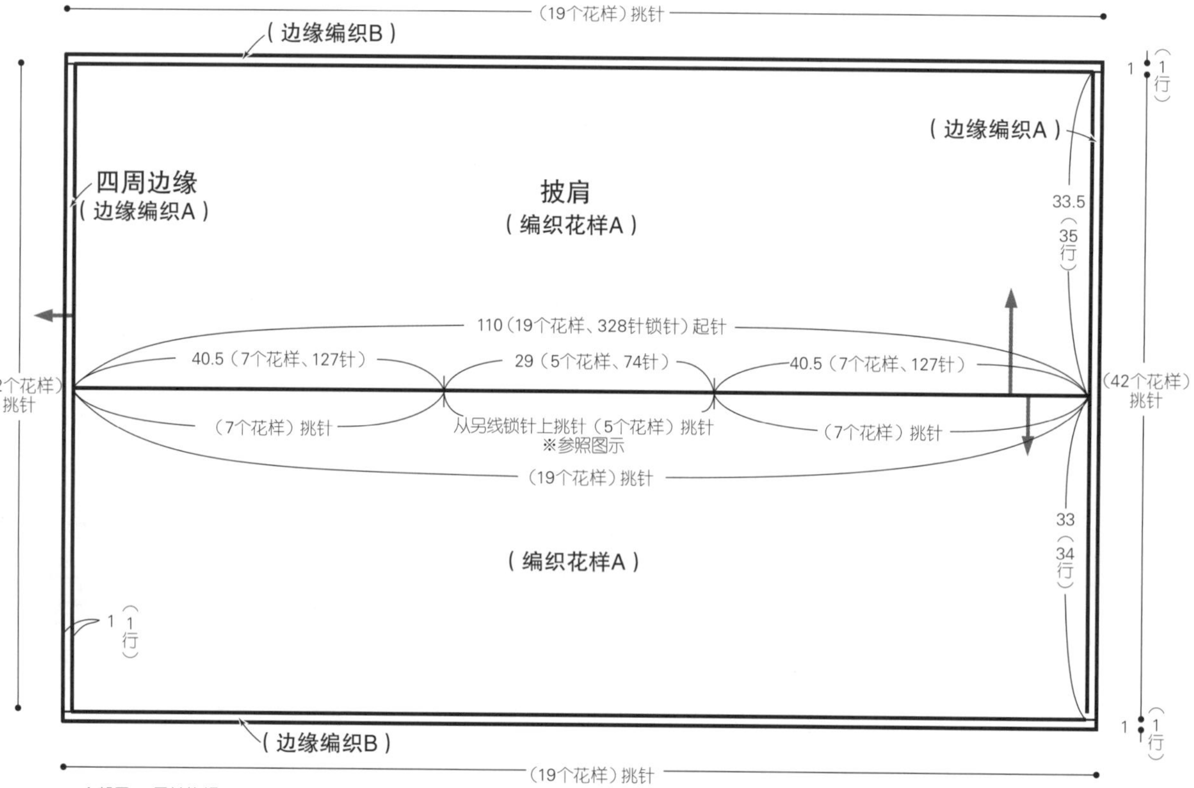

※ 全部用6/0号针钩织

※ 钩织另一侧的编织花样A前，先用相同的线另外钩织75针锁针起针，再钩织1行网眼针

※ 边缘编织A、B从编织花样A继续环形编织

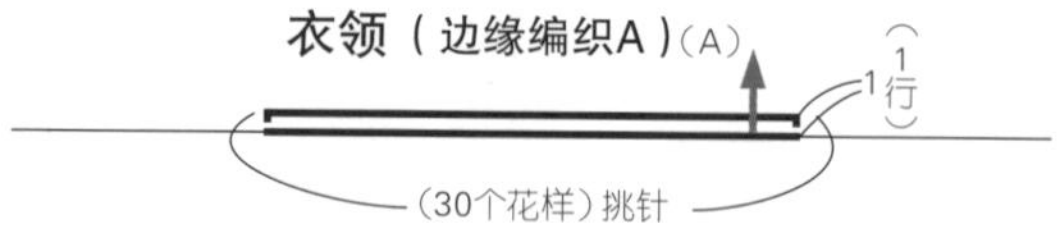

衣领的钩织方法

编织花样 A

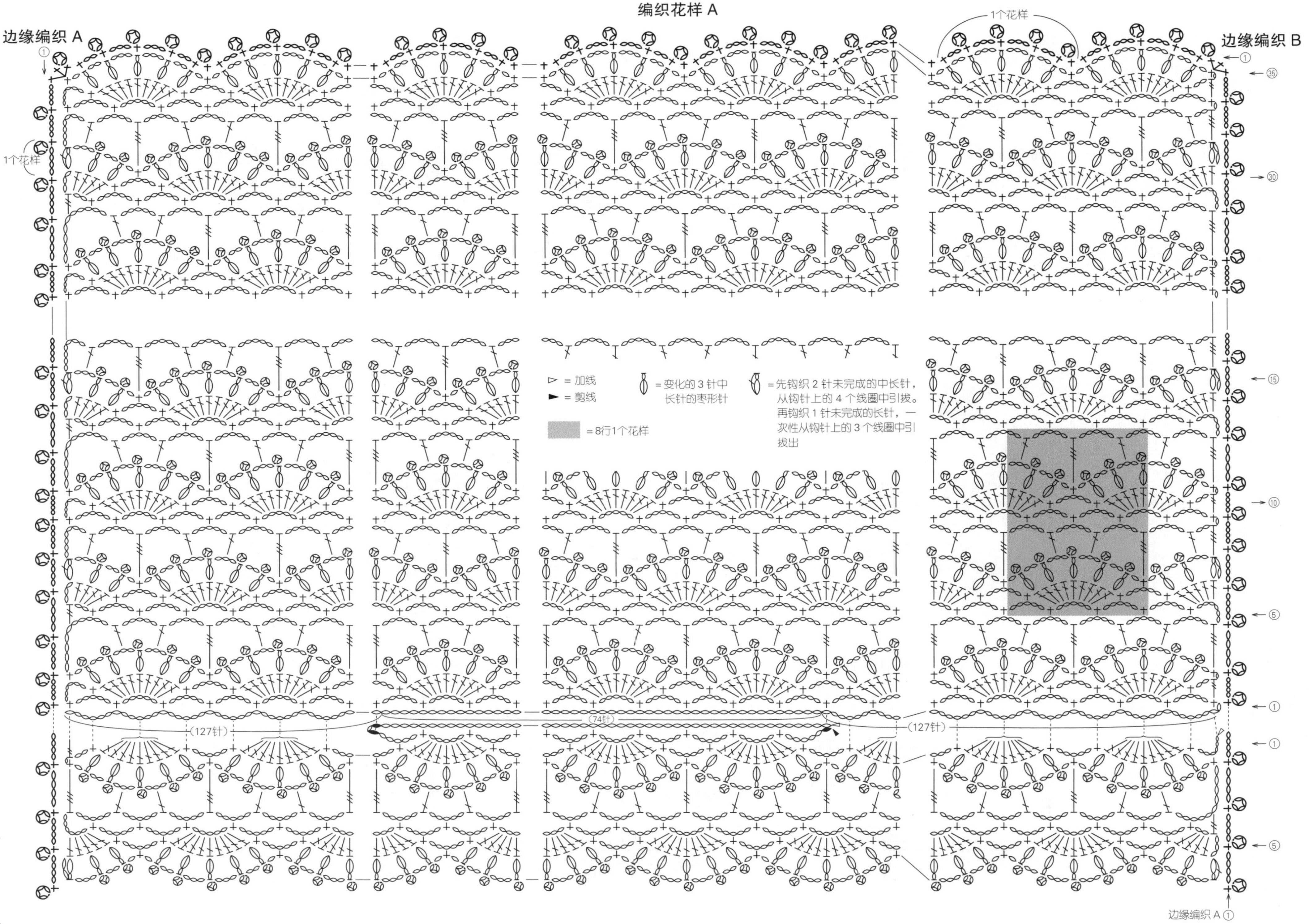
边缘编织 A
1个花样
边缘编织 B
1个花样
①
㉟
㉚
⑮
⑩
⑤
①
①
⑤
(127针)
(74针)
(127针)
▷ = 加线
◀ = 剪线
= 变化的 3 针中长针的枣形针
= 先钩织 2 针未完成的中长针，从钩针上的 4 个线圈中引拔。再钩织 1 针未完成的长针，一次性从钩针上的 3 个线圈中引拔出
= 8行1个花样
边缘编织 A ①

B

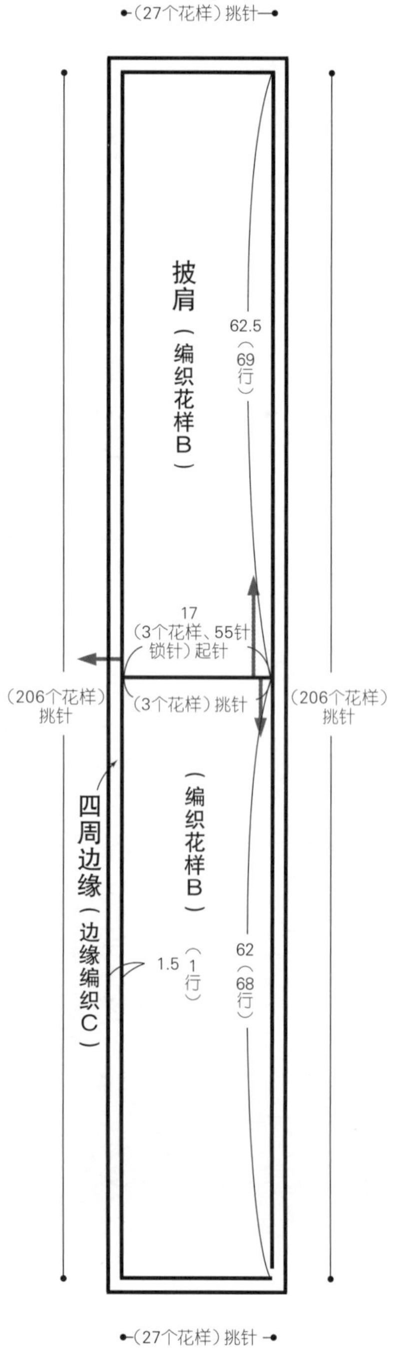

※ 全部用6/0号针钩织

C

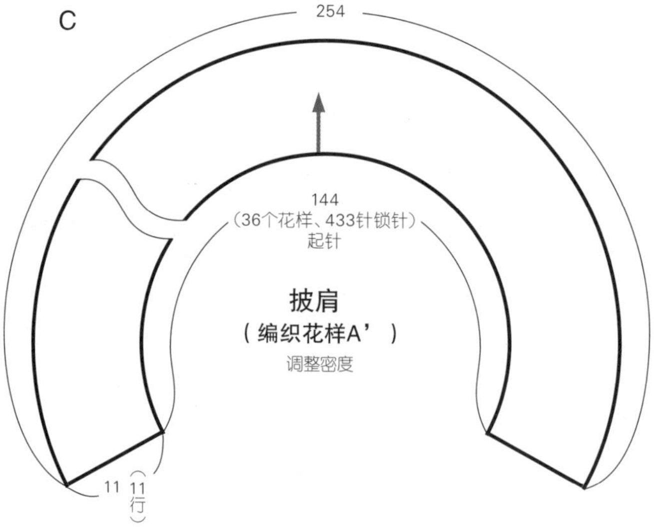

调整密度

行数	使用钩针
第9~11行	7/0号针
第5~8行	6/0号针
第3、4行	5/0号针
第1、2行	4/0号针

四周边缘

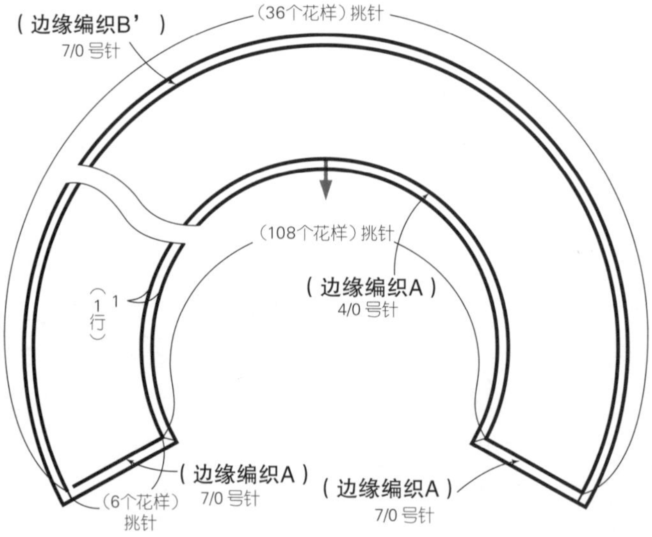

※ 边缘编织A、B'连起来环形编织

▷ = 加线
► = 剪线

编织花样 A'

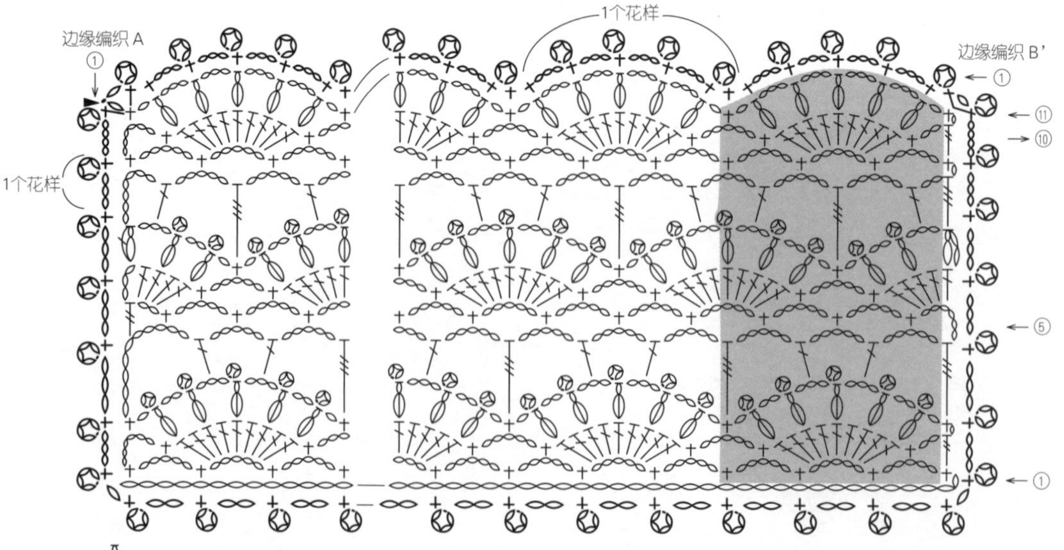

= 变化的3针中长针的枣形针

= 1个花样

= 先钩织2针未完成的中长针，一次性从钩针上的4个线圈中引拔出。
再钩织1针未完成的长针，一次性从钩针上的3个线圈中引拔出

编织花样 B（B、E）

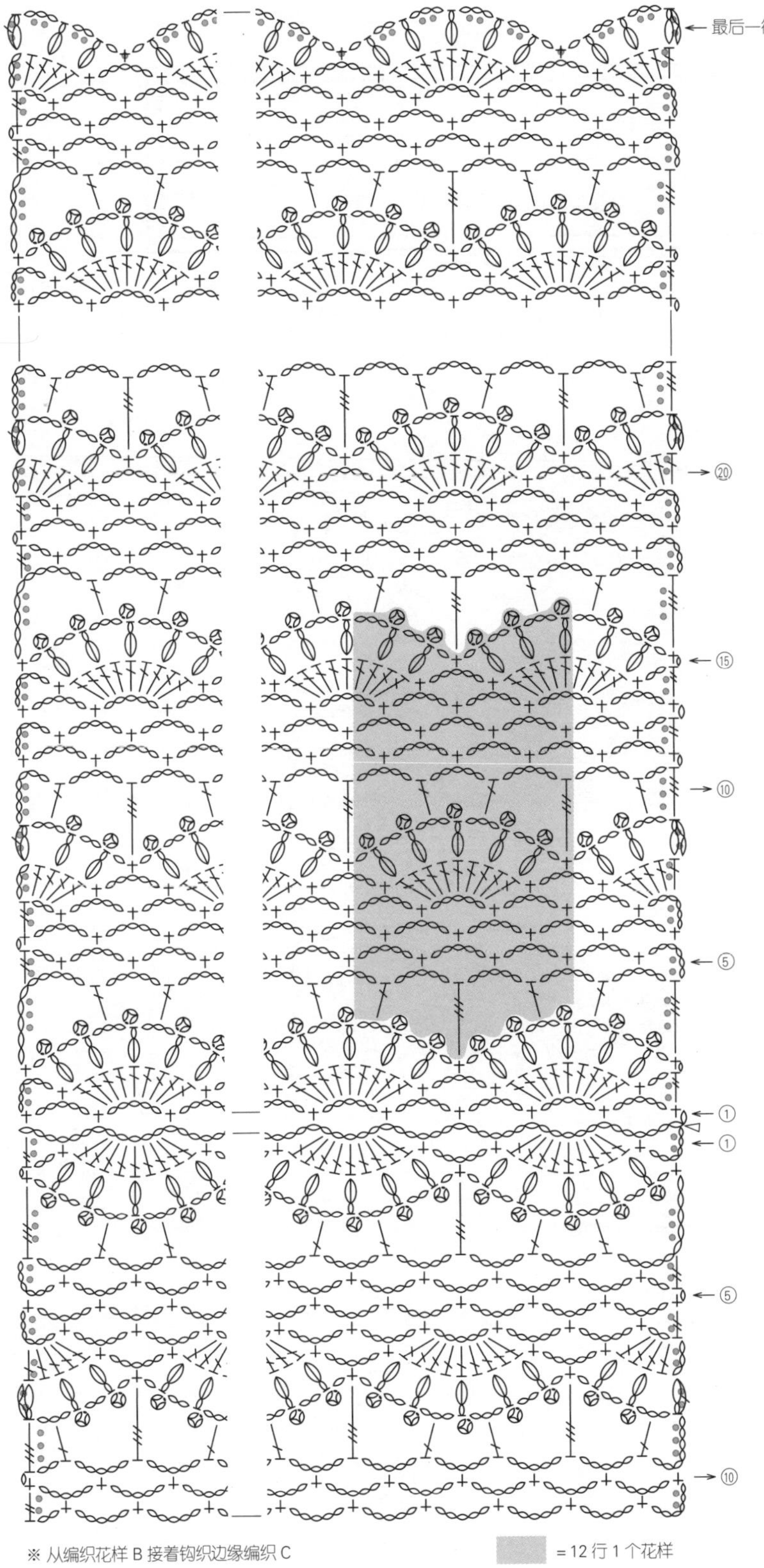

※ 从编织花样 B 接着钩织边缘编织 C

● = 边缘编织 C 的长针的挑针位置

= 变化的 3 针中长针的枣形针

= 先钩织 2 针未完成的中长针，一次性从钩针上的 4 个线圈中引拔出。再钩织 1 针未完成的长针，一次性从钩针上的 3 个线圈中引拔出

= 12 行 1 个花样

▷ = 加线

► = 剪线

E

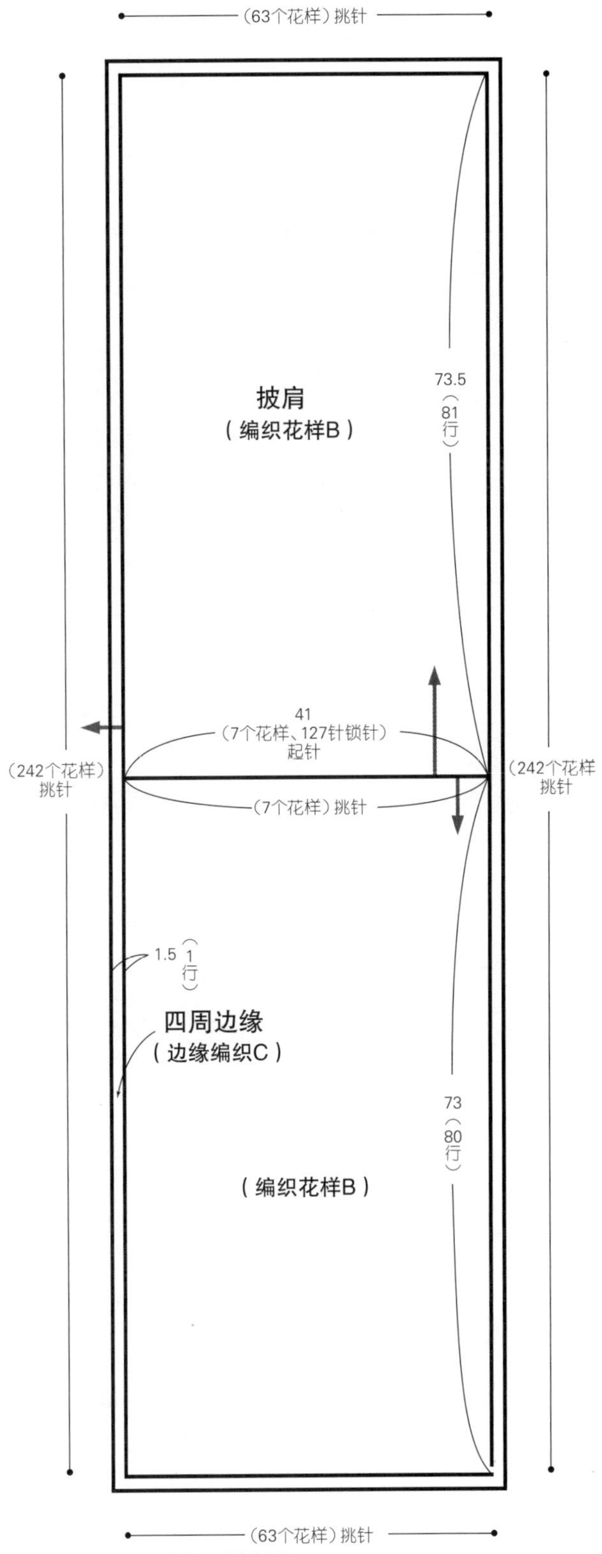

※ 全部用6/0号针钩织

边缘编织 C

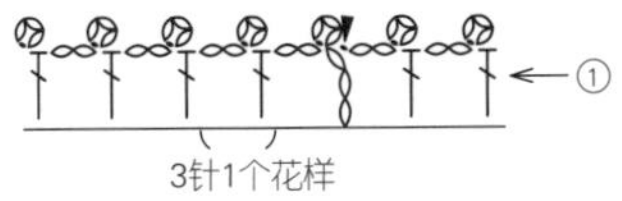

D

披肩（编织花样B）

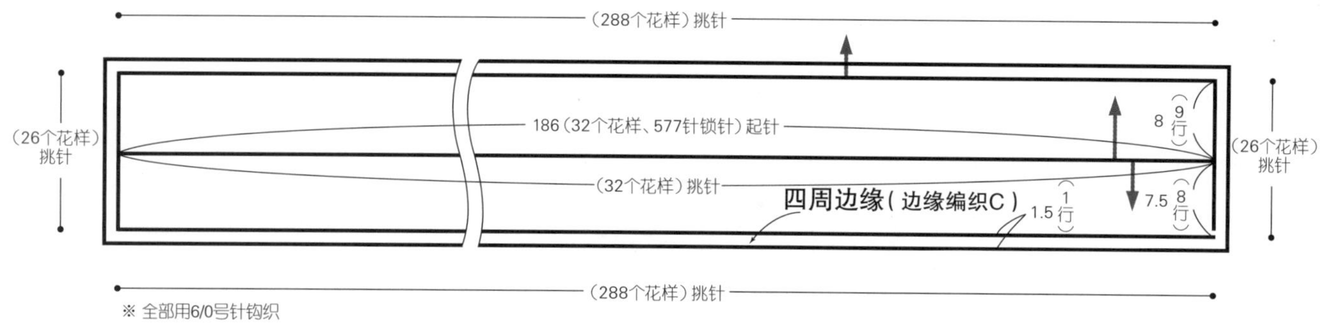

※ 全部用6/0号针钩织

编织花样 B（D）

▷ = 加线
► = 剪线

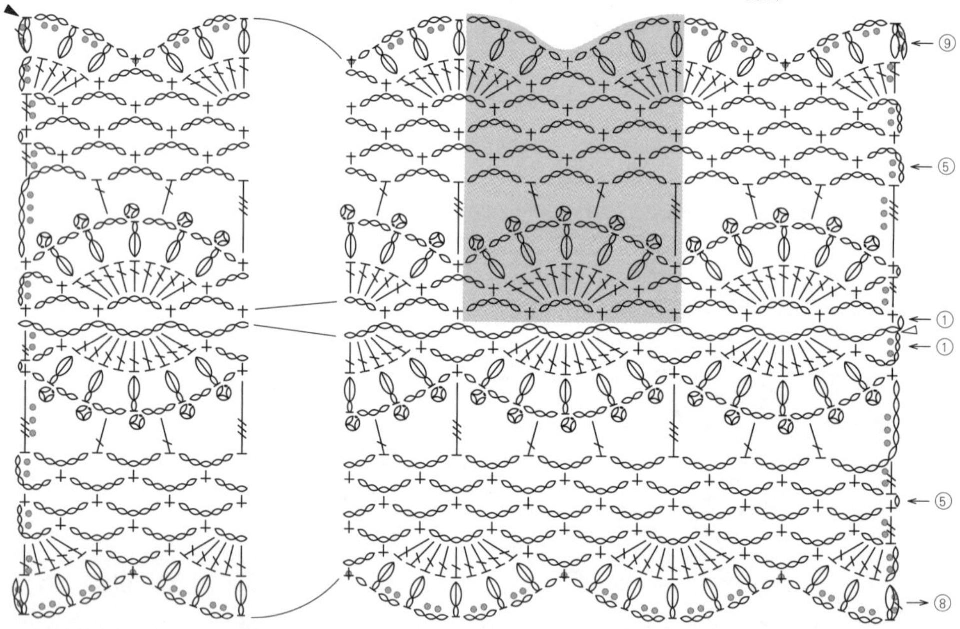

※ 从编织花样 B 接着钩织边缘编织 C

● = 边缘编织 C 的长针的挑针位置

= 变化的 3 针中长针的枣形针

= 先钩织 2 针未完成的中长针，一次性从钩针上的 4 个线圈中引拔出。再钩织 1 针未完成的长针，一次性从钩针上的 3 个线圈中引拔出

= 1 个花样

变化的3针中长针的枣形针
（从1针里挑针）

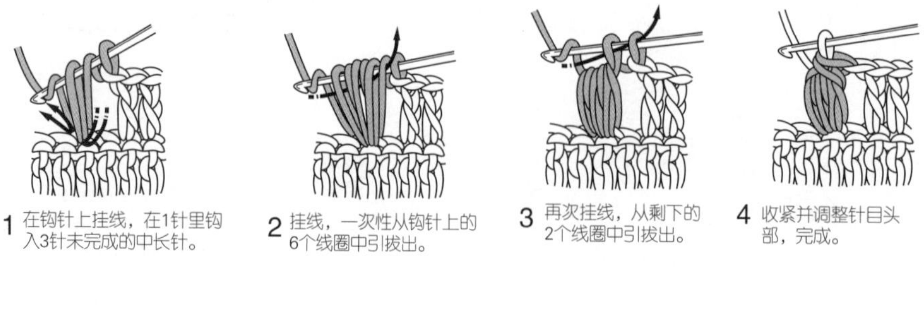

1 在钩针上挂线，在1针里钩入3针未完成的中长针。

2 挂线，一次性从钩针上的6个线圈中引拔出。

3 再次挂线，从剩下的2个线圈中引拔出。

4 收紧并调整针目头部，完成。

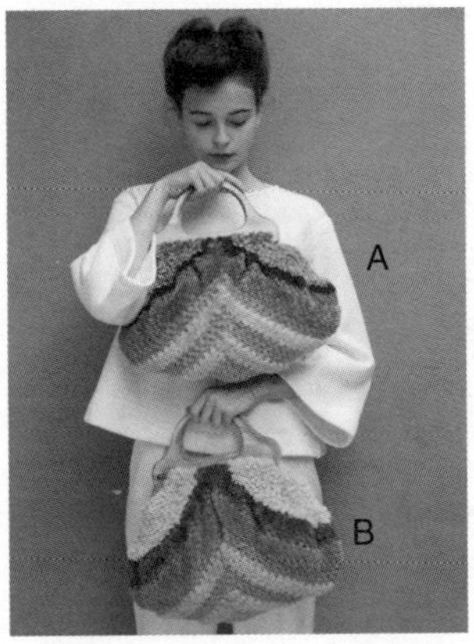

材料

[A] K’s K TRIO 绿色（482）170g/1团；COCCOLA 绿色、白色（509）50g/1团；宽23.5cm、长12.5cm的提手1组

[B] K’s K TRIO 粉红色（480）170g/1团；COCCOLA 粉红色、白色（507）50g/1团；宽23.5cm、长12.5cm的提手1组

工具

棒针12号，钩针4/0号

成品尺寸

宽42cm，深30cm

编织密度

10cm×10cm面积内：编织花样18.5针，12行

编织要点

●主体环形起针后按编织花样钩织。然后从主体挑针在四周编织起伏针，结束时做伏针收针。最后参照组合方法缝上提手。

71 页的作品 ★★★

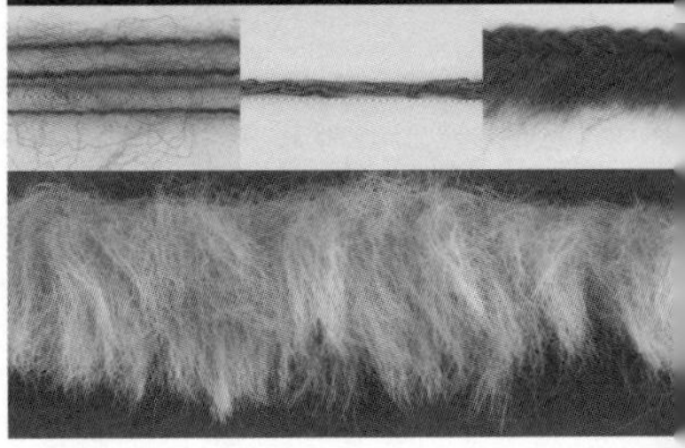

主体

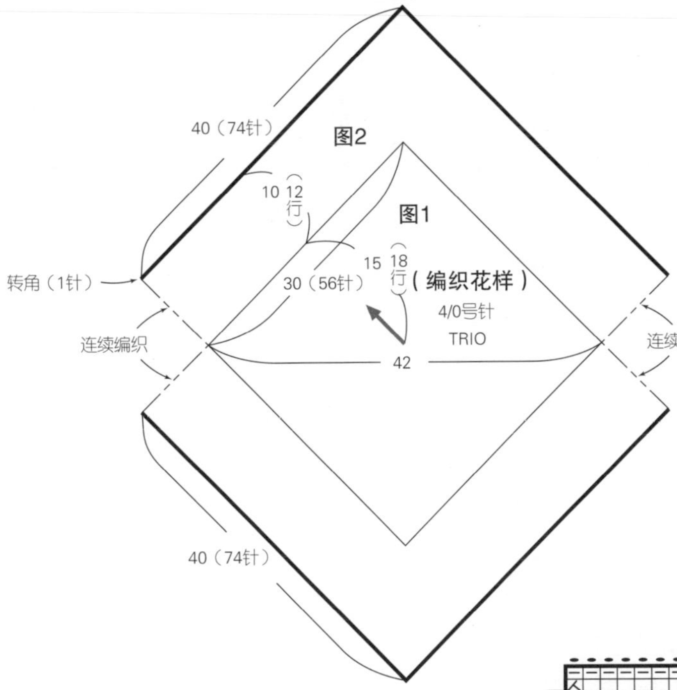

四周边缘（起伏针）12号针 COCCOLA

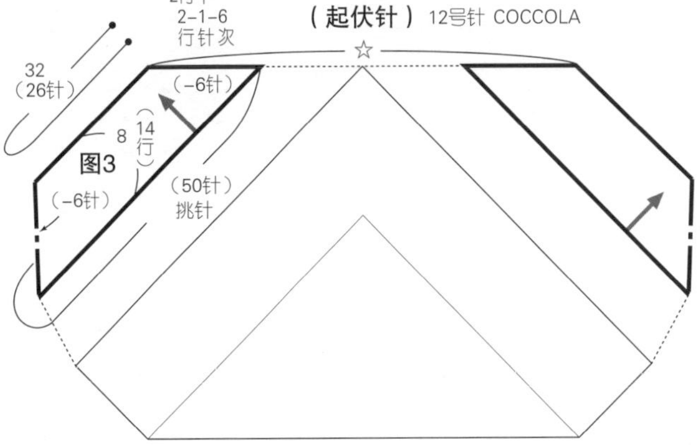

图3

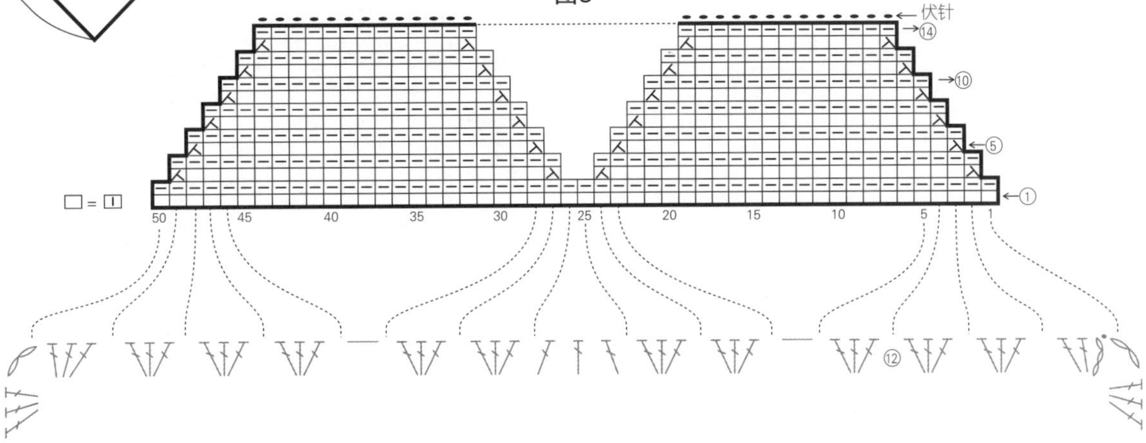

手提包的组合方法

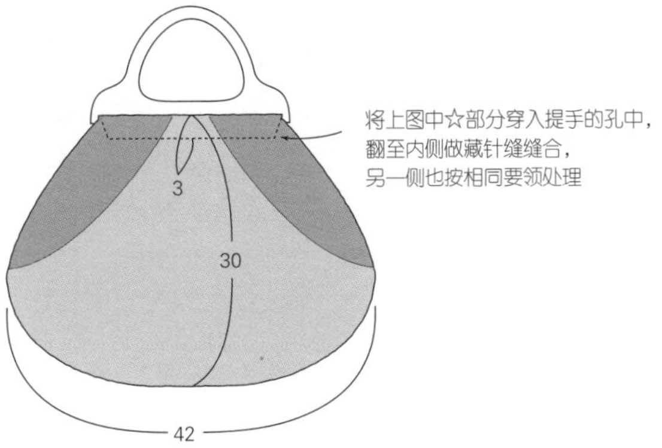

图1

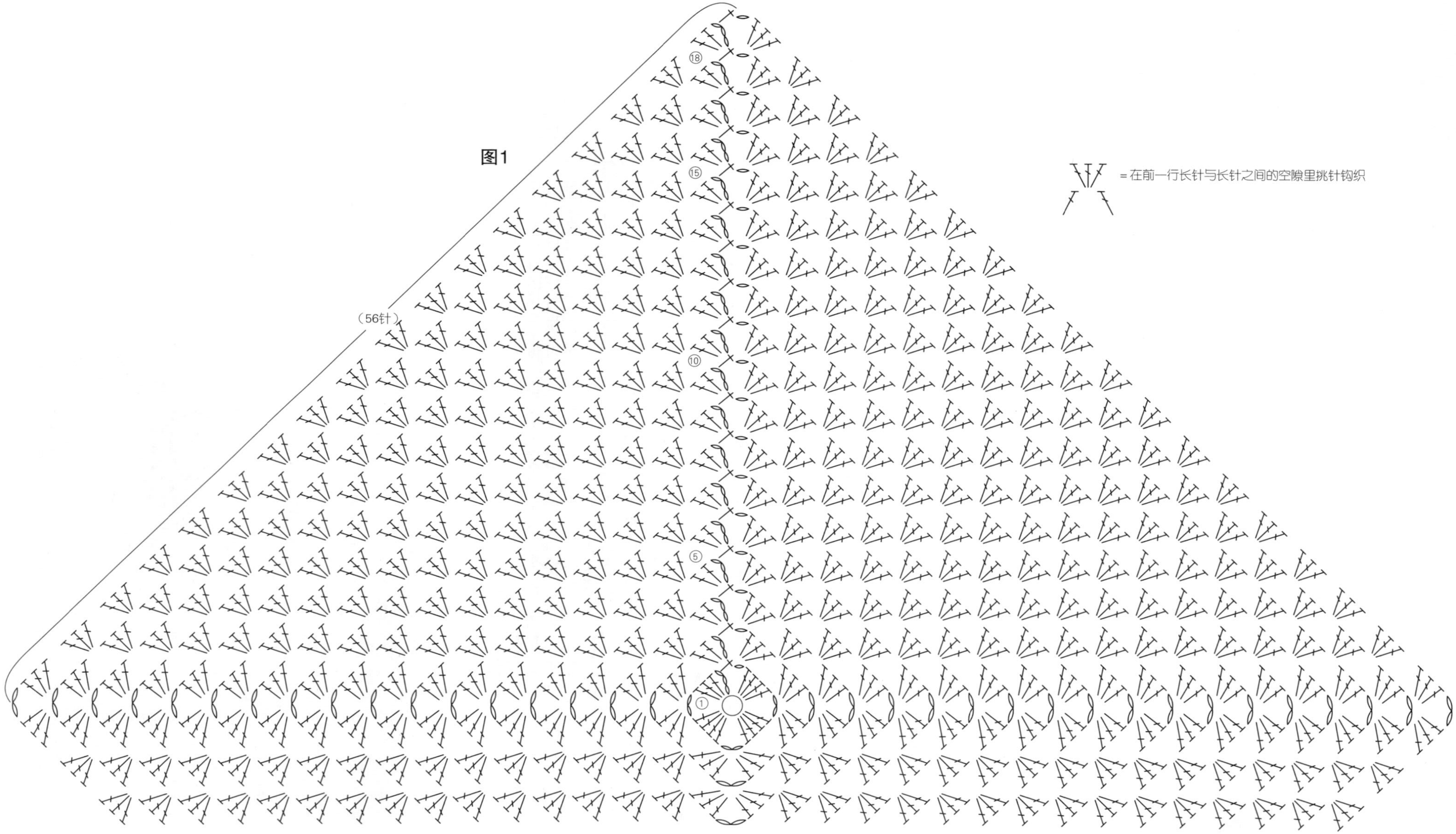

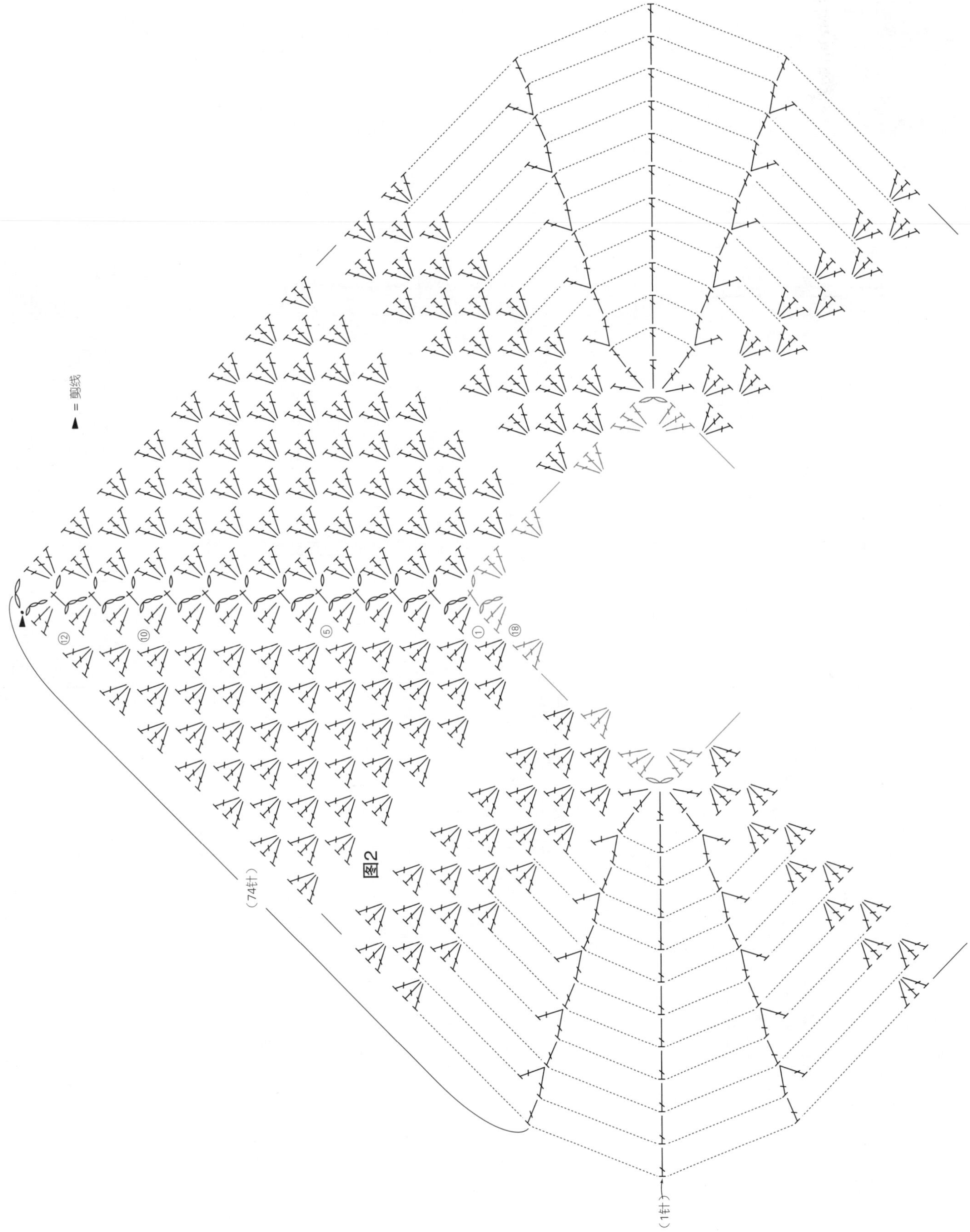
▶ = 剪线
图2
（74针）
（1针）
⑫
⑩
⑤
①
⑱

材料

钻石线 DIA domina <novum> 灰色(502) 240g/6团

工具

棒针8号、6号

成品尺寸

胸围106cm，衣长55.5cm，连肩袖长29.5cm

编织密度

10cm×10cm面积内：上针编织21针，28行；编织花样B 26.5针，28行；编织花样A的1个花样8针3cm，28行10cm

编织要点

●身片…另线锁针起针，做上针编织和编织花样A、B。开衩止位和编织花样B的加减针请参照图示编织。领窝减针时，2针及以上时做伏针减针，1针时立起侧边1针减针。下摆拆开起针的锁针挑针后编织双罗纹针，结束时做双罗纹针收针。开衩处挑取指定针数后编织双罗纹针，结束时按与下摆相同的要领收针。

●组合…肩部做盖针接合。袖口按与开衩处相同的要领编织。衣领挑取指定针数后环形编织双罗纹针，结束时按与下摆相同的要领收针。肋部、袖口下侧做挑针缝合，开衩的侧边做针与行的接合。

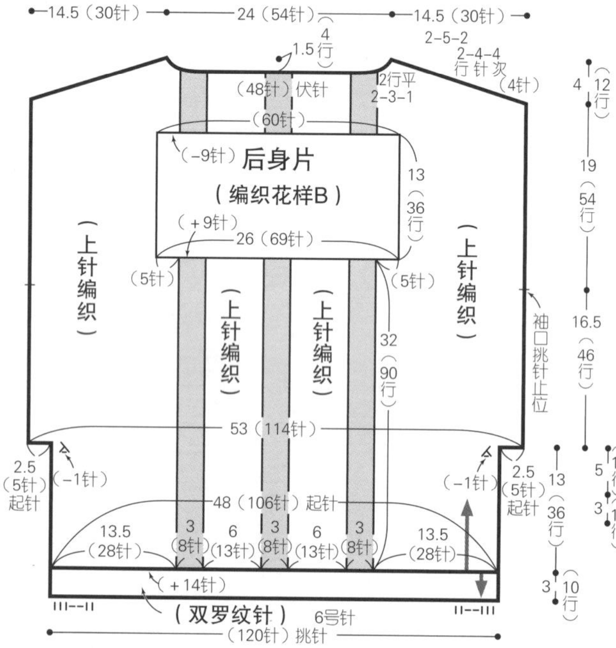

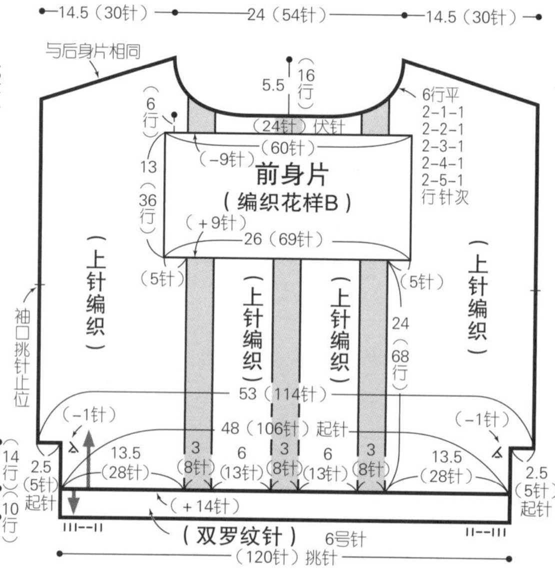

※ 除指定以外均用8号针编织

※ ▭ =（编织花样A）

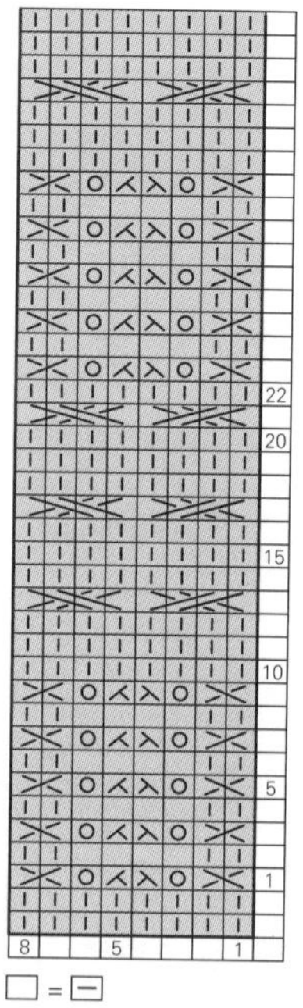

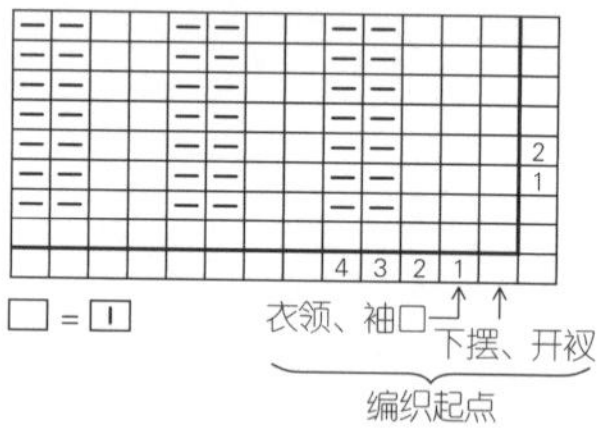

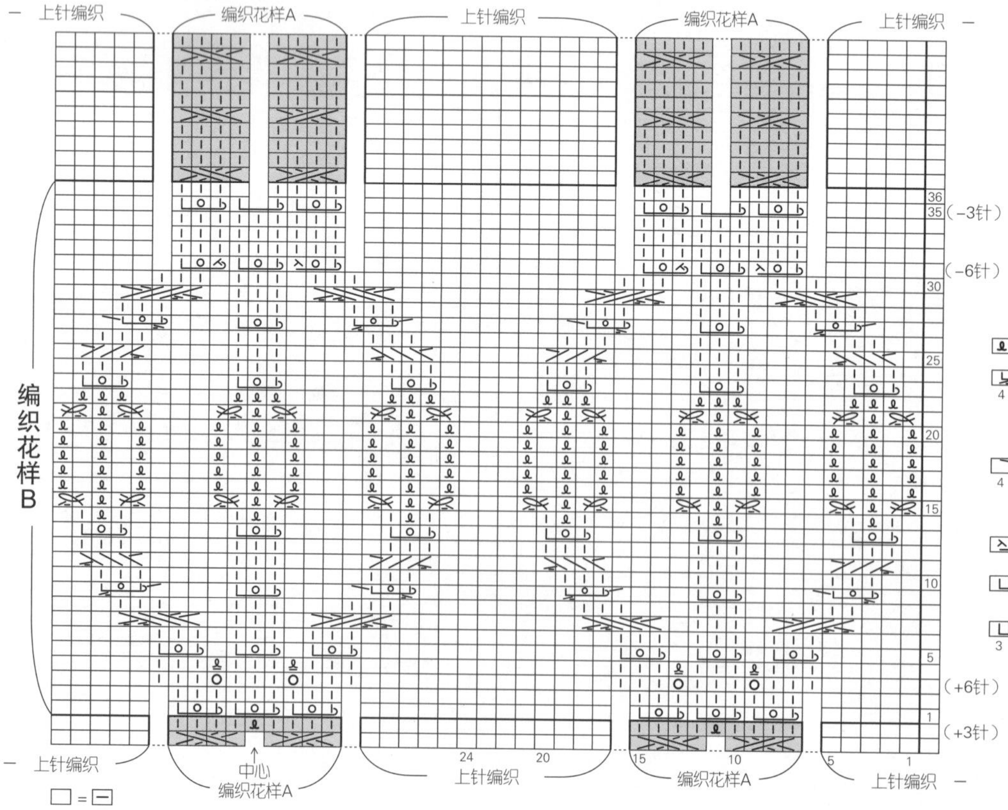

ⓠ = 扭针加针

= 穿过左针的盖针（铜钱花）的右上交叉（下方为1针上针）

※将针目1~3移至麻花针上放到织物的前面，在针目4里编织上针。再在针目1~3里编织穿过左针的盖针

= 穿过左针的盖针（铜钱花）的左上交叉（下方为1针上针）

※将针目1移至麻花针上放到织物的后面，在针目2~4里编织穿过左针的盖针。再在针目1里编织上针

= 穿过左针的盖针（铜钱花）和右上2针并1针

= 穿过左针的盖针（铜钱花）和左上2针并1针

= 将针目3覆盖在针目1和2上，再在针目1和2里编织下针，即减了1针

衣领、袖口（双罗纹针）6号针

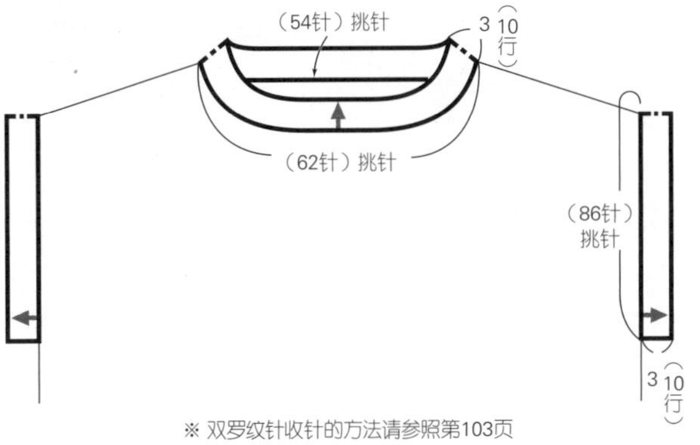

※ 双罗纹针收针的方法请参照第103页

开衩（双罗纹针）6号针

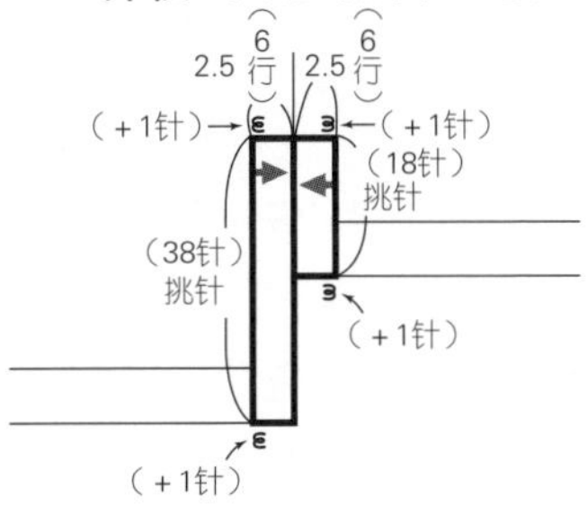

开衩止位（后身片）

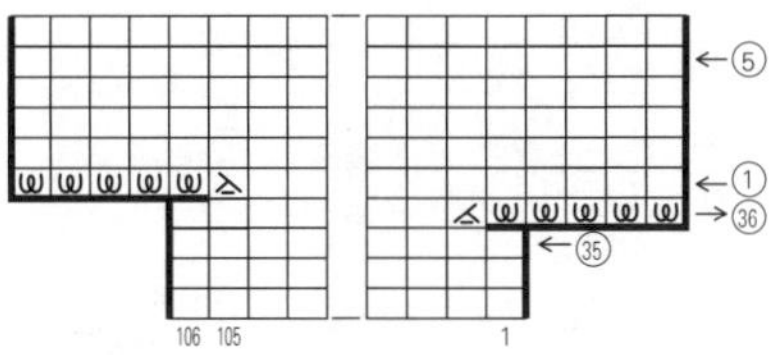

□ = ⊟
Ⓦ = 卷针加针
※编织方法请参照第121页
※前身片也按相同要领编织

穿过左针的盖针（3针的情况）

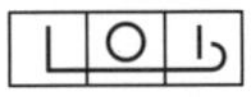

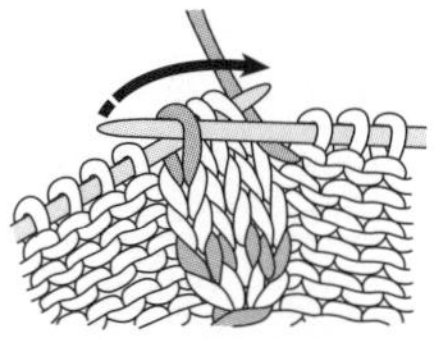

1 在左棒针的第3针里插入右棒针，如箭头所示将其覆盖在右边的2针上。

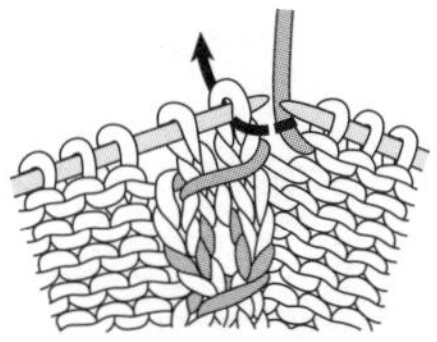

2 在右边的针目里从前面入针，编织下针。

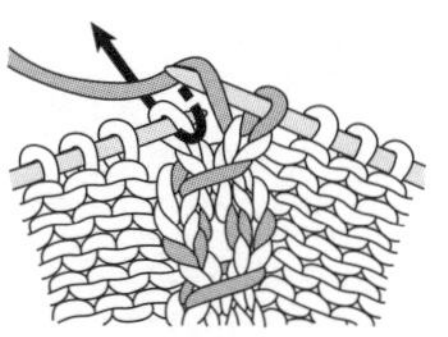

3 接着挂针，再在左边的针目里入针，编织下针。

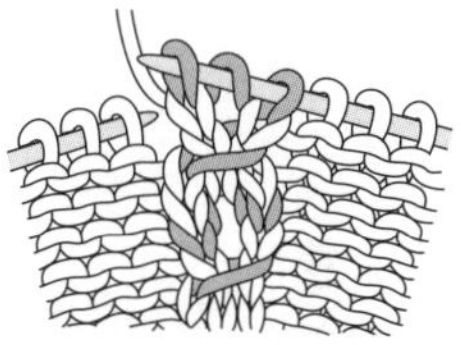

4 穿过左针的盖针（3针的情况）完成。

穿过左针的盖针和右上2针并1针

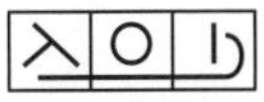

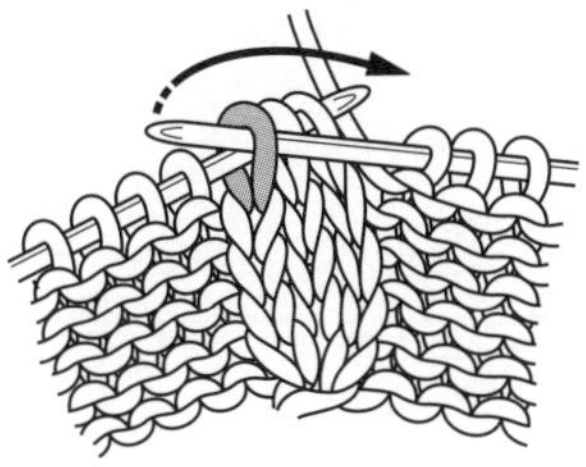

1 在左棒针的第3针里插入右棒针，将其覆盖在右边的2针上。

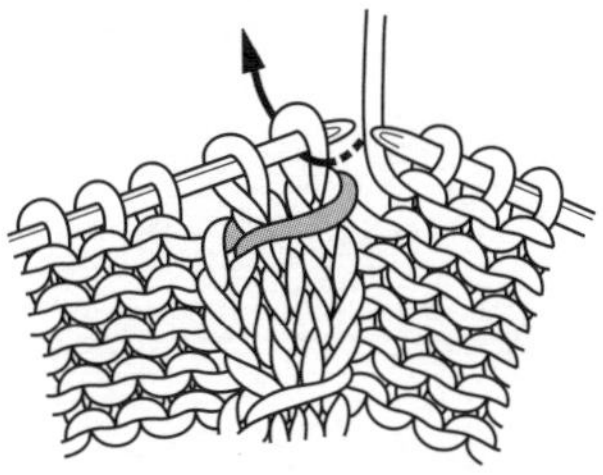

2 如箭头所示入针，编织下针。

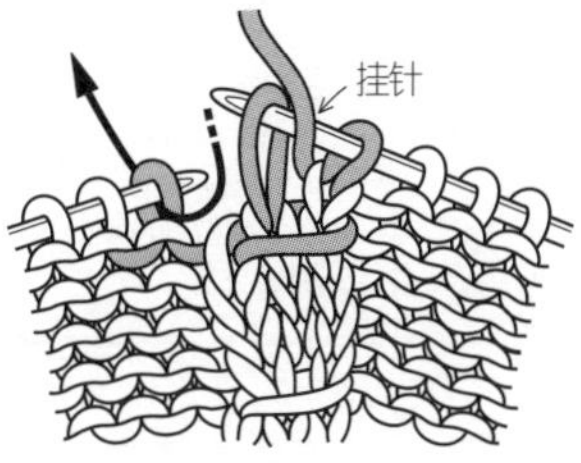

3 挂针，下一针从前往后入针，将其移至右棒针上。接着如箭头所示入针，编织下针。

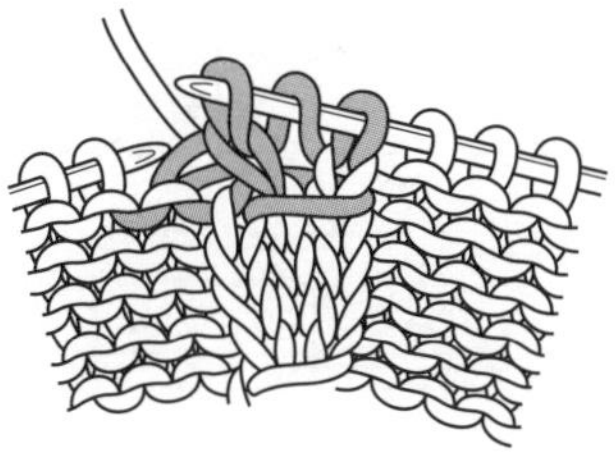

4 将移至右棒针上的针目覆盖在刚才编织的针目上，完成。

穿过左针的盖针和左上2针并1针

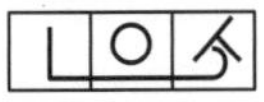

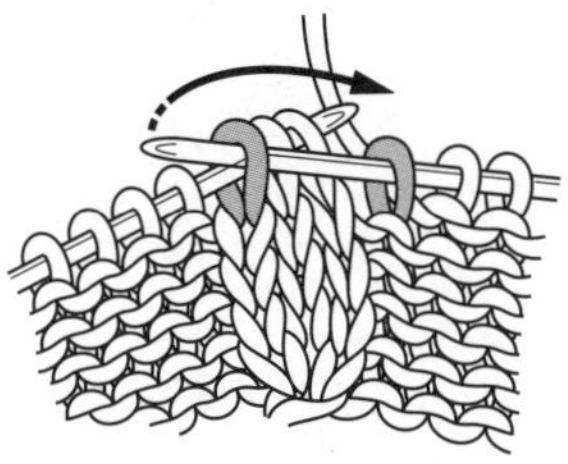

1 前面1针不编织直接滑至右棒针上。接着将左棒针的第3针覆盖在右边的2针上。

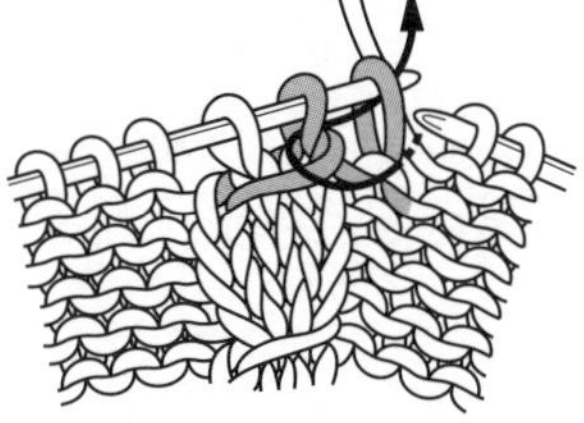

2 将滑至右棒针上的针目移回左棒针上。如箭头所示入针，2针一起编织下针。

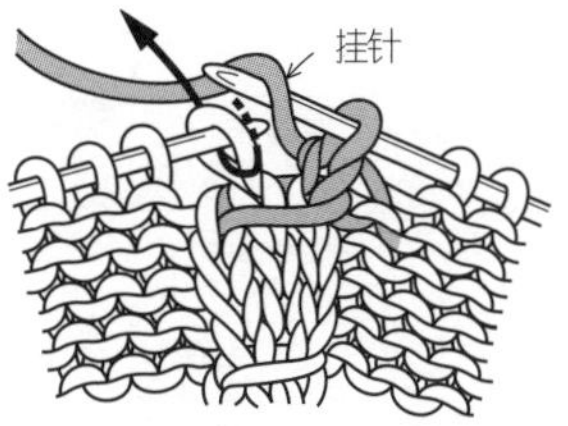

3 挂针，下一针如箭头所示入针编织下针。

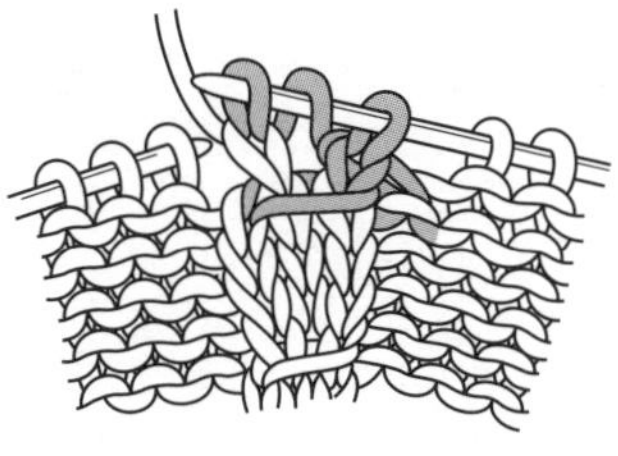

4 穿过左针的盖针和左上2针并1针完成。

70 页的作品 ★★

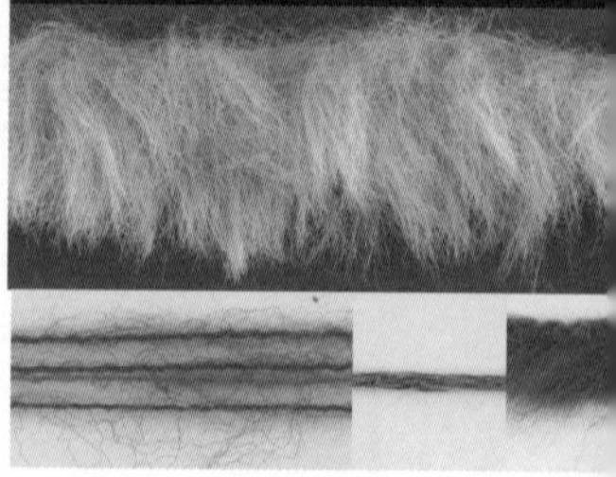

材料

K’s K COCCOLA 黑色、白色(761) 260g/3团；TRIO 黑色(485) 110g/1团

工具

棒针15号、8号

成品尺寸

颈围50cm，长44cm

编织密度

10cm×10cm面积内：下针编织18针，30.5行(后身片)；9.5针，17行(衣领)；10.5针，14.5行(前身片)

编织要点

●身片、衣领…从TRIO线团的外侧拉出线编织。后身片手指挂线起针后编织起伏针和下针编织，减针时在下针部分的两端编织2针并1针，结束时做伏针收针。衣领按与后身片相同的要领起针，然后环形编织下针编织。编织24行后，将24针做伏针收针，剩下的针目继续编织前身片。前身片做下针编织和上针编织，加针时在下针和上针的交界处编织扭针加针。编织20行后分成左、右两片编织，在口袋位置临时编入另线，结束时按与后身片相同的要领收针。拆开口袋位置的另线，袋口做伏针收针，从另一侧开始编织口袋内层，结束时按与后身片相同的要领收针。

●组合…参照组合方法，胁部做挑针缝合，后身片与衣领做下针无缝缝合。最后用卷针缝将口袋内层缝在身片上。

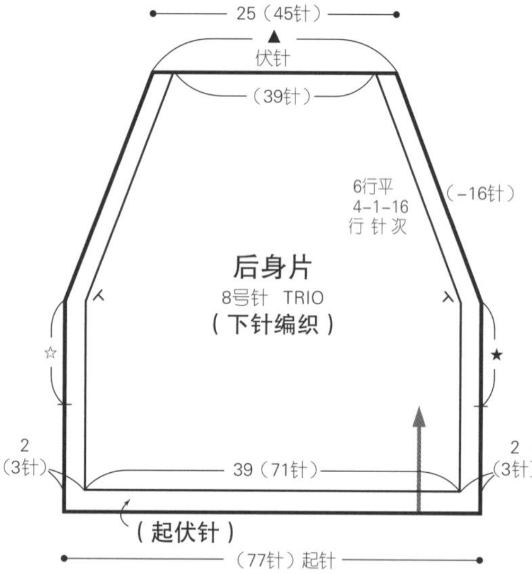

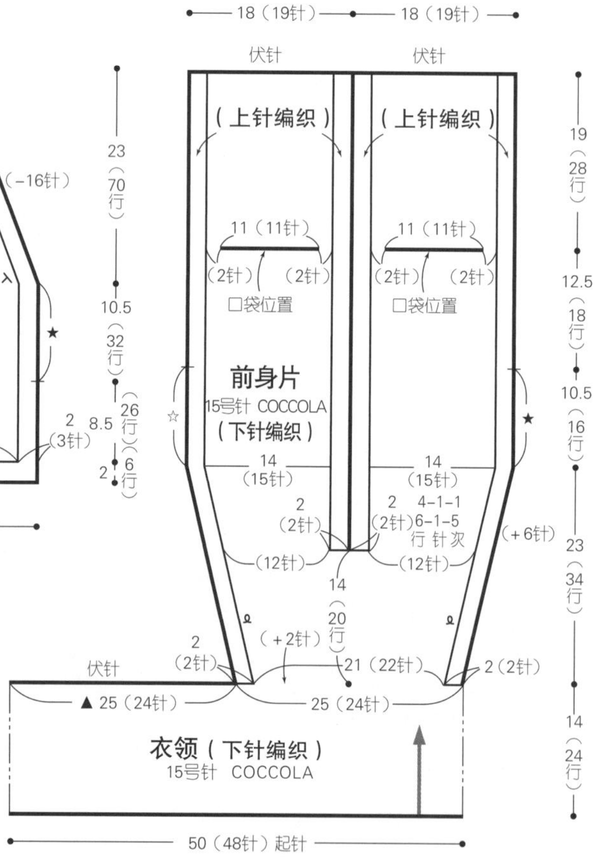

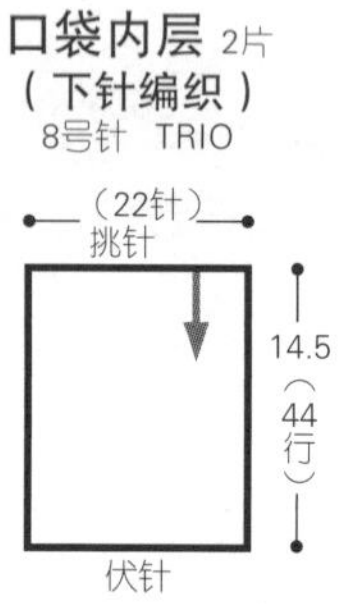

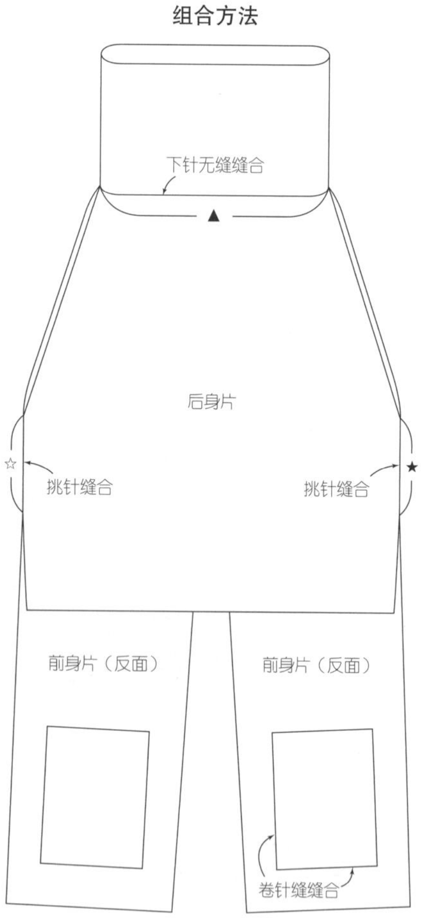

短针的条纹针

(往返编织的情况)

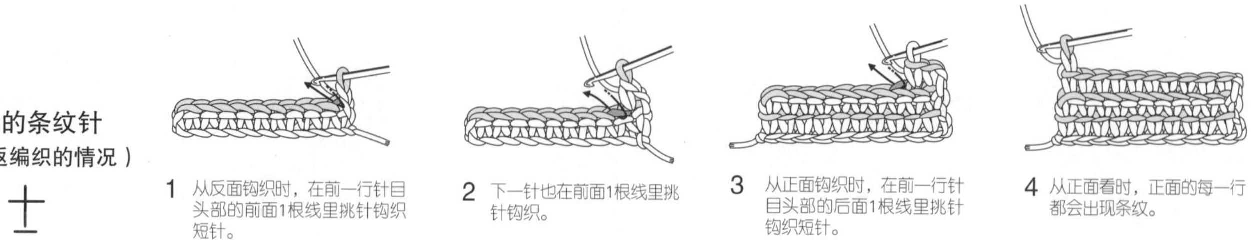

1 从反面钩织时，在前一行针目头部的前面1根线里挑针钩织短针。

2 下一针也在前面1根线里挑针钩织。

3 从正面钩织时，在前一行针目头部的后面1根线里挑针钩织短针。

4 从正面看时，正面的每一行都会出现条纹。

材料

达摩手编线 Classic Tweed 深藏青色（2）350g/9团，浅灰色（9）140g/4团

工具

编织机 Amimumemo（6.5mm），棒针10号

成品尺寸

胸围98cm，衣长62.5cm，连肩袖长75.5cm

编织密度

10cm×10cm面积内：下针条纹、下针编织均为15针，21.5行

编织要点

●身片、衣袖…另色线起针后开始编织，身片编织下针条纹，衣袖做下针编织。身片插肩线的减针是在边上第2针和第3针里做2针并1针，衣袖插肩线的减针是在边上第4针和第5针里做2针并1针。加针时在边上1针的内侧加针。编织结束时休针备用。下摆和袖口编织双罗纹针，结束时从反面做引拔收针。

●组合…插肩线、胁部、袖下做挑针缝合，腋下针目做下针无缝缝合。衣领用10号针挑取指定针数后环形编织双罗纹针，结束时做下针织下针、上针织上针的伏针收针。

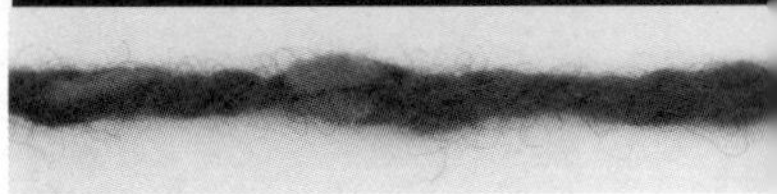

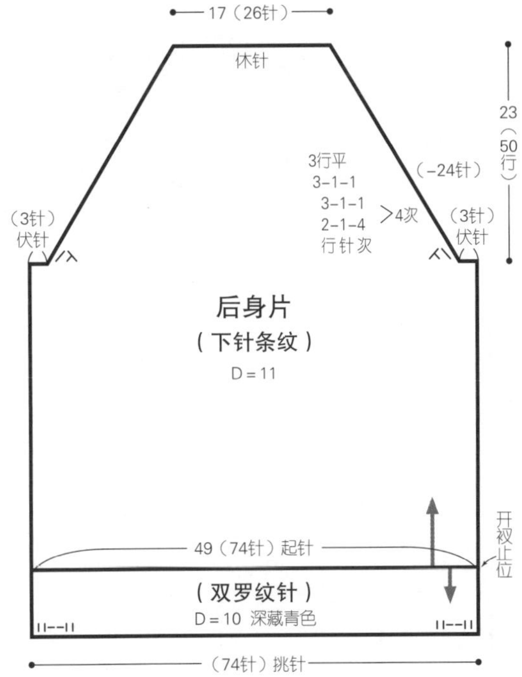

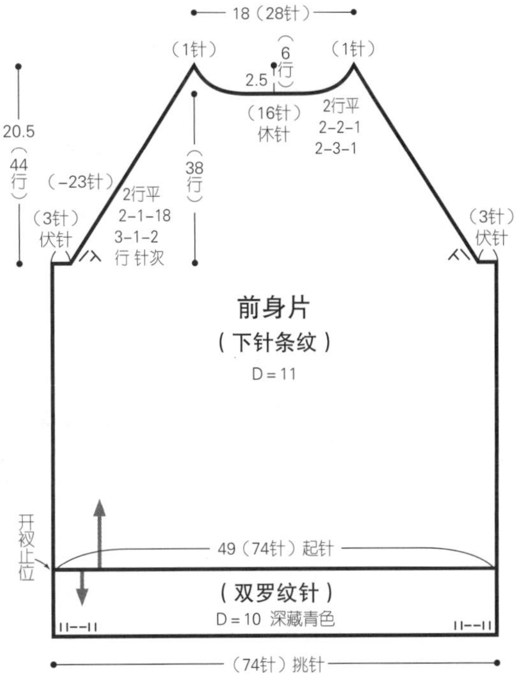

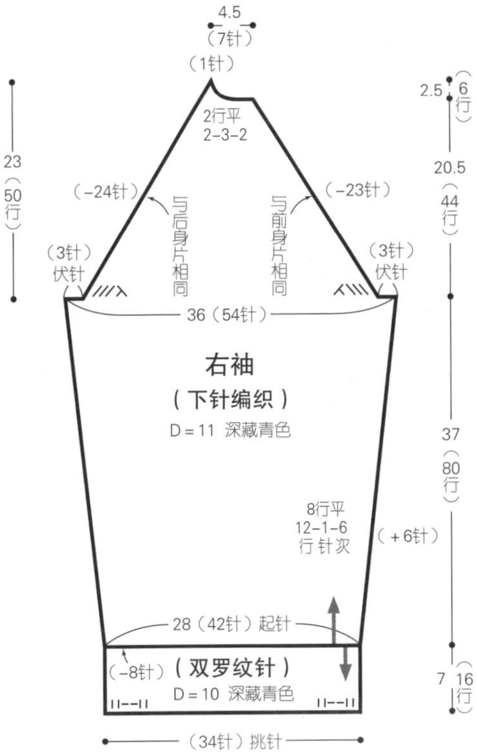

※ 对称编织左袖

衣领（双罗纹针）

10号针

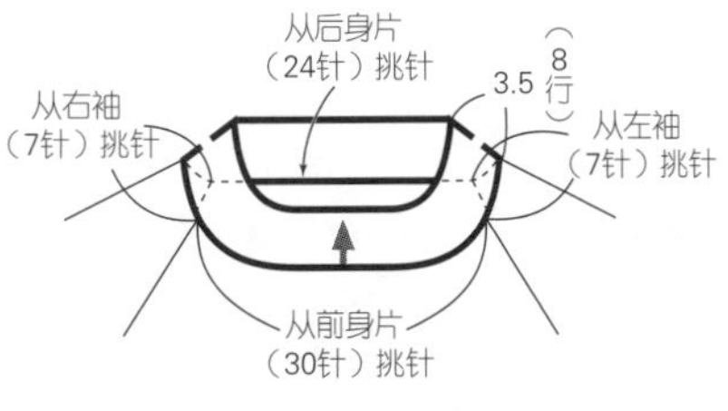

下针条纹的配色

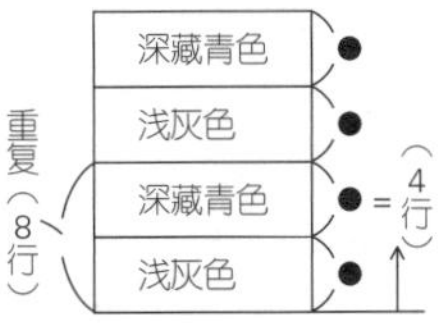

双罗纹针（下摆、袖口）

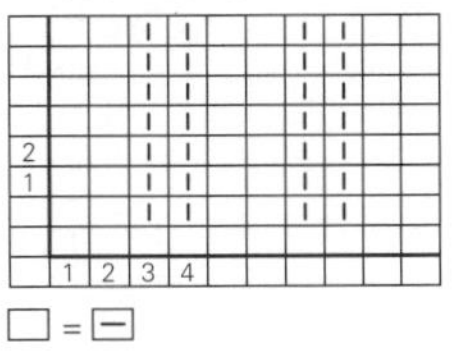

※ 符号图表示的是挂在编织机上的状态

双罗纹针（衣领）

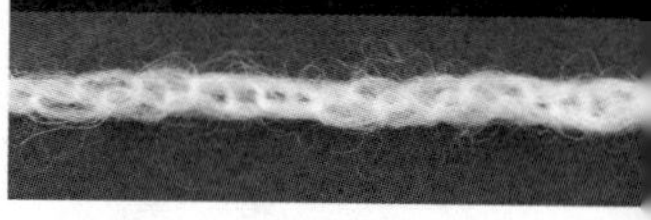

材料

和麻纳卡 Sonomono Alpaca Lily 灰色（114）440g/11团

工具

编织机 Amimumemo（6.5mm）

成品尺寸

胸围104cm，衣长65cm，连肩袖长69.5cm

编织密度

10cm×10cm面积内：下针编织18针，24行（后身片）；18针，25.5行（前身片、风帽、衣袖）；编织花样A、B、C均为32针，25.5行

编织要点

●身片、衣袖…单罗纹针起针后开始编织单罗纹针，接着做下针编织和编织花样A、B、C。肩部做引返编织，结束时肩部和领窝分别编织几行另色线后从编织机上取下织片。风帽用另色线起针并从前身片的休针处挑针后开始编织。加针时，将边上的针目向外移1针，再将边上第2针前一行的针目拉上来挂在空针上；减针时立起侧边1针减针。结束时编织几行另色线，从编织机上取下织片。

●组合…肩部跳过前身片的退针与后身片做机器缝合。分别对齐风帽的起针针目与后领窝、左右风帽的编织终点做机器缝合。衣袖与身片之间也做机器缝合。胁部、袖下、风帽的后侧中心做挑针缝合。

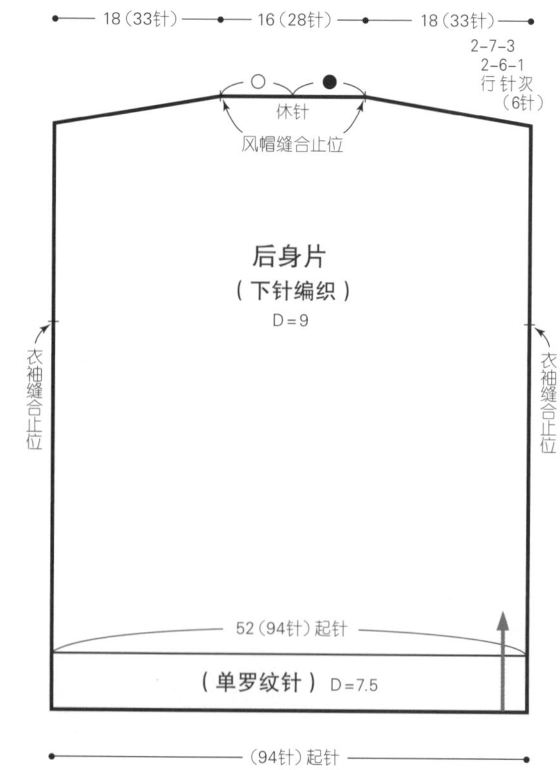

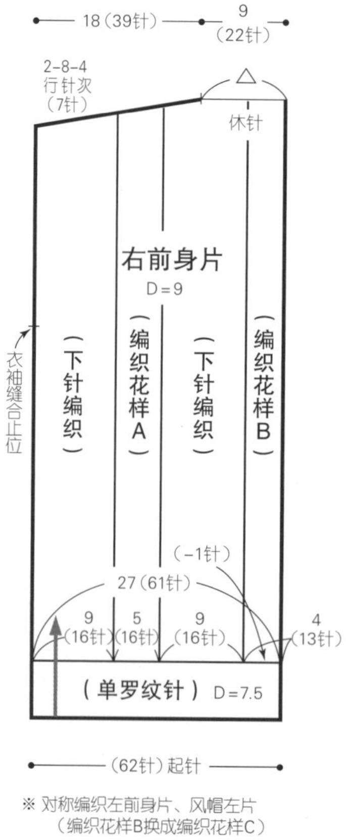

※ 对称编织左前身片、风帽左片
（编织花样B换成编织花样C）

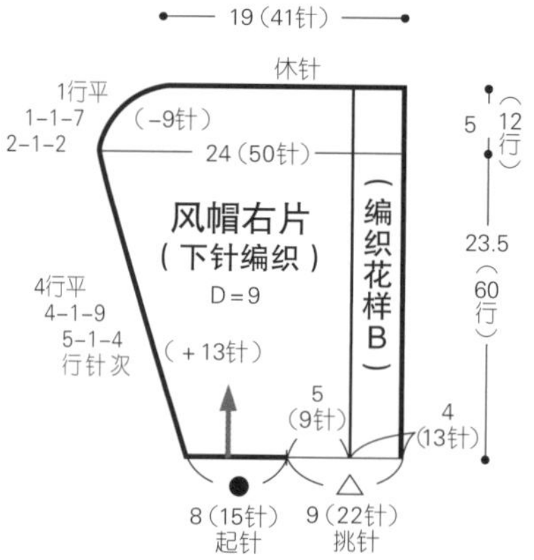

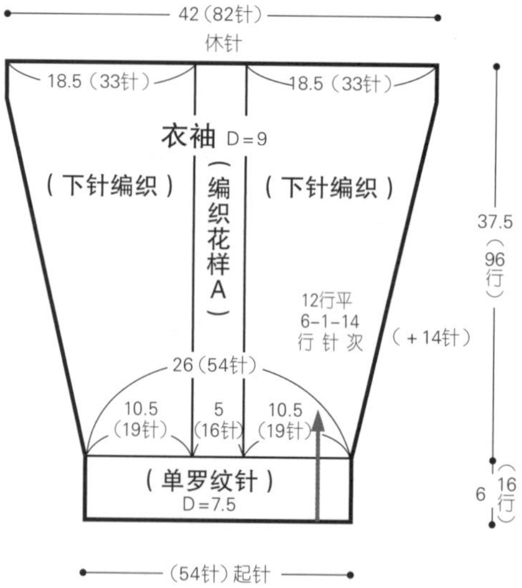

编织花样A

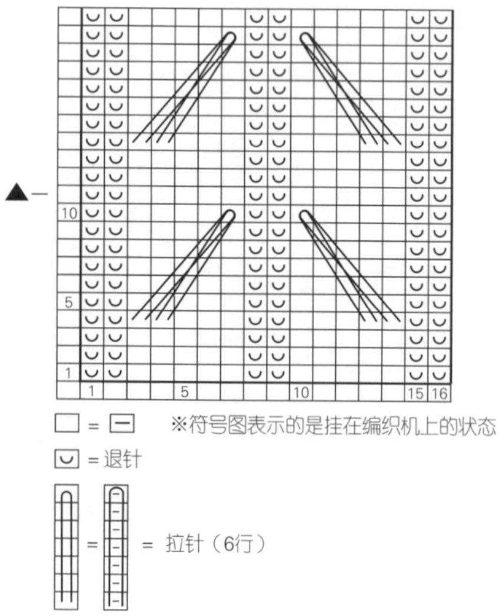

□ = ⊟　※符号图表示的是挂在编织机上的状态

◡ = 退针

= 拉针（6行）

编织花样B（右前身片、风帽右片）

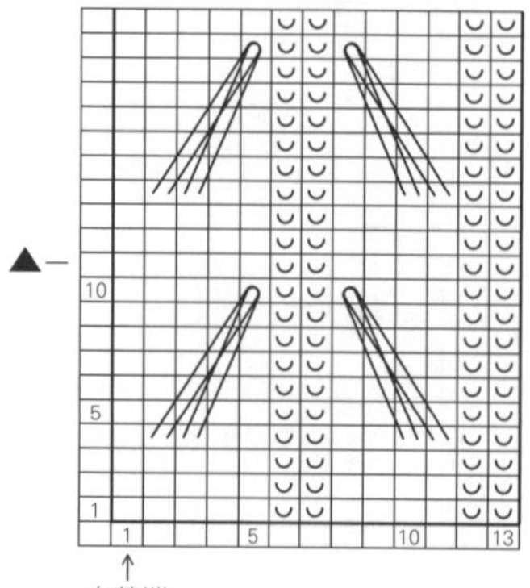

右前端

□ = ⊟

编织花样C（左前身片、风帽左片）

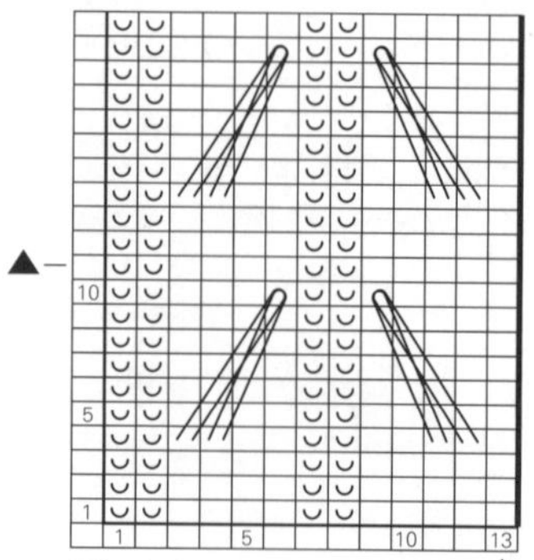

左前端

□ = ⊟

单罗纹针

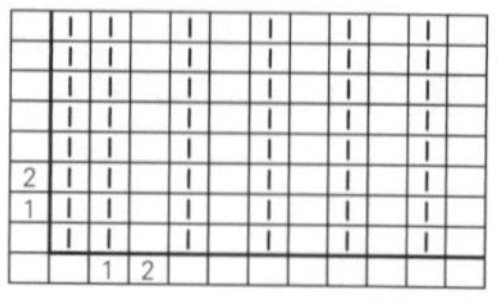

□ = ⊟

※符号图表示的是挂在编织机上的状态

组合方法

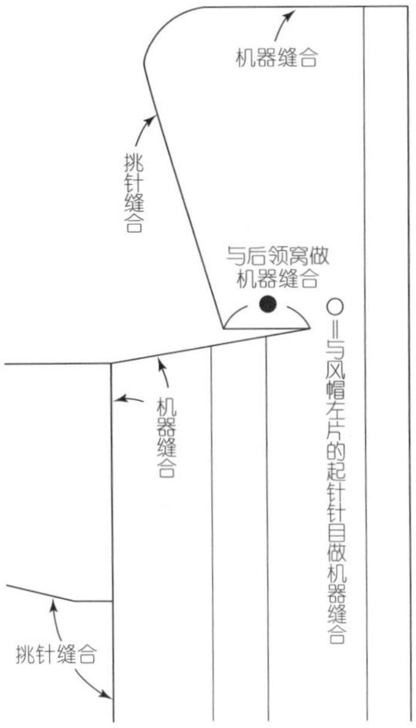

编织花样的编织方法

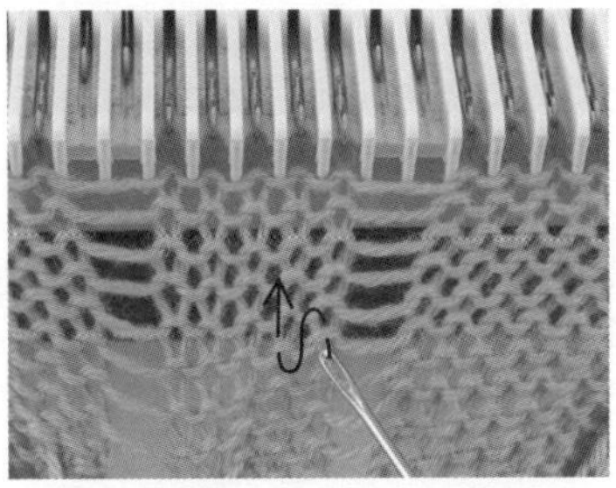

1 编织▲行前，如箭头所示在前面第7行的2个针目里插入移圈针。

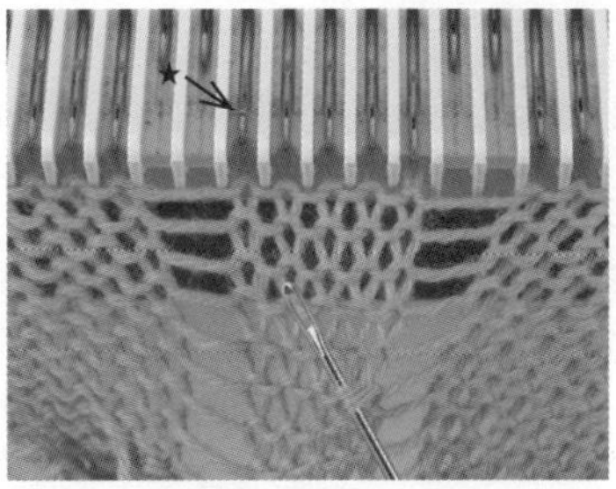

2 插入移圈针后的状态。将移圈针上的针目挂到★的机针上。

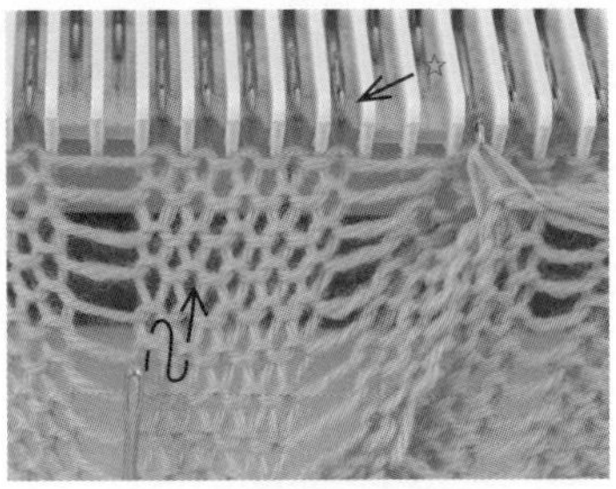

3 左侧也按相同要领对称地将前面第7行的针目挑上来挂到☆的机针上。

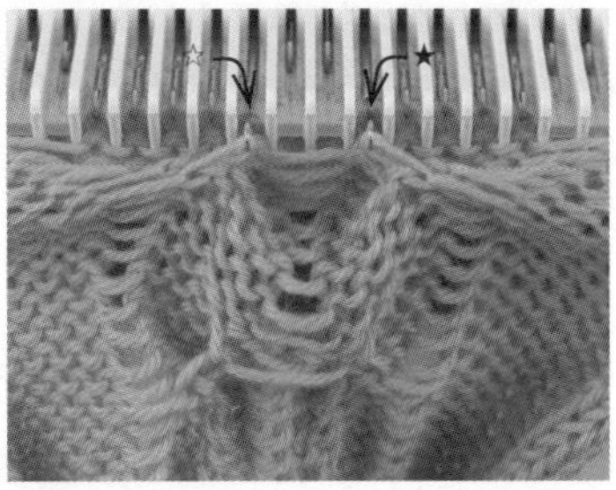

4 将★、☆的机针推出至D位置，移动机头编织▲行。

嵌线的挂法和流苏的制作方法

※ 为了便于理解，此处嵌线使用了不同的颜色

1 将★的机针推出至D位置，如箭头所示挂上嵌线。

2 挂上嵌线后的状态。在此状态下编织1行。

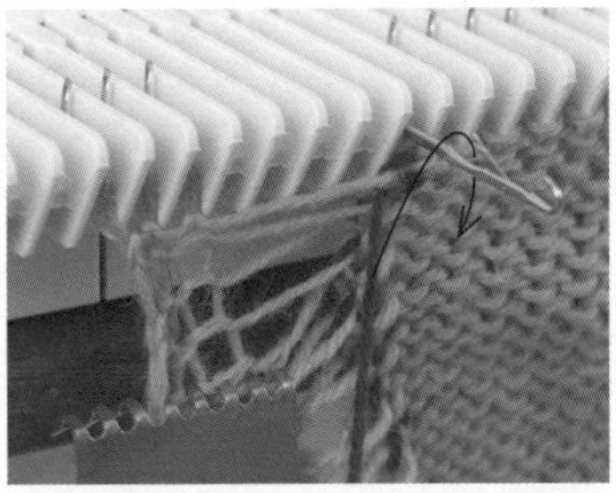

3 下一行从另一侧挂上嵌线。

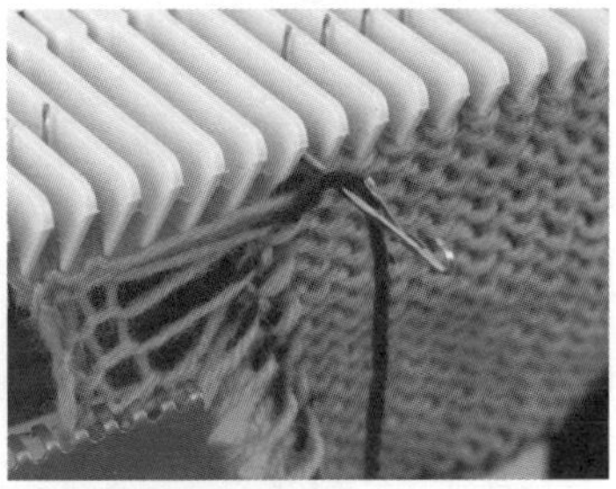

4 编织1行。重复步骤1~4。

5 编织结束后，将边上的3针从机针上取下，其余针目继续编织几行另色线后再从编织机上取下。

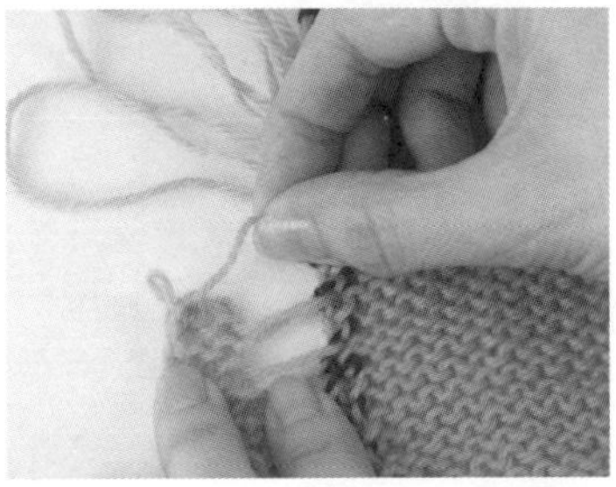

6 拆开边上的3针。

7 剪开线圈。

8 蒸汽熨烫平整后修剪整齐。

材料

和麻纳卡 Fuuga 灰色系段染(8) 200g/5团；直径 20mm 的纽扣 12 颗

工具

编织机 Amimumemo(6.5mm)，钩针 8/0 号

成品尺寸

胸围 98cm，衣长 54cm，肩宽 41cm

编织密度

10cm×10cm 面积内：下针编织 19 针，25 行

编织要点

●身片…后身片用另色线起针后开始做下针编织。袖窿减针时立起侧边 2 针减针。肩部做引返编织后再编织几行另色线，从编织机上取下针目。继续编织衣领，结束时按与肩部相同的要领处理。编织前身片时预先准备 2 根长约 1.6m 的线用作嵌线。另色线起针后开始编织，退针部分请参照图示。接着做下针编织和编织花样，注意前端的针目(★)每行都要挂上嵌线编织，并在右前身片留出扣眼。结束时将编织花样部分的针目从编织机上取下，剩下的下针编织部分继续编织几行另色线后再从编织机上取下。参照图示将编织花样部分的针目拆开。

●组合…肩部做机器缝合，胁部、衣领侧边做挑针缝合。下摆、领窝挑取指定针数后钩织边缘编织。袖窿、下摆的开衩周围在 1 针内侧钩织引拔针调整形状。将流苏修剪成 6cm 长，最后在左前身片的正面和反面缝上纽扣。

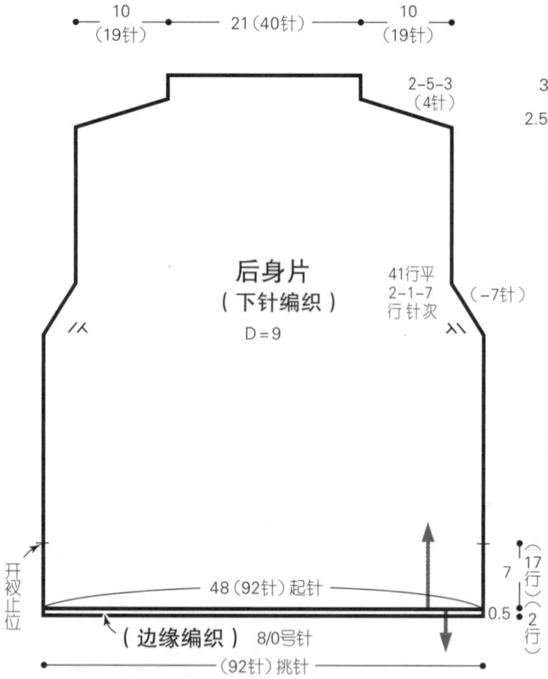

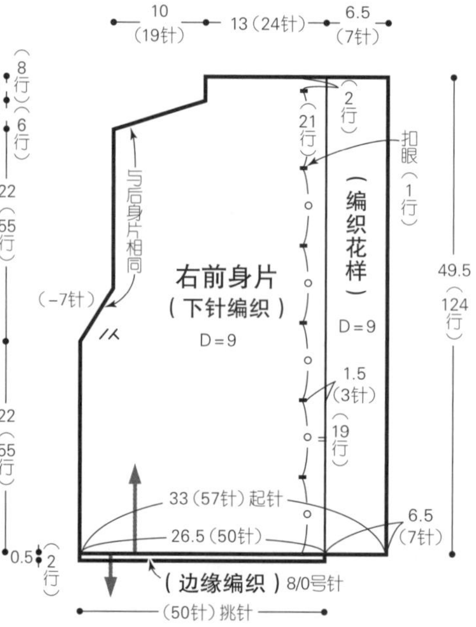

※对称编织左前身片

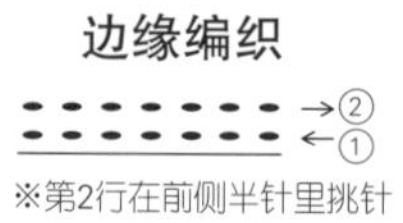

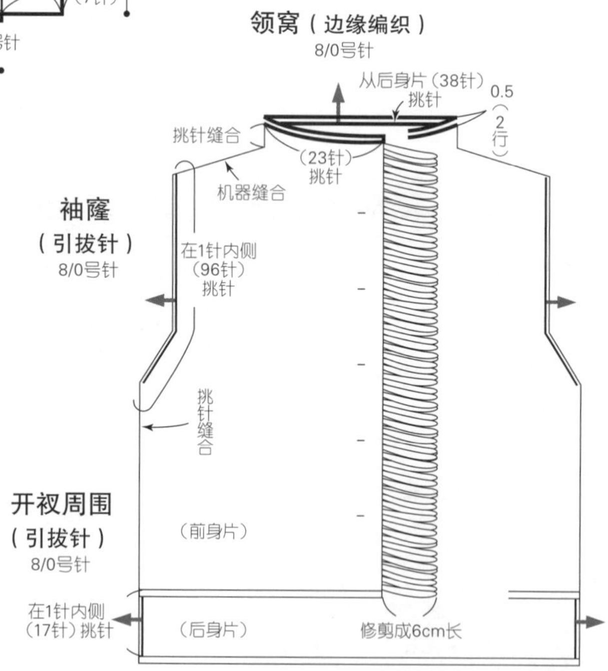

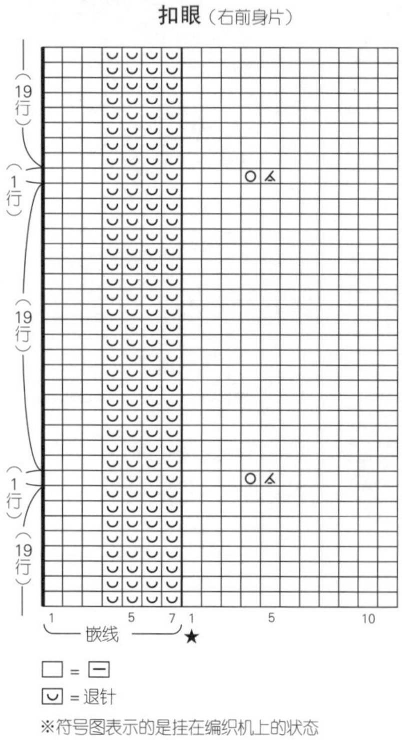

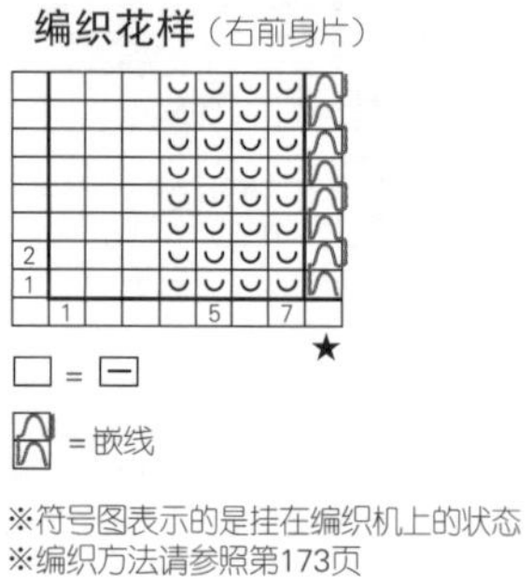

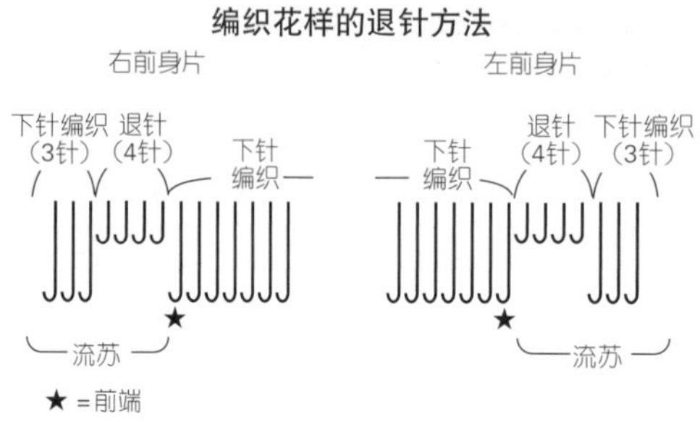

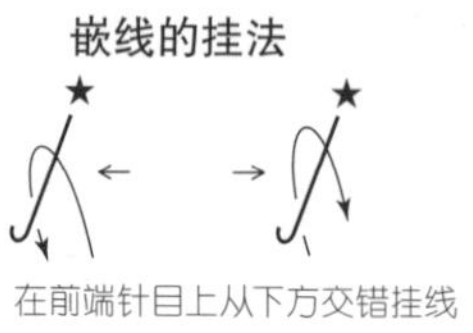

73页的作品 ★★★

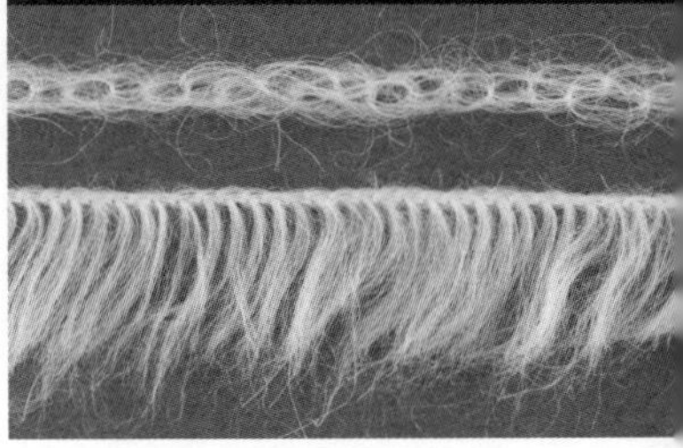

材料

和麻纳卡 Alpaca Leggero 黑色(4) 130g/3团，浅灰色(2)、灰色(3) 各10g/各1团；ELK 炭灰色(61) 50g/2团

工具

编织机 Amimumemo (6.5mm)

成品尺寸

胸围108cm，衣长52cm，连肩袖长63.5cm

编织密度

10cm×10cm面积内：下针编织18.5针，22.5行；条纹花样16.5针，28行

编织要点

●身片、衣袖…身片用另色线起针后开始做下针编织。2针及以上减针时做伏针减针，1针时立起侧边1针减针。2针及以上加针时做卷针加针，1针时在边上1针的内侧加针。结束时编织几行另色线，从编织机上取下织片。接着在编织起点一侧挑针后编织条纹花样，结束时按相同的要领处理。下摆挑取指定针数后编织起伏针，结束时编织几行另色线后从编织机上取下织片，再从反面做引拔收针。衣领挑取指定针数后做上针编织，结束时按与下摆相同的要领处理。肩部、衣领侧边做挑针缝合。衣袖从身片挑取指定针数后做下针编织。编织48行后接着编织几行另色线，从编织机上取下织片，翻至反面再挂回到编织机上做上针编织。结束时按与下摆相同的要领处理。

●组合…胁部做机器缝合和挑针缝合，袖下做挑针缝合。

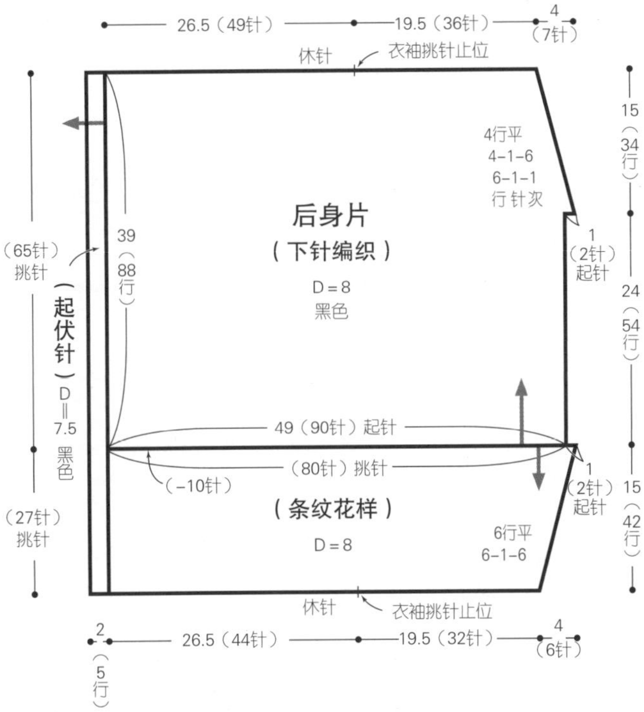

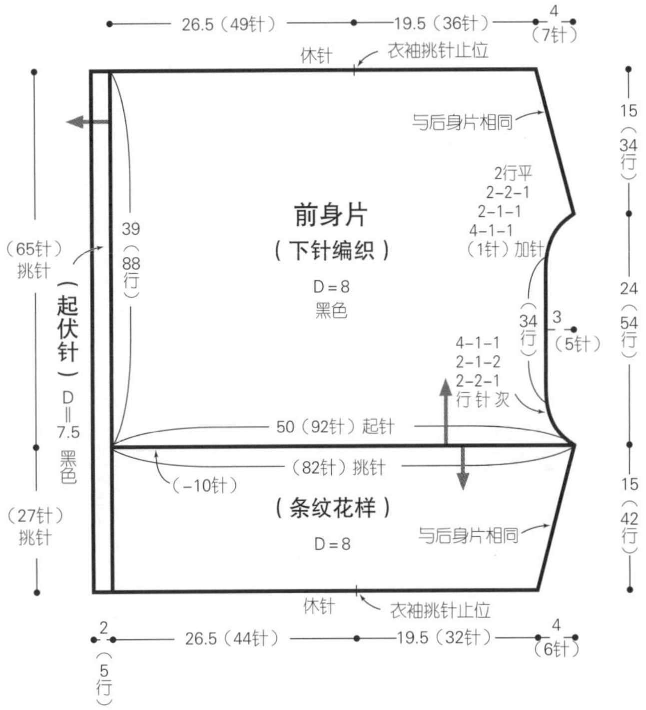

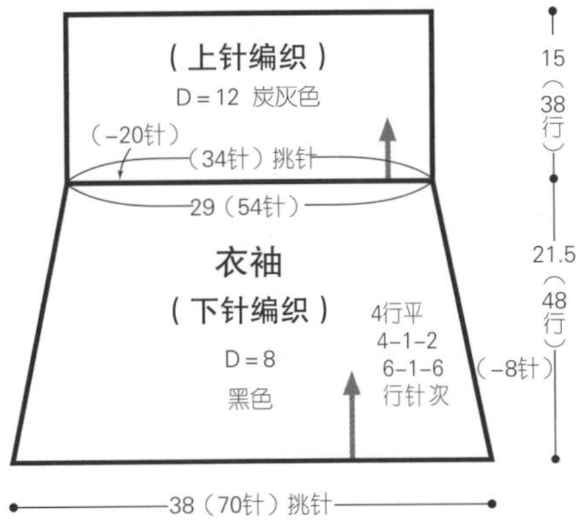

※ 做上针编织时，推出相当于待挑取针数2倍的机针，每隔1针将机针推回至A位置后再开始编织

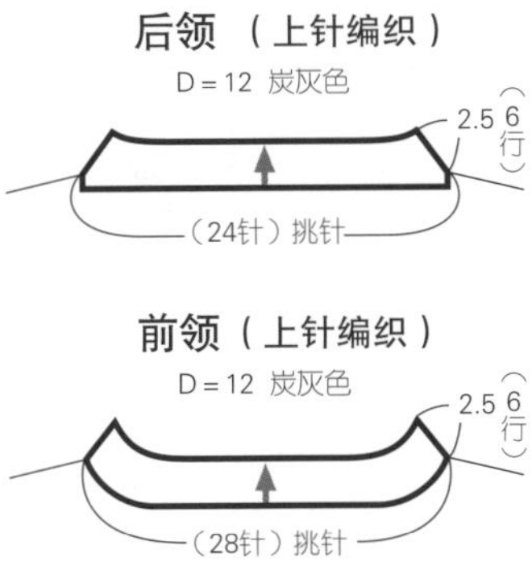

条纹花样

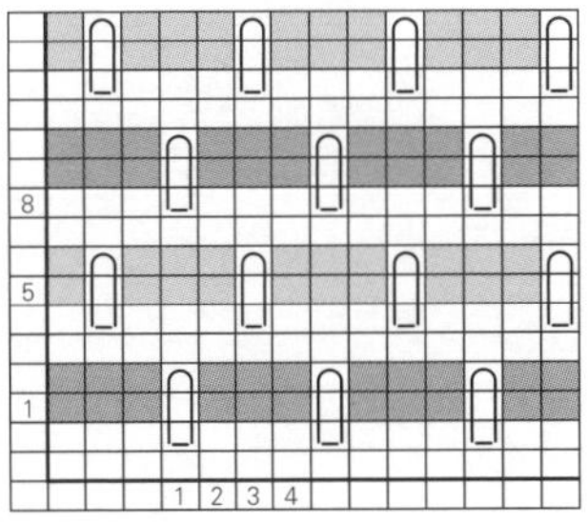

□ = ⊟

※ 符号图表示的是挂在编织机上的状态

配色 □ = 黑色；■ = 灰色；▨ = 浅灰色

起伏针

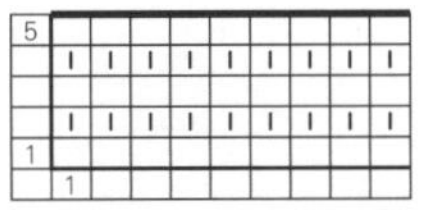

□ = ⊟

※ 符号图表示的是挂在编织机上的状态

KEITO DAMA 2019 WINTER ISSUE（NV11724）

Photographers：SHIGEKI NAKASHIMA, HIRONORI HANDA, TOSHIKATSU WATANABE, NORIAKI MORIYA, BUNSAKU NAKAGAWA
Original Japanese edition published in Japan by NIHON VOGUE Corp.
Simplified Chinese translation rights arranged with BEIJING BAOKU INTERNATIONAL CULTURAL DEVELOPMENT Co., Ltd.

备案号：豫著许可备字-2019-A-0042

图书在版编目（CIP）数据

毛线球. 32，冬日的配色编织/日本宝库社编著；如鱼得水, 蒋幼幼译. —郑州：河南科学技术出版社，2020.3（2024.9重印）
ISBN 978-7-5349-9869-0

Ⅰ. ①毛… Ⅱ. ①日… ②如… ③蒋… Ⅲ. ①手工编织—图解 Ⅳ. ①TS935.5-64

中国版本图书馆CIP数据核字（2020）第034392号

出版发行：河南科学技术出版社
地址：郑州市郑东新区祥盛街27号　邮编：450016
电话：（0371）65737028　65788613
网址：www.hnstp.cn
策划编辑：刘　欣
责任编辑：张　培
责任校对：王晓红　马晓灿
封面设计：张　伟
责任印制：张艳芳
印　　刷：北京盛通印刷股份有限公司
经　　销：全国新华书店
开　　本：635 mm × 965 mm　1/8　印张：22　字数：350千字
版　　次：2020年3月第1版　2024年9月第3次印刷
定　　价：69.00元